W0469830

ERNST-MICHAEL KRANICH

Wesensbilder der Tiere

ERNST-MICHAEL KRANICH

WESENSBILDER DER TIERE

Einführung in die goetheanistische Zoologie

VERLAG FREIES GEISTESLEBEN

Verlag Freies Geistesleben
Landhausstr. 82
70190 Stuttgart
Internet: www.geistesleben.com

ISBN 3-7725-1554-1

2., erweiterte Auflage 2004

© Verlag Freies Geistesleben & Urachhaus GmbH, Stuttgart 1995
Schutzumschlag: Walter Schneider unter Verwendung
des Bildes von August Macke / Franz Marc «Paradies», 1912,
aus dem Besitz des Westfälischen Landesmuseums
für Kunst und Kulturgeschichte Münster,
Fotographie: Rudolf Wakonigg
Druck: Freiburger Graphische Betriebe, Freiburg

INHALT

ZUR 2. AUFLAGE

Für die Neuauflage dieses Buches habe ich die verschiedenen Kapitel sorgfältig durchgesehen und zum Teil nicht unwesentlich ergänzt bzw. erweitert. Dadurch wird das Bild der betreffenden Tiere nun plastischer und differenzierter. Außerdem sind zu den bisherigen Kapiteln zwei neue hinzugekommen. So wurde das Kapitel über die Weichtiere durch eine Darstellung der Schnecken, der umfangreichsten Weichtiergruppe, erweitert. In der 1. Auflage fehlte eine Darstellung der Amphibien und damit ein Überblick über das Gesamtgebiet der Wirbeltiere; dieser Mangel ist nun behoben. Einen solchen Überblick vom Gesichtspunkt der Evolution findet man in meinem Buch «Von der Gewißheit zur Wissenschaft der Evolution» (englischsprachige Ausgabe «Thinking beyond Darwin» Hudson, New York 1999).

Dem Fachmann wird auffallen, daß auch bei dieser Neuauflage in dem Teil über die wirbellosen Tiere mehrere Gruppen nicht berücksichtigt wurden. Das war auch nicht vorgesehen. Ich möchte an den ausgewählten Beispielen vor allen Dingen zeigen, daß es unzureichend ist, wenn man diese Tiere genauso betrachtet wie die Wirbeltiere; und daß man besondere Wege gehen muß, um ihre so rätselvollen Formen und Verhaltensweisen zu begreifen.

Bei den Ergänzungen und Erweiterungen zeigte sich erneut die Fruchtbarkeit der Goetheschen Erkenntnismethode. Man muß allerdings zwischen einer etwas unbestimmt gehandhabten Phänomenologie und goetheanistischer Erkenntnispraxis unterscheiden. Bisweilen wird die Darstellung einer aufsteigenden Entwicklungsreihe im Tierreich oder der morphologische Vergleich einzelner Tierformen als Goetheanismus ausgegeben. Da fehlt aber zumeist das, worauf es Goethe und bei der von ihm intendierten Methode ankommt: nämlich konkret aufzuzeigen, wie die einzelnen Tierformen spezielle Ausgestaltungen des Typus, d.h. des unspezialisierten vollkommenen Organismus, sind.

Seit der 1. Auflage dieses Buches ist das Werk «Der Erstgeborene» von Jos Verhulst erschienen, auf das ich schon damals hinweisen konnte, weil ich das Manuskript kannte. Was Verhulst in Weiterführung und Präzisierung der von L. Bolk entwickelten Ideen an einem reichen Material darstellt, ist grundlegend für eine goetheanistische Zoologie. Denn es wird deutlich, daß der menschliche Organismus der von Goethe gesuchte Typus ist.

Die Behandlung der Tierwelt in diesem Buch ist, wie das in der 1. Auflage dargelegt wurde, ein grundlegender Beitrag zu einer goetheanistisch orientierten Zoologie. Sie hat auch eine Bedeutung für die Pädagogik, speziell für den Tierkunde-Unterricht an Waldorfschulen. Nach den Intentionen Rudolf Steiners soll dieser Unterricht ganz im Sinne der Goetheschen Methode gegeben werden. Bei jedem Tier sei darauf hinzuschauen, wie ein bestimmtes Organ oder Organsystem besonders ausgebildet ist und dem ganzen Organismus ein spezielles Gepräge gibt. Wenn R. Steiner im Hinblick auf den Tierkunde-Unterricht zum Beispiel formuliert, das Rind «ist ganz Magen» (GA 301, S. 128), so heißt das, beim Rind sei der Magen besonders stark ausgebildet mit der Konsequenz, daß der Verdauungsprozeß den ganzen Organismus dieses Tieres beherrscht. – So wendet sich dieses Buch besonders auch an alle, die Kinder und Jugendliche zu einem ganzheitlichen Verstehen der Tierwelt führen möchten.

Ernst-Michael Kranich

THEMA UND METHODE – DER WEG ZUM VERSTEHEN VON TIEREN

Die Natur und das Bild, das die Naturwissenschaft von ihr entwirft, liegen zum Teil weit auseinander. In diesem Bild findet man bisweilen wenig von den Erscheinungen der lebendigen Natur wieder. Würde jemand z. B. eine ausführlichere Darstellung über Molekularbiologie lesen und wüßte nicht, daß es sich um Vorgänge handelt, die das Entstehen von Pflanzen und Tieren erklären sollen, so käme er wohl kaum zu der Vermutung, diese Prozesse könnten etwas mit der Entwicklung einer Pflanze oder eines Tieres zu tun haben. Was er erfährt, ist Resultat jener seit dem 17. Jahrhundert herrschenden Forschungsrichtung, die das Komplexe aus dem Elementaren ableiten möchte,[1] also die Gestalt und das Verhalten von Lebewesen aus der genetischen Information.

Wer mit offenem Blick auf die Erscheinungen der Natur und die Interpretationen der Naturwissenschaft, z. B. die Bilder der Molekular- und Entwicklungsbiologie, hinschaut, bemerkt einen Abgrund, der beide Bereiche voneinander trennt. Die Tatsachen, die diese Bilder enthalten, wird man nicht bezweifeln. Was ihnen an Wirkungen zugeschrieben wird, ist aber ein Glaube, der durch bestimmte Auffassungen über das, was biologische Wirklichkeit sei, gestützt wird. Was hat man denn wirklich begriffen, wenn man feststellt, daß sich Augen im Tierreich nur bei Anwesenheit eines bestimmten, kürzlich entdeckten Gens ausbilden? Über den Abgrund gibt es keine Brücke; man kommt mit dem Erkennen, mit Einsicht von den

Bildern der modernen Biologie nicht zu den Erscheinungen der Natur.

Dieser Zwiespalt zwischen Natur und Naturwissenschaft wird zunehmend als unbefriedigend und unzumutbar erlebt – am wenigsten allerdings von den Naturwissenschaftlern. So schreibt P. Feyerabend: «... die farbenprächtige und vielgestaltige Welt des gewöhnlichen Bewußtseins wird ersetzt durch eine grobe Schematisierung, in der es weder Farben noch Gerüche, noch Gefühle, noch selbst den gewohnten Zeitablauf gibt – und diese Karikatur gilt nun als Wirklichkeit» (1984, S. 46).

Es ist mehrfach der Verdacht geäußert worden, die Naturwissenschaften hätten ihren Namen zu Unrecht; sie seien eigentlich Technikwissenschaften, denen es um Manipulation und nicht um Erkenntnis der Natur gehe (Janich 1973, Mittelstraß 1987). Gerade jene Disziplinen, die sich mit den grundlegenden Problemen der Entwicklung und Gestaltbildung befassen, haben einen sehr eingeengten Blick. «Daß sie die Natur erforschen, ist ihnen in der Regel fraglos, aber nur in dem Sinne, daß sie gewisse Bausteine, einzelne Zusammenhänge und Prozesse in der Natur erforschen, nicht aber der Frage nachgehen, was Natur als Natur ist» (Böhme 1992, S. 59).

Diese Situation ist recht problematisch. Die Bilder der modernen Biologie bestimmen unser Bewußtsein. Sie liefern Interpretationen ohne einen inneren Zugang zur Pflanzen- und Tierwelt, der doch die Voraussetzung für ein neues, verantwortliches Verhältnis des Menschen zur lebendigen Natur wäre. Die ökologischen Probleme fordern einen Umgang mit der Natur, der nicht von Herrschaftsinteressen, sondern von Einsicht in ihr eigenes Wesen bestimmt ist. Die Konsequenz hat G. Böhme in folgender Weise formuliert:

«Die Naturwissenschaft wird sich entweder selbst transformieren, indem sie in Zukunft mehr und mehr die konkrete Natur ins Auge faßt und ihr Ideal nicht in der technischen Herstellbarkeit ihrer Gegenstände sieht, oder sie wird andre Wissenschaften von der Natur neben sich dulden müssen» (1992, S. 23).

Mit diesen Worten ist auf das Anliegen dieses Buches hingewiesen. Es möchte im Hinblick auf die Tierwelt einen Beitrag zu einer Naturerkenntnis leisten, die sich den Erscheinungen und Tatsachen zuwendet und sich bemüht, in ihren Zusammenhang einzudringen.

Das verlangt zunächst eine Besinnung auf die Methode, die ein solches der Tierwelt angemessenes Erkennen erschließt.

Wenn man die höheren Tiere betrachtet, dann stößt man auf jenes Rätsel, dessen Lösung die wohl wichtigste Aufgabe zoologischer Naturerkenntnis ist. Man nimmt bei einem Tier die Formen und den Ausdruck des Kopfes wahr, die Bildung des Halses, die Formen des Rumpfes, die Haltung der Beine, die des Schwanzes, die Formen und Funktionen der inneren Organe, die Eigentümlichkeiten des Verhaltens usw. Das Tier erscheint uns als eine Summe zahlreicher Merkmale. Wir begreifen aber nicht, wie es kommt, daß gerade diese Form des Kopfes und der Sinnesorgane mit gerade dieser besonderen Bildung des Halses und des Rumpfes, mit der der Beine und der inneren Organe zusammen auftritt. Für das Erleben ist die Gestalt Ausdruck eines ganzheitlichen Wesens. Man kann auch beobachten, wie sich diese Gestalt allmählich entwikkelt. Der Gestaltzusammenhang, das heißt der innere Zusammenhang der verschiedenen Merkmale, ist aber – auch für den Zoologen – ein ungelöstes Rätsel.

Nun kann man den Begriff eines bestimmten Tieres nach der Definitionsregel der klassischen Logik bilden, indem man zu der nächst höheren Begriffsebene aufsteigt: «Das Pferd ist ein unpaarhufiges Säugetier» – und dann diejenigen Merkmale angibt, durch die sich das Pferd von den anderen Unpaarhufern, dem Esel, dem Zebra, dem Tapir und dem Nashorn, unterscheidet. Mit solchen Begriffen kann man klassifizieren; sie erfassen aber nicht den Gestaltzusammenhang. Diese Begriffe ordnen die unverstandenen Tatsachen nach logischen Gesichtspunkten, tragen aber nichts zum Verständnis ihres Gegenstandes bei.

In der Ebene der unmittelbar zugänglichen Tatsachen findet man nicht die Prinzipien und Gründe, durch die der Organismus der Tiere verständlich wird. Deshalb sucht man die Ursachen für die Gestalt und das Verhalten der Tiere im Bereich elementarer Bausteine und der Gesetze, die dort gelten sollen. Man kommt zu jenen Interpretationen, auf deren Problematik wir hingewiesen haben.

Diese nicht nur für die Biologie charakteristische Forschungsart führte im 19. Jahrhundert zur Aufteilung des menschlichen Erkennens in zwei Provinzen: in die Naturwissenschaften, die ihre Gegenstände aus dem Zusammenwirken elementarer Prozesse oder Bausteine und als Sonderfall von Naturgesetzen *erklären*, und die Geisteswissenschaften (Geschichte, Kunstgeschichte, Literaturwissenschaft, Psychologie), die sich um *Verstehen*, das heißt um das Erfassen von Sinn- und Wesenszusammenhängen, bemühen. Das wissenschaftliche Erkennen wurde nicht als ein in sich einheitlicher Prozeß, sondern als in sich zwiespältiges Verfahren erlebt.

Diese Einteilung durch J. G. Droysen und W. Dilthey hatte die Aufgabe, den methodologischen Herrschaftsanspruch des Positivismus einzudämmen (siehe von Wright 1991, S. 16 ff.). Heute muß man aber die Frage aufwerfen: Gibt es nicht auch gegenüber der Natur ein Verstehen beziehungsweise eine tragfähige Methode, die zum Verstehen führt? Ist etwa das Erklären, die Reduktion der Naturerscheinungen auf elementare Bausteine und allgemeine Gesetze nur die Folge einer unvollkommenen Methodik des naturwissenschaftlichen, das heißt auch des biologischen Erkennens?

Diese heute drängenden Fragen fordern eine Klärung: Ist die Methode des verstehenden Erkennens auf die Erscheinungen der lebendigen Natur, insbesondere auch auf die Tierwelt, zu erweitern?

Das wohl bekannteste Beispiel für Hermeneutik, den methodischen Weg zum Verstehen, ist das Lesen eines Textes. Wer ein Buch liest, geht von der Überzeugung aus, daß die Zeichen auf dem Papier nicht den Sinn enthalten. An ihnen entwickelt der Leser eine komplizierte geistige Tätigkeit. Er bildet innerlich Worte und Sätze und an den sprachlichen Formulierungen bestimmte Vorstellungen und Gedanken. Das Buch enthält in der Folge der Zeichen nur den äußeren Abdruck von Sprache und Gedanken. Was der Leser in seiner Tätigkeit erzeugt, kann zu dem führen, was im Denken und inneren Sprechen des Autors während des Schreibens lebendig war. Im Bewußtsein des Lesers lebt dann an den toten Buchstaben etwas vom Geist des Autors auf. Lesen ist geistiges Nachvollziehen. Deshalb kommt man durch Lesen zum Verstehen. Ähnlich ist es beim ästhetischen Betrachten eines Kunstwerks. Man bleibt nicht bei dem stehen, was man registrierend feststellen kann. Im Anschauen bildet man das Kunstwerk innerlich nach und lernt es dadurch verstehen. Deshalb schreibt W. Dilthey: «Wir nennen den Vorgang, in welchem wir aus Zeichen, die von außen sinnlich gegeben sind, ein Inneres erkennen: Verstehen» (1961, S. 318).

Man muß bei der Betrachtung der Dinge ein Äußeres und ein Inneres unterscheiden: die Zeichen und ihren Sinn oder die Erscheinung und das Wesen, das mit dieser Erscheinung verbunden ist. Das Verstehen bezieht sich auf den Sinn und das Wesen, das den äußeren Tatsachen zugrunde liegt, aber selbst nicht in diesen Tatsachen unmittelbar aufzufinden ist. Das ist wie bei einer Geste oder einer Physiognomie. Was sich in ihnen ausspricht, erfaßt man nicht, wenn man nur auf die koordinierte Kontraktion von Muskeln hinschaut. Geste und Physiognomie sind das einfachste Gebiet des Verstehens; denn hier offenbart sich das Innere unmittelbar im Äußeren; man versteht unmittelbar die Zustimmung oder die Skepsis. Weit komplizierter ist das Verstehen von Kunstwerken, Texten oder Zusammenhängen im Bereich des Seelischen, z. B. des Zusammenhangs von Leistung und Charakter oder von Temperament und Begabung. Man muß sich in die Tatsachen hineinversetzen, man muß sie innerlich mitleben und geistig nachschaffen. Das verlangt aber Übung und Schulung.

Solange man nur die Erscheinungen auffaßt, bleibt ihr Sinn verborgen. Und wenn man der Ansicht ist, mit der Erscheinung, das heißt mit der Summe der wahrnehmbaren Tatsachen und Vorgänge, erfasse man schon die ganze Wirklichkeit, dann gibt es kein Verstehen. Nun ist aber für die meisten biologischen Naturforscher die Erscheinung der Tiere, zu der auch die anatomischen und physiologischen Sachverhalte gehören, die Wirklichkeit. Das forschende Bewußtsein ist ganz in die Ebene der äußeren Tatsachen gebannt. Durch diese willkürliche Festlegung (siehe Steiner 1978, S. 86 f.) wird alles, was auch noch zur Wirklichkeit des Tieres gehört, ausgeblendet. – Dabei steigt aber doch beim Betrachten eines Tieres im Erleben des Rätsels die Ahnung oder Gewißheit auf, daß es etwas geben muß, was als innerer Zusammenhang die Einzelheiten zur Ganzheit dieses Wesens zusammenschließt.

Wenn die biologischen Naturwissenschaften die Erscheinungsformen des Lebendigen nur erklären, so liegt das also nicht an der Natur, sondern an der willkürlichen Einengung des Forschens auf das Feld der äußeren Tatsachen. Wie kann man diese Begrenzung überwinden, ohne die Sicherheit aufzugeben?

Es gibt seit langem einen Hinweis auf eine Hermeneutik der Natur. Durch Jahrhunderte wurde immer wieder vom Lesen im Buch der Natur gesprochen.[2] Das ist nicht nur eine poetische Metapher, sondern der Hinweis auf eine noch wenig entwickelte, tiefer in die Natur eindringende Erkenntnismethode. Wie kann diese konkret ausgebildet werden?

Die wohl wichtigste Voraussetzung liegt in einer bestimmten Bewertung der Tatsachen. Sie können in ihrer Summe nicht als die Wirklichkeit gelten. Was man an einem Tier alles beobachten und feststellen kann, entspricht den Schriftzeichen eines Textes. Man hat nach Goethe die «äußeren, sichtbaren, greiflichen Teile im Zusammenhang zu erfassen, sie als Andeutungen des Innern aufzunehmen» (1975, S. 7 f.). Sie sind im Buch der Natur ein Text, den man entziffern, das heißt lesen lernen muß. An den Tatsachen hat man eine geistige Tätigkeit zu entwickeln, in der der innere Zusammenhang, das Wesen bewußt wird wie der Sinn eines Textes. Um in den Gestaltzusammenhang eines Tieres einzudringen, muß man die Erscheinung innerlich nachbilden und im Nachschaffen das Bildungsgesetz, das die einzelnen Tatsachen umgreift, erfassen.

Es gibt für ein solches Vorgehen einen konkreten Ausgangspunkt. Jedes Tier ist ein Organismus. Die Glieder seines Leibes und die inneren Organe entstehen während der Entwicklung durch Differenzierung. Von außen betrachtet sind sie im Raume nebeneinander angeordnet. Dieses Nebeneinander gilt aber nicht für ihre Funktionen. Die Lebensprozesse eines Organes wirken hinein in die anderen Organe und befördern deren Funktion und Leben. Es bestehen vielfältige Wechselwirkungen, durch die jedes Organ Glied einer übergreifenden Ganzheit ist.

Das hat eine bedeutende Konsequenz. G. P. Wagner beschreibt sie mit folgenden Worten: «Weil die Organe eines Organismus wechselseitig füreinander Umwelt darstellen, so daß jedes Organ einen Teil der Umwelt der anderen Organe mitbestimmt, muß jede Anpassung an eine neue Forderung der extraorganismischen Umwelt zu Folgeanpassungen im Rest des Organismus führen» (1985, S. 108). Ähnliche Gedanken findet man auch bei anderen Forschern der Gegenwart. Sie enthalten den Schlüssel für eine Methode des Verstehens.

Der erste, der aus der Idee des Organismus die Methode zum erkennenden Verstehen der Tierwelt entwickelt hat, war Goethe. Nach ihm verläuft der Weg in zwei verschiedenen Etappen. Man findet bei den höchsten Tieren, den Säugetieren, bei aller Verschiedenheit der Gestalt einen in den Grundzügen gleichartigen Bau. Dieser ist in den verschiedenen Ordnungen und Familien nach verschiedenen Richtungen modifiziert. Man kann ihn sich als allgemeines Bild beziehungsweise allgemeine Bildungsgesetzmäßigkeit erarbeiten. Goethe nennt dieses allgemeine Bild den Typus. In ihm sind «die Gestalten sämtlicher Tiere der Möglichkeit nach enthalten» (1975, S. 244). Goethe betont, daß man «die Wechselwirkung aller Teile eines lebendigen Körpers» (a.a.O., S. 329) zu beachten habe.

«Man hat also nicht bloß auf das Nebeneinandersein der Teile zu sehen, sondern auf ihren lebendigen, wechselseitigen Einfluß, auf ihre Abhängigkeit und Wirkung» (a.a.O., S. 335).

Man wird die für die Säugetiere charakteristische Bildung des Kopfes, das heißt die hohe Organisation der Sinne und des Gehirns, den Bau des Schädels, die Ausgestaltung der Nasen- und Mundhöhle, ins Auge fassen; dann die gute Ausbildung des Halses und seine Beweglichkeit, durch die sich das Tier mit seinen Sinnen frei zur Umgebung wenden kann. Im weiteren wird man die Gliedmaßen, die den Rumpf frei tragen, als wesentlichen Teil des Typus betrachten und die freie Haltung in ihrem Zusammenhang mit den Sinnesorganen des Kopfes, das heißt der differenzierten Beziehung zur Umgebung, in Betracht ziehen. Der guten Ausbildung der Bewegungsorgane und ihrer Dynamik entsprechen auch die Organe im Inneren des Rumpfes: die hohe Entwicklung der Atmungs- und Verdauungsorgane. Das vollständig gegliederte Herz und die deutliche Trennung des Kreislaufs in den arteriellen und den venösen Teil sind zusammen mit anderen Organen die Bedingung für eine selbständige Wärmeorganisation, ohne die das Tier sein inneres Wesen nicht so unabhängig von der Umgebungstemperatur in seinem Leib zum Ausdruck bringen könnte.[3]

Wenn man in der angedeuteten Weise ein differenziertes Bild vom Typus erarbeitet hat, dann kann der zweite Schritt folgen, bei dem man zu den einzelnen Tierformen übergeht. In seinem grundlegenden Aufsatz aus dem Jahre 1795[4] schreibt Goethe:

«Betrachten wir nach jenem erst im allgemeinsten aufgestellten Typus die verschiedenen Teile der vollkommensten, die wir Säugetiere nennen, so finden wir, daß der Bildungskreis der Natur zwar eingeschränkt ist, dabei jedoch, wegen der Menge der Teile und wegen der vielfachen Modifikabilität, die Veränderungen der Gestalt ins Unendliche möglich werden.

Wenn wir die Teile genau kennen und betrachten, so werden wir finden, daß die Mannigfaltigkeit der Gestalt daher entspringt, daß diesem oder jenem Teil ein Übergewicht über die andern zugestanden ist» (1975, S. 247).

Man hat in der inneren Anschauung nachzuvollziehen, wie sich die besonders starke Ausbildung eines bestimmten Organs im Ganzen des Organismus auswirkt – wie verwandte Organe gefördert werden, gegensätzliche Organe in ihrer Bildung zurücktreten und der ganze Organismus von dem Übergewicht dieses bestimmten Organs sein Gepräge erhält. Man verfolgt in produktiver geistiger Tätigkeit, wie sich der Typus nach einer ganz bestimmten Richtung zu einer einzelnen Tierform spezialisiert. Diese Methode ist nicht deskriptiv, sondern entwickelnd (Steiner 1979, S. 105 ff.). Das Erkennen ist ein Nachgestalten, eine geistig konstruierende Tätigkeit; es verlangt einen hohen Grad an produktiver Vorstellungskraft und Besonnenheit.

Auf diesem Wege kann man begreifen, wie die besondere Ausprägung der verschiedenen Organe bei einem bestimmten Tier im Zusammenhang steht. Denn man hat das Entstehen ihrer Formen innerlich mitvollzogen. Dieses Erkennen entspricht dem Lesen eines Textes, bei dem man ja auch in geistig produktiver Tätigkeit den inneren Zusammenhang dessen, was in den äußeren Zeichen geronnen ist, erfaßt.

Die von Goethe entwickelte Erkenntnismethode ist eine Anweisung, durch die man durch Lesen im Buch der Natur die Tiere verstehen lernen kann. Sie begründet eine hermeneutische Zoologie. Diese ist im konkreten zu erarbeiten. Das soll bis zu einem gewissen Grade in den folgenden Kapiteln geschehen. Tierbetrachtung nach der morphologischen Methode Goethes ist gebunden an die Entwicklung eines Denkens, das als gestaltende Tätigkeit vom äußeren Anschauen der Tatsachen zu einem lebendigen Mitvollziehen der Bildungsprozesse gelangt. Dabei werden Zusammenhänge bewußt, die dem gewöhnlichen Anschauen und dem diskursiven Verstand verschlossen sind. Die gewöhnliche Funktion des Denkens besteht darin, Tatsachen in eine überschaubare Ordnung zu bringen. Die

Kategorien, nach denen das geschieht, können die der modernen Biologie sein oder solche, die man aus dem Begriffsrepertoire einer spirituellen Weltanschauung nimmt. Die innere Qualität des Erkennens ist trotz großer Unterschiede in den Aussagen recht ähnlich. Im gestaltenden Denken dringt man aber in eine höhere Ebene der Wirklichkeit, in der die Gesetze des Werdens und Entstehens geistig erfahren werden. Hier lernt man kennen, was die Molekularbiologie im Bereich der chemischen Prozesse vergeblich sucht und nur durch eine Selbsttäuschung zu finden glaubt. Die Natura naturans existiert nicht im Gebiet molekularer Prozesse; man lernt sie aber durch die morphologische Methode Goethes kennen. – Diese Aussagen greifen dem Folgenden voraus. Ihre Berechtigung kann sich erst in der konkreten Anwendung dieser Methode erweisen.

Wir werden die Erkenntnismethode Goethes bei der Betrachtung recht unterschiedlicher Tiere anwenden. Damit schließen wir an die Arbeit anderer goetheanistischer Naturforscher an, die wie F. H. Julius (1981), H. Poppelbaum (1982) und W. Schad (1971) gewichtige zoologische Werke veröffentlicht haben. Die Kapitel dieses Buches führen aber insofern weiter, als in ihnen die Methode Goethes konsequenter als bisher gehandhabt wird.

Bei der Auswahl wurden die verschiedenen Stämme des Tierreiches recht unterschiedlich berücksichtigt. Es bestand von vornherein nicht die Absicht, ein systematisches Werk zu schreiben. Im Vordergrund steht die Methode eines lebendigen Erkennens. Sie kann am besten durch Betrachtung einzelner Tiere, ihrer Formen, ihres Verhaltens und ihrer Einbindung in eine bestimmte Umgebung exemplifiziert werden. Dann wird in einzelnen Kapiteln auch der Charakter ganzer Tiergruppen vom Typus her geschildert. Wie die verschiedenen Klassen der Wirbeltiere – mit Ausnahme der Vögel – aus dem Typus hervorgehen, habe ich in dem Buch «Von der Gewißheit zur Wissenschaft der Evolution» eingehend dargelegt.

Die Betrachtung beginnt bei den höchsten Tieren, den Säugetieren, und steigt zu den einfacheren Tierformen hinunter. Auf diesem

Wege werden diese besser verständlich, als wenn man mit ihnen beginnt und zu den vollkommneren Formen aufsteigt. Im Schlußkapitel werde ich auf die Berechtigung und die Zweckmäßigkeit dieses Vorgehens zurückkommen.

REPRÄSENTATIVE TIERE

Aus der Vielzahl der höheren Tiere wenden wir uns zunächst einigen Tiergestalten zu, die zur Einführung in die Goethesche Erkenntnismethode besonders geeignet sind. Wenn man die Tierwelt aus ihren inneren Bildungsprinzipien kennenlernt, entdeckt man, daß die verschiedenen Gruppen und innerhalb dieser die einzelnen Gattungen und Arten nicht gleichrangig nebeneinander stehen. Es gibt Tiergruppen und -arten, bei denen diese Bildungsprinzipien charakteristischer in Erscheinung treten als bei anderen.

Ein wesentliches Organsystem der höheren Tiere sind die Gliedmaßen. Sie sind besonders eng mit dem Verdauungssystem verflochten, weil mit der Bewegung starke Stoffwechselprozesse verbunden sind. Eine gesteigerte Ausbildung der Gliedmaßen findet man bei den Huftieren. Durch die Gliedmaßen kommt der Organismus in einen tiefen Zusammenhang mit den Kräften der Schwere. Das Sich-Durchdringen mit der Schwere und die Ausbildung der Verdauungsorgane erreichen den Höhepunkt bei den Rindern. In entsprechender Weise tritt die Organisation der Raubtiere bei den Katzenartigen am reinsten in Erscheinung. Und unter den Raubkatzen erreicht das für die Raubtiere so charakteristische emotionale Wesen im Löwen seine reichste und reifste Ausprägung. Helles Bewußtsein und Verbindung mit dem Umkreis bestimmen dagegen die Organisation und das Verhalten der Vögel. Am vollkommensten manifestieren sich diese Qualitäten bei den Tagraubvögeln, insbesondere

Abb. 1: Weidende Kuh (Bos primigenius taurus)

beim Adler. Insofern sind Rind, Löwe und Adler repräsentative Tiere. Deshalb hat man diesen Tieren in früheren Zeiten auch eine besondere Bedeutung zugesprochen. Sie galten als Symbole für bestimmte Weltprinzipien, die sich in ihrem Organismus und ihrem Lebensverhalten besonders klar ausprägen.[5]

Das Rind

Wer eine Herde von Kühen, die auf ihrer Weide grasend langsam vorwärtsschreiten und dann im Liegen wie in sich versunken wiederkäuen, auf sich wirken läßt, bekommt einen Eindruck von großer Ruhe. Die Tiere entfalten nur wenig Tätigkeit nach außen. Manchmal sieht man, wie sich eine Kuh beleckt, sich an einem Baum oder an einem Zaun scheuert oder bei der sogenannten sozialen Körperpflege an Kopf und Nacken einer anderen Kuh leckt.

Seltener wird man Zeuge kurzer Kämpfe, bei denen zwei Kühe Stirn gegen Stirn stehen und jede versucht, die andere zurückzudrängen. Das sind aber nur kurze Episoden in einem gleichmäßigen und ruhigen Lebensrhythmus. Die wesentlichen Vorgänge scheinen mehr im Innern des Organismus abzulaufen. Es gibt Tiere, die man nur versteht, wenn man verfolgt, wie sie in ihrer Umgebung tätig sind. Würde man die Rinder unter diesem Gesichtspunkt betrachten, dann würde man einiges über die Rangordnung in der Herde, über soziale Kontakte und Auseinandersetzungen erfahren. Das ist aber im Vergleich zu Wolf, Biber oder Steinbock nicht besonders eindrucksvoll. Man muß bei jedem Tier den Standort finden, von dem aus man seine Einmaligkeit entdecken kann.

Sieht man nun neben den Kühen ein Pferd, dann bemerkt man, wie sich die Gestalt der Kuh in dem massigen Rumpf konzentriert. Der Kopf löst sich viel weniger als beim Pferd vom übrigen Leib. Wenn die Kuh den Kopf hebt, setzt der kurze Hals die so auffallend horizontale Rückenlinie fort. Von einer Hinwendung zur Weite des Raumes ist nichts zu bemerken. Die Beine sind kurz. Sie wirken stämmig und tragen den massigen Körper. Der Fuß ist zu einem stützenden, stark verknöcherten Gebilde umgestaltet und zur Fortsetzung des Beines geworden. Selbst die beiden Zehen sind mit ihren verhornten Klauen (wie bei allen Paarhufern) von der tragenden Funktion des Beines beherrscht. Schnelle und elegante Bewegungen sind nicht möglich, wenn in den Gliedern die Masse des Rumpfes so schwer lastet. Dieses Lasten kommt im ganzen Knochenbau zum Ausdruck, in den stark gewinkelten Gelenken der Beine, in dem schweren Brustkorb und eben im Hals.

Was den Rumpf so voluminös macht, sind die Verdauungsorgane. Jedes Kind lernt in der Schule, daß die Rinder nicht nur einen Magen haben, sondern vier. Der größte von ihnen, der Pansen, füllt die linke Seite der Bauchhöhle ganz aus. Er reicht vom Zwerchfell bis ganz nach hinten; er umschließt einen Raum von etwa 150 Litern. Die anderen Mägen, Netzmagen, Blättermagen und

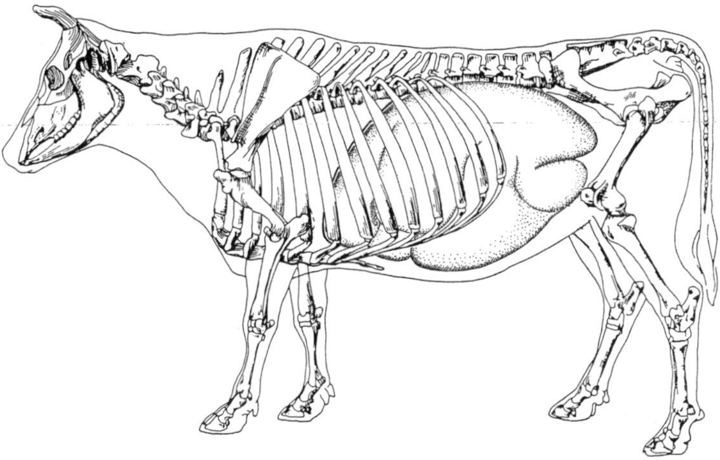

Abb. 2: Umriß des Rindes mit Skelett und Pansen. Am Skelett wird der schwer lastende Körperbau eindrucksvoll sichtbar. Der Pansen reicht in der linken Hälfte der Bauchhöhle vom Zwerchfell fast bis an das Ende. Bei der achten Rippe sieht man unten einen Teil des Labmagens. (Aus Loeffler und nach Berg.)

Labmagen, sind kleiner. Mit dem Pansen zusammen ergibt sich ein Volumen von annähernd 200 Litern. Bei keinem anderen Tier steht im Ganzen des Organismus der Magen so stark im Vordergrund wie beim Rind.

Wie kommt es zu dieser Größe? Von den vier Mägen entspricht eigentlich nur der Labmagen dem Magen der meisten Säugetiere und des Menschen. Das sieht man an seiner Form. Ein kleiner Abschnitt des Säugetiermagens, der unmittelbar an die Speiseröhre anschließt, die sogenannte Pars oesophagea, erfährt bei den Wiederkäuern eine mächtige Ausweitung. So entstehen die drei sogenannten Vormägen. Diese Steigerung der Magenbildung erreicht beim Rind ihren Höhepunkt.

Von hier aus ist die Kuh zu betrachten. Wie prägt sich das Anschwellen der Verdauungsorgane im Organismus und im Verhalten

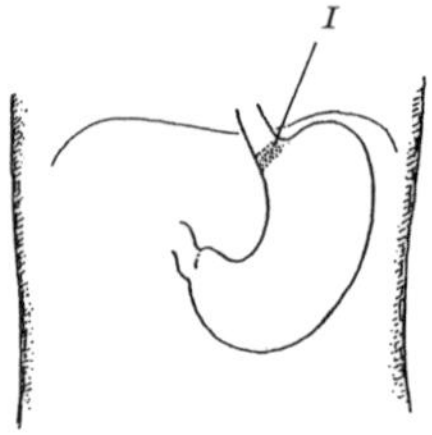

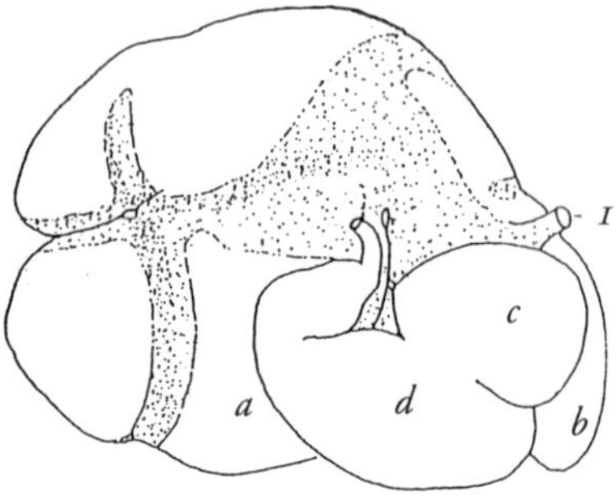

Abb. 3:

Der Magen des Menschen
1 – Pars oesophagea

Die vier Mägen des Rindes (von der rechten Seite)

	1 – Speiseröhre		
Vormägen	*a – Pansen*	*ca. 150 l*	
Vormägen	*b – Netzmagen*	*8 l*	
Vormägen	*c – Blättermagen*	*7 – 13 l*	
	d – Labmagen	*8 – 20 l*	

(aus Loeffler)

aus? Aus dem leeren Magen steigt das Hungergefühl auf, das Gefühl der Sättigung stellt sich ein, wenn man genügend Nahrung in den Magen aufgenommen hat. Solche Empfindungen spielen im Leben der Kuh eine beherrschende Rolle. Sie äußern sich in dem mächtigen Drang, Gras und Kräuter oder Heu aufzunehmen, und in der Hingabe, mit der die Kuh sich beim Grasen mit ihrer Nahrung verbindet. Zu dem mächtigen Verdauungsorgan des Magens gehört eine Nahrung, die nur durch starke Verdauungskräfte bewältigt werden kann. Vorn am Kopf über dem Maul ist die Haut hart und feucht. Die drüsenreiche Schleimhaut, die sonst die Mundhöhle auskleidet, setzt sich im Flotzmaul nach außen fort. Hier ist eigentlich keine Abgrenzung gegenüber der Umgebung. So rupft die Kuh das Gras auch nicht mit den Lippen oder beißt es mit Zähnen ab. Sie umschlingt es mit der feuchten Zunge und empfindet dabei durch ihren ungemein feinen Geschmackssinn seine Qualität. Mit einer Gebärde von Sympathie zieht sie Gras und Kräuter ins Maul hinein und schluckt dann mehrere solcher Portionen zusammen in den Pansen. Am frühen Morgen holt die Kuh in dieser Weise zweieinhalb bis drei Stunden lang Gräser und Kräuter der Weide in sich herein. Im Laufe des Tages folgen dann weitere Freßperioden; die letzte beginnt etwa zwei Stunden vor der Abenddämmerung. Der Drang zu diesem intensiven Aufnehmen von Nahrung geht von dem mächtigen Verdauungstrakt aus. In der großen Höhlung des Pansens beginnt dann unter langsamen Kontraktionen der Verdauungsprozeß. Eine große Fülle winziger einzelliger Lebewesen ist an diesem Prozeß beteiligt. Wenn man sich von Stengeln und Blättern ernährt, müssen starke Verdauungsprozesse verdichtete Substanz abbauen. Ist der Pansen bis zu einem gewissen Grade angefüllt, beginnt nach einer Pause von einer halben bis einer ganzen Stunde die zweite Etappe des Verdauungsprozesses, das Wiederkäuen. Die meisten Rinder legen sich nun hin, die schweren Stiere häufiger als die Kühe. Sie ziehen sich noch stärker in das Innere ihres Organismus zurück. Nun kommen aus dem Pansen beziehungsweise dem Netzmagen kleine Portionen der anfänglich verdauten Pflanzen durch die Speiseröhre in den breiten Raum der Mundhöhle zurück. Hier werden sie durch den rhythmischen Prozeß des Zermalmens im Mahlwerk der Backenzähne weiter aufgeschlossen. Das geschieht mit einer großen Regelmäßigkeit. So zerkaut eine Kuh länger als eine Stunde eine Portion nach der anderen z. B. mit 49, 50 oder 51 Kieferschlägen; deren Zahl schwankt bei gesunden Rindern zwischen 35 und 70 in der Minute. Dabei fließt aus den großen Speicheldrüsen reichlich Verdauungssaft. Die Mundhöhle wird gleichsam zu einem fünften Magen.

Wie intensiv sich der Prozeß des Verdauens in den Kopf hinein fortsetzt, kann man an einigen nüchternen Zahlen ablesen. Die Kühe grasen auf der Weide acht bis zehn Stunden am Tag; fast

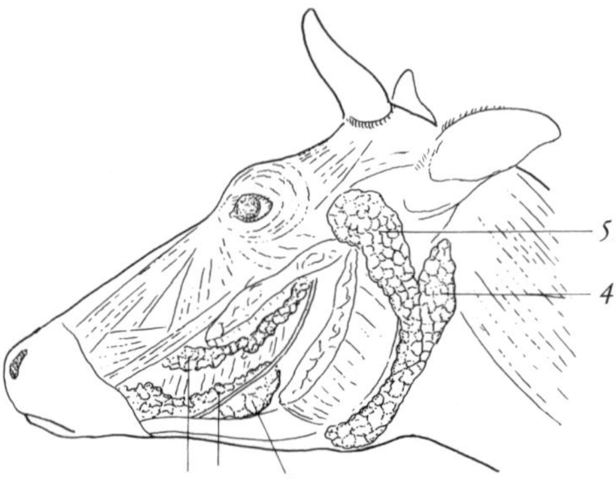

Abb. 4: Die Speicheldrüsen im Kopf des Rindes
1 – obere Backenspeicheldrüsen *2 – mittlere Backenspeicheldrüsen*
3 – untere Backenspeicheldrüsen *4 – Unterkieferspeicheldrüse*
5 – Ohrspeicheldrüse *(nach Krahmer/Schröder)*

ebenso lang, nämlich fünf bis acht Stunden, ist die Zeit des dösenden Wiederkäuens. Während dieser Zeit gehen die Verdauungsprozesse in den Mägen und im Darm selbstverständlich weiter. Die Kuh ist nun von vorn bis hinten an die Umwandlung der aufgenommenen Substanzen hingegeben. Nimmt sie frisches Grünfutter auf, dann sondern die Speicheldrüsen des Kopfes an einem Tag etwa 110 Liter Speichel ab, bei trockenem Heu 180 Liter. Die Intensität der Speichelbildung wird deutlich, wenn man sie mit der anderer Tiere vergleicht. Das Pferd, das sich auch von Gras und Kräutern ernährt, aber kein Wiederkäuer ist, bildet etwa 40 Liter Speichel im Laufe eines Tages, ein Schaf zwischen 6 und 16 Litern. Beim Menschen sind es nur ein bis zwei Liter. Die Speicheldrüsen sind beim Rind um ein Vielfaches größer als das Gehirn; für die Bildung von 1 Liter Speichel müssen die Speicheldrüsen von 300 Litern Blut durchströmt werden. Und die Durchblutung des Kopfes dient weit mehr der Speichelbildung als den Lebensvorgängen im Gehirn. Sicher empfängt die Kuh Eindrücke durch ihre Augen und Ohren. Durch die Dominanz der dumpfen Stoffwechselprozesse ist das Bewußtsein aber stark abgedämpft, besonders in den Augen. Die bedeutenderen Sinnesprozesse sind das Schmecken und Riechen. So ist die Kuh im Kopf mindestens ebenso stark nach innen gewendet wie nach außen. Das instinktive Empfinden für die Zu- und Abträglichkeit der verschiedenen Pflanzen und Lust und Unlust beim Schmecken und Riechen haben im Leben der Kuh eine große Bedeutung.

Diese Einseitigkeiten äußern sich bis in den knöchernen Bau des Schädels. Das Verdauen ist als Auflösungsvorgang der Gegensatz der Formbildung. So verwundert es nicht, daß die Zahnbildung abgeschwächt ist. Es entstehen keine Eckzähne, vor allem aber am Oberkiefer keine Schneidezähne. Damit fehlt der Kuh wie den anderen Wiederkäuern die Abgrenzung gegenüber der Umgebung, die sonst von den oberen zusammen mit den unteren Schneidezähnen gebildet wird. Das Stirnbein reicht am Schädel ganz bis nach hinten. Scheitelbein und Hinterhauptbein, die sonst den Hauptteil der Schädelhöhle bilden, treten nach außen überhaupt nicht in Erscheinung. Etwa dort, wo sonst dieser Teil des Schädels beginnen würde, bilden sich die Hörner, indem die Haut abstirbt und so eine tote Hülse aus Horn um den Knochenzapfen des Stirnbeins und ein reich durchblutetes Gewebe entsteht. Hier wird das Innere so stark gegenüber der Umgebung abgesondert, daß jede Beziehung nach außen unterdrückt wird. Daß die Hörner eine Bedeutung für die Kuh haben, zeigt sich unter anderem an der Tatsache, daß enthornte Rinder sich nicht in der üblichen Weise in die Rangordnung einer Herde eingliedern.

Der Kopf besteht also fast nur aus den mächtigen Kiefern mit der großen Mundhöhle und Nase. Eigentlich sollte man da nicht von einem Kopf sprechen. Es ist verständlich, daß dieses Gebilde, in dem die Verdauung eine so große Rolle spielt, eng mit dem Rumpf verbunden ist und sich nicht durch einen längeren Hals von ihm absetzt. Lange Hälse sind für Tiere charakteristisch, die sich mit ihren Sinnen wach der Umwelt zuwenden.

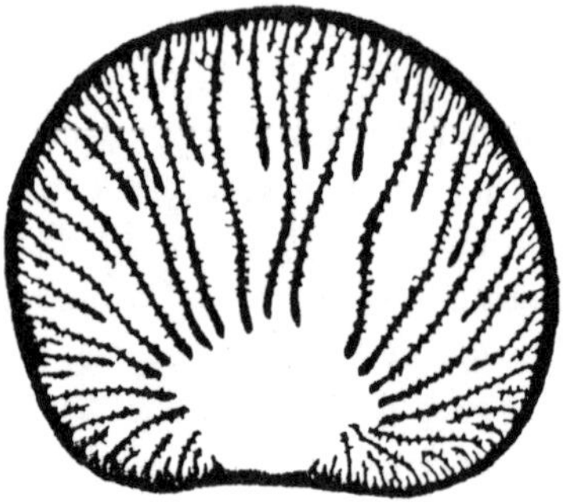

Abb. 5: Querschnitt durch den Blättermagen eines Rindes (aus Loeffler)

Die Kuh schluckt die durchgekaute Nahrung in den Blättermagen. Hier gelangt sie zwischen eine große Zahl (80 bis 100) von Lamellen, die von oben in die Höhlung hängen. Diese saugen einen großen Teil der Flüssigkeit und der Verdauungssäfte auf und beenden damit den ersten großen Abschnitt im Abbau der Pflanzennahrung. Im Labmagen wird die Auflösung dann mit neuen Verdauungssäften weitergeführt; an einem Tag werden hier 100 Liter gebildet.

Nun kann man bemerken, wie die übermäßig starke Ausbildung des Magens den Organismus nicht nur nach vorn zum Kopf hin bestimmt, sondern auch nach hinten. Denn auf den Labmagen folgt ein Darm, der zumeist mehr als 50 Meter lang ist; er liegt wegen des mächtigen Magens in der rechten Leibeshälfte. Hier spielt sich die letzte Phase der Verdauung ab und die Resorption der aufgelösten Substanzen in Blut und Lymphe. Der Rest wird ausgeschieden. Der Dickdarm hat wie bei den anderen Wiederkäuern die Form einer flachen Spirale. Beim Rind ist diese mit 1 ½ bis 2 zentripetalen Windungen gegenüber 3 bis 4 Windungen z. B. beim Schaf und bei der Ziege nur relativ schwach ausgebildet. So wird das Wasser nur wenig resorbiert; die Auflösungsprozesse der Verdauung werden nicht stark eingedämmt. Der Kot fließt gleichsam aus dem Tier heraus. – Auch hinten grenzt sich das Rind nicht deutlich ab. Es ist elementarer in seine Umgebung, in das sprießende Leben der Natur eingebunden als andere Tiere. Es lebt als Verdauungswesen mitten in seiner Nahrung. Es frißt und düngt sie zugleich.

Wenn man das bisher Erwähnte überblickt, kann deutlich werden, daß die Magenbildung dem ganzen Organismus des Rindes das Gepräge gibt. Das kommt auch in vielen weiteren Tatsachen zum Ausdruck, von denen wir nur einige erwähnen. Das Blut steht weitgehend im Dienste der Verdauung. Wenn 1 Liter Verdauungssaft gebildet werden soll, müssen, wie erwähnt, etwa 300 Liter Blut die Drüsen durchströmen! Dann wird ein großer Teil der abgesonderten Flüssigkeit aber auch wieder in das Blut zurückgesogen. Schließlich nimmt das Blut im Pansen und im Dünndarm die abgebauten, aufgelösten Substanzen auf. Sie dienen der Ernährung des Leibes. Ist zusammen mit der Verdauung auch der Ernährungsprozeß gesteigert, dann wird der Leib groß und schwer. Bei den schwarzbunten Rindern, der am meisten verbreiteten Rasse, sind die Kühe 600 bis 700 kg schwer, die Stiere 1000 bis 1200 kg; bei dem kräftig gebauten Fleckvieh (braun-weiß) beträgt das Gewicht 750 beziehungsweise 1200 kg. Und beim Braunvieh des Alpen- und Voralpengebietes erreichen die Kühe ein Gewicht von 650 bis 750 kg, die Stiere von 1000 bis 1200 kg.

Ein großer Teil der vom Blut aufgenommenen Substanz macht noch einmal einen bedeutenden Umwandlungsprozeß durch. Sie gelangt in das Euter. Wenn hier ein Liter Milch gebildet wird, müssen 300 bis 500 Liter Blut das Euter durchströmen.

Eine Kuh, die Milch geben soll, muß jedes Jahr ein Kalb gebären. Einige Stunden vor der Geburt sondert sie sich von der Herde ab und sucht einen geschützten Platz. Dort wird dann, meistens in der Nacht, nach einer Tragzeit von neun Monaten das Kalb geboren. Es wird mehrere Monate von seiner Mutter gesäugt. Zunächst sind seine Vormägen recht klein; beim Neugeborenen ist der Pansen weniger als halb so groß wie der Labmagen. Schon während der Säugeperiode nimmt das Kalb Rauhfutter auf. Dadurch werden die Vormägen größer. Bei einem Kalb von drei Monaten ist der Pansen bereits doppelt so groß wie der Labmagen.

Durch die züchterische Kunst des Menschen wurde der Milchbildungsprozeß weit über das ursprüngliche Maß gesteigert. Eine Kuh kann heute über zwanzig Liter Milch am Tag geben. Sicher ist die Grenze des für die Tiere Erträglichen bei den sogenannten Hochleistungs-Milchkühen überschritten. Eine Kuh sollte nicht zu einem physiologischen Apparat der Milchbildung herabgewürdigt werden.

Milchbildung und Ernährung sind eng miteinander verflochten. Durch das Melken entsteht in der Kuh das Bedürfnis zu trinken und zu fressen. Für die Kuh ist der Tag durch den Wechsel von Fressen und Wiederkäuen gegliedert. Normalerweise folgen vier solcher Perioden vom frühen Morgen bis in den späten Abend und die Nacht aufeinander. An einem Tag nehmen die Rinder große Mengen Frischfutter auf, kleinere Rassen etwa 50 kg, größere 80 kg. Dann trinkt ein Rind, wenn es Milch gibt, am Tag bis zu 100 l Wasser. Diese Zahlen weisen auf die bedeutenden Substanzumwandlungsprozesse hin, die dem äußeren Blick verborgen sind und für den Menschen eine so große Bedeutung haben – durch die Bildung von Milch, aber auch durch das Fleisch.

Bei allem, was wir beschrieben haben, muß man bedenken, daß das Rind kein Einzelwesen ist wie der Bär oder der Luchs. Es lebt als Glied seiner Herde. Was die einzelne Kuh gerade tut – fressen, ruhen oder wiederkäuen –, vollzieht sie zumeist gemeinsam mit den anderen Tieren der Herde. Es sind gruppenhafte Prozesse. Und nur, wenn eine Kuh im Ganzen einer Herde lebt, erreichen ihre Lebensprozesse die volle Intensität. Eine einzelne Kuh frißt weniger, trinkt weniger und gibt weniger Milch.

Vieles vom Wesen des Rindes kann man in seinen Lautäußerungen empfinden. Das dumpfe «Muuuh» entsteht wohl am Kehlkopf im Zusammenhang mit der Rachen- und der Mundhöhle. Was man hört, scheint aber aus den Tiefen des Leibes emporzudringen. Man empfindet in dem dunklen, voluminösen und warmen Laut etwas vom seelenhaften Wesen des Rindes. Man weiß aus vielen Beobachtungen, daß kaum ein Organ so sensibel auf Affekte und Emotionen mit seinen Drüsenprozessen und Bewegungen reagiert wie der Magen und der Darm. Das Seelische ist hier tief in die Lebensvorgänge eingeflochten. Und wie diese weitgehend unbewußt verlaufen, werden die seelenhaften Regungen von der Bewußtlosigkeit der Verdauungsorgane und -prozesse bestimmt. So wird manches verständlich, was uns in den Verhaltensweisen des Rindes entgegentritt – besonders die krafterfüllte Dumpfheit. Wenn auf einer Weide ein Knall ertönt, stieben die Vögel im Moment auseinander, das Pferd reagiert sofort, beim Rind bemerkt man erst nach einer Latenzzeit eine traumhaft gedämpfte Reaktion.

Kaum ein anderes Tier verbindet sich so intensiv mit den Stoffen und mit den Kräften der Erde. Das gibt dem ganzen Wesen das Gepräge – in seiner Gestalt, in der Form der Organe und in ihren Lebensprozessen und im Verhalten. Wie in den Verdauungsorganen das Seelische in die Lebensprozesse untertaucht, so gliedert sich das Tier mit seinem ganzen Körper tief in die Kräfte der Gravitation ein. Besonders bei den Stieren gewinnt man den Eindruck, sie seien in ihren dumpfen Willensenergien ganz von diesen Kräften durchwirkt und wie kaum ein anderes Wesen an die Erde gefesselt.

Der Löwe

Wohl kein anderes Tier steht in der Achtung des Menschen so hoch wie der Löwe. Wir bewundern an ihm die gewaltige Kraft, seine Auseinandersetzung mit weit größeren Tieren wie den Büffeln und seine Erscheinung. Ein Löwe, der in ruhiger Haltung, den Kopf leicht erhoben, in die Weite blickt, macht auf den Betrachter einen majestätischen Eindruck. Man empfindet, wie die körperlichen Energien gerafft und die aggressiven Emotionen in dieser krafterfüllten

Abb. 6: Männlicher Löwe (Panthera leo)

Ruhe gedämpft sind. Am Antlitz bemerkt man aber, wie sie im Leibe verhalten vibrieren. Und wenn der Löwe das Maul etwas öffnet, dann wird in der Physiognomie der Ausdruck von starkem Grimm sichtbar. Am Löwen kann einem bewußt werden, daß man bei den Tieren immer auch den seelenhaften Charakter beachten sollte.

Bekanntlich gehört der Löwe zur Ordnung der Raubtiere, die schon in der Art des Nahrungserwerbs bestimmte innere Eigenschaften zeigen. Bei den Huftieren wirkt im Weiden und Äsen ein weitgehend dumpfer Nahrungstrieb. Hunger und Sättigung bestimmen den regelmäßigen Ablauf von Nahrungsaufnahme und Verdauen. Bei den Raubtieren ist der Nahrungserwerb ein dramatisches Geschehen; er ist beim Auflauern, beim Anschleichen oder bei der Hetzjagd, beim Erhaschen, beim Kampf und beim Töten von einer Fülle emotionaler Kräfte durchglüht. Im Hinblick auf Begierden, Emotionen und Leidenschaften sind die Raubtiere viel seelenhafter als die Huftiere. Dieses Seelenhafte prägt sich in den verschiedenen Gruppen der Raubtiere, bei den Mardern und Bären, den Hundeartigen, den Hyänen, den Schleichkatzen und den Katzen recht unterschiedlich aus. Davon wird in späteren Kapiteln noch die Rede sein. Die typischsten unter den Raubtieren sind nach Julius die Katzentiere (Julius 1970, S. 94). Wie ist das zu verstehen?

Was die katzenartigen Raubtiere besonders kennzeichnet, ist ihr geschmeidiger Leib. Von weitem kann man einen Hund und eine Katze an ihren Bewegungen unterscheiden – das regelmäßige, etwas steife Laufen des Hundes und das fließend-weiche der Katze. Die Katzen treten mit den Ballen, das heißt mit ihren Fingern beziehungsweise Zehen, viel sensibler auf. Die Gelenke sind deutlich gewinkelt. Man empfindet in jeder Phase der Bewegung ein lebendiges Spiel von Spannen und Lösen; selbst wenn ein Katzentier steht, vibriert dieses Wechselspiel in den Gliedern. Plötzlich kann sich die ganze Haltung straffen oder lässiger werden. Dieses Vibrieren der Muskulatur bemerkt man auch am ganzen Leib. Von der Steifheit und der Mechanik des Knochensystems, die beim

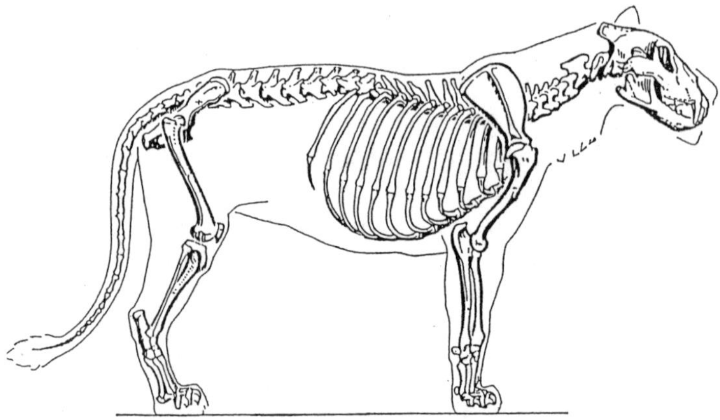

Abb. 7: Umriß und Skelett des Löwen (aus Tank)

Pferd und beim Rind so stark in Erscheinung treten, ist bei den Katzen nichts zu sehen. Das Knochensystem ist ganz in die Beweglichkeit der Muskulatur aufgenommen. Die Gliedmaßen sind relativ kurz und bis an die Peripherie regsam und beweglich; sie sondern sich nicht wie beim Pferd und anderen Huftieren vom Innern des Tieres ab. Im Gegenteil, die inneren Erregungszustände dringen bis in die äußerste Peripherie, bis in die Beweglichkeit der Krallen. In der eigenartigen Schönheit des Leibes kommt beim Leoparden mehr als bei den anderen Großkatzen die Geschmeidigkeit zum Ausdruck, beim Löwen Gerafftheit und Kraft.

Tiger, Leopard und Jaguar sind durch ihre Aggressivität unverträgliche Einzelgänger. Der Löwe ist die einzige unter den Großkatzen, die mit anderen zusammen im Rudel lebt. Er hat in seinem Wesen eine größere Spannweite und ein breiteres Spektrum der Verhaltensweisen. Das muß man betrachten, wenn man sich einen Weg zum Verstehen dieses bedeutenden Tieres bahnen will.

Der Löwe hat eine innere Beziehung zu jenen Gegenden der Erde, in denen die Sonne die Landschaft stark durchglüht, zur

Savanne und den Galeriewäldern Afrikas, auch zur Halbwüste wie der Kalahari. Dort liegen die Tiere eines Rudels viele Stunden z. B. im Schatten eines Baumes. Sie schlafen oder genießen dösend die Wärme. Manche sind mit ausgestreckten Gliedern völlig entspannt, andere heben etwas den Vorderkörper und den Kopf und blicken vor sich hin oder in die Runde. Man kann auch beobachten, wie zwei Löwinnen zärtlich die Köpfe aneinander reiben, die Augen geschlossen, um sich ganz dem Wohlgefühl hinzugeben. Vielleicht stößt eine Löwin wieder zum Rudel und begrüßt die andern, indem sie mit ihrem Leib den der anderen breitflächig berührt. Sie gleitet dabei langsam an diesen vorbei, wie wenn sie die andere Löwin von den Wangen bis zum Schwanz streicheln wollte. Die sympathisch angenehme Empfindung des Berührens spielt eine große Rolle. Nicht selten suchen die Löwinnen auch beim Liegen die Behaglichkeit durch den körperlichen Kontakt. Etwa zwanzig Stunden am Tag verbringen die Löwen in einem ziemlich trägen Zustand. Das kontrastiert zu den Zebras, Gnus und Antilopen, die sich die meiste Zeit bewegen und aktiv sind. Löwen sind ganz offensichtlich keine Tiere, bei denen die Gliedmaßen die bestimmenden Organe sind.

Dann bemerken plötzlich ein, zwei oder mehrere Löwinnen in der Ferne eine Beute, eine Gruppe von Gnus oder Zebras. Sie stehen auf; und nun beginnt ein Anpirschen, das länger als eine Stunde dauern kann. Denn ein Zebra, ein Gnu oder eine Antilope kann der Löwe nur aus der Nähe überwältigen. Er ist kein Hetzjäger wie die Hyänenhunde oder der Gepard. Je näher die Löwin an das Opfer herankommt, desto mehr geht das Anschleichen in ein geducktes Kriechen über. Aus einer Entfernung von etwa 30 Metern bricht dann die Löwin mit schnellen, kraftvollen Sprüngen los und stürzt sich auf das Opfer. Löwen können ihrem Opfer auch auflauern; sie warten bewegungslos an einem Platz mit guter Deckung, manchmal mehrere Stunden. Bisweilen verläuft die Jagd wie ein strategisches Arrangement, indem zwei oder drei Löwinnen sich im Gras verstecken, andere sich um die Zebras oder Antilopen herumpirschen und diese dann in den Hinterhalt treiben.

Um ihr Opfer zu töten, springt die Löwin von der Seite oder von hinten auf seinen Rücken und versucht es mit ihrem Gewicht zu Boden zu zerren. Mit dem Gebiß durchbohrt sie dann die Luftröhre oder zerreißt die Halsschlagader; das Opfer erstickt beziehungsweise verliert sofort das Bewußtsein. Bisweilen durchtrennt die Löwin mit ihren gewaltigen Reißzähnen zwischen zwei Halswirbeln die Halswirbelsäule und das Rückenmark.

Bald erscheinen mit dem restlichen Rudel auch die männlichen Löwen am Riß. Sie jagen selbst nur äußerst selten. Eher nehmen sie einem Geparden oder einer Hyäne die Jagdbeute ab. Sie sind größer und schwerer als die Löwinnen. Durch das Gewicht des Leibes ballen sich die Willenskräfte stärker als bei den weiblichen Tieren. Diese sind durch die geringere Masse regsamer und besser zum Jagen disponiert. Vor der Stärke der männlichen Tiere weichen sie am Riß zurück. Andernfalls werden sie recht unsanft verdrängt. Überhaupt geht es am Riß oft recht aggressiv zu. Die Löwinnen müssen den Löwen den Vortritt lassen, die Jungtiere den erwachsenen Weibchen. An letzter Stellen rangieren die Kleinen. Es herrscht unerbittlich das emotional-aggressive Wesen des Löwen und das Recht des Stärkeren. Der Hunger und die Begierde bringen die Emotionen zum Glühen.

Zuerst wird das Muskelfleisch gefressen. Manche Tiere nehmen auch die inneren Organe. Nur der Magen bleibt unberührt. Man hat festgestellt, daß ein ausgehungerter Löwe bis zu 30, im Extrem bis zu 45 Kilogramm Fleisch auf einmal verschlingen kann, eine ausgehungerte Löwin etwas weniger. Nach der Mahlzeit begeben sich die Tiere häufig zu einer Tränke, an einen nahen Fluß, einen See oder ein Wasserloch. Hier herrscht dann die friedliche Stimmung des Sattseins.

Nach diesem Crescendo der Emotionen und Leidenschaften folgt dann wieder eine Phase der Behaglichkeit, der Entspannung. Dieser Wechsel zwischen stärkster Ballung der Kräfte und Emotionen und dem Wohlbehagen in gelöstem Entspanntsein bestimmt mit einer Fülle von Zwischenstufen das Leben des Löwen.

Löwen jagen in verschiedenen Gebieten zu unterschiedlichen Tageszeiten. Leben sie in einer Umgebung, die durch Gebüsch gute Deckung gibt, gehen sie vor allem am Tag auf die Jagd; im offenen Gelände häufiger in der Nacht. Sie können in der Dunkelheit ausgezeichnet sehen, haben aber auch gute Ohren und eine vorzügliche Nase. In Nächten, in denen der Mond nicht scheint, ist der Jagderfolg größer als in den mondhellen. Was den Löwen besonders in Jagdstimmung versetzt, ist ein drohendes Gewitter. Die grandiosen Entladungen in der Atmosphäre erregen die Emotionen im Löwen so intensiv, daß er nun sogar mehr Tiere tötet, als er für seinen Hunger benötigt.

Die große Spannweite der Emotionen dringt in der Stimme des Löwen nach außen. Die Zufriedenheit im Schnurren, das Brummen und Grollen, wenn Löwen sich begegnen, die Aggressivität bei der Auseinandersetzung z. B. am Riß im Knurren. Bei Löwenkindern hört man auch ein Miauen. Die eindrucksvollste Äußerung ist aber das Brüllen. Am Abend, vor oder nach dem Sonnenuntergang, erhebt der Löwe seine gewaltige Stimme. In rhythmischer Folge schleudert er in absteigender Tonhöhe seine Lautenergien hinaus. Es ist wie ein Vulkanausbruch, in dem nicht Dampf und Lava, sondern Emotionen in den Raum geschleudert werden. «Wenn ein Geräusch die Bezeichnung markerschütternd verdient, dann ist es das Gebrüll eines nahen Löwenrudels im afrikanischen Busch bei Nacht. Das tiefe Grollen zerreißt die nächtliche Stille der afrikanischen Savanne wie ein unangekündigter Donnerschlag. Kommt das Gebrüll nur aus ein paar hundert Metern Entfernung, hat man das Gefühl, die Löwen stünden unmittelbar neben einem. Man wundert sich, daß die Wandung des Zeltes nicht vibriert und daß kein Gegenstand umfällt» (W. u. H. Hagen 1992, S. 42 f.). Das Gebrüll erfüllt einen Umkreis von etwa 16 Kilometern.

In diesem Brüllen – bei den Löwinnen ist es etwas seltener und nicht ganz so stark wie bei den Löwen – offenbart sich die emotionale Gewalt, die in diesen Tieren lebt. Sie entledigen sich etwas dieser Energien. Und dadurch befreien sie sich wohl bis zu einem gewissen Grade, wie sich auch der Mensch durch einen Zornesausbruch seelisch entlastet. So mag es sein, daß die entsprechenden Energien bei den andern Großkatzen, dem Tiger, dem Panther und dem Jaguar, in der Organisation gebunden sind. Ihre Bewegungen sind auch mehr von aggressiver Energie durchsetzt; in der Musterung des Fells kommt wie im Bild flackernde oder sich zusammenballende innere Erregung zum Ausdruck. Der Löwe ist in seiner Haltung und Bewegung, auch in der Farbe seines Fells, viel ruhiger. Kann er als einzige Großkatze mit anderen zusammen in einem Sozialverband leben, weil er brüllt? Wenn man im Brüllen die emotionalen Eruptionen erlebt, dann ist man geneigt, diese Frage positiv zu beantworten.

Das Leben im Rudel verläuft nicht so gleichförmig, wie es nach dem bisher Geschilderten zu erwarten wäre. Zu einem Rudel gehören in der Regel zwei oder drei männliche Tiere, fünf bis zehn weibliche und deren Kinder. Die Rangordnung innerhalb des Rudels ist nicht so stark ausgeprägt wie bei anderen Säugetieren, die in einem Verband zusammenleben. Ist bei einer der Auseinandersetzungen eine Löwin die Überlegene, hat das keine Konsequenz im weiteren Zusammenleben. Allerdings: die Löwen sind im Rudel die Herrscher; sie sind schwerer (150 bis 250 Kilogramm) und stärker als die Löwinnen, die mit ihrem geringeren Gewicht (120 bis 180 Kilogramm) beweglicher und in vielem die Aktiveren sind. Aber selbst der schwächste Löwe steht noch höher als die weiblichen Tiere. Die Löwinnen bilden den stabilen Kern des Rudels. Meist in Abständen von Jahren versucht eine neue Gruppe jüngerer Löwen das Rudel zu erobern. Die Eindringlinge vertreiben nach heftigen, gewalttätigen Kämpfen die bisherigen Herren. Nun müssen sie auch die Löwinnen gewinnen, die zunächst die neuen Herren aggressiv ablehnen. Erst nach Tagen dramatischer und wilder Auseinandersetzungen wird es wieder ruhiger. Nun haben die neuen Löwen auch den jüngsten Nachwuchs der

Löwinnen getötet. Die Löwinnen haben keine Jungen mehr zu säugen und werden hitzig. Die Eroberer haben ihr Ziel erreicht und begründen eine neue Ära. So wechseln in einem Rudel in längeren Intervallen kurze Phasen heftigster aggressiver Kämpfe mit langen Phasen eines vorwiegend ruhigen Zusammenlebens.

Vor der Geburt sondert sich die Löwin vom Rudel ab und sucht einen geschützten Ort im Dorngebüsch, im Dickicht oder eine Höhle. Dort werden nach einer Tragzeit von 100 bis 116 Tagen die Jungen geboren, in der Regel zwei oder drei, manchmal auch vier. Sie sind zunächst recht hilflos. Die Augen öffnen sich wohl frühestens nach einer Woche. Ihre Mutter ernährt sie sechs Wochen lang nur mit Milch. Dann beginnen sie auch Fleisch zu sich zu nehmen. Jetzt kehrt die Löwin mit ihren Kindern zum Rudel zurück. Sie ist bei deren Schabernak und lebhaften Unternehmungen geduldig und liebevoll. Auch die anderen Löwinnen verhalten sich sehr freundlich. Die Kleinen dürfen bei ihnen sogar trinken, sofern sie selbst auch Junge haben. Das richtige Löwenleben beginnt allmählich im vierten Monat, wenn die Jungen die ersten Reißzähne bekommen. Dann gehen sie als kleine Tollpatsche mit auf die Jagd. Das aktive Jagen setzt aber erst ein, wenn etwa im Alter von einem Jahr die bleibenden Zähne durchbrechen. Die männlichen Nachkommen leben nur etwas mehr als drei Jahre im Rudel ihrer Mutter. Danach streifen sie in kleinen Trupps durch die Savanne und erobern sich später eventuell ein Rudel. Mit sechs Jahren erreicht der Löwe seine volle Größe; dann haben die männlichen Tiere auch ihre Mähne.

Offensichtlich durchzieht eine Gesetzmäßigkeit in vielerlei Variationen das Leben der Löwen. Ein Forscher, der durch mehrere Jahrzehnte Löwen in den verschiedenen Regionen Afrikas beobachtet hat, wirft in einem seiner Bücher die Frage auf: «aggressiv oder friedfertig ...?» Der Löwe ist ein Tier mit einer großen Weite des inneren Wesens. Sie reicht von völlig entspanntem Gelöstsein und wohliger Behaglichkeit über Zärtlichkeit, Gelassenheit und geballte Ruhe zu Erregungen des Unmuts, die sich unter anderem im Knurren äußern, zu Grimm und wilder Aggression. Das Leben des Löwen ist ein Rhythmus, ein Pendeln, das in dauerndem Wechsel bald nach der einen und bald nach der andern Seite ausschlägt. Wie ist dieses eigenartig pulsierende Dasein in der Organisation des Löwen begründet?

Wir haben schon darauf hingewiesen, daß die Glieder des Löwen eine andere Beziehung zum Rumpf haben als beim Pferd. Die Beine des Pferdes sind durch die gesteigerte Knochenbildung zu Organen geworden, durch die sich das Tier intensiv in die äußeren Kräfte der Gravitation und der Mechanik hineinstellt. Die Muskelbetätigung wirkt ganz in diesen Kräften. Man kann sagen: In den Bewegungsorganen sind die Knochen der bestimmende Teil. Bei dem Löwen treten die Knochen gegenüber den Muskeln zurück. Das kommt im Anteil der Knochen am Gesamtgewicht des Körpers deutlich zum Ausdruck. Beim Pferd beträgt er 20 %, beim Löwen nur 13 %. So bestimmen die innere Beweglichkeit der Muskulatur, das fortwährende Wechselspiel von Kontraktion und Erschlaffung, von Spannen und Lösen jede Phase der Bewegung und die Haltung. Das Knochensystem ist so beweglich, daß in ihm dieses Wechselspiel vielfältig zur Geltung kommen kann. Ein Löwe kann wie unsere Hauskatze den Rücken zum Buckel krümmen, aber auch weit durchdrücken, wenn er sich streckt und räkelt. Die gewaltigen Sprünge in der letzten entscheidenden Etappe der Jagd sind eine rasche rhythmische Folge von intensiver Kontraktion und vorwärts schnellendem Sich-Strecken. Diese Beweglichkeit ist die Voraussetzung dafür, daß sich im Leib des Löwen das reiche Spektrum der inneren Erlebnisse offenbaren und ausleben kann. Um die Bewegungen, die Haltungen und Positionen im Liegen zu verstehen, muß man also nicht auf das Knochensystem und die äußeren Kräfte hinschauen.

Die Muskulatur steht auch mit den inneren Organen in Verbindung, vor allem mit dem Zirkulationssystem. Das Blut ist nicht nur für die Durchatmung und die Ernährung der Muskeln verantwortlich. Es ist in dem arteriellen Teil des Zirkulationssystems durchpulst vom Rhythmus des Herzens. Und dieser ist eng mit dem des Atmens verflochten. Beim Löwen herrscht eine besondere Harmonie zwischen diesen beiden Rhythmen. In Ruhe, ohne Erregung atmet der erwachsene Löwe in der Minute 10mal ein und aus, das Herz schlägt 40mal (Flindt 1985, S. 82 und S. 66), der Puls-Atem-Quotient ist also 4. Auch andere Tatsachen weisen darauf hin, daß die rhythmisch pulsierenden Organe im Organismus des Löwen eine besondere Bedeutung haben. Der Anteil der Lunge am Gesamtkörpergewicht beträgt beim Pferd 0,70 %, beim Rind 0,72 %. Beim Löwen ist er mit 2,12 % höher als bei fast allen anderen Säugetieren (Flindt 1985, S. 80). Auch das Herz ist mit 0,54 % (Handbuch der Biologie, hrsg. von F. Gessner, Bd. VI/3, S. 992) im Hinblick auf seine Größe gut ausgebildet.

Diese Organe erfaßt man nicht vollständig, wenn man sie nur physiologisch betrachtet. Die Rhythmen von Herz und Lunge können in Frequenz und Amplitude stark schwanken. Solche Schwankungen treten aber nicht nur als Folge von körperlicher Aktivität und Ruhe auf. Seelische Erregung manifestiert sich unmittelbar in einer Beschleunigung von Puls und Atem; beim Übergang zu innerer Entspannung und behaglichem Wohlgefühl werden Puls und Atem langsamer und flacher, im leidenschaftlichen Affekt rascher und tiefer. Lunge und Herz sind diejenigen Organe, in denen der Mensch seine Gefühle, seine Emotionen und Leidenschaften erlebt. Sie leben in den Modulationen von Atem und Puls. So wird ein wichtiger Tatbestand und Zusammenhang deutlich. Die Macht und innere Weite der Emotionen und Leidenschaften des Löwen stehen in Beziehung zu der außergewöhnlich starken Ausbildung seiner Lunge und seinem gut entwickelten Herz. Sie wirken im Wogen des Atmens und im Puls des Herzens. Was im Atmen innerlich wogt, kann im Brüllen nach außen dringen. Was im Puls an seelenhaften Kräften vibriert, durchdringt den Leib des Löwen bis in die Muskulatur. Man kann ohne jeden Anflug von metaphorischer Redeweise sagen: Beim Löwen ergreift das innere Leben von Lunge und Herz das ganze Tier. Es äußert sich in jeder Bewegung und in jeder Phase einer Bewegung. Wenn die emo-

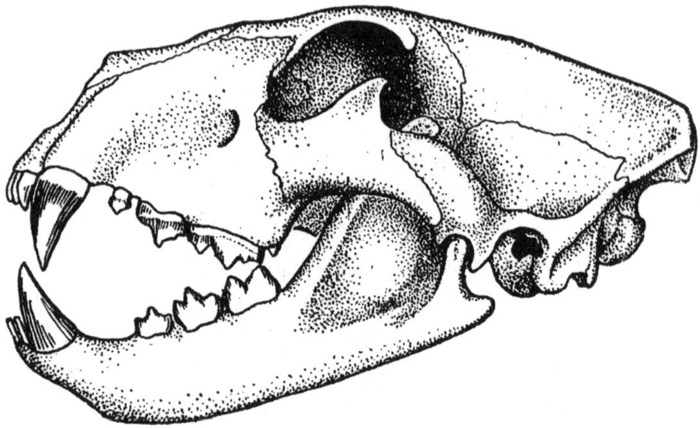

Abb. 8: Schädel eines Löwen (aus Kühn)

tionalen Kräfte mit dem Puls in den Verdauungsorganen, die beim Löwen recht unbedeutend sind,[6] aufleben, dann wird der Hunger zur drängenden, leidenschaftlichen Begierde. Und die Zebras, Gnus oder Antilopen, die der Löwe vorher kaum beachtet hat, sind nun Objekte, an denen er diese glühende Begierde befriedigen muß. Besonders intensiv steigert sich die Leidenschaft während der Paarungszeit, die bei den Löwen der Serengeti im Durchschnitt vier Tage dauert. Während dieser Zeit kommt es zu zahlreichen Kopulationen, tagsüber etwa alle zwölf Minuten.

Recht eindrucksvoll äußert sich das reiche innere Leben am Kopf des Löwen, vor allem im Antlitz. Es gibt Ausdrucksstudien, die zeigen, wie das Löwenantlitz ein ungewöhnlich lebendiger Spiegel der inneren Erlebnisse ist. Wie im Brüllen, Knurren und Murren dringt Inneres nach außen und wird sichtbar. Und die Mähne der Löwen zeigt in der gesteigerten Haarbildung wie in einer äußeren Signatur, daß zwischen Brust und Kopf innere Kräfte in die äußere Erscheinung drängen.

Auch im Schädel manifestiert sich das Wesen des Löwen. Die Kiefer sind wie am Rumpf die Gliedmaßen ziemlich kurz. Die Muskulatur ist aber kräftig. Eine Löwin kann mit ihrem Maul ein Zebra, das sie gerissen hat, ein ganzes Stück weit zerren. An der plastischen Modellierung des Unterkiefers kann man sehen, wie stark die Muskeln sind, die hier angreifen. Die leidenschaftliche Aggressivität im Töten und Fressen wird in der Form der gewaltigen Reißzähne wie in einer erstarrten Geste sichtbar. Sie manifestiert sich auch in den schmalen Backenzähnen mit ihren spitzen Höckern. Besonders groß ist am Kopf aber der Teil ausgebildet, der der Brusthöhle mit der Lunge und dem Herz entspricht, nämlich die Nasenhöhle.

Bussard und Adler

Um ein Tier zu verstehen, muß man immer auch auf seine Umgebung hinschauen. Denn die Tiere sind tief mit ihrer Lebenswelt verflochten. Die drei großen Lebensbereiche sind das Land mit seinen vielen einzelnen Gebieten, den Ebenen und Bergen, den Wäldern und offenen Landschaften, die weiten Räume des Wassers in den Meeren und Ozeanen und den Gewässern des Landes und schließlich das größte aller Meere, das der Luft. Seine Substanz ist das Gegenteil der dichten, festen Gesteine; sie ist im höchsten Grade aufgelöst und ohne jegliche Abgrenzung. In der Luft wirkt die Tendenz des Sich-Verflüchtigens. So ist die Erde hier vollständig offen gegenüber dem Kosmos. Die Atmosphäre wird intensiv vom Licht durchflutet. Die Wärme nimmt sie viel stärker in sich auf und reagiert sehr fein durch Ausdehnung und Verdichtung auf Erwärmung und Abkühlung, das heißt mit auf- und absteigenden Strömungen und den Winden. Dieser gewaltige Raum, durch den die Erde so unmittelbar mit dem Kosmos in Beziehung steht, ist die Heimat der Vögel.

Wenn man bei der Betrachtung der Tierwelt nicht in Einseitigkei-

Abb. 9: Mäusebussard (Buteo buteo)

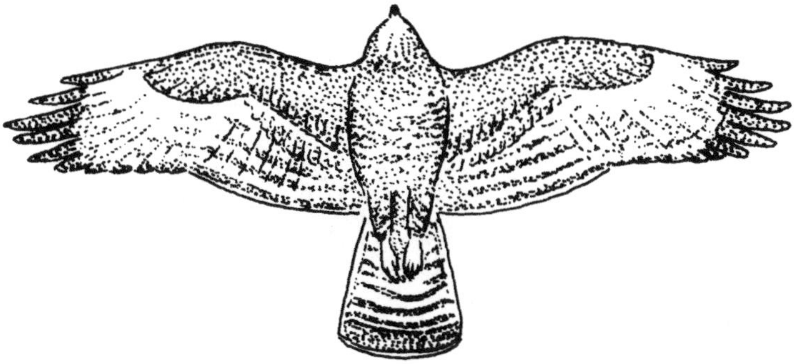

Abb. 10: Flugbild des segelnden Mäusebussards

ten geraten will, darf man nicht vergessen, daß die höheren Tiere durch ihren Organismus mit allen Bereichen der Erde verbunden sind. Einer von ihnen steht aber immer im Vordergrund, bei den Vögeln eben die von der Sonne durchstrahlte Atmosphäre. Doch es gibt auch Vögel mit einer stärkeren Beziehung zum Erdboden – die Hühnervögel, der Strauß, Nandu, Emu, Kasuar und vor allem der Kiwi – und zum Wasser wie die Enten, Taucher und Pinguine. Wenn man das Reich der Vögel verstehen lernen will, sollte man von denjenigen ausgehen, bei denen die Verbindung mit dem Luftmeer und der Sonne besonders deutlich ist, beispielsweise von den Greifvögeln. Es sind eindrucksvolle Gestalten wie die Falken, der Habicht, der Sperber, die verschiedenen Bussarde, die Milane und Weihen.

Richtet man im Sommer dort, wo Wald und offene Landschaft sich abwechseln, den Blick nach oben, so wird man des öfteren einen Vogel sehen, der manchmal stundenlang seine Kreise zieht. Er selbst ist völlig ruhig. Bisweilen steigt er, dann gleitet er ein Stück weit nach einer Richtung und beginnt wieder zu kreisen. Die Flügel sind weit ausgebreitet wie in völliger Hingabe an den Umkreis. Der Vogel läßt sich von aufsteigenden Luftbewegungen tragen, die sich durch Erwärmung über den Feldern und steppenhaften Flächen bilden.

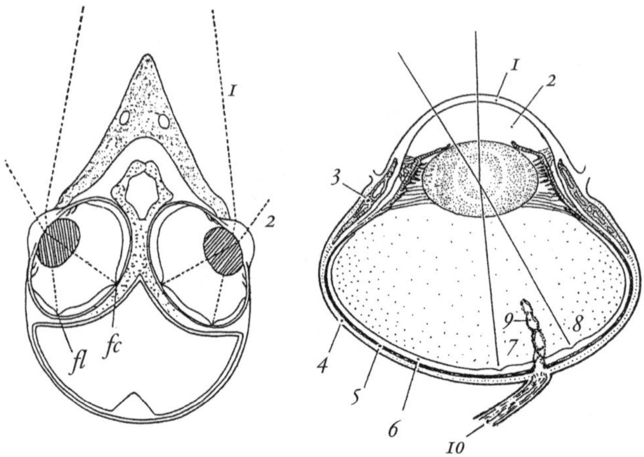

Abb. 11:

Links: Lage der beiden Augen im Kopf eines Tagraubvogels (aus Remane/Storch/Welsch)
fc – Fovea centralis
fl – Fovea lateralis
1 – optische Achse für gemeinsames Sehen mit beiden Augen
2 – optische Achse für getrenntes Sehen beider Augen

Rechts: Rechtes Auge des Bussards (aus Herzog, verändert)
1 – Hornhaut (Cornea)
2 – vordere Augenkammer
3 – Sklerotikalring
4 – äußere Augenhaut (Sclera)
5 – Gefäßhaut (Chorioidea)
6 – Netzhaut (Retina)
7 – mittlere Sehgrube (Fovea centralis)
8 – seitliche Sehgrube
9 – der stark durchblutete Kamm (Pecten)
10 – Sehnerv

Indem er dort oben durch die Luft gleitet, entsteht an der Oberseite seiner Flügel ein Sog. Die Flügel sind nämlich leicht gewölbt. Deshalb strömt die Luft oben schneller als an der Unterseite. Dieser Sog ist dreimal so groß wie der Druck, mit dem die Flügel auf der Luft aufliegen. So wird der Vogel von der Atmosphäre gehalten. Bestünde er nur aus Flügeln, er könnte wohl nie zur Erde herunterkommen. Was man sieht, ist ein kurzer Kopf, die breiten Flügel und ein breiter, runder Schwanz. Es ist ein Mäusebussard, der häufigste Greifenvogel in Europa und Nordasien – und in seiner Hingabe an das Luftmeer auch einer der schönsten.

Wenn er sich am Vormittag von seinem Horst in die Höhe begibt und dort weitgehend aus den Wirkungen der Erdschwere herausgehoben ist, entfaltet er sein Bewußtsein weit in den Umkreis. Ein Wesen, das so im Raum des Lichtes lebt, hat große Augen. Sie sind größer als das Gehirn. Ihre Form unterscheidet sich charakteristisch von der der Säugetiere und des Menschen. Sie ist nicht kugelförmig, das heißt keine weitgehend in sich geschlossene Sphäre. Der Augenhintergrund mit der Netzhaut weitet sich. Er wird wie eine Schale; Hornhaut und Linse, die Vermittler zwischen der äußeren Lichtsphäre und dem Innern, sind auffallend groß und stark nach außen gerichtet. Es sind Augen, in die das Licht stark hineinflutet und aus denen der Blick weit in die Ferne geht. Wollten wir so gut sehen wie der Bussard, dann müßten wir ein Fernglas mit sechsfacher Vergrößerung zu Hilfe nehmen. Wie wach und scharf das Bewußtsein ist, kann man ermessen, wenn man bedenkt, daß der Mensch etwa 18 Bilder in der Sekunde unterscheiden kann, der Bussard aber etwa 150. Die sogenannte Flimmerfusionsfrequenz ist keine feste Größe. In heller Umgebung ist sie größer als in einer dunklen. Sie hängt auch davon ab, ob das Bild im Bereich des gelben Flecks (Fovea) oder an einem anderen Ort der Netzhaut entsteht. Das hängt sicher auch mit einer der vielen Besonderheiten des Vogelauges zusammen. Die Netzhaut ist ungewöhnlich dick, weil sie Nervenverbindungen enthält, die bei den höheren Säugetieren und dem Menschen im Gehirn entstehen. Ein Teil der für das Gehirn charakteristischen Bewußtseinsfunktionen ist gleichsam nach außen in das Auge verlagert, in den unmittelbaren Zusammenhang mit der umgebenden Licht-, Farben- und Formenwelt. Außerdem hat jedes Auge in der Netzhaut wie überhaupt bei allen Taggreifvögeln zwei Sehgruben

(Foveae). Durch die eine kann der Bussard scharf nach vorn in die Ferne, durch die andere nach beiden Seiten sehen und so einen weiten Umkreis wach überblicken. Die Ufervögel, Möwen und Eulen haben nur einen gelben Fleck, die Schwalben und Seeschwalben dagegen sogar drei.

An diesen ungewöhnlichen Augen sind die Bewegungsmuskeln nur schwach ausgebildet. Der Mensch kann bei ruhiger Kopfhaltung durch die Augenbewegungen gut auffassen, was im Blickfeld liegt. Der Vogel vollführt die entsprechenden Bewegungen weitgehend durch den Hals mit dem ganzen Kopf. Das Blicken ergreift den Vogel viel stärker als den Menschen. Wie intensiv das ist, kann man erfassen, wenn man sich die Frage vorlegt: Was ist denn das Fliegen des Bussards? Der Mensch dringt beim Sehen mit dem Bewußtsein hinaus in den lichterfüllten Raum. Der Bussard begibt sich als ganzes Wesen in diesen Raum hinein. Sein Fliegen gehört auf das innigste mit den so hoch entwickelten Augen und der Weite seines Bewußtseins zusammen.

Wir wollen sehen, inwieweit sich diese Auffassung durch die weiteren Phänomene erhärtet. Was den Vogel ganz besonders kennzeichnet, ist sein Gefieder. Die großen Federn bilden das Flug- bzw. Großgefieder der Flügel und des Schwanzes. Viel zahlreicher sind die Federn des Kleingefieders, das den übrigen Körper umgibt. Der Bussard spreizt beim Segeln die Handschwingen; dann sieht jede dieser Federn aus wie ein kleiner Flügel. Wenn man eine einzelne Handschwinge eines großen Greifvogels rasch durch die Luft bewegt, empfindet man einen unerwartet großen Widerstand. Es ist, wie wenn man die Handfläche gegen eine Wasserströmung bewegen würde. Durch die Federn seiner Flügel nimmt der Vogel also die Luft wahr, die der Mensch ihrer Feinheit wegen normalerweise nicht empfindet. Der Vogel dringt mit seinem Wahrnehmen in einen Bereich ein, der dem Menschen fast ganz verschlossen ist. Wir empfinden wohl die Wärme der Luft, nicht aber ihre Substanz. So ist das kreisende Segeln des Bussards eigentlich ein sensibles Wahrnehmen

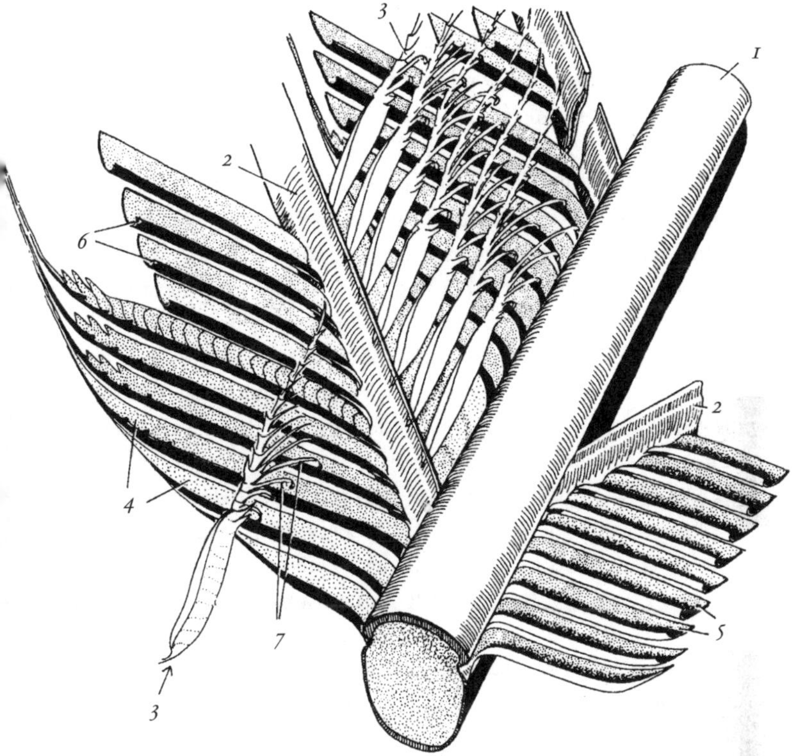

Abb. 12: Schema einer Konturfeder (aus Portmann 1983)

1 – Schaft (Rhachis)
2 – Ast (Ramus)
3 – distale Radien (Hakenstrahlen)
4 – proximale Radien (Bogenstrahlen)
5 – Basallamelle
6 – Krempe, für das Einhaken der Hamuli
7 – Hamuli der Hakenstrahlen

der Luft und ihrer Strömungen. Beim sogenannten Schlagflug und dem Rütteln ist mit dem Empfinden der Luft auch das Erleben der eigenen Aktivität verbunden.

Wie aber kommt es, daß Schwung- und Schwanzfedern dem Wahrnehmen der Luft dienen? Wir müssen, um diese Frage zu beantworten, kurz auf den Aufbau einer solchen Feder eingehen. Jeder weiß, daß eine Feder aus Kiel und Fahne besteht. Der Kiel ist so leicht, weil er in seinem runden unteren Teil, der Spule, weitgehend hohl ist; der Schaft, der die Fahne trägt, enthält im Innern mit Luft gefüllte Kammern. Von dieser zentralen Achse geht im spitzen Winkel eine große Anzahl der sogenannten Äste aus und von diesen wiederum zahlreiche Strahlen: nach hinten gerichtet die Bogenstrahlen, nach vorn die Hakenstrahlen, die mit ihren winzigen Häkchen genau in den Falz der Bogenstrahlen eingreifen. Die Feder ist ein Meisterwerk der schaffenden Natur. Die bis ins feinste gehende Struktur hat die Masse gleichsam überwunden. Wie leicht ist doch eine Feder und das gesamte Gefieder! Bei einem Haussperling wiegen die insgesamt etwa 3500 Federn nur etwas weniger als 2 Gramm.

In der Bildung der Feder wirkt eine ausstrahlende Tendenz. Zunächst strahlen vom Schaft die Äste zur Umgebung hinaus und dann an diesen noch einmal die Strahlen. Dennoch ist die Feder durch das Ineinandergreifen der Haken- und Bogenstrahlen ein Ganzes. So tritt in der Feder als abgestorbene Struktur auf, was wir eingangs als eine wesentliche Eigenschaft der Luft erwähnt haben: die Tendenz der Auflösung und des Hinausstrebens zum Umkreis. In Abwandlung einer Goetheschen Formulierung kann man sagen: Die Feder ist von der Luft für die Luft gebildet. Und dadurch, daß im Entstehen der Feder bei der Verdichtung der Substanz zu Horn alles Leben erlischt, werden die Federn der Flügel und des Schwanzes Sinnesorgane. Wenn ein Sinnesorgan entsteht, weicht an bestimmten Stellen des Organismus das Leben zurück, und es kommt die Gesetzmäßigkeit einer bestimmten Weltqualität zur Geltung – bei den Schwung- und Steuerfedern des Vogels eben die der Luft.

Auch die Deckfedern des Kleingefieders haben eine innige Beziehung zum Element der Luft. Luft nimmt ja Wärme stark in sich auf und hält sie fest; sie ist ein schlechter Wärmeleiter. So bilden die Deckfedern und das Daunengefieder zusammen mit Luft eine Wärmehülle um den ganzen Vogel.

Das alles spricht deutlich von einer tiefen Verbindung des Bussards mit der Atmosphäre. Sein Fliegen und Segeln ist nur die vollkommenste Manifestation dieses Zusammenhangs. Dadurch kann der Bussard in der Sphäre des Lichtes leben.

Kommt er aus der Höhe herunter, dann begibt er sich zu seinem Horst oder auf einen Baum am Waldrand. Man sieht Bussarde auch auf Pfählen und Grenzsteinen. Dort, auf einer Warte mit Überblick, sitzt er oft mehrere Stunden völlig ruhig. Sein Bewußtsein ist in der Umgebung. Er sieht jede Bewegung und hört das feinste Geräusch. Dann fliegt er plötzlich ein Stück weit und ergreift seine Beute, zumeist Mäuse, vor allem Feldmäuse, mit den scharfen Krallen seiner Fänge.

Man kann immer wieder lesen, der Bussard und die anderen Vögel hätten Beine. Das ist aber eine unzutreffende Ausdrucksweise. Denn was tut der Bussard mit den «Beinen»? Er umgreift den Ast, auf dem er sitzt; er ergreift Mäuse, Maulwürfe, Igel, Nattern, Eidechsen, Eichelhäher, Fasanen und andere Tiere und trägt sie auf einen Baum, wo er sie frißt, oder in den Horst zur Atzung der Jungen. Das sind Tätigkeiten, die man nicht mit Beinen und Füßen verrichtet, sondern mit Armen und Händen. Die Fänge sind eigentlich Finger. Die Hand ist mit einem Teil der Handwurzelknochen zu einem Knochenstab verkümmert. Der Bussard ist also ein Wesen ohne Beine. Er kommt durch seine Organisation überhaupt nicht in jenen Weltbereich hinunter, in dem z. B. das Pferd mit seinen Beinen die Bewegungskräfte entwickelt, in den der Schwere, der Gravitation; auch dann nicht, wenn er sich mitunter auf dem Erdboden befindet.

Wenn der Bussard auf einem Ast sitzt, dann hält er seinen Leib

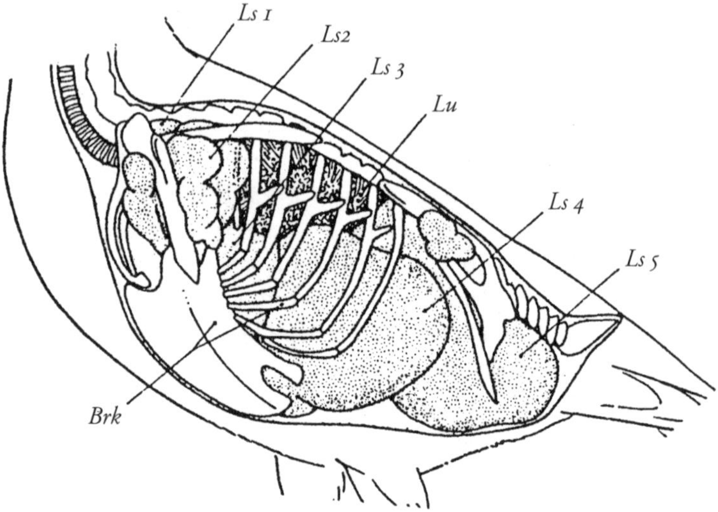

Abb. 13: Die Luftsäcke des Vogels erfüllen einen großen Teil der Leibeshöhle
Ls 1 – Hals-Luftsack   Ls 2 – Schlüsselbein-Luftsack
Ls 3 – Vorderer Brust-Luftsack   Ls 4 – Hinterer Brust-Luftsack
Ls 5 – Hinterleibs-Luftsack   Lu – Lunge
Brk – Brustbein und Rippe
(nach Portmann 1984, verändert)

zwischen den beiden Gliedmaßen. Beim Pferd oder der Katze spannt sich der Rumpf zwischen den vorderen und hinteren Beinen und ist dem Einfluß der Schwere ausgeliefert. Der Vogel trägt seinen Rumpf frei. Dieser ist durch knöcherne Verwachsung seiner Wirbelsäule und Verstrebung des Brustkorbes in sich stabilisiert. An den Rippen entsteht nämlich der sogenannte Hakenfortsatz, der sich an die folgende Rippe anlegt (siehe Abbildung 13 und 15). So ist der Brustkorb wie sonst nur der Kopf der Schwereeinwirkung entzogen.

Hätte man nun die Möglichkeit, durch das Federkleid und die dünne Haut hindurch das Innere des Rumpfes zu betrachten, dann würde man sehen, daß er zu einem großen Teil aus lufterfüllten

Räumen besteht. Der Bussard atmet wie alle Vögel nicht nur in die Lunge ein, sondern durch die Lunge hindurch in den ganzen Leib. Die Luft strömt beim Einatmen durch die Lunge in die zarten Luftsäcke, die sich sogar bis in das Innere der großen Gliedmaßen- und Flügelknochen fortsetzen. Die Pneumatisierung, die beim Menschen und vielen Säugetieren nur in einigen Knochen des Schädels auftritt, ergreift beim Vogel sogar die Knochen der Glieder. Dadurch sind diese an die Atmosphäre angeschlossen. Was spricht sich in der Tatsache aus, daß sich der Vogel so tief mit Luft durchdringt?

In einem Organismus wirkt sich der gesteigerte Bildungsprozeß eines Organs im Ganzen aus, vor allem dort, wo eine innere Beziehung zu diesem Organ besteht. Wir haben gesehen, wie die Augen durch ihre Form und Größe das Licht viel stärker als sonst aufnehmen. Dieses intensive Sich-Verbinden mit der Umgebung ergreift nun auch den Rumpf, allerdings so, wie es ihm angemessen ist. Beim Atmen nimmt der Rumpf die Luft auf wie am Kopf das Auge das Licht. Nach R. Steiner kann man die Sinnesorgane als Golfe bezeichnen, in denen bestimmte Qualitäten in den Organismus hineinfluten, das Auge also als einen Golf für Licht und Farbe. Dementsprechend ist die Lunge ein reich aufgegliederter «Golf» für die Luft. Beim Vogel weitet sich der Luftgolf in den Luftsäcken aus. Dadurch wird der Vogel von innen leicht. Es wird aber auch das Atmen modifiziert. Beim Ausatmen durchströmt nämlich die Luft aus den Luftsäcken ein zweites Mal die Lunge; und auch jetzt nimmt das Blut Sauerstoff auf. So wird der Leib des Vogels verstärkt durchatmet. Die lebendigen Verbrennungsprozesse erfahren eine Steigerung und die Körperwärme eine Erhöhung. Die Körpertemperatur des Bussards beträgt 40,5° C. Er verzehrt im «Feuer» des inneren Verbrennungsvorgangs unentwegt seinen Leib. Das gleicht er aus, indem er an einem Tag etwa ein Sechstel seines durchschnittlichen Gewichts von 900 Gramm als Nahrung aufnimmt. Das wären etwa fünf Feldmäuse. Diese schlingt er als ganze hinunter. Die Verdauung

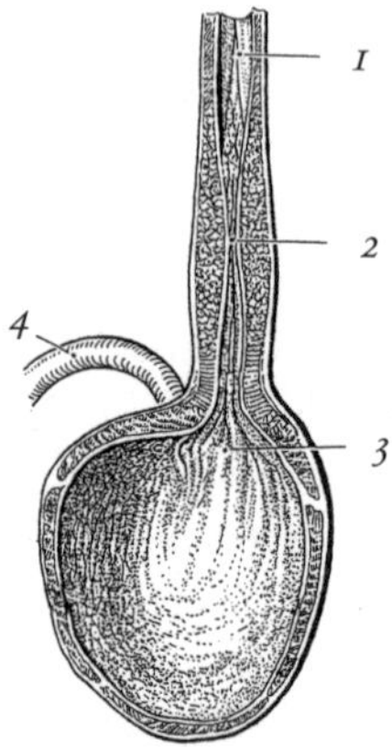

Abb. 14: Magen des Bussards (aus Herzog)
1 – Speiseröhre
2 – Vor- oder Drüsenmagen
3 – Muskelmagen
4 – Zwölffingerdarm

verläuft in der Hitze der Lebensprozesse recht schnell. Die unverdaulichen Reste würgt er als Gewölle heraus.

Beim Bussard ist der Verdauungstrakt wie bei den anderen Vögeln eigenartig gestaltet. Auf einen Drüsenmagen folgt der kräftige Muskelmagen, der die Nahrung auch mechanisch bearbeitet. Er hat die gleiche Funktion wie bei den Säugetieren das Maul mit den Zähnen.

Wenn man sich vergegenwärtigt, was den Rumpf des Bussards kennzeichnet – das freie Getragenwerden, die knöcherne Stabilisierung seiner Form, dann das so tiefe Hereinnehmen der Luft und die mechanische Bearbeitung der Nahrung –, ergibt sich ein Bild, das zunächst überraschend sein mag. Er ist gegenüber dem der Säugetiere und des Menschen modifiziert. Er hat Eigenschaften, die man sonst in der Bildung des Kopfes findet. Das heißt, er ist von Gestaltungsprozessen des Kopfes durchdrungen und hat ein dem Kopf ähnliches Gepräge. Äußerlich betrachtet sieht er natürlich nicht aus wie der Kopf. Aber man findet in ihm Qualitäten, die für den Kopf charakteristisch sind. Damit steht der Vogel als ganzes Wesen anders im Zusammenhang der Natur als die übrigen Tiere.

Durch die mächtige Ausbildung seiner Augen ist der Bussard nicht nur mit der Weite der durchsonnten Atmosphäre verbunden, sondern auch in seiner Organisation bestimmt. Wir haben darauf hingewiesen, daß beim Entstehen eines Sinnesorgans die Vitalität weitgehend zurückgedrängt wird. Dieser Prozeß greift in die Bildung des Kopfes ein und läßt die Mundpartie zum Schnabel erstarren und verkümmern. Diejenigen Sinne, die eng mit dem Stoffwechsel verbunden sind, das Schmecken und Riechen, entwickeln sich nur schwach. Und damit erlöschen auch die Lust- und Unlustempfindungen, die mit diesen Sinnen verbunden sind; der Bussard ist wie viele andere Vögel weitgehend frei von der affektiven Bindung an die Materie. Der starken Hingabe an den Umkreis durch das Auge entspricht der lange, im Gefieder verborgene bewegliche Hals. Den Zusammenhang der Bewußtseinsentfaltung im Sehen mit der Erweiterung des Wahrnehmens bis in die Bildung des Gefieders und das Fliegen haben wir bereits geschildert. Nun muß man noch berücksichtigen, daß das Auge zu einem nicht geringen Teil aus dem Gehirn entsteht. Damit bekommt die Sinnes-Nerven-Organisation ein großes Übergewicht. Und das wirkt in der Gestaltung des ganzen Leibes; Rumpf und Glieder werden wie sonst nur der Kopf aus dem Bereich der Schwere herausgelöst. Im Rumpf entsteht nur ein kurzer Darm. Im Ei des Vogels entwickelt sich zunächst vor allem der Kopf mit übergroßen Augen. Alles andere wirkt wie ein unbedeutendes Anhängsel, das dann unter dem Einfluß der dominierenden Augenbildung heranwächst.

Das spielt sich im Verborgenen ab. In der ersten Aprilhälfte legt das Bussardweibchen zwei bis vier Eier. Der Horst befindet sich im Wald auf einem der höheren Bäume. 28 bis 31 Tage, etwa die Dauer eines synodischen Mondumlaufs, brütet vor allem das Weibchen. Unmittelbar nach dem Schlüpfen haben die Jungen ein nahezu weißes Daunenkleid, das allerdings bald gewechselt wird. Von der dritten Woche an bildet sich das richtige Gefieder, und etwa nach sieben Wochen können die jungen Bussarde fliegen. Ganz selbständig werden sie in der zweiten Augusthälfte. Dann löst sich die Familie auf.

Nun lebt der Bussard etwa sechs oder sieben Jahre den Sonnen-

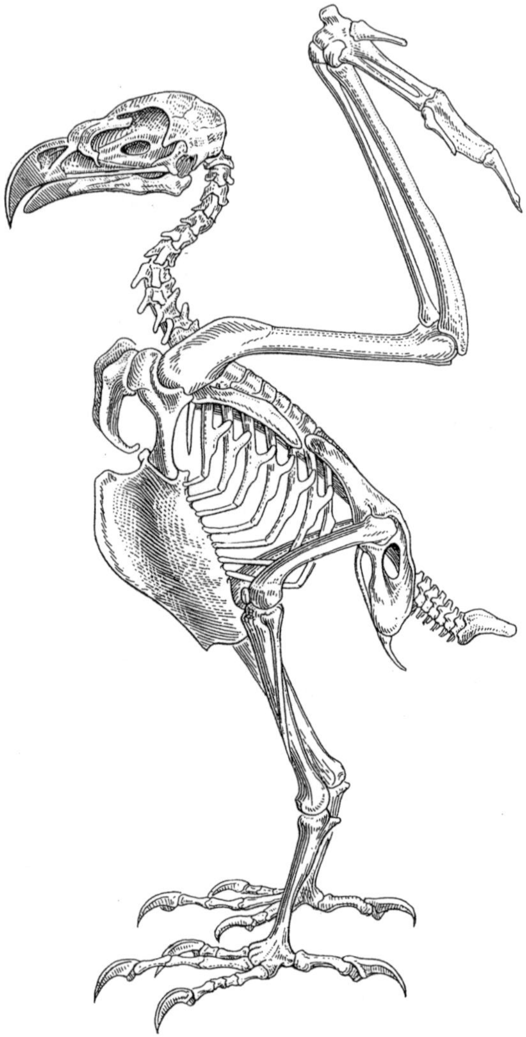

Abb. 15: Skelett des Steinadlers (Aquila chrysaëtos; aus Herzog). Das Flügelskelett und die Fänge sind besonders gut ausgebildet. Am Brustkorb sind die Hakenfortsätze deutlich zu sehen.

rhythmus des Tages und Jahres mit. Wenn die Sonne zwischen April und September die bodennahen Luftschichten erwärmt und als Thermik aufsteigen läßt, kann man ihn kreisend am Himmel sehen. Am frühen Morgen verläßt er seinen Schlafplatz im Wald und kehrt oft erst nach Sonnenuntergang zurück. Von den Bussarden Mitteleuropas und der mittleren Regionen Osteuropas bleiben viele, vor allem die älteren, im Winter in ihrer Heimat. Man sieht sie dann auf Bäumen sitzen oder in geringer Höhe fliegen. Die nordeuropäischen Bussarde wandern aber für einige Monate in Gebiete, wo auch im Winter die Tage hell sind, nach Mitteleuropa, in die Niederlande, vor allem nach Belgien und Nordfrankreich.

Ist der Bussard schon eine bedeutende Erscheinung im Reich der Vögel, so ist beim Steinadler alles ins Majestätische und Erhabene gesteigert. Er lebt im Hochgebirge, dort, wo die Erde selbst schon der Sonne am nächsten kommt, und im Norden, wo nach A. von Humboldt die Erde den mittleren und höheren Regionen des Gebirges entspricht. Wenn er seinen Horst verläßt, steigt er in größere Höhen als der Bussard und zieht dort oben, dem menschlichen Blick fast entrückt, im flutenden Licht der Sonne seine Kreise. Die Hingabe an die Atmosphäre übertrifft mit einer Spannweite der Flügel von 2,30 m die des Bussards (1,20 bis 1,40 m). Die Schärfe und Weite seines Bewußtseins drückt sich in seiner Physiognomie aus, seine Kraft in den Fängen. Wenn er Beute suchend in geringer Höhe über das Gelände streicht, greift er plötzlich ein Murmeltier, aber auch Junge des Steinbocks, der Gemse und Rehkitze. Sein Opfer, das im Zugriff der Fänge verendet, trägt er zu seinem Horst, den er auf einem Vorsprung in einer Felswand oder wie im Norden auf einem kräftigen Baum gebaut hat. Dort legt das Weibchen im Jahr zwei Eier und bebrütet sie. Die Jungen schlüpfen nach 43 bis 45 Tagen, d. h. nach eineinhalb synodischen Mondumläufen. Es dauert 11 Wochen, bis sich ihre Schwingen so weit ausgebildet haben, daß sie sich in den freien Raum hinausbegeben können. Im ersten Winter sind sie noch bei den Eltern; diese bleiben ihr ganzes Leben über zusammen.

WEITERE SÄUGETIERE

Das Pferd

Es gibt Tiere, die dem Menschen besonders nahestehen, weil sie sich aus der sonst so engen Verflechtung mit der Natur etwas gelöst haben und als Haustiere zum engeren Lebensumkreis des Menschen gehören. Unter ihnen hat das Pferd eine besondere Stellung. Wohl kaum ein anderes Tier hat dem Menschen durch Jahrtausende so vielfältig gedient – bei der Arbeit auf dem Acker, beim Transport der Güter, bei der Fortbewegung, auch beim Kampf und in den Kriegen. Es ist ein Tier von edler Gestalt und kraftvoller Bewegung, das die Schwere des Körpers souverän meistert. In seiner Bewegungskraft steckt die Anlage zur Bewältigung schwerer Arbeit, zur ausdauernden Bewegung wie zur Artistik.

Was am Pferd so beeindruckt, ist die Kraft seiner Glieder und seine Beziehung zur Weite des Raumes. Die Wildpferde lebten in früheren Zeiten in den endlosen Steppen der Ukraine, Rußlands und Innerasiens, der Steppentarpan (südrussisches Steppenwildpferd) bis in das vergangene Jahrhundert in den Steppen und Waldsteppen der Ukraine und Südrußlands, das kleinere Östliche Steppenwildpferd (Przewalski-Pferd) in den Gebieten östlich des Ural bis in die Mongolei. Dort an der chinesisch-mongolischen Grenze entdeckte 1879 ein russischer Forscher einige Herden mit maximal 20 Tieren: einem Leithengst, vier bis fünf Stuten und ihren Fohlen. Sie ernährten sich von dem harten Gras dieser wüstenhaften Ebenen. Heute gibt es die Nachkommen dieser Wild-

Abb. 16: Przewalski-Wildpferd (Equus ferus przewalskii)

pferde nur noch in Tiergärten. Die Pferde, die wir als Arbeits- oder Reittiere kennen, sind Hauspferde – die feingliedrigen, langhalsigen Vollblutpferde, die großen Warmblutpferde mit ihren langen Beinen und ihrer kräftigen Muskulatur und die starken schweren Kaltblutpferde. Warm und kalt bezeichnen das Temperament und den Körperbau, nicht die Temperatur des Blutes. Bei «kaltblütigen Pferden» soll diese sogar etwas höher liegen als bei «Warmblütlern» (Pflumm 1989, S. 43). Das Gewicht reicht von 400 Kilogramm beim Englischen Vollblut bis 1200 Kilogramm bei dem kaltblütigen Shire, einem Abkömmling des mittelalterlichen Schlachtrosses. Das weit kleinere Shetland-Pony ist nur 150 bis 200 Kilogramm schwer.

Beim Pferd sind die Beine eigenartig gebildet. Das kommt in der Formulierung, das Pferd sei ein Zehenspitzengänger, zum Ausdruck. Der erste Eindruck: das Pferd hat keinen Fuß. Was sonst bei Tieren der Fuß ist, erscheint völlig umgebildet. Von den fünf Strahlen ist nur noch der dritte vollständig vorhanden. Der Mittelfuß ist zu einem starken, senkrecht stehenden Stützorgan geworden. Er hat den Charakter eines Schenkelknochens. Und dieser Charakter setzt sich bis in die Gestalt der dritten Zehe fort. Die Feingliedrigkeit des Fußes ist verschwunden. Durch Steigerung der Knochenbildung ist der Fuß zu einem tragenden Stützorgan umgestaltet. Die Beinbildung setzt sich bis in die Region des Fußes fort; der Fuß ist zum Bein geworden. Und durch den Prozeß der verdichtenden Erstarrung entstehen an der Peripherie die Hufe. Diese Umgestaltung ist beim Pferd noch radikaler als beim Rind und den anderen Paarhufern, indem der Fuß nicht nur bis auf zwei Klauen, sondern auf einen Huf reduziert wird.

Durch die Steigerung der Beinbildung entstehen Gliedmaßen, die den übrigen Leib souverän tragen. Das zeigt sich auch in den Gelenken. Sie sind viel stärker durchgestreckt als etwa beim Rind. Bei diesem lastet die Schwere des Leibes in den Gliedern; das Pferd überwindet sie und wird dadurch ein zur Umgebung offenes Wesen.

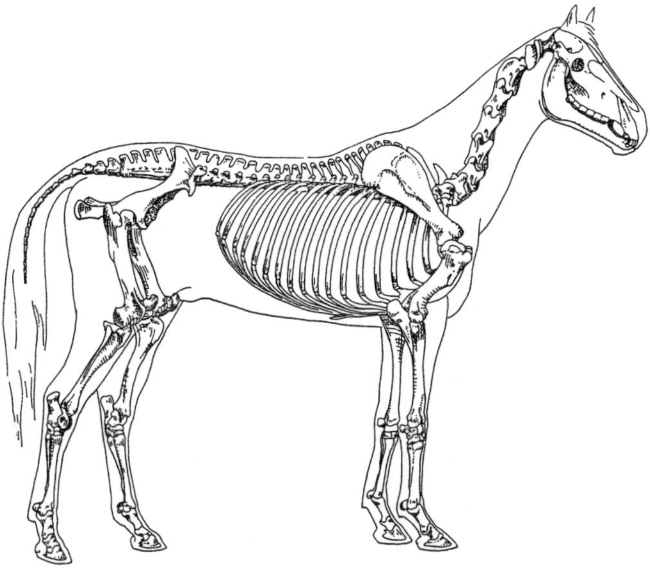

Abb. 17: Umriß und Skelett eines Pferdes (aus Loeffler)

Die Kraft entfaltet das Pferd in seiner Trage- und Bewegungsmuskulatur. Auch sie hat einen besonderen Charakter. Man kann in den Muskeln der Säugetiere helle (phasische) Fasern, die der raschen Bewegung dienen, von den dunklen (tonischen) Fasern der Kraftentwicklung unterscheiden. Beim Pferd ist die Muskulatur dunkelrot; sie besteht vor allem aus dunklen Fasern! Die Muskulatur liegt weitgehend im Rumpf. So wird der Rumpf zusammen mit der gesteigerten Beinbildung zu einer Organisation des kraftvollen Tragens und der impulsiven Bewegung.

Zunächst bewegt sich das Pferd im Schritt, auch wenn es beim Weiden langsam vorwärtsschreitet oder sich bei der Arbeit «ins Geschirr legt». Beschleunigt es seine Bewegung, verfällt es in Trab, oder es entfaltet seine volle Bewegungsenergie im Galopp. Dann kann es

Abb. 18: Die vier wichtigsten Gangarten des Pferdes.
Schritt (oben), Trab (Mitte), Pass (unten), Galopp (rechts)

auf längere Strecken von keinem anderen Tier eingeholt werden. Selbst beim Galopp bleibt der Rumpf ziemlich steif; Bewegungsimpuls und Bewegungsrhythmus wirken fast nur durch die Beine nach außen. Die Auseinandersetzung mit der Schwere ist so tief in der Konstitution verankert, daß das Pferd bisweilen im Stehen schläft beziehungsweise mit geschlossenen Augen döst. Auch beim Kämpfen verwendet das Pferd seine Beine. Die Hengste erheben sich auf die Hinterbeine und schlagen mit den vorderen. Die Stuten schlagen mit den Hinterbeinen aus, wenn sie den Gegner nicht durch Bisse vertreiben können. Als Bewegungswesen haben Pferde ein sehr gutes Empfinden für den Raum und entwickeln auch ziemlich rasch Bewegungsgewohnheiten. Den Weg, den ein Pferd nur einmal gegangen ist, findet es in der Regel wieder. Ein Reiter, der die Orientierung verloren hat, kann die Zügel hängen lassen, und sein Pferd wird ihn wieder nach Hause tragen. Und der Kutscher konnte ruhig einschlafen; das Pferd zog den Wagen den richtigen Weg und hielt genau an den Stellen, wo auch sonst etwas abgeladen wurde, z. B. an jedem Milchladen.

Was im Organismus des Pferdes besonders in den Vordergrund tritt, ist ganz offensichtlich die Beinbildung. Dieses Vorherrschen der Beine wirkt sich auf die anderen Organsysteme aus, z. B. auf die Organe der Ernährung, der Atmung und des Kreislaufs. Die Kraftentfaltung in den Gliedern bedarf einer starken Durchatmung und Ernährung. So wird der Atmungsprozeß beim Pferd intensiver als beim Durchschnitt der Säugetiere. Das sieht man an der Bildung des Brustkorbes. Von den 18 Rippenpaaren bestehen auffallend viele, nämlich 10, aus falschen Rippen, die im wesentlichen die Atmungsbewegung ausführen. So nimmt das Pferd bei einem Atemzug 7 ½ Liter auf, das Rind mit einer ähnlich großen Lunge dagegen nur 3 ½ Liter. Zudem hat die Lunge des Pferdes durch besonders kleine Lungenbläschen eine ungewöhnlich große innere Oberfläche von 500 Quadratmetern, durch die der Sauerstoff besonders gut vom Blut aufgenommen wird. Auch die Verdauungsorgane sind gut aus-

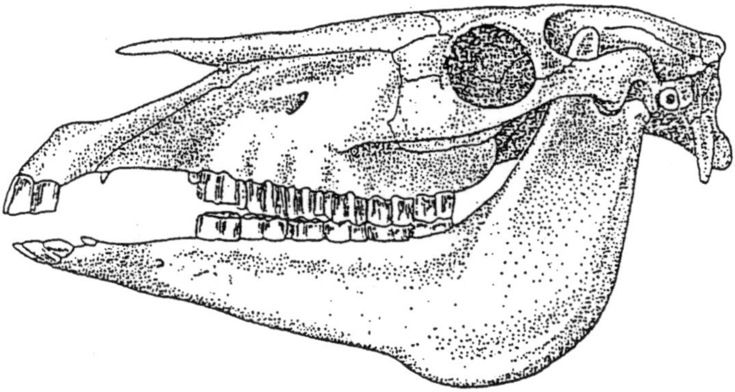

Abb. 19: Der Schädel eines Pferdes mit den mächtigen Kieferknochen (aus Kühn)

gebildet. Und im Blut ist die Anzahl der roten Blutkörperchen, die den Sauerstoff in den ganzen Organismus und beim Pferd insbesondere in die Muskulatur tragen, auffallend hoch. Die Verdauung ist durch den Darm – er ist etwa 30 Meter lang – und den mächtigen Blinddarm recht wirkungsvoll. An einem Tag frißt ein Pferd im Durchschnitt 50 kg, bei schwerer Arbeit aber bis zu 100 kg Gras und Kräuter, vor allem in den frühen Morgenstunden und am späten Nachmittag. Es faßt die Pflanzen mit den Lippen, beißt sie ab und zermalmt sie dann mit dem mächtigen Gebiß. Die Verdauung geschieht wohl im ganzen Magen-Darm-Trakt, vor allem aber im Blinddarm, der ein durchschnittliches Volumen von 33 Litern hat, und dem mächtigen Anfangsteil des Dickdarms, dem Colon crassum, mit einem Fassungsvermögen von durchschnittlich 80 Litern. Beim Pferd steht aber nicht wie beim Rind der Verdauungsprozeß im Vordergrund; durch die schwächere Verdauungskraft werden nur etwa 40 % des Futters verdaut. Die gesteigerte Bewegungsorganisation äußert sich bis in den Nahrungsinstinkt. Bei der Verdauung der pflanzlichen Nahrung entstehen nämlich vor allem auch Fettsäuren, die in den Muskeln für die Bewegung benötigt werden. Ein ausgewachsenes Pferd hat auch einen ziemlich großen Flüssigkeitsbedarf von täglich 30 bis 80 Liter Wasser. Dadurch, daß die Blutbildung intensiver ist als bei den meisten anderen Säugetieren, ist die Blutmenge größer. So wird die Muskulatur besonders gut durchatmet und ernährt. Die Lebensprozesse des Rumpfes erhalten ihre Eigenart von der dominierenden Beinbildung. Durch die gesteigerte Ausbildung der Beine und ihre Auswirkung im übrigen Organismus wird das Pferd ein so großes Tier.

Wenn man auf einer Weide neben Rindern auch Pferde sieht, ist man von ihren Hälsen und der Art, wie sie den Kopf tragen, beeindruckt. Der Hals gehört, genau besehen, zum Bewegungssystem. Durch ihn löst sich der Kopf vom Rumpf und kann sich mit seinen Sinnen mehr oder weniger frei der Umgebung zuwenden. Beim Pferd bemerkt man, wie sich die Eigenart der Glieder in der Bildung des Halses manifestiert: in der kräftigen Ausbildung der Wirbel, in dem souveränen Tragen des schweren Kopfes und in der freien Beweglichkeit. Durch den Hals kommt also das Pferd in eine offene Beziehung zur Umgebung. Diese Offenheit zeigt sich auch in den wachen Ohren und den auffallend großen Augen, die mit einem Durchmesser von fünf Zentimetern die größten von allen landlebenden Säugetieren sind. Sie liegen an den Seiten des Kopfes und sind zur Weite des Raumes, dem ursprünglichen Lebensbereich des Pferdes, gerichtet. Jedes Auge hat einen Sehwinkel von 215°; so nimmt das Pferd den gesamten Umkreis wahr, selbst wenn sich die Pupille im hellen Licht des Tages zusammenzieht. Sie wird dann nämlich zu einem horizontalen Spalt. So verliert das Pferd nie den Zusammenhang mit der Weite, mit der es durch seine Gliedmaßen so tief verbunden ist. In der Nacht lauschen die Pferde mit ihren wachen Ohren in die Tiefe des Raumes. Nun hat der Kopf der Säugetiere in den Kiefern einen gliedmaßenartigen Teil. Hier prägt sich beim Pferd besonders eindrucksvoll die Dominanz der Gliedmaßenbildung aus. Die Kiefer werden so mächtig, daß die anderen Teile des Kopfes weitgehend zurücktreten. Lediglich der Atmungsteil, die Nüstern und die inneren Nasenräume, und der Verdauungsteil, die Mundhöhle mit ihren Drüsen und den kräftigen Zähnen des Kiefers, sind relativ groß. Das entspricht dem, was wir an den Organen des Rumpfes gesehen haben. Auge und Ohr liegen ziemlich weit hinten. Vor allem der Gehirnschädel mit dem Gehirn tritt gegenüber der gewaltigen gliedmaßenartigen Kieferbildung ganz in den Hintergrund.

Und der Schweif? Bei vielen Säugetieren ist der Schwanz mit seiner Bewegung ein Ausdrucksorgan. Am Schwanz des Pferdes ist die Haarbildung, das heißt die Absonderung von verdichteter Hornsubstanz, besonders intensiv. Dadurch wird er zu einer Bildung, die sich locker in die Umgebung hineinbegibt und dort vehemente Bewegungen ausführen kann.

Daß in der Organisation des Pferdes die Beine im Vordergrund stehen, sieht man schon beim Fohlen. Sein Rumpf ist kurz und schmächtig. So beherrschen die schlanken Beine die Erscheinung noch stärker als beim ausgewachsenen Tier. Die Auseinandersetzung mit der Schwere beginnt gleich nach der Geburt, die meistens in der Nacht stattfindet. Das Neugeborene hebt sofort den Kopf. Nach einer Viertelstunde versucht es aufzustehen. Spätestens eine Stunde nach der Geburt kann es stehen und sich bewegen. Die Glieder sind nach der Tragzeit von elf Monaten weitgehend ausgebildet. Etwa ein Dreivierteljahr wird nun das Fohlen von seiner Mutter gesäugt, es beginnt aber schon am Ende der ersten Lebenswoche Gras zu rupfen.

Hirsche – Rothirsch – Elch – Rentier

Wenn man von der offenen Landschaft der Wiesen und Felder den Laubwald betritt, kommt man in einen Raum, der durch die hoch aufragenden Stämme einen feierlichen Charakter hat. Die Kronen bilden zusammen ein lockeres Dach, durch das das Licht der Sonne nur gedämpft in das Innere dringt. Auch an den Rändern bilden

Abb. 20: Männlicher Rothirsch (Cervus elaphus)

Büsche und Bäume, die eine stärkere Beziehung zum Licht haben, etwa Eschen und Espen, eine lebendige Begrenzung. Im Inneren des Waldes erscheint alles gegenüber der Umgebung, wo das Leben direkt der Sonne und der wechselnden Witterung ausgesetzt ist, gedämpft. Im Sommer herrscht eine wohltuende Dämmerung. Man blickt zwischen den Stämmen hindurch in einen geheimnisvollen Hintergrund. Die Atmosphäre ist durch ihre Feuchtigkeit erfrischend, auch durch die ausgeglicheneren Temperaturen – im Sommer ist es kühler, im Winter wärmer als draußen auf den Feldern. Der Boden ist durch den Humus weicher und feuchter. Kräuter und Sträucher blühen zarter und schwächer. Ein feiner Geruch erfüllt den Raum. Wo sich der Blick schon bald in dem dämmerhaften Hintergrund verliert, wird man für die Geräusche und Klänge besonders empfänglich. Dadurch daß der Boden das Wasser gut aufsaugt, können Quellen entstehen; sie sind von frischen Kräutern umgeben. Und dort, wo sich der Wald in einer Lichtung zum Himmel öffnet, gedeiht eine reichere Vegetation.

Diese Welt des Waldes ist der Lebensraum des schönsten unserer Säugetiere, des Rothirsches. Am Tage wird man kaum einmal eines dieser edlen Tiere sehen; sie liegen an geschützten Stellen. In der Abenddämmerung kommen sie dann zum Äsen auf eine Lichtung, an den Waldrand oder ein Stück weit auf die Wiesen und Felder. Meistens sind es kleine Gruppen männlicher oder weiblicher Hirsche.

Die Gestalt dieser Tiere hat einen edlen Charakter. Schlanke Glieder heben den Leib aus der Schwere heraus. Sie sind stärker gestreckt als bei den meisten anderen Säugetieren. Man ist erstaunt, wenn man erfährt, daß ausgewachsene Hirsche 130 bis 250 Kilogramm wiegen – nach Osten hin, in den mehr kontinentalen Gebieten Europas, werden sie schwerer als im Westen. Der ganze Leib mit dem schönen rotbraunen Sommer- oder dem mehr grau getönten Winterfell ist nach vorn gerichtet. Der Schwanz, in dem bei anderen Säugetieren die Emotionen und Affekte sichtbar werden, ist ganz zurückgenommen; er liegt meistens flach am Leib.

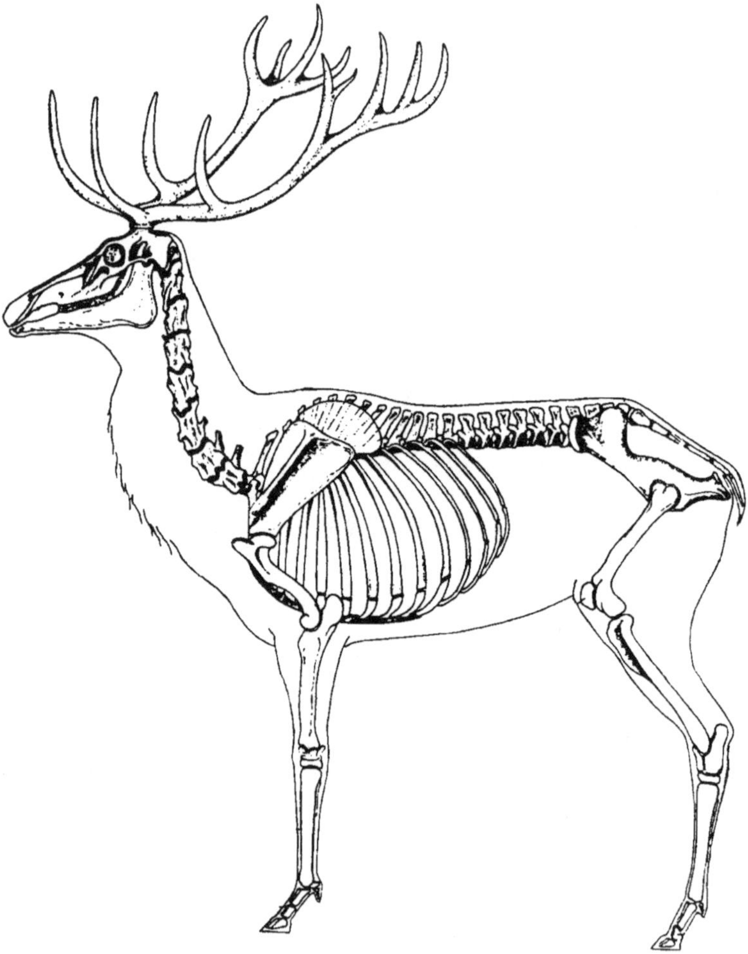

Abb. 21: Skelett des Rothirsches (aus Wagenknecht)

Der Rumpf wird an der Brust weiter. Ein schlanker, schmaler Hals wendet sich nach oben und gibt dem Kopf eine freie Beziehung zur Umgebung. An den großen, beweglichen Ohren und der langen edlen Nase sieht man, wie sich der Hirsch an die Geräusche und Düfte seiner Umgebung hingibt. In seiner dämmerhaften Welt sind die Augen weniger gut ausgebildet, aber zu einem ziemlich weiten Umkreis gerichtet – der sogenannte Öffnungswinkel beträgt 160°. Der Hirsch empfindet vor allem, was ihm die Luft an Eindrücken zuträgt. Das ist aber dasjenige, was besonders gefühlsartige Empfindungen erregt. Die Beziehung zur Umgebung ist wie ein sensibles, empfindungsreiches Träumen – ein waches Träumen, denn der Hirsch hört die feinsten Geräusche, und einen Menschen wittert er auf einige hundert Meter Entfernung.

Die Bewegungen sind leicht und sicher. Wird ein Hirsch beim Äsen gestört, dann verzieht er sich rasch ins Gebüsch. Wenn er aufgescheucht und verfolgt wird, kann er im Galopp mit großer Geschwindigkeit entfliehen und mit mächtigen Sätzen über Bäche und andere Hindernisse hinwegsetzen. Hirsche sind scheue Tiere, die vor Lärm und anderen Belästigungen zurückweichen.

Diese sensiblen Tiere ernähren sich von Pflanzen, das heißt in einer ruhigen und im Vergleich mit Raubtieren leidenschaftslosen Art. Sie sind Wiederkäuer und haben wie das Rind einen Magen mit vier Kammern. Die Verdauungsorgane sind aber im Verhältnis zum übrigen Organismus schwächer ausgebildet. Dem entspricht auch die Äsung. Im Winter fressen die Hirsche von der grünen Saat der Felder, Pflanzen an den Quellen, Knospen von Sträuchern und Bäumen, Rinde und Heidekraut; im Frühling junge Triebe der Sträucher und Bäume, frisches Gras und Kräuter; später auch Getreide, Rüben, Kartoffeln, Bucheckern und Eicheln. Dadurch haben die dumpfen Lebensprozesse des Verdauens keinen so stark dämpfenden Einfluß auf das Bewußtsein.

Was den Hirschen vor allem den Ausdruck des Edlen gibt, ist das Geweih der männlichen Tiere. Das Geweih sieht aus wie eine erstarrte Strömung, die aus dem Kopf aufsteigt. Das Wesen des Tieres scheint sich zum Umkreis zu öffnen und mit ihm in Beziehung zu treten. Am Geweih kann man etwas kennenlernen, was die Hirsche mehr als die anderen Säugetiere kennzeichnet; das ist ihre tiefe Verbindung mit dem Rhythmus des Jahreslaufes.

Bei den männlichen Tieren bildet sich jedes Jahr wieder ein neues Geweih. In den ersten Lebensjahren wird es größer und aufgeteilter. Wie bildet sich dieses zunächst so rätselhafte Organ? Welches ist seine Bedeutung?

Es beginnt im März zu wachsen. Im Februar hatten die Hirsche ihr Geweih verloren. Beide Stangen waren im gleichen Augenblick abgefallen. An den beiden Rosenstöcken, den das Geweih tragenden Stirnbeinfortsätzen, hat sich über den Narben rasch ein leichter Schorf gebildet und dann unter der Haut ein halbkugelförmiges Gebilde. Aus diesem entstehen dann im Laufe weniger Wochen die kolbenartigen Knospen des neuen Geweihs, das sich in den Monaten April, Mai und Juni unter einer reich durchbluteten samtartigen Haut, dem sogenannten Bast, entwickelt. Der tägliche Zuwachs erreicht mehrere Wochen lang ein bis eineinhalb Zentimeter. Das Wachstum geht von den Spitzen aus. Hier wird zunächst weicher Knorpel gebildet, der etwa vier Zentimeter unter der Spitze in harten Knochen umgewandelt wird. Starke Blutströme im Bast bringen aus dem Organismus die Substanzen, die dann im wachsenden Geweih erstarren – auch den Kalk.[7] Diesen nimmt der Hirsch nur zum Teil unmittelbar mit der Nahrung auf. Er stammt vor allem aus dem Skelett, besonders aus den Knochen der Gliedmaßen; hier hatten sich Kalksalze angereichert. So entsteht das Geweih durch Lebensprozesse, die ihre Wurzeln tief im Organismus des Tieres haben.

Im Juli ist das neue Geweih fertig. Dann stirbt die Haut ab. Sie löst sich in blutigen Fetzen, die der Hirsch an Sträuchern und Bäumen abstreift. Nun kann man für kurze Zeit den weißen Knochen sehen, der dann durch die Gerbstoffe aus der Borke der Sträucher und Bäume seine bräunliche Farbe erhält.

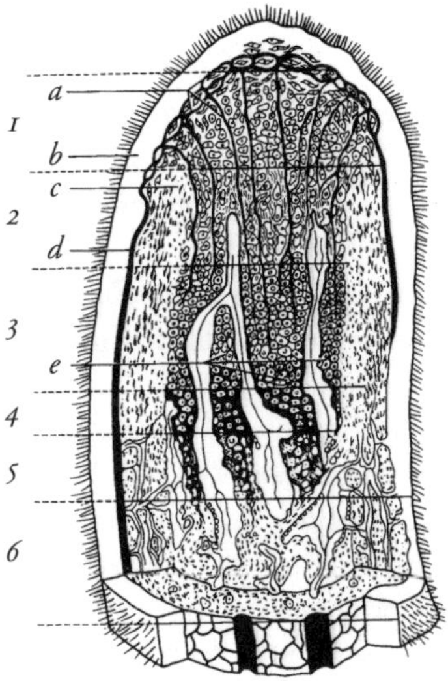

1 – Keimzone
2 – Faserknorpel
3 – Hyalinknorpel
4 – verkalkter Knorpel
5 – Auflösung der Verkalkung
6 – Verknöcherung
a – Wirbelkappilaren
b – Bast
c – Knochenmantel
d – Blutgefäße
e – Knochenmark

Abb. 22: Die Spitzenregion des wachsenden Geweihs (im Längsschnitt). In der Keimzone wächst das Geweih; in den anschließenden Zonen verdichtet es sich bis zum Knochen. (Aus Wagenknecht.)

Das Geweih bildet sich, wenn in der Pflanzenwelt die neuen Triebe wachsen und das Leben der Erde sich wieder mit der Sonne vereinigt. Wenn die Sonne nach Johanni die sommerliche Kulmination überschritten hat und das Pflanzenwachstum schwächer wird, erlischt im Geweih das bildende Leben. Das Geweih entwickelt sich ganz im Zusammenhang mit der in der Natur zunehmenden Wirkung der Sonne. Es wächst wie die Pflanzen nur an der Spitze, ganz im Gegensatz zu allen anderen Organen. Auf die Rätselhaftigkeit dieses Organs hat H. Hediger mit folgenden Sätzen hingewiesen: «Je näher man dieses sonderbare Gebilde in allen seinen Phasen kennenlernt, desto wunderbarer muß es einem vorkommen. Das Geweih … ist ein toter Knochen. Schon das ist im Grunde eine Merkwürdigkeit … für gewöhnlich wird ein abgestorbener Skeletteil vom Körper abgeschieden. Nicht so beim Hirsch; ja hier wird das Geweih überhaupt erst funktionstüchtig, hat also erst Sinn, wenn es abgestorben ist» (H. Hediger 1966, S. 12 f.). Die Knochen des Skeletts sind trotz ihrer starren Form noch lebendig; sie können bei Verletzungen und Brüchen heilen. Das fertige Geweih ist ganz abgestorben.

Sonst wirken in den Organen bildende Kräfte. Sie erzeugen fortwährend die Formen und erhalten sie am Leben. Solche Kräfte sind auch beim Wachsen des Geweihs am Werk. Wenn das Geweih erstarrt und abstirbt, lösen sie sich aber von ihrem Gebilde. Wo das tote Geweih ist, sind freie Bildekräfte. Aus dem Kopf des Hirsches steigt im Frühling eine Strömung gestaltender Kräfte auf und bildet das Geweih an den Spitzen immer weiter. Nach dem Absterben strömen diese Kräfte frei zum Umkreis. Durch sie ist der Hirsch in einer besonderen Weise mit den Lebensprozessen der Natur verbunden. So stehen die Hirsche an ihrem Kopf nicht nur wie die anderen Säugetiere durch die Sinne in einer inneren Beziehung zu den Qualitäten des Umkreises, sondern durch das Geweih in einem noch intimeren Zusammenhang. Die ganze Gestalt des Tieres hebt sich aus der Schwere heraus – in den Gliedern und durch den Hals – und tritt im Geweih gleichsam über sich hinaus.[8]

Der Verlust des Geweihs bewirkt eine starke Veränderung im Verhalten. Die Hirsche ducken sich und ziehen sich ganz zurück. Sie verlieren etwas von ihrer Verbindung mit der Umgebung. So bekommen die Eindrücke wohl einen bedrängenden Charakter.

Nicht nur im Hinblick auf das Geweih besteht ein großer Unterschied zwischen den männlichen und weiblichen Tieren. Die Hirsche wachsen ungewöhnlich lange, nämlich sechs bis sieben Jahre. Danach werden sie aber noch schwerer; die Körpermasse erreicht erst zwischen dem 12. und 14. Lebensjahr den Höhepunkt. Bei den weiblichen Tieren hört das Wachstum schon im fünften Lebensjahr auf. Dadurch bleiben sie kleiner und graziler. Der schlanke Hals – es entsteht keine Mähne wie bei den männlichen Hirschen – trägt einen schönen Kopf.

Dieser ist wie bei den Jungtieren auffallend lang. Der Ausdruck ist empfindungshafte wache Zuwendung zur Umgebung. Die Leibesbildung ist verhalten; sie drängt nicht so nach außen wie bei den männlichen Hirschen. Das ausgewachsene weibliche Tier ist nur etwa halb so schwer wie das männliche, das ein Gewicht von 130 bis 250 kg hat. Die Anlagen zur Geweihbildung, die während der Embryonalentwicklung auftreten, bleiben ganz unentfaltet. Die bildenden Kräfte konzentrieren sich mehr im Inneren des Leibes, wie es einem weiblichen Organismus angemessen ist.

Nach dem Hochsommer nimmt die Wirkung der Sonne in der Natur ab. In der Pflanzenwelt zieht sich das Leben zurück; es konzentriert sich in den Früchten und Samen und geht in einen Ruhezustand über. Die Nächte werden länger; der Vollmond steigt von Monat zu Monat immer höher. In dieser Zeit wird der Mond zum Herrscher in der Natur. Nun verändert sich das Verhalten der Hirsche. Die Gruppen der männlichen Hirsche lösen sich auf. Die älteren Hirsche suchen im Wald ihren Brunftplatz auf. In seiner Umgebung finden sich mehrere weibliche Tiere ein. In dem bisher milden Wesen glühen die Leidenschaften und Instinkte der Fortpflanzung auf. Sie stammen aus jenem Bereich des Organismus, in dem die Organe und Prozesse der Fortpflanzung zum Mond in Beziehung stehen. In den Wäldern hört man das Röhren der Hirsche, in dem sich etwas von jenen Energien äußert, die die Tiere jetzt beherrschen. Sie sind so machtvoll, daß der Hirsch kaum noch Nahrung zu sich nimmt. Taucht ein anderer Hirsch als Konkurrent auf, kommt es unter Umständen zu einem heftigen Kampf.

W. Pflumm gibt eine knappe Schilderung: «Nähert sich dem bei seinem Harem stehenden ‹Platzhirsch› ein Herausforderer, kündigt dieser sich schon von weitem durch die Brunftlaute an. Auf sein Röhren antwortet der Platzhirsch. Dieses Wechselröhren kann bis zu einer Viertelstunde dauern. Wagt es der Herausforderer, sich nach diesem akustischen Wettstreit dem Rudelinhaber zu nähern, findet das optische Kräfteabschätzen auf folgende Weise statt: Bei-

Abb. 23: Die sechs Stufen der Geweihentwicklung beim Rothirsch (nach Wagenknecht)

de Gegner laufen parallel zueinander in die gleiche Richtung, wobei sie einige Meter Abstand zwischen sich lassen. Haben sie eine gewisse Strecke hinter sich gebracht, machen sie kehrt und laufen ebenso wieder zurück. So geht es einige Minuten in angespannter Haltung hin und her. Bei diesem ‹Parallelparadieren› hat jeder der Kontrahenten die Möglichkeit, das gegnerische Geweih genau zu betrachten. Nach dem Parallelparadieren kann es zum Kampf kommen. In 40 % der Fälle räumt der Herausforderer allerdings kampflos das Feld. Bleibt er, werden die Geweihe eingesetzt. Dabei stehen sich die Hirsche frontal gegenüber, senken die Köpfe und schieben die Geweihe ineinander. Gabel trifft dann auf Gabel. Durch Gegeneinander-Drängen wird festgestellt, wer der Stärkere ist. Nach einiger Zeit kann es einem der Kämpfenden gelingen, das Geweih des Gegners langsam nach oben zu drücken und es dann mit einem Ruck zur Seite zu schleudern, wobei der Hirsch ebenfalls herumgeworfen wird. Der jetzt Unterlegene sieht sich von der Flanke her bedroht und flieht. Der Sieger läuft ihm noch einige Meter nach und röhrt hinterher. Der Gewinner des Kampfes behält oder übernimmt das Weibchenrudel» (W. Pflumm 1989, S. 329 f.).

Nach der Brunftzeit ist der Hirsch erschöpft. Er hat seine Kräfte durch das Röhren, das Zusammenhalten der weiblichen Tiere, die Abwehr von Konkurrenten, die kämpferischen Auseinandersetzun-

gen und besonders auch durch die Vernachlässigung der Nahrungsaufnahme weitgehend verzehrt. In den Wochen der Brunft verliert er 20 %, manchmal sogar 25 % seines Gewichts.

Nach der Paarung beginnt für die weiblichen Tiere eine Tragzeit von achteinhalb Monaten. In dieser Zeit wächst das junge Tier, das dann im Mai oder Juni geboren wird, abgesondert von der Umgebung in dem Muttertier heran – in der von Fruchtwasser erfüllten Fruchtblase, dem mikrokosmischen Analogon der Mondsphäre.[9] Hier konzentrieren sich besonders in den letzten Wochen der Tragzeit, das heißt dann, wenn bei den männlichen Hirschen das Geweih gebildet wird, die Lebenskräfte stark nach innen; denn jetzt wächst der Fetus besonders rasch. So kommt es, daß bei den weiblichen Hirschen kein Geweih entsteht.

Kurz vor der Geburt ihres Jungen sondert sich die Hirschkuh von den anderen weiblichen Tieren ihres Rudels ab. In den ersten drei Tagen liegt das kleine Hirschkalb an einem geschützten Ort im Versteck. Seine Mutter kommt immer wieder, damit es trinken kann. Dann begleitet es die Mutter, von der es ziemlich lange, sechs bis acht Monate, gesäugt wird. Das rötlich braune Fell hat an beiden Seiten des Rumpfes weiße oder gelblichweiße Flecken. Sie werden vom nachwachsenden Haar überdeckt und verschwinden bis Ende August. Im folgenden Jahr beginnt bei den männlichen Jungtieren die Geweihbildung. Es entstehen einfache Stangen ohne seitliche Sprosse; der junge Hirsch ist ein «Spießer». Die Entwicklung des Geweihs verläuft bei den Hirschen nicht gleichförmig. Wenn man alle Formen, die auftreten, berücksichtigt, kann man sechs Stufen unterscheiden. Auf die erste Stufe (Spießerstufe) folgt die Gablerstufe: dicht über den Rosenstöcken entspringen aus den Stangen die Augsprossen. Auf der dritten, der Sechserstufe, wird die Beziehung zur Umgebung reicher; zu den Augsprossen kommen auf etwa halber Stangenhöhe die Mittelsprosse hinzu. Bei der vierten Stufe (Achterstufe) gabeln sich die Stangen auch am Ende. Das Geweih ist nun im ganzen kräftiger, und die Rosenstöcke sind kürzer geworden. Man kann nun noch die Zehnerstufe, bei der zwischen den Aug- und Mittelsprossen die Eissprossen entstehen, und die Zwölferstufe mit den dreiteiligen Kronen an den Enden der Stangen unterscheiden.

Es hängt von den Lebensverhältnissen und der Vitalität der heranwachsenden Hirsche ab, ob sich die aus dem Kopf aufsteigenden Strömungen rascher oder langsamer aufgliedern. Bei kräftigen Junghirschen kann auf die Spießerstufe im dritten Lebensjahr sofort die Sechser- oder sogar die Achterstufe folgen. Das vollkommene Geweih des Zwölfers bildet sich unter Umständen schon bei vierjährigen Hirschen. Es gibt aber auch Hirsche, die nie zum Zwölfender werden. «Daß ein Hirsch im Laufe seines Lebens nacheinander alle genannten Geweihstufen durchläuft, ist nur selten der Fall. In der Regel werden ein oder zwei Stufen übersprungen, oder der Hirsch bleibt mehrere Jahre lang auf ein und derselben Stufe stehen und entwickelt sein Geweih erst nach dieser Pause zu einer höheren Stufe weiter» (Wagenknecht 1981, S. 128).

Zwischen dem 14. bis 16. Lebensjahr beginnen die Lebenskräfte zu schwinden. Das Geweih wird nun «zurückgesetzt»: Es wird wieder einfacher, und es verliert seine schön geschwungene Form. Die vom Kopf nach außen aufsteigende Strömung versiegt allmählich.

So ist das Leben des Hirsches ein Rhythmus zwischen dem immer neuen Sich-Öffnen zur Umgebung am Kopf und dem Untersinken in die im Inneren des Leibes aufglühenden Leidenschaften der Brunftzeit. Dieser Rhythmus beginnt mit dem einfachen Spießergeweih und der Geschlechtsreife im zweiten Lebensjahr, schwillt dann an und klingt nach dem Höhepunkt zwischen dem 12. und 14. Lebensjahr wieder ab.

Fast alle höheren Tiere sind in den Jahreslauf eingebunden. Fortpflanzung und Geburt sind auf bestimmte Zeiten festgelegt. Kein anderes Tier ist aber so wie der Hirsch mit dem Rhythmus zwischen den Sonnenkräften des Frühjahrs und denen des Mondes im Herbst verbunden.

Wenn man von Mitteleuropa in das Baltikum und nach Skandinavien kommt, treten in den Wäldern die Nadelbäume mehr in den Vordergrund, vor allem Fichte und Kiefer. Diese geben sich nicht wie die Laubbäume mit ihren Kronen und Blättern an den Umkreis hin. Der Stamm beherrscht die Gestalt. In den Nadeln ist die sonst für Blätter so charakteristische Verbindung mit der Sonne stark reduziert; so lösen sie sich auch von dem Sonnenrhythmus und überdauern mehrere Jahre. Die ganze Bildung konzentriert sich, indem die verdichtenden Kräfte der Erde gegenüber denen der Sonne vorherrschend werden. Der Winter wird ja auch länger, dunkler und kälter, der Sommer kürzer.

In diesen weiten Waldgebieten mit ihren Seen und Mooren lebt der mächtigste Hirsch, der Elch. Im Sommer dringt er manchmal bis in die Tundra nach Norden. Wo in der Natur die verdichtende Schwere der Erde so intensiv wirkt, werden die Gliedmaßen noch stärker ausgebildet als beim Rothirsch. Sie werden ungewöhnlich lang und beherrschen die ganze Gestalt. Ihre helle Farbe kontrastiert gegen das dunkle Fell des übrigen Leibes. Der Elch wird mindestens 1,80 Meter hoch, er kann aber auch 2,35 Meter erreichen.

Sonst wirkt der Leib gedrungen. Der Rumpf ist ziemlich kompakt, der Hals relativ kurz. Dadurch, daß der Organismus in den Gliedern so stark von den irdischen Kräften durchdrungen ist, fehlt dem Elch, was für den Rothirsch so charakteristisch ist, die freie Hinwendung zur Umgebung. Am Kopf werden Ober- und Unterkiefer, die den Gliedmaßen entsprechenden Bildungen, sehr lang; und am Maul ist die Oberlippe ungewöhnlich groß und kräftig.

Wie der Rothirsch hat auch der Elch ein gutes Gehör. Die Witterung ist aber noch feiner. Die lange Nase öffnet sich mit zwei großen, etwas seitwärts gerichteten Löchern zur Atmosphäre. Da der Elch so intensiv im Empfinden der Düfte lebt, bleiben die Augen ziemlich klein.

Der gedrungene Charakter setzt sich bis in das Geweih fort. Dieses wächst nicht nach oben, es wendet sich zur Seite. Die «Strömung» weitet sich schon bald zu einer Fläche; sie scheint sich aufzustauen, bevor sie nach verschiedenen Richtungen in die Umgebung hinausdringt. Es gibt auch eine geringere Anzahl von Elchen mit einfachem Stangengeweih.

Durch die Kräfte, die das Schaufelgeweih bilden, kommen die Elche in eine weitere Beziehung zu ihrer Umgebung als die Elche mit Stangengeweih. Das kann man am Verhalten bemerken. Der Elch ist durch seine ganze Organisation ein guter Läufer. Er wandert durch die Wildnis und holt sich mit den Lippen von den Sträuchern und Bäumen seine Äsung – Blätter, junge Triebe und Knospen. Er ist noch wählerischer als der Rothirsch. Im Sommer hat er auch eine Vorliebe für Wasser- und Sumpfpflanzen, für Seerosen, Fieberklee, Sumpfdotterblumen und Sumpfporst. Elche mit Stangengeweih bleiben in der Regel in einem relativ engen Areal; Elche mit Schaufelgeweih durchstreifen größere Gebiete und bevorzugen lichte Birkenbestände. Man weiß auch von jahreszeitlichen Wanderungen über Entfernungen von mehr als hundert Kilometern im Nordosten Finnlands.

Das Geweih entwickelt sich etwas schneller als beim Rothirsch zwischen April und Juli, also auch in den Monaten, in denen sich die Sonne zu ihrer größten Wirksamkeit erhebt. Der Elch verliert es oft schon im November. Er tritt also nur wenige Monate durch die aus dem Kopf nach außen gehenden Strömungen mit dem Umkreis in

Abb. 24: Männlicher Elch (Alces alces; aus Dircksen, verändert)

Verbindung. Die Brunft beginnt im September und erstreckt sich bis in den November, das heißt tiefer in die dunkle, vom Mond beherrschte Jahreszeit. Sie verläuft ruhiger als beim Rothirsch. Der Elchhirsch paart sich in der Regel nur mit einer Elchkuh. Diese gebiert dann zwischen April und Juni meistens zwei Junge. In fünf Jahren wachsen sie zur vollen Größe heran. Die Elchkuh wird 240 bis 450 Kilogramm schwer, der Hirsch bis 600 Kilogramm und ist damit das größte wildlebende Säugetier Europas. Vom zweiten Lebensjahr an wächst dem jungen Elchhirsch ein Stangengeweih. Wenn er ausgewachsen ist, bilden die aus dem Kopf zum Umkreis ausströmenden Kräfte in der Regel ein Schaufelgeweih.

Noch stärker als bei dem allmählichen Übergang der Laubwälder in die Nadelwälder verwandelt sich die Lebenswelt der Erde dort, wo der Wald aufhört und die Weite der Tundra beginnt. Die Pflanzenwelt bildet nur noch eine dünne Haut über dem Boden, der im Sommer nur in den oberen Schichten auftaut. Die Kräfte der Gravitation, die weiter südlich in den Stengeln und Stämmen nach oben in den Raum des Lichtes und der Atmosphäre hinaufdrängen, bleiben weitgehend im Innern der Erde.

In der unendlich erscheinenden Weite des Nordens erreicht der Rhythmus zwischen Sonnen- und Mondzeit des Jahres seinen Höhepunkt. Mehrere Monate umkreist die Sonne wie in einem langen Tag den Horizont. In den dunklen Monaten sendet der Vollmond sein kühles Licht vom ganzen Himmelsrund zu der schneebedeckten Erde. Im Sommer ist die Erde ganz in das Licht der Sonne aufgenommen. Im Winter schließt sie sich ab; das Licht des Mondes wird am Schnee wie von einem Spiegel reflektiert.

Mit der Weite dieser nördlichen Natur und dem großen Atem ihres Lebensrhythmus sind die Rentiere tief verbunden. Wo die Erde ihre Kräfte so stark zurückhält, bleiben die Glieder relativ kurz. Die Hufe werden breit und tragen die Tiere sicher über Moore und verharschte Schneeflächen. Der Rumpf ist langgestreckt. Die Beziehung zur Weite kommt auch in dem langen Hals und dem Kopf zum Ausdruck, die die horizontale Haltung unmittelbar fortsetzen.

In dieser Welt, wo die Sonne für viele Monate die Finsternis völlig besiegt, erreichen die Kräfte der Geweihbildung die größte Intensität. Bei den männlichen Rentieren wird das Geweih im Verhältnis zum übrigen Körper größer als bei allen anderen Hirschen. Seine Kräfte strömen in dem sogenannten Augsproß weit nach vorn, in der Stange, die sich dann nach oben wendet, zunächst nach hinten. So haben die Rentiere auch durch ihr Geweih eine tiefe Verbindung mit der Weite der Natur und der Sonne, die vom ganzen Umkreis mit den Strömen ihres Lichtes diese Weite erfüllt. Hier entsteht auch bei den weiblichen Tieren ein Geweih! Es bleibt allerdings etwas kleiner als das der männlichen Rentiere. Die aus dem Kopf ausströmenden Bildekräfte sind so intensiv, daß dem Kalb schon wenige Wochen nach der Geburt ein kleines Geweih wächst.

Neben Tundrarentieren gibt es etwas südlicher die Waldrentiere. Sie sind größer und dunkler. Ihr Geweih wird nicht so groß wie das der Tundrarentiere. Bei den Rentieren auf Spitzbergen werden die Geweihe aber noch größer als die der nordskandinavischen Tundrarentiere. Das alles weist darauf hin, daß die Kräfte, die das Geweih bilden, mit der Intensität der sommerlichen Sonnenwirkung im Zusammenhang stehen.

Wenn man von Rentieren hört, denkt man an die großen Herden der Saamen (Lappen) und die weiten jahreszeitlichen Wanderungen – im Frühjahr in höher gelegene Gebiete, wo die Tiere vor den lästigen Mücken geschützt waren und reiche Nahrung fanden: Seggen, Wollgras, verschiedene Kräuter, die Blätter von Weiden und Birken. Im Spätsommer kehrten die Saamen mit ihren Herden für die dunkle Jahreszeit in geschütztere Gebiete zurück. Das gehört heute der Vergangenheit an; denn in den letzten Jahrzehnten sind die Saamen weitgehend seßhaft geworden. Die Rentiere streifen heute zumeist in kleinen Gruppen durch den Wald und die offene Landschaft.

An Markierungen im Ohr kann der Saame, wenn die Tiere einmal im Jahr zur sogenannten Rentierscheidung zusammengetrieben werden, feststellen, welche ihm gehören. Für den Lebensunterhalt seiner Familie braucht er dreihundert Rentiere. – Sieht man, wie die Rentiere frei in der Natur leben, hat man den Eindruck, sie seien Wildtiere. Durch den Eingriff des Menschen sind sie es aber nicht ganz.

Wie überstehen die Rentiere die dunklen, kalten Monate? Im Spätsommer wächst ihnen ein dickes Fell, und unter der Haut entsteht eine etwa fünf Zentimeter dicke Hülle aus Fett. In dieser Weise sondert sich der Organismus stark von der Außenwelt ab. Die Isolierung ist so vollkommen, daß das Rentier seine Körperwärme bei Außentemperaturen zwischen 0° und – 45° C. ohne eine Steigerung des Stoffwechsels bewahrt. So steht und bewegt

Abb. 25: Weibliches Rentier (Rangifer tarandus; aus Dircksen, verändert)

sich das Rentier im Schnee und in der eisigen Kälte. Mit seiner feinen Nase empfindet es, wo unter dem Schnee Flechten sind. Mit den Vorderhufen scharrt es ein Loch in die Schneedecke und kommt so an die Winternahrung.

Am Beginn der dunklen Jahreszeit, von Ende September bis Ende Oktober, ist die Brunft. Da die Saamen die männlichen Tiere bald nach der Geschlechtsreife kastrieren – denn sie werden während der Brunft gefährlich –, paaren sich nur die Junghirsche. Sie treiben acht bis dreizehn weibliche Tiere zusammen. Ende April oder im Mai wird das Junge geboren. Das Muttertier säugt sein Kalb mit einer besonders nahrhaften, fettreichen Milch. Durch die gute Ernährung und seine starken Lebenskräfte wächst das junge Rentier rasch heran. Es wird in wenigen Monaten so kräftig, daß es dicht neben seiner Mutter die langen Monate des ersten Winters überstehen kann.

Der Braunbär

Bei der Begegnung mit einem Bären, auch wenn sie nur in einem Tierpark stattfindet, kann die Frage nach der Verwandtschaft des Menschen mit den Tieren entstehen. Diese Frage ergibt sich nicht im Gefolge von Theorien über Abstammung; sie ist elementarer. Sie entzündet sich an dem, was man wahrnimmt: an der Gestalt, an den Bewegungen und dem wenigen, was in einer so eingeschränkten Lebensweise vom Verhalten sichtbar wird. Eigentlich lebt immer bei der Begegnung mit Tieren das dumpfe Gefühl einer Beziehung auf. Es gibt Tiere, die uns innerlich fernstehen; das sind nicht nur die niederen Tiere. Unter den uns «fremden» Tieren sind solche, die in unserem Lebensgefühl ein Unbehagen oder gar eine eigenartige Aversion auslösen wie die Schlange, andere Reptilien aus der Gruppe der Agamen und Leguane oder Fledermäuse.[10] Das Tierreich ist eine Welt, in der es neben Edlem und Schönem auch Abgründiges gibt. Und dann begegnen wir in dem Reichtum der Formen auch solchen, die uns besonders nahezustehen scheinen. Zu diesen gehört vor allem auch der Bär.

Nun ist es nicht richtig, vom Bären im Singular zu sprechen. Das Bärengeschlecht, in der Terminologie der Zoologen die Kleinbären (Procyoniden) und Bären (Ursiden), ist vielgestaltig. Zu ihm gehören kleinere Formen wie die Nasenbären, die Waschbären und der Katzenbär, größere wie der Lippenbär, der Brillenbär und der Große Panda und dann die mächtigen Gestalten des Schwarzbären, des

Braunbären und des Eisbären. Die Heimat der kleineren Bären liegt vorwiegend in südlicheren Breiten, in den tropischen und subtropischen Gegenden. Die großen Bären leben in den mehr nördlichen Bereichen der Erde. Und einer der gewaltigsten, der Eisbär, umkreist mit seinen Wanderungen die einsamen Regionen des Polargebietes.

Es herrscht eine bestimmte Gesetzmäßigkeit, die man auch bei den Braunbären wiederfindet. Die kleinsten sind der nordafrikanische Braunbär und die Braunbären der Alpen (im Gebiet des Ortler), der Abruzzen und Karpaten. Die mächtigsten Gestalten leben im Norden der gewaltigen asiatischen Landmasse am Jenissei und weit im Osten, am Ussuri und auf der Halbinsel Kamtschatka. Der gewaltigste unter den Braunbären ist aber der Kodiakbär in Alaska; er übertrifft noch den Grizzly-Bären an Größe und Kraft. Die skandinavischen Braunbären erreichen ein Gewicht von fünf, manchmal von mehr als sechs Zentnern, der Kodiakbär kann mit über 15 Zentnern (780 kg) schwerer werden als die meisten Pferde. Das ist ein schönes Beispiel für die Bergmannsche Regel, nach der die Rassen einer Art um so größer werden, je kälter der Lebensraum ist.

In dieser auffälligen Beziehung der großen Bären zum Norden spricht sich aber noch etwas anderes aus. Die Bären und unter ihnen der Braunbär gehören mit den Katzen, den Hundeartigen, den Hyänen, den Marderartigen und einigen weniger bekannten Familien zu den Raubtieren. Das aggressive, leidenschaftliche Wesen, das aus den Raubtieren immer wieder hervorbricht, ist beim Bären gedämpft. Das ist in seiner ganzen Organisation begründet. Was den Bären wohl am stärksten im Vergleich mit den anderen Raubtieren kennzeichnet, sind seine Gliedmaßen und seine gewaltige Kraft; man sagt, ein ausgewachsener männlicher Bär sei so stark wie zwölf Männer. Die besondere Ausbildung der Gliedmaßen bemerkt man, wenn man das Skelett eines Bären mit dem eines Löwen vergleicht. Die unmittelbar an Schulterblatt und Becken sich angliedernden Teile, Oberarm- und Oberschenkelknochen, sind beim Bären viel länger. Dadurch erlangen die Gliedmaßen gegenüber dem Rumpf

Abb. 26: Europäischer Braunbär (Ursus arctos)

größere Selbständigkeit. Die Gliedmaßen sind aber auch insgesamt länger und im Ellbogen- und Kniegelenk gestreckter. Von der vibrierenden Spannung beim Löwen ist nichts mehr vorhanden. Die ganze Haltung ist Ausdruck von Ruhe und Gelassenheit, das heißt jener Eigenschaften, denen man im Verhalten des Bären so vielfältig begegnet. Beim Bären lösen sich die Gliedmaßen aus der innigen Verflechtung mit dem von seelenhafter Erregung durchpulsten rhythmischen System, die für den Löwen und viele andere Raubtiere so charakteristisch ist (siehe oben S. 41 f.). Sie kommen in einen starken Zusammenhang mit den äußeren Kräften der Gravitation.

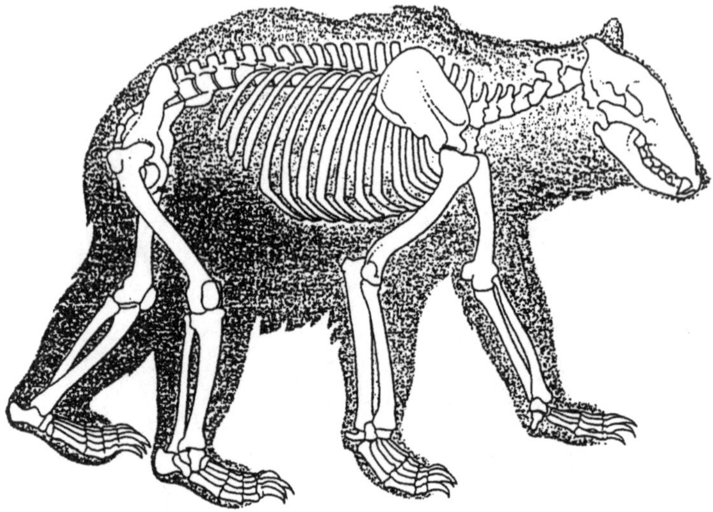

Abb. 27: Körperumriß und Skelett eines Braunbären (aus Cook)

Will man in das Leben der Natur eindringen, dann muß man auf das Zusammenwirken der verschiedenen Kräfte hinschauen. Man entdeckt, daß in diesem Gewebe die unterschiedlichen Kräfte nicht überall die gleiche Bedeutung haben. In den äquatornahen Gebieten entfaltet die Sonne eine dominierende Wirksamkeit. Diese nimmt zu den Polen hin ab. Damit treten aber die von der Erde ausstrahlenden Kräfte der Gravitation mehr in den Vordergrund, besonders auf der nördlichen Hemisphäre. Gravitation bewirkt Verdichtung. Höhepunkt der Verdichtung ist die mineralische Erstarrung, die nirgendwo so machtvoll in Erscheinung tritt wie in den Gebirgen und den gewaltigen Kontinentalmassen im Norden der Erde.

Das äußert sich vielfältig im Leben der Natur, am umfassendsten wohl in dem gewaltigen Waldgürtel der Taiga. Im Stamm der Fichten, Lärchen und der anderen Nadelbäume drängen die verdichten-

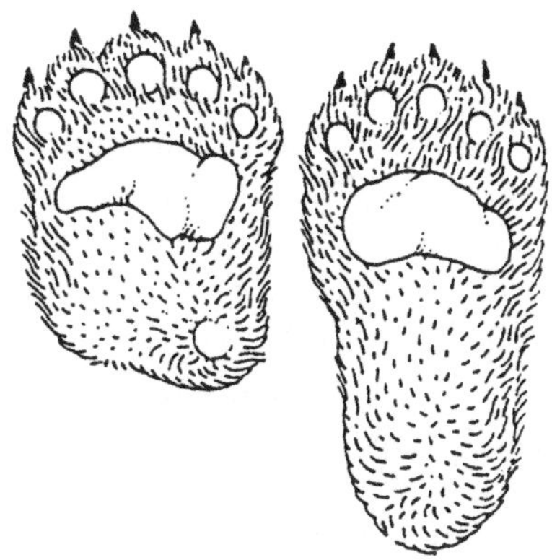

Abb. 28: Pranke und Fußsohle eines Braunbären von unten (aus Cook)

den Kräfte der Erde mächtig nach oben. Sie bewirken die Verholzung und eine Hemmung in der Bildung der Triebe und der nadelartigen Blätter. Die Gestalt des Baumes ist im Stamm zentriert und die Entfaltung zum Umkreis weitgehend unterdrückt.

Mit dieser Welt des Waldes und des Gebirges ist der Bär tief verbunden. Die Größe seines Leibes verdankt er vor allem den Gliedmaßen, in denen er sich so stark mit den Kräften der Gravitation vereinigt. So kann man in der Tatsache, daß die Bären zum Norden hin groß werden, eine Manifestation jener dort im Leben der Natur machtvoll wirkenden Gravitationskräfte erblicken. Hier lebt der Braunbär in einem weiten Gebiet, das von Spanien (Pyrenäen) im Westen bis nach Kamtschatka im fernen Osten und von Lappland und Sibirien im Norden bis nach Nordafrika, zum Libanon und dem westlichen Himalaya im Süden reicht. Früher war der Braunbär in Europa fast überall in den großen Wäldern zu Hause. Heute findet man ihn vor allem noch in Finnland, in Schweden, in Norwegen und in Rußland. In Nordamerika leben die meisten Bären in Alaska, im Westen Kanadas und im Nordwesten der USA.

Durch die starke Verbindung mit den Kräften der Erde ist der Bär ein Wesen, das mehr in sich ruht als viele andere Tiere. In seiner

Gestalt ist die horizontale, zur Umgebung gerichtete Orientierung weniger ausgeprägt als bei den übrigen Raubtieren. Hinten berührt er mit den ganzen Sohlen den Boden. So wirkt in seinen Beinen nicht der spannungsgeladene Bewegungsdrang jener Tiere, die nur mit dem Ballen auftreten. Der Bär ergreift seinen Leib stärker von innen – am eindrucksvollsten, wenn er sich ganz aufrichtet. Dann ist seine Gestalt bisweilen über zwei Meter hoch. In dieser Haltung kann er sogar einige Schritte tun. Die souveräne Beherrschung des Leibes kann man auch sehen, wenn der Bär mit seinen bekrallten Pranken auf einen Baum klettert oder sich zum Fressen hinsetzt. Im Wasser ist er ein geschickter Schwimmer.

Zu der Größe und Stärke der Glieder kommt noch ihre unterschiedliche Ausbildung. Die hinteren Gliedmaßen sind in ihrem Bau den Beinen und Füßen, die vorderen den Armen und Händen des Menschen ähnlich. Mit ihnen führt er geschickt allerhand Tätigkeiten aus: Er verteilt Schläge und gewaltige Hiebe; er durchwühlt Ameisenhaufen, gräbt im Boden nach Mäusen und Insektenlarven; er reißt einen hohlen Baumstamm auf, um an den Honig heranzukommen; er sammelt im Herbst an den Sträuchern des Waldes die Beeren; er polstert sein Winterlager aus und so weiter.

Ein eindrucksvolles Beispiel für die instinktive Geschicklichkeit und Sicherheit des Bären schildert Kleist in seinem Aufatz «Über das Marionettentheater». Er berichtet von dem Duell eines geschickten Fechters mit einem Bären:

«Der Bär stand, als ich erstaunt vor ihn trat, auf den Hinterfüßen, mit dem Rücken an einen Pfahl gelehnt, an welchem er angeschlossen war, die rechte Tatze schlagfertig erhoben, und sah mir ins Auge: das war seine Fechterpositur. Ich wußte nicht, ob ich träumte, da ich mich einem solchen Gegner gegenüber sah; doch: stoßen Sie! stoßen Sie! sagte Herr v. G. …, und versuchen Sie, ob Sie ihm eins beibringen können! Ich fiel, da ich mich ein wenig von meinem Erstaunen erholt hatte, mit dem Rapier auf ihn aus; der Bär machte eine ganz kurze Bewegung mit der Tatze und parierte den Stoß. Ich versuchte

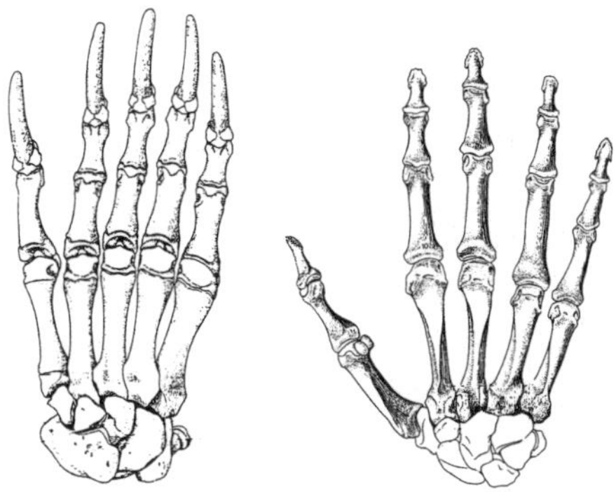

Abb. 29: Skelett einer Bärenpranke (links) und einer Menschenhand (rechts)

ihn durch Finten zu verführen; der Bär rührte sich nicht. Ich fiel wieder, mit einer augenblicklichen Gewandtheit, auf ihn aus, eines Menschen Brust würde ich ohnfehlbar getroffen haben: der Bär machte eine ganz kurze Bewegung mit der Tatze und parierte den Stoß … Der Ernst des Bären kam hinzu, mir die Fassung zu rauben, Stöße und Finten wechselten sich, mir triefte der Schweiß: umsonst! Nicht bloß, daß der Bär, wie der erste Fechter der Welt, alle meine Stöße parierte; auf Finten (was ihm kein Fechter der Welt nachmacht) ging er gar nicht einmal ein: Aug in Auge, als ob er meine Seele darin lesen könnte, stand er, die Tatze schlagfertig erhoben, und wenn meine Stöße nicht ernsthaft gemeint waren, so rührte er sich nicht» (Kleist 1982, S. 345).

In den Gliedern des Bären wird etwas sichtbar, was seine vollkommenste Ausprägung beim Menschen findet.

Wie wirken sich die für ein Raubtier so starken und differenzierten Glieder in der Gestaltung des übrigen Organismus aus? Bei einem Tier mit kräftigen Gliedmaßen werden die Verdauungsorgane gut ausgebildet. Denn ein solches Tier braucht eine intensive Ernährung für die Stoffwechselprozesse in seinen Muskeln. So sind Magen und Darm stärker entwickelt als beim Löwen; bei diesem ist der Darm etwa viermal so lang wie der Leib (ohne Schwanz), beim Bären achtmal. Die Lebensprozesse konzentrieren sich also mehr in den Organen der Bauchhöhle als vor dem Zwerchfell im Brustraum. Starken Verdauungskräften entspricht vor allem pflanzliche Nahrung. So ernährt sich der Bär ganz anders als seine Raubtierverwandten von Laub, Gräsern und Kräutern, von Wurzeln und Pilzen, aber auch von Schnecken, Kerbtieren und Nagetieren. Im Herbst sammelt er stundenlang Himbeeren, Brombeeren und Heidelbeeren und frißt bisweilen in einem Getreidefeld sitzend die Ähren. Seine besondere Vorliebe ist der Honig, zu dem ihn die Nase hinführt. Der Bär hat eine ausgesprochene Lust am Süßen. Den leidenschaftlichen Charakter des Raubtiers lebt er in abgemilderter Form beim Genießen aus. Selten bricht die Wildheit des Raubtiers durch. Dann schlägt er Elche, Rentiere, Schafe, Pferde und Rinder, dringt gewalttätig in Ställe ein und schleppt das Opfer mit enormer Kraft davon. Bären haben einen großen Hunger, einen Bärenhunger, und nehmen große Mengen vor allem an pflanzlicher Nahrung zu sich.

Was wir bisher vom Bären kennengelernt haben, kommt in einer seiner typischen Eigenschaften zum Ausdruck: in seinem phlegmatischen Charakter. Dieser äußert sich in dem lässig dahintrollenden Gang, mit dem er sein meist weites Waldrevier durchstreift. Dabei sucht er seine Nahrung. Bisweilen wirft er auch einen Ameisenhaufen auseinander und leckt die Ameisen und ihre Puppen von seinen Vorderpranken ab. Mit seinen Krallen kann er einen alten Stamm aufreißen, um die Käferlarven zu erreichen. Dann wühlt er im Boden nach Würmern, Larven und Puppen. Bei seiner Suche nach Kerftieren wendet er sogar Steine um. Im Spätsommer und Herbst unternimmt der Bär manchmal weitere Wanderzüge, um an Beeren, Eicheln und Nüsse zu kommen. Immer sucht er auf seinen täglichen Streifzügen eine Tränke auf. Wenn es aber darum geht, einen Elch oder ein Rentier zu schlagen, kann er sich auf eine kürzere Distanz in einen erstaunlich raschen Galopp versetzen.

Zur Erscheinung des Bären gehört der dicke Pelz, der bei den Bären des Hochgebirges dichter und heller ist als bei denen des Waldes. Der Pelz ist im Winter eine wärmende Hülle, er ist aber auch Ausdruck des Wesens. Viele Tiere äußern ihre Erregungszustände und Stimmungen durch den mimischen Ausdruck und die Bewegungen des Schwanzes. Beim Bären ist die Gesichtsmuskulatur äußerst schwach entwickelt; der Schwanz ist so kurz, daß man ihn bei flüchtigem Betrachten nicht bemerkt. Was im Bären vorgeht, dringt kaum nach außen; es bleibt im Innern, das von dem Pelz wie von einem in der Größe etwas zu reichlich ausgefallenen Gewand so gut umschlossen wird. Das Innere öffnet sich an dem runden Kopf mit kleinen Augen und kurzen rundlichen Ohrmuscheln. – Das alles erweckt den Eindruck des Gemüthaft-Innerlichen.

Es heißt, der Bär könne nicht gut sehen. Die Bewegungen seiner Umgebung faßt er aber offensichtlich wach auf. Für Geräusche und Klänge hat er ein recht gutes Empfinden. Am differenziertesten empfindet er mit seiner eindrucksvollen Nase, das heißt mit jenem Sinne, der besonders eng mit den inneren Lebensprozessen des Verdauens verbunden ist, die Gerüche, die den Wald erfüllen. Als Genießer hat der Bär einen feinen Geschmack.

Auch am Schädel kommt die Eigenart des Bären zum Ausdruck. Den starken Gliedmaßen entspricht die gute Ausbildung von Ober- und Unterkiefer und die langgestreckte Form. Bei der geringen Aggressivität sind die Reißzähne schwächer als sonst bei Raubtieren. Die hinteren Backenzähne sind kräftig und haben eine breite Fläche zum Zerkauen der pflanzlichen Nahrung. Die Schneidezähne sind auffallend gut ausgebildet. So ist das Gebiß recht ausgeglichen; keine der verschiedenen Zahnformen gibt ihm ein einseitiges Gepräge.

Der Bär hat aber auch im Ganzen eine recht ausgeglichene Organisation. Wir haben an mehreren Beispielen gesehen, daß Tiere großartige Einseitigkeiten sind. Das gilt auch für die anderen Raubtiere. Die Vorherrschaft des rhythmischen Systems wird beim Bären dadurch abgedämpft, daß auch ein anderes Organsystem, die Gliedmaßen, gut ausgebildet ist. So tritt in seinem Organismus eine gewisse Harmonisierung ein. Das ist ein weiterer Anklang an den Menschen.

Aufgrund seiner ganzen Konfiguration ist der Bär, besonders der männliche, ein Einzelgänger. Nur im Sommer, zur Zeit des höchsten Sonnenstandes im Juni, unterbricht er seine einsamen Wanderungen in den Bergen oder durch die Wald- und Sumpfgebiete seines Reviers. Für zwei oder drei Wochen lebt nun der Bär mit der Bärin zusammen. Nach der Paarung trennen sie sich wieder. Der Herbst ist dann mit dem Reifen der Früchte die angenehmste Zeit des Jahres. Der Bär wird nun füllig, wie wenn auch er in einen Reifungsprozeß käme. Bei dem reich gedeckten Tisch der Natur bildet sich unter dem Fell in der Haut ein Fettpolster, das an einigen Stellen mehr als 20 Zentimeter dick werden kann. Zu dem dichten Pelz kommt eine zweite, noch wirksamere Umhüllung hinzu, die den Bären nun noch stärker von der Umgebung abschließt. Der Bär zieht sich physiologisch und dann auch äußerlich zurück. Er sucht einen geschützten Ort, an dem er die dunklen Monate verschlafen kann – in einer Felshöhle, unter Felsbrocken oder unter einem Windbruch. In Lappland verkriecht er sich schon Ende September, in Mittelschweden im November. Nun nimmt der Bär für Monate keine Nahrung und kein Wasser zu sich; er sondert auch nichts ab. Seine Körpertemperatur sinkt um etwa 5° C. Atmung und Puls werden flacher und langsamer. Bei einer Störung wacht der Bär aber sofort auf. Er liegt auch nicht bewegungslos in seiner Höhle wie die echten Winterschläfer, sondern wechselt fast täglich seine Schlafstellung. Es ist «ein Ruheschlaf, welcher sich nur durch besondere Länge und Tiefe auszeichnet» (W. Pflumm 1989, S. 77). Er dauert bis zum Frühling, unter Umständen also sieben Monate! S. Wesslén schildert das Erwachen recht anschaulich: «In den Tannenwäldern rutschen die Schneemassen von den herabgebogenen Zweigen, und die ebene Fläche darunter wird holprig und bucklig. Geschmeidige, unter der Last des Schnees gebeugte Birken richten plötzlich ihre dünnen Stämme auf wie entspannte Bogen, und hier oder dort sickert Wasser hervor. Man spürt den nahenden Frühling, der den Schnee zu reißenden Bächen zerschmelzen und schlummernde Kräfte zu neuem Leben wecken wird ... Da erwachen auch die ungekrönten Könige der Wildnis, die Bären, aus dem langen Winterschlaf, und überall steigen die zottigen Gesellen aus ihren Verstecken. Aus finsteren Höhlen unter hohen, unzugänglichen Felswänden, aus dunkeln Erdlöchern, unter dem schützenden Gezweig dichter Tannen ... kommen sie herausgestiegen und blinzeln in die Sonne, des Lichtes entwöhnt nach dem halbjährigen Winterschlaf. Gemächlich stapfen sie in der Nähe des Lagers umher und haben keine Lust, gleich in den tiefen Schnee hinauszugehen. Ein paar Tage lang liegen sie noch viel in dem dunkeln Loch, und erst wenn der Hunger anfängt, an ihrem leeren Gedärm zu nagen, machen sie sich auf den Weg, um Nahrung zu suchen» (S. Wesslén 1941, S. 5).

Das zeigt uns, wie tief der Bär mit der nördlichen Natur verbunden ist. Er lebt ihren Rhythmus mit. In der hellen Zeit des Sommers streift er durch Wälder und Sümpfe; er ernährt sich vor allem von dem, was unter dem Einfluß der Sonne wächst und reift. Wenn sich die Sonne dann nur noch wenig über den Horizont erhebt und die Nacht sich ausbreitet, verschwindet auch der Bär und versinkt in Schlaf. Sobald die Sonne mit ihren Kräften die Natur wieder zu durchwirken beginnt, steigt er wieder aus dem Dunkel empor. Sein Verhalten ist wie ein Abbild der wechselnden Beziehung zwischen Sonne und Erde: des Aufsteigens der Sonne und ihres Untersinkens unter den Horizont.

Etwa zur Zeit des tiefsten Sonnenstandes, wenn der Mond über der schneebedeckten Erde den Himmel beherrscht und die Erde am meisten bei sich selbst ist, in der zweiten Dezember- oder ersten Januarhälfte, gebiert die Bärin in der Höhle ihre Kinder; meistens sind es zwei. Die neugeborenen Bären sind ungewöhnlich klein. Sie sind nicht größer als eine Ratte und wiegen nur etwa 400 Gramm. In den Monaten seit der Paarung im Sommer hat sich ihr Leib nur etwa während der letzten acht Wochen entwickelt. In der Höhle wärmt die Bärenmutter ihre Kinder und säugt sie mit ihrer nahrhaften Milch; der

Abb. 30: Bärenmutter und neben ihr das Neugeborene. Dieses ist ungewöhnlich klein: bei einer Länge von nur 22 bis 23 Zentimetern wiegt es lediglich etwa 400 Gramm. (Aus Cook.)

Fettgehalt beträgt 33 Prozent. So wachsen die Bärenkinder mehrere Monate heran, bevor sie wirklich «das Licht der Welt erblicken».

Was bedeutet es, daß Bären so unfertig geboren werden? Durch die frühe Geburt haben sie eine ausgedehnte Kindheit. Es ist nicht so wie bei Pferd oder Rind, daß das Neugeborene durch die Vollkommenheit seines Leibes sofort über instinktives Können verfügt. Bei den kleinen Bären entwickelt sich der Leib, indem sie eine Fülle spielerischer Tätigkeiten ausführen. Sie sind rührende, einfallsreiche Tollpatsche mit großem Kopf, kleinem Leib und noch kurzen Gliedern. Die lange Kindheit zeigt sich an verschiedenen Tatsachen. Die

Bärin säugt ihre Jungen eineinhalb Jahre. Auch den zweiten Winter verbringen die Jungen mit der Mutter zusammen in der gleichen Höhle, den dritten meistens in unmittelbarer Nähe. Die Bärenmutter hat ein inniges Verhältnis zu ihren Kindern. Wenn es um die Kinder geht, ist sie gefährlicher als jeder männliche Bär. Sie verteidigt die Jungen mit gewaltiger Kraft und aggressiver Wildheit. Etwa drei Jahre bleiben die Jungen bei der Mutter. Erst im Alter von sechs Jahren sind sie ausgewachsen.

Aber auch dann behält der Bär etwas von seiner kindlichen Offenheit. Man kann Bären nicht zähmen – sie sind viel zu sehr in sich ruhende Wesen –, aber leicht trainieren. Sie sind sehr gelehrig. «In der Regel muß [man] ihnen einen bestimmten Ablauf nur ein einziges Mal beibringen» (Domico und Newman 1990, S. 28). Auch das sind Eigenschaften, die wie die Gliedmaßen und die Harmonie der Organisation auf eine Nähe zum Menschen hinweisen. Es ist gar nicht so abwegig, daß im Märchen der verzauberte Prinz die Gestalt eines Bären hat. Der Bär ist ein Tier mit Wesenszügen, die wie in unfertiger, gleichsam roher Form etwas von dem enthalten, was beim Menschen in vollkommener Gestalt erscheint.

Der Wolf

Die meisten Menschen kennen den Wolf allenfalls aus dem Gehege eines zoologischen Gartens, das heißt aus einer Umgebung, die diesem Tier, das in der Natur ein großes Revier – bisweilen von mehr als tausend Quadratkilometern – durchstreift, ganz unangemessen ist. Auch heute noch lebt der Wolf in weiten Gebieten der nördlichen Hemisphäre, in den mächtigen Waldgebieten der Taiga, in der Tundra, in den Steppen- und Wüstengebieten Sibiriens und Kasachstans und in den Bergwäldern z. B. des Kaukasus und der mittelasiatischen Gebirge. Aus den Zeiten, in denen der Wolf auch noch in Mitteleuropa häufig war, haftet ihm etwas Schreckenerregendes, unerbittlich

Abb. 31: Europäischer Wolf (Canis lupus)

Aggressives und Düstres an. Nun haben Forscher in jahrelangen Beobachtungen unser Wissen außerordentlich bereichert. Das Bild, das wir uns heute machen können, ist viel differenzierter als noch vor wenigen Jahrzehnten. Es enthält aber weiterhin Abgründiges.

Der Wolf gehört bekanntlich zusammen mit dem Fuchs, dem

Hyänenhund, dem Schakal, dem Mähnenwolf, dem Löffelhund und den beiden kleineren Formen des Marder- und des Waldhundes zu der Gruppe der hundeartigen Raubtiere. Er unterscheidet sich charakteristisch von den Katzenartigen, die man als die zentrale Gruppe unter den Raubtieren ansehen kann. Sein Leib ist weniger elastisch als der des Löwen oder Leoparden. Die Gliedmaßen lösen sich stärker vom Rumpf; sie wirken steifer und sehniger. Insgesamt ist der Knochenbau etwas stärker. Der Wolf ist ein Tier, das im Laufe eines Tages beziehungsweise einer Nacht weite Strecken zurücklegt, bisweilen fünfzig oder sechzig Kilometer. Am Kopf treten Nase und Maul stark in den Vordergrund. Der Schädel ist massig; Kiefer und Zähne sind kräftig gebildet. Mit ihnen kann der Wolf die Glieder eines Elches zermalmen. – So gliedert sich die Organisation und mit ihr das innere Wesen beim Wolf stärker in die äußeren Verhältnisse ein als beim katzenartigen Raubtier.

Der Wolf hat gute Augen – er kann allerdings keine Farben unterscheiden – und ein gutes Gehör. Beide Sinne werden aber durch die Feinheit des Geruchsorgans weit übertroffen. Zimen schreibt: «Wir Menschen mit unserem kümmerlichen Riechorgan können uns vermutlich gar keine Vorstellung machen von dem reichgegliederten ‹Duftbild› des Wolfes … wo jeder Grashalm, jeder Stock und wohl auch die Landschaft als Ganzes, und erst recht die Spuren von Freund, Feind und Beute, vor allem durch den Geruch wahrgenommen wird» (Zimen 1980, S. 36). Ein Wolf kann an einer Fährte durch die feine Differenz in der Intensität des Duftes feststellen, in welcher Richtung das Tier gelaufen ist.

Gerüche spielen im Leben des Wolfes eine große Rolle. So markieren die Wölfe ihr Revier regelmäßig durch Harn und Kot. Sie haben eine eigentümliche Vorliebe für üble und widerliche Gerüche. Sie wälzen sich in stinkendem Aas, in Kot und faulendem Obst. Das deutet auf eine Tingierung des Seelischen, die beim Menschen pervers wäre.

Das Riechen ist jener Sinnesbereich, mit dem besonders starke

Lust- und Unlustempfindungen, Begierden und Leidenschaften verbunden sind. Dieser Bereich des Seelenhaften wird beim Wolf unentwegt erregt. Dem entspricht die Bildung des Maules, die bei den Tieren mehr als jedes andere Organ der Ausdruck des Begehrens ist. Durch die oft horizontale Haltung des Halses bekommt die Hinwendung zur Umgebung einen glühend-begierdehaften Charakter. Man begegnet der aggressiven Grundtönung des Wolfes.

Diese stammt aber aus einem tieferen Bereich. Am Rumpf des Wolfes ist der vordere Abschnitt stärker ausgebildet als der hintere. Er umschließt eine ungewöhnlich große Lunge; sie ist im Verhältnis zum übrigen Organismus noch mächtiger als die des Löwen.[11] Auch das Herz ist relativ groß, aber nicht so dominierend wie das Atmungsorgan. Die Lunge ist mit der Variabilität des Atemrhythmus das Zentralorgan jener Emotionen, die beim Wolf so intensiv und vielfältig aufglühen und sichtbar werden: in der Mimik, in den gebärdenhaften Haltungen des ganzen Leibes und im Schwanz. Der Wolf kann alle Nuancen zwischen Angst und wilder Aggression durchleben, von Überlegenheit im sogenannten Imponierverhalten bis zu völliger Unterwürfigkeit der sogenannten Demutsgebärde, wo der unterlegene oder rangniedrigere Wolf auf dem Rücken liegend seine verletzlichsten Organe dem überlegenen darbietet. Und unmittelbar aus dem Bereich des Atmungsorgans dringen in der Stimme die verschiedensten Erlebnisse nach außen: im Winseln Schmerz und Angst, im Wuffen die noch verhaltene Aggressivität des Warnens, im Knurren schon etwas bedrohlichere Regungen und im grellen Schreien heftiger Schmerz, panische Angst oder Schreck bei unerwarteter Gefahr. Nach F. Mowat sind «die Klangfarben und die Spannweite der vokalen Möglichkeiten des Wolfes weit größer … als die der anderen Tiere» (1986, S. 86).

Die eigentümlichste Äußerung ist aber das Heulen – «ein langgezogener U-Laut, der durch Ausblasen von Luft bei nach vorne gezogenem Maul zustande kommt. Meist hebt der heulende Wolf auch den Kopf und legt die Ohren zurück» (Zimen 1980, S. 67).

Durch Heulen nimmt z. B. ein Wolf mit seinem entfernten Rudel Kontakt auf. Wenn ein Wolf im Rudel zu heulen beginnt, fallen die anderen ein. Es ist dann, wie wenn sich nicht die einzelnen Wölfe, sondern die Seele des Rudels äußern würde. Das Heulen ist im Winter häufiger, das heißt dann, wenn die Bindung der Wölfe im Rudel enger ist und wenn die Nächte besonders lang sind. – Wölfe heulen vor allem zwischen 19 Uhr abends und 10 Uhr vormittags, manchmal mehrere Stunden. Bei seinen Wolfsbeobachtungen im Norden Kanadas hat F. Mowat erfahren, daß Wölfe über weite Entfernungen durch ihr Heulen auch bestimmte Botschaften vermitteln. Er schreibt: Ein «Wolf, der im nördlichen Nachbarrevier wohnte», hatte «unsere Wölfe nicht nur darüber unterrichtet, daß die langersehnten Karibuherden sich südwärts in Bewegung gesetzt hatten, sondern er hatte sogar mitgeteilt, wo diese Herden sich augenblicklich befänden.» Nun hatte dieser Wolf «die Karibus nicht gesehen, sondern lediglich die Meldung ..., die er von einem noch entfernter wohnenden Wolf empfangen hatte», weitergegeben (S. 88).

So kann man an recht unterschiedlichen Tatsachen ablesen, daß Nase und Lunge die vorherrschenden Organe sind. Durch die ungewöhnlich gut ausgebildeten Atmungsorgane und das in ihnen wirkende Seelische hat der Wolf eine elementare Beziehung zur Umgebung. Das prägt sich auch in den Gliedmaßen aus. Vom Atmen geht eine starke Impulsierung der Lebensprozesse in der Muskulatur aus, zugleich aber wirkt die Bewegung auf das Atmen. Bei raschem Laufen kommt es im Rhythmus der Schritte zu einem fortwährenden Wechsel zwischen Beschleunigen und Verlangsamen. In der ersten Phase drängen im Rumpf des Wolfes die Eingeweide nach hinten und vergrößern den Brustraum, in der zweiten nach vorn und verkleinern ihn. So impulsiert und verstärkt der Bewegungsrhythmus den des Atmens. Das ermöglicht dem Wolf, in relativ kurzer Zeit ziemlich weite Strecken zurückzulegen. Bei einem Wesen, das wie der Wolf in vielfältigen Emotionen lebt, treten die dumpfen Prozesse des Verdauens zurück; Magen und Darm sind nicht stark ausgebildet, allerdings etwas besser als beim Löwen.[12]

Wölfe leben normalerweise in einer Gruppe zusammen; doch es gibt immer wieder Einzelgänger. Diese wurden aus einem Rudel ausgestoßen oder haben ihr Rudel verlassen. Beim Zusammenleben spielt die Nase eine wichtige Rolle. Durch den Geruch äußert sich immer etwas von dem Wesen, das ihn ausdünstet, und von dessen wechselnden Zuständen. Ein Wolf fühlt sich am stärksten von dem Geruch seiner Rudelgenossen angezogen. Wölfe beriechen sich immer wieder gegenseitig. So entsteht eine emotionale Bindung. Ohne diese würde das Rudel wohl auseinanderfallen.

Im Wolfsrudel herrscht eine strenge Hierarchie zwischen ranghohen und rangniedrigeren Tieren. Genau genommen gibt es eine doppelte Rangordnung, eine zwischen den weiblichen Wölfen und eine unter den männlichen, den Rüden. Beobachtet man ein Rudel nur kurze Zeit, dann kann man den Eindruck eines harmonischen Miteinander gewinnen, man bemerkt nicht, was dem geordneten Zusammenleben zugrunde liegt. Ein Wolf hat seine höhere Position zumeist in aggressiven Auseinandersetzungen errungen, das heißt im Kampf mit heftigen Beißereien und blutenden Wunden. Auf diese Weise entstehen klare Verhältnisse, über die dann durch Signale der Über- und Unterordnung sorgfältig gewacht wird. Unter der friedlichen Oberfläche lebt unentwegt die Beziehung von Beherrschen und Sich-Unterwerfen. Das kann man besonders im Herbst bemerken, wenn die Aggressivität im Rudel zunimmt.

An der Spitze der Hierarchie steht der Leitwolf, in der Ausdrucksweise der Verhaltensforschung der α-Rüde. Er bestimmt in den meisten Fällen den Aufbruch zur Jagd, die Richtung, die Geschwindigkeit, die Ruhepausen und andere gemeinsame Aktivitäten. In Zeiten des Hungers streift er unter Umständen zwei oder drei Nächte allein durch das Revier. «Hat er Aas oder krankes Wild aufgespürt, stimmt er ein gewaltiges Geheul an, in das die Seinen aus der Ferne einstimmen, bevor sie herbeieilen. Angesichts gesunder Beutetiere aber

Abb. 32: Wolf unterwegs auf der Jagd; oben im Trab, unten in mäßigem Galopp (aus Bibikow)

muß er leise arbeiten und sein Rudel persönlich abholen und führen» (Dröscher 1992, S. 102). Bisweilen führt auch das α-Weibchen das Rudel. Der Leitwolf ist nicht, wie man früher meinte, die allein bestimmende Instanz. «Es scheint vielmehr, daß alle Rudelmitglieder ihren Teil zur Entscheidung beitragen, wenn auch jedes Mitglied mit unterschiedlich gewichtiger Stimme … Je älter und ranghöher ein Mitglied ist, desto mehr Gewicht hat seine Stimme, die jedoch niemals so gewichtig werden kann, daß sie alle anderen Stimmen überwiegt. Gegen den Willen der Mehrheit kann sich auch der α-Rüde nicht durchsetzen – ja nicht einmal das α-Weibchen in der Ranzzeit, während der es sonst scheinbar uneingeschränkt die Aktivität des Rudels bestimmt» (Zimen 1980, S. 157 f.). In etwas anthropomorpher Ausdrucksweise wird hier darauf hingewiesen, daß das Rudel eine Ganzheit ist – ein Organismus mit verschiedenen Funktionen, die nur im Zusammenspiel mit dem Ganzen zur Geltung kommen.

Der Leitwolf verhält sich auffallend freundlich zu den anderen Tieren des Rudels. Da er ohnehin der Überlegene ist, entsteht auf diese Weise eine positive Bindung der Rudelmitglieder an ihn. Bei den verdeckten aggressiven Tendenzen ist das wichtig für den Zusammenhalt des Rudels. Eine eigenartige Stellung nimmt der in der Rangordnung zweite Rüde ein. Er wird gegenüber jenen Wölfen aggressiv, die gegen die Regeln verstoßen, auf denen die Ordnung des Rudels beruht. So richtet sich auch die Aggression rebellischer Wölfe gegen ihn und nicht gegen den Leitwolf. Dann «gibt es im Rudel Spezialisten, etwa zum Aufspüren von Niederwild, zum Beobachten feindlicher Wölfe, zum Entdecken von Aas, zum Überschreiten von Flüssen und dergleichen mehr. Sie sind meist auf ihrem Spezialgebiet die Initiatoren» (Dröscher 1992, S. 102 f.).

Eine besondere Position hat die ranghöchste Wölfin. Im Februar und März ist die Ranzzeit der europäischen und asiatischen Wölfe, die der amerikanischen Anfang April. Da kommen alle geschlechtsreifen Weibchen in einen paarungsbereiten Zustand. Es paaren sich in der Regel aber nur der Leitwolf und diese Wölfin. Die anderen werden aggressiv an der Paarung verhindert. Manchmal zeigen die rangniedrigeren Weibchen trotz ihres physiologischen Zustandes überhaupt keine sexuellen Neigungen. So wird die Fortpflanzungsfunktion auf ganz wenige Tiere eingegrenzt.

Nach der Tragzeit von neun Wochen gebiert die trächtige Wölfin fünf oder sechs Junge in einer Erdhöhle, die sie selbst gegraben hat.

Der Eingang ist oft unter dem Wurzelwerk eines Baumes oder zwischen Felsblöcken. Ein Gang führt in eine Kammer, in der die Welpen in den ersten drei Wochen heranwachsen. Die kleinen Wölfe mit ihren kurzen Beinen und der stumpfen Schnauze werden etwa zehn Wochen von ihrer Mutter gesäugt. Dann kümmern sich vor allem andere Wölfe des Rudels um die Ernährung, indem sie das nötige Fleisch herbeischaffen. Wieder andere bleiben als Aufpasser in der Nähe der Jungen. So beteiligt sich das ganze Rudel an der Aufzucht.

Die Intelligenz, die bei der Aufzucht waltet, lernte man in den 80er Jahren kennen. Ein Rudel war in den italienischen Abruzzen in große Not gekommen. Die Wölfe fanden nur noch Mäuse, Eidechsen und Käfer. Während der Ranzzeit paarten sich überraschenderweise alle fünf Weibchen. Sie bekamen auch Junge, jedes in seiner Höhle. Dann drangen aber rangniedrige Rüden in die Höhlen ein und töteten die jungen Welpen. Nur die des ranghöchsten Weibchens blieben unbehelligt. Und nun kamen die Wölfinnen, deren Kinder getötet worden waren, zu der Höhle des α-Weibchens, um dessen Kinder zu säugen. Eine wölfische Intelligenz: Muttertiere werden zu Ammen, indem man ihre Jungen grausam beseitigt; durch Mord wird das Überleben des privilegierten Nachwuchses gesichert.

In den aggressiven Instinkten und der Intelligenz, die im Rudel beim Jagen und Töten der Beute wirkt, offenbart sich das Wesen der Wölfe am deutlichsten. Die Beutetiere des Wolfes sind auffallend groß. Es sind vor allem Hirsche – Rothirsch, Maral, Reh und Elch –, aber auch andere Tiere wie Wildschwein, Schaf, Steinbock und die Saigaantilope. Gegenüber einem großen Tier kann der Wolf sein aggressives Wesen viel stärker ausleben als gegenüber Mäusen, Lemmingen, Hasen und Käfern, die er bisweilen auch verzehrt. Zwischen den Wölfen und den Beutetieren ihres Reviers herrscht eine deutliche Beziehung; denn die Größe des Rudels richtet sich nach der Größe und Stärke des Beutetiers. Wo die Wölfe vor allem Elche jagen wie in der europäischen Taiga, umfaßt ein Rudel zehn bis zwanzig Tiere. Dort, wo sie Rentiere in der Tundra jagen oder Hirsche (Rothirsch, Maral),

Abb. 33: Wölfe treiben ein Reh in den Hinterhalt. (Aus Bibikow.)

sind es sechs bis zehn Tiere. Wenn Reh und Schaf die Beutetiere sind, ist das Rudel mit fünf oder sechs Tieren noch kleiner.

Wölfe überwältigen ihre Beute auf unterschiedliche Weise. Sie können sich anschleichen und dann aus geringer Distanz losbrechen; sie können ihrem Opfer auch auflauern. Beim Jagen richtet sich die Strategie nach den Stärken und Schwächen des Opfers. Das Reh kann schnell und über eine größere Distanz fliehen. Durch Verfolgungsjagd würde das Rudel das Reh nicht erlegen. So teilt sich das Rudel. Einige Wölfe legen sich in einen Hinterhalt, die anderen hetzen das Reh in das Verderben. Flieht das Opfer aber nicht in gerader Richtung, sondern in einem Bogen wie die Karibus in der Tundra von Nordkanada und Alaska, dann wenden die Wölfe eine andere Methode an, das Kesseltreiben. «Wenn die Wölfe auf ein Opfer gestoßen sind, teilen sie sich. Die einen hetzen das Tier, die anderen schneiden ihm den Weg ab, wenn es ausweicht. Die Verfolgung übernehmen die Wölfe auf der Flanke, nach deren Seite das Tier … abgebogen ist. Die Koordination der Handlungen bei einer solchen Jagd ist außerordentlich groß» (Bibikow 1988, S. 122). Hat

Abb. 34: Wölfe hetzen einen Elch im tiefen Schnee bis zur Erschöpfung. (Aus Bibikow.)

ein Wolfsrudel eine Karibuherde aufgespürt, dann stürzt es sich nicht auf die nächsten oder größten Tiere. Die Wölfe haben ein feines Unterscheidungsvermögen – sicher auch durch ihre Nase –, mit dem sie diejenigen Tiere herausfinden, die die leichteste Beute sind, die kranken und die jungen. Diese pressen sie aus der Herde heraus und stürzen sich dann auf sie.

Ein Elch, der im tiefen Schnee nur mühsam vorwärtskommt, ist zunächst zu stark. Die Wölfe, die von der verharschten Schneedecke getragen werden, hetzen den Elch, ohne ihn anzufallen. Wenn sie dann seine Erschöpfung wittern, stürzen sie sich auf ihn. Man hat in Sibirien beobachtet, wie Wölfe die Hirsche und Elche im Winter auf einen zugefrorenen See trieben. Die schweren Tiere wurden unsicher, rutschten, stürzten und wurden eine leichte Beute. Wölfe treiben ihr Opfer auch an einen Steilhang, wo es abstürzt, oder in die Enge einer ausweglosen Schlucht. Die List im Zusammenwirken beobachtete ein russischer Forscher beim Angriff zweier Wölfe auf eine Wildschweinfamilie. «Als die Raubtiere auf der Waldlichtung auftauchten, drängten sich die Frischlinge um die Mutter. Einer der

Wölfe ging um die Familie herum, der andere blieb an seinem Platz. Als sich die Wölfe gegenüberstanden, machte einer einen Ausfall gegen die Wildschweine. Die Bache warf sich ihm entgegen, in diesem Augenblick packte der andere Wolf einen Frischling und verschwand damit im Gebüsch. Die Bache stürzte diesen nach, und so konnte der zurückgebliebene Wolf auch noch einen Frischling erbeuten» (Bibikow 1988, S. 121 f.).

Das alles sind Verhaltensweisen, die von Intelligenz durchsetzt sind. Es ist die Intelligenz eines Wesens, das sein Opfer «kennt» und die Umstände «berücksichtigt». Sie ist in gewisser Hinsicht der Intelligenz eines Mörders vergleichbar, der seine Tat aus der Kenntnis des Opfers und der Umstände durchführt. Es besteht allerdings ein grundlegender Unterschied. Beim Menschen ist sie bewusst und die Tat deshalb moralisch zu bewerten, beim Wolf wirkt sie naturhaft als Instinkt.

Der Seehund

Wenn wir uns nun dem Seehund zuwenden, tritt zunächst der Unterschied zu den bisher betrachteten Gestalten deutlich vor Augen. Was z. B. beim Pferd so eindrucksvoll im Vordergrund steht, die Bildung der Beine, ist beim Seehund weitgehend unterdrückt. Gegenüber der klaren Gliederung des Leibes herrscht Einförmigkeit. Diesem Unterschied scheint der des Lebensraumes zu entsprechen. Man kommt von der Ebene, in der die kraftvolle Bewegung in die Weite führt, und vom Wald mit seinem gedämpften Innenraum an eine Grenze, wo der Gegensatz von Land und Meer in einem ewigen Wechselspiel steht, an die Küste mit dem Rhythmus von Ebbe und Flut. Wenn sich bei Ebbe das Meer zurückzieht, verlassen die Seehunde das Wasser und robben sich schwerfällig auf die Sandbänke oder flachen Felsen. Bei der nächsten Flut tauchen sie wieder hinein in das Meer. Ihr Lebensrhythmus ist aber nicht nur vom Wechsel der

Gezeiten, das heißt von der Wirkung des Mondes auf die Wassermassen, bestimmt. Der Seehund ist vorwiegend am Tag aktiv. Deshalb begibt er sich, wenn die Flut um die Mittagszeit ihre Kulmination hat, nur einmal am Tag in das Meer; denn das nächste Hochwasser ist dann in der Nacht, der Schlafenszeit des Seehundes. Tritt wenige Tage später das Niedrigwasser erst nach der Morgendämmerung ein, dann tauchen die Seehunde schon beim ersten Tagesgrauen in die salzigen Fluten.

Im Wasser wird der Seehund leicht, das heißt weitgehend vom beweglichen Milieu des Wassers getragen. Man kann sich kaum einen größeren Gegensatz vorstellen als den zwischen dem trägen Lagern in der Schwere, das mit einer Abdämpfung des Bewußtseins, besonders des Sehens, verbunden ist, und den eleganten Bewegungen im Wasser. Hier durchstreift der Seehund einen Aktionsraum, der eine Weite von über hundert Quadratkilometern umspannen kann. Auch im Wasser kann er hören, und zwar sehr viel besser als in der Luft, nämlich bis in die höchsten Tonbereiche. Seine Augen sind ungewöhnlich groß, und die Linse ist ähnlich wie bei den Fischen kugelrund. So sieht der Seehund bei einem weiten Blickfeld im Wasser sehr gut, viel schärfer als am Land. Hier jagt er nach Fischen, z. B. nach dem Wittling und dem Hering, und spürt am Grunde die Flundern, seine Hauptnahrung, auf. Unter Wasser sind seine Augen so empfindlich, daß er in mondhellen Nächten Fische noch in einer Tiefe von über vierhundert Metern wahrnehmen kann (Renouf 1989, S. 101). Durch die langen Tasthaare an Mund, Nase und Augen nimmt er im Wasser ähnlich wie der Fisch mit dem Seitenlinienorgan die feinsten Druckschwankungen wahr und findet sogar ohne Augen seine Nahrung. Die Bedeutung dieses Sinnesorgans wird dadurch unterstrichen, daß es selbst in der Eiseskälte des Winters sensibel bleibt, weil die Haarwurzeln durch Blut immer warm gehalten werden. Der Seehund kann länger als eine halbe Stunde lang tauchen. So ist vieles eindrucksvoll und rätselvoll zugleich. Zum Beispiel die enge Beziehung des Seehundes und seiner Verwandten

Abb. 35: Atlantischer Seehund (Phoca vitulina; Weibchen) mit Jungem, das in den ersten Wochen ein weißes Fell hat (aus Portmann o. Jg.)

zu den nördlichen und polnahen Regionen der Erde, wo das Jahr einem langen Tag ähnlich wird, der Sommer dem Tag und der Winter der Nacht. Diesen Rhythmus leben die Seehunde mit. Wenn sich die Sonne im Sommer höher über den Horizont erhebt, werden die Jungen – in der Regel eines – nach einer langen Tragzeit von elf Monaten, und zwar immer zu Beginn der Ebbe, geboren. Dort werden sie von ihrer Mutter auch in den ersten vier bis sechs Lebenswochen mit einer außergewöhnlich fettreichen Milch gesäugt. Das Junge kann aber schon eine Viertelstunde nach der Geburt seiner Mutter ins Meer folgen. Ende Juli oder Anfang August folgt im Wasser die Paarung, das heißt der Beginn eines neuen embryonalen Bildungszyklus.

Vergleicht man die Gestalt des Seehundes mit der anderer Säugetiere, dann bemerkt man, wie der Rumpf gegenüber den übrigen Gliedern hervortritt. Der Rumpf ist bei den höheren Tieren jener Teil, in dem sich der Organismus stark von der Umgebung absondert. Hier ist das Tier stark auf die inneren Lebensprozesse und deren Organe wie Lunge, Herz, Magen usw. konzentriert. Beim Seehund gewinnt man den Eindruck, der Kopf sei nur das vordere Ende des rumpfartigen Leibes. Das Sich-Abschließen gegenüber der Umgebung äußert sich in verschiedenen Details. Die für Säugetiere so charakteristische lauschende Hinwendung zur Umgebung durch die Ohrmuscheln ist unterdrückt. Der Gehörgang kann sogar durch einen Muskel geschlossen werden. Die Atmungsorganisation sondert sich noch stärker ab: Die Nasenlöcher werden nur zum Aus- und Einatmen geöffnet. Man deutet dies als Anpassung an das Leben im Wasser. Man kann diese Phänomene aber auch als ein Übergreifen des Rumpfes auf den Kopf verstehen.

Die Dominanz des Rumpfes zeigt sich besonders an jenen Bildungen, durch die sich das höhere Tier normalerweise stark mit der Umgebung verbindet, eben im Kopf und an den Gliedmaßen. Der Kopf ist nicht nur in die Form des Rumpfes integriert, er bleibt auch ungewöhnlich klein. Wenn man das Skelett eines Seehundes mit dem eines Löwen vergleicht, sieht man, wie stark die Schädelbildung beim Seehund zurückgehalten ist. Die Bildungsgeste des Rumpfes, das Sich-Absondern, manifestiert sich in ähnlicher Weise an den vorderen Gliedmaßen. Ober- und Unterarmknochen bleiben so kurz, daß sie fast vollständig vom Rumpf umschlossen sind. An den hinteren Gliedmaßen ist der Oberschenkel stark verkümmert. Die übrigen Teile sind in die horizontale Orientierung des Rumpfes integriert. Als rumpfartiges Wesen bewegt sich der Seehund mit der Lendenwirbelsäule und ihrer Muskulatur – und der Fortsetzung des Rumpfes in den flossenartigen Hintergliedmaßen. Die vorderen Gliedmaßen legt er beim Schwimmen eng an den Leib an. Das kann man auch bei den anderen so stark auf den Rumpf konzentrierten Hundsrobben beobachten. Die Ohrenrobben verwenden dagegen auch ihre gegenüber den Hundsrobben größeren Vordergliedmaßen zum Schwimmen. Dadurch, daß der Seehund beim Schwimmen weitgehend vom Wasser getragen wird

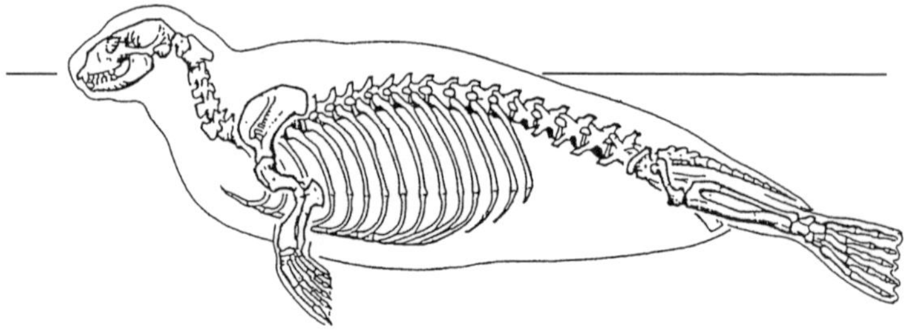

Abb. 36: Umriß und Skelett des Seehundes (aus Tank)

und auch auf dem Land die Auseinandersetzung mit der Schwere gegenüber anderen Säugetieren sehr gering ist, sind nicht nur die Gliedmaßen, sondern auch das ganze Skelett mit nur 11 % am gesamten Körpergewicht ziemlich schwach ausgebildet.

So wird man durch die ganze Erscheinung auf den Rumpf und seine inneren Organe verwiesen. Von diesen Organen stehen Lunge, Verdauungstrakt und Niere mit der Außenwelt in Beziehung. Jenes Organ, das ganz im Inneren lebt, ist das Blut. Es erfährt beim Seehund eine Ausbildung, die weit über das normale Maß der Säugetiere hinausgeht. In einem Werk von Buffon-Daubenton aus der Mitte des 18. Jahrhunderts findet man eine anschauliche Schilderung: «Sie haben eine erstaunliche Menge Blut … es kam so viel Blut heraus als von einem Ochsen» (Mohr 1952, S. 75). In nüchternen Zahlen ausgedrückt: Das Blut macht bei den Säugetieren normalerweise 8 % des Körpergewichtes aus, beim Seehund (und anderen Robben) aber 15 %. Die Blutbildung ist intensiv gesteigert – das strömende Organ des Blutes bekommt im Organismus ein Gewicht wie bei keinem anderen Tier. Welches sind die Konsequenzen? Wir müssen verfolgen, wie sich die übermäßige Bildung des Blutes im übrigen Organismus auswirkt.

Zum einen ist das Blut der Träger der Wärme, durch die das Tier ein gegenüber der umgebenden Temperatur selbständiges Wesen

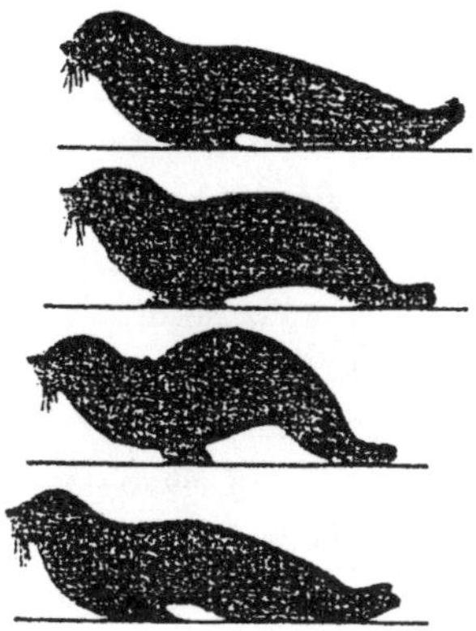

Abb. 37: Der Seehund bewegt sich auf dem Land robbend vorwärts (aus Dircksen)

wird. Diese Selbständigkeit ist beim Seehund besonders stark. Denn die Wärme ist durch die außergewöhnlich hohe spezifische Wärme von Wasser tief mit der Substanz des Blutes verbunden; die Fülle des Blutes trägt viel Wärme in sich. Diese Verselbständigung manifestiert sich nach außen in einer entsprechenden Abgrenzung gegenüber dem umgebenden Medium. In der Unterhaut wird jene Substanz gebildet, die die Wärme des Blutes im Inneren des Körpers zurückhält und eine stabile Wärmeorganisation bewirkt. Das ist Fett, das zu bestimmten Jahreszeiten bis zu 50 % des gesamten Körpergewichtes ausmachen kann. Die Fettbildung an der Peripherie gehört mit der starken Blutbildung im Inneren zusammen. Sie unterstreicht, was wir bereits als das Sich-Absondern des Rumpfes beschrieben haben. Die Haut selbst bleibt bis in die äußersten Schichten lebendig; es entstehen an der Peripherie keine verhornten, abgestorbenen Zellen. Das erinnert wie manches andere an die Fische. Das eng anliegende Fell wird im Wasser nach und nach durchnäßt, so daß der Seehund gleichsam vollständig in das Wasser eintaucht.

Die Blutbildung ist ein sehr dynamisches Geschehen. Die Blutzellen werden fortwährend regeneriert. Dem Abbau entspricht eine ebenso intensive Neubildung. Das gilt auch für die Substanzen des Blutplasmas. Die Konsequenz ist ein starker Ernährungsprozeß. Dieser manifestiert sich in einem gut entwickelten Verdauungssystem. Der Magen ist einfach, der Darm aber auffallend lang. Das kommt in folgenden Zahlen zum Ausdruck: Beim Löwen ist der Darm viermal so lang wie der Körper, beim Pferd zwölfmal, beim Rind 22- bis 29mal und beim Seehund 28mal. Das ist überraschend, denn der Seehund ernährt sich vor allem von Fischen; ein ausgewachsenes Tier frißt jeden Tag etwa 5 bis 7 kg und verdaut innerhalb von fünf Stunden. Hinter dem großen Nahrungsbedarf, dem langen Darm und der schnellen Verdauung steht offensichtlich die intensive Blutbildung.

Wenn der Seehund taucht, gibt er die Verbindung mit der Atmosphäre für eine kurze Zeitspanne ganz auf. Er «taucht» noch stärker als sonst auch in den eigenen Organismus unter. Bevor er in den Wasserraum hinunterdringt, atmet er nämlich aus. Durch die Unterbrechung des Atmens schlägt das Herz nun viel langsamer. Der Puls sinkt von 75 auf 9 pro Minute. Außerdem werden beim Tauchen Leber, Niere und Muskeln schwächer durchblutet. Im ganzen Organismus des Seehundes ist die unmittelbare Verbindung mit der Atmosphäre abgeschwächt. Die Lungen sind einfach, und am Schädel entstehen keine von Luft erfüllten Räume wie Stirnhöhlen. Der Seehund nimmt den eingeatmeten Sauerstoff von vornherein intensiver und tiefer in sich auf, in das große Blutvolumen und vor allem in das dem Hämoglobin ähnliche Myoglobin seiner Muskeln. Die mit dem strömenden Blut so innig verbundenen Nieren sind viel stärker differenziert als bei fast allen anderen Tieren.

Nun muß man bedenken, daß das Blut ein flüssiges, strömendes Organ ist. Beim Seehund ist der venöse Teil des Zirkulationssystems durch große Gefäße und Erweiterungen wie in der Vena hepatica stark entwickelt. In den Organen der Tiere wirken immer zwei Prinzipien zusammen: die Formbildung und die spezifischen Lebensprozesse. Wo die Formbildung dominiert, wie in den Knochen und Zähnen, treten die Lebensprozesse zurück. Im Blut herrscht die Dynamik des Lebens. Selbst die formende Tendenz, die als Gerinnungsfähigkeit immer auch im Blut vorhanden ist, ist beim Seehund ganz schwach. Damit wird in seinem Organismus jenes Organ mächtig, das den Formbildungsprozessen konträr gegenübersteht. Wenn dieses im Organismus und seiner Bildung dominiert, wird die Formbildung abgeschwächt. Das zeigt sich am deutlichsten in jenen Organen, in denen die Form das Vorherrschende ist, in den Zähnen. So wird das Milchgebiß überhaupt nicht richtig ausgebildet. Es «wird reduziert, bevor es in Funktion getreten ist» (Keil 1966, S. 190). Nach außen tritt es überhaupt nicht in Erscheinung. Auch die zweiten Zähne sind ungewöhnlich. Bei den Säugetieren differenziert sich die Zahnbildung in Schneidezähne, Eck- beziehungsweise Reißzähne, vordere und hintere Backenzähne. Zu dieser Differenzierung der Form kommt es beim Seehund nicht. Anstelle der Backenzähne entstehen nur einfache Kegelzähne. Mit der «Reduktion des Zahnwechsels geht ein Trend zur Homodontie einher» (Keil 1966, S. 190). Das gilt für die Robben insgesamt.

Starke Formbildung beherrscht den ganzen Schädel. Wie wir bereits erwähnt haben, bleibt der Schädel beim Seehund klein, das heißt, die Entwicklung dieser knöchernen Organisation ist insgesamt abgeschwächt. Das gilt auch für die Knochen des Gliedmaßenskelettes. Tatsachen, auf die wir von einem anderen Aspekt schon hingewiesen haben, erhalten eine zusätzliche Beleuchtung.

Der umfassendste Formbildungsprozeß ist die embryonale Leibesbildung. Es gibt Tiere, die sich embryonal sehr schnell entwickeln. Die Bildung der Formen vollzieht sich dann rasch und intensiv. Wenn man bedenkt, daß die Embryonalzeit des Rindes mit seiner weit differenzierteren Organisation kürzer ist (neun Monate) als die des Seehundes (elf Monate) und beim Löwen nur dreieinhalb Monate dauert, wird deutlich, wie die Formbildung nicht nur abgeschwächt, sondern im ganzen verlangsamt ist. Auch die Zeit von vier bis sechs Jahren bis zur vollen Ausreifung des Organismus in der Geschlechtsreife ist auffallend lang.

So kann man den Seehund aus einem inneren Prinzip begreifen. Phänomene, die zunächst ohne Zusammenhang nebeneinanderstehen, erscheinen als Resultat eines einheitlichen Bildungsprozesses. Auch die Beziehung des Seehundes zu seinem Lebensraum wird verständlich. Er lebt in einer Umgebung, die seinem inneren Wesen entspricht. In der kühlen bis eisigen Welt der gemäßigten Zone und der polnahen Gebiete verwirklicht er seine starke selbständige Wärmeorganisation. Durch intensive Entwicklung des innersten Organs, des Blutes, konzentriert sich die Leibesbildung auf den Rumpf. Und das manifestiert sich in dem rhythmischen Wechsel des Lebensraumes. Wenn der Seehund träge und passiv am Land liegt, versinkt er durch das Fehlen der Beine gleichsam in seinem Leib. Dann taucht er aber immer wieder ins Meer, das heißt in jenes Element, das dem strömenden Leben seines Blutes in der Natur am meisten verwandt ist.

Wer Tiergestalten in der heute üblichen Weise interpretiert, wird sicher an verschiedenen Stellen einwenden, man könne den Seehund doch viel einfacher verstehen. Die meisten seiner Besonderheiten seien nichts anderes als Anpassungen an das Wasserleben. – Es wäre töricht, wollte man die so auffällige Harmonie zwischen der Gestalt des Seehundes und seinem Leben im beweglichen, fließenden Element des Wassers nicht gehörig würdigen. Dennoch ist eine gewisse Vorsicht gegenüber dem Begriff der Anpassung geboten. Denn zumeist ist mit dem Terminus Anpassung eine ganze Interpretation der organischen Welt verbunden. Von Anpassung zu sprechen bedeutet meistens mehr als die bloße Beschreibung eines Sachverhalts. Wohl für die meisten Zeitgenossen ist mit «Anpassung» verbunden: das Auftreten bestimmter neuer Merkmale durch zufällige Mutationen, bessere Lebenschancen durch die zufällig entstandenen Merkmale im bisherigen oder einem neuen Lebensraum und deshalb das Sich-Durchsetzen durch den Selektionsvorteil. Wenn sich dann das positive Zufällige akkumuliert, ist das Tier eine Addition günstiger Einzelmerkmale, ein Mosaik, das sich allerdings von dem des Künstlers unterscheidet, weil es keine gestaltende Idee enthält. So kann man nur denken, wenn man nicht berücksichtigt, daß im Organismus die verschiedenen Glieder in vielfältigen Wechselbeziehungen stehen. Es gibt keine Veränderung, die sich nicht im Ganzen des Organismus auswirkt. Das ist nicht nur ein Postulat. Unsere bisherige Betrachtung der Tiere hat erbracht, daß die Rede von zufälliger Merkmalskombination weniger über die Sache als über das Erkenntnisvermögen aussagt. Der bekannte französische Mathematiker Laplace hat einmal formuliert: «Le mot hasard n'exprime donc que notre ignorance sur les causes des phénomènes». (Das Wort *Zufall* drückt nichts anderes aus als unsere Unkenntnis über die Ursachen der Erscheinungen. – Zitiert nach Schoffeniels 1984, S. 21.)

Der Begriff der Anpassung muß von dem Ballast der darwinistischen Theorie befreit werden, weil diese offensichtlich vergißt, daß sich ein Organismus ganzheitlich gestaltet. Wenn sich der Organismus an einen bestimmten Lebensraum anpaßt, dann geschieht das aus inneren Gesetzen. Das Leben, vor allem das Leben im Tierreich, ist nicht, wie es die gängige Form des Anpassungsbegriffes suggeriert, die Folge eines letztlich passiven Geschehens, das sich ohne innere Gründe zufällig verändert hat und dann von den äußeren Umständen durch die Mechanismen der Selektion in seiner Existenz gesichert wurde.

Nagetiere

Zu den auffälligen Tatsachen gehört die unterschiedliche Größe der Säugetiere. Man kennt zahlreiche Phänomene, die zur Größe einer Tierart in Beziehung stehen: die Zartheit beziehungsweise Robustheit des Knochenbaus, die Nahrungsmenge, der Energieumsatz, die Wärmebildung und anderes mehr. Weshalb manche Säugetiere so mächtig heranwachsen wie das Rind, der Elefant oder gar die Bartenwale, andere aber klein bleiben wie der Igel oder die Mäuse, ist weitgehend unklar. Die übliche Erklärung durch zufällige Erbänderungen (Mutationen), die für die Besetzung einer noch offenen ökologischen Nische günstig gewesen seien, ist unbefriedigend. Sie verwendet ein Bild des Tieres, das höchst unzureichend ist. Und der Hinweis, daß die früheren Formen der Säugetiere klein gewesen seien, macht lediglich auf einen Sachverhalt der Evolution aufmerksam. Die Gründe für das so unterschiedliche Wachstum müssen im Organismus der Säugetiere selbst liegen.

Die Nagetiere gehören fast alle zu den kleinen Tieren. Was die Anzahl der Arten betrifft, sind sie bei weitem die größte Gruppe der Säugetiere; sie umfassen mehr als die Hälfte aller Säugetierarten. Man findet sie auch in allen Gegenden der Erde, nur nicht in der Antarktis. Nur wenige erreichen eine gewisse Größe wie das Murmeltier, das Stachelschwein, der Biber oder das Wasserschwein Mittel- und Südamerikas.

Wenn man sich einen Überblick über die Nagetiere verschafft und dann z. B. auf die verschiedenen Formen der Paarhufer hinschaut, stößt man auf eine bemerkenswerte Tatsache: Mäuse, Bilche, Ratten, Lemminge, Hamster, Taschenratte, Murmeltier, Biber usw. sind in ihren Formen einander sehr ähnlich. So charakteristische Unterschiede wie zwischen Schweinen, Gazellen, Antilopen, Kamelen, Giraffen, Rindern, Schafen, Ziegen und Hirschen findet man überhaupt nicht. Bei den Nagetieren herrscht gegenüber der so deutlich individuellen Prägung der Huftiere eine Monotonie. Nur wenige wie das Eichhörnchen haben gegenüber der Uniformität der anderen Nagetiere eine individuellere Prägung. Man muß schon ein Fachmann sein, um die verschiedenen Mäusearten sicher unterscheiden zu können.

Was kennzeichnet die typische Gestalt eines Nagetiers? Der Rumpf berührt meistens den Untergrund. Er wird nur bei den größeren For-

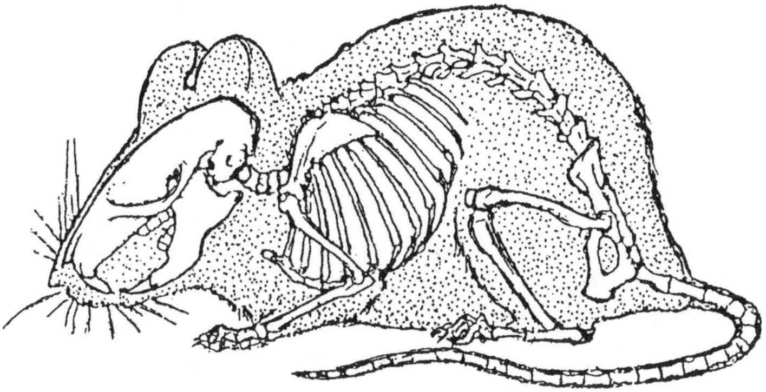

Abb. 38: Umriß und Skelett einer Hausmaus (Mus musculus)

men frei getragen. Tiere, die wie die Mäuse weniger als 50 Gramm wiegen – die Birkenmaus hat im Sommer ein Gewicht von nur drei bis vier Gramm –, 145 bis 215 Gramm wie die Hausratte oder wie der Hamster 150 bis 350 Gramm, haben eine geringe Beziehung zur Gravitation. Da kann es keine kraftvolle Auseinandersetzung mit der Schwere geben. So sind die Beine und das ganze Rumpfskelett nur schwach ausgebildet.[13] Der Kontakt mit dem Boden setzt sich in dem oft langen Schwanz fort. Die Haltung ist geduckt; sonst könnte der Schwanz nicht dem Boden aufliegen. Fast alle Nagetiere haben eine zusammengekauerte Haltung. So ist auch der Kopf durch die kurze Halswirbelsäule eng mit dem Rumpf verbunden. Er hat keine freie Beziehung zur Umgebung. Aus dem Pelz treten Ohrmuscheln hervor. Die Augen sind bisweilen recht groß. Aber nur wenige Nagetiere sehen gut. Sie haben vor allem einen feinen Geruchssinn. Das, was unmittelbar das Begehren auslöst, und Affekte, die im Zusammenleben eine Bedeutung haben, stehen im Vordergrund, nicht das freiere und offene Verhältnis zu einer weiteren Umgebung. Das zeigt sich besonders an der Tatsache, daß die Nagetiere eine größere Anzahl von Tasthaaren haben. Die längsten sind am Kopf, kürzere an den vorderen

Gliedern und am Rumpf. So werden die Nagetiere fast unentwegt in einen Zustand nervöser Erregung versetzt.

Die Huftiere entwickeln durch die Größe und Schwere ihres Leibes in ihren Gliedern und in der Muskulatur des Rumpfes starke Willenskräfte, jede Art in etwas anderer Weise. Ihr Selbsterleben stammt vor allem aus dieser inneren Stärke. Sie stellen sich aus diesem Selbsterleben sicher in ihre Umgebung. Das manifestiert sich in der individuellen Prägung der Gattungen und Arten. Den Nagetieren fehlt gerade die innere Kraft. Bei ihnen stehen die entgegengesetzten seelischen Qualitäten im Vordergrund: die Sensibilität und Erregbarkeit. Ihr Selbsterleben entzündet sich als nervöse Erregung am Kontakt mit der Umgebung. So sind die Nagetiere sehr wenig individuell im Sinne eines aus dem Inneren stammenden kraftvollen Wirkens. Wie stark die Erregung besonders die kleineren Nagetiere beherrscht, kann man am Atmen und am Herzschlag bemerken. Eine Hausmaus atmet in einer Minute etwa 160mal, ihr Herz schlägt in der gleichen Zeit 450- bis 550mal. Immer wieder zittert der ganze Leib. Die Eindrücke aus der Umgebung lösen heftige Reaktionen aus; viele der kleineren Nagetiere werden von ihnen gleichsam durchzuckt. Ein Wesen mit dieser seelischen Konstitution hat verständlicherweise eine zusammengekauerte Haltung.

Von den Gliedmaßen sieht man bei vielen Nagetieren fast nur die feingliedrigen Pfötchen. Die vorderen sind vielfach kleine Händchen, mit denen das Tier geschickt die Nahrung ergreift, im Boden gräbt und Nester anlegt. Die Bewegung ist oft huschend wie das Ausleben einer Erregung. Und das Verhalten ist häufig eine ambivalente Mischung aus Neugier und Angst. Das hat jeder bemerkt, der einmal verfolgt hat, wie eine Maus aus ihrem Loch hervorkommt.

Was liegt den Eigenarten im Bau des Leibes und im Verhalten zugrunde? Man findet bei verschiedenen goetheanistisch orientierten Forschern die Auffassung, bei den Nagetieren beherrsche das

Sinnes-Nerven-System den ganzen Organismus.[14] Diese Anschauung wurde zunächst von E. Kolisko vertreten. Er ging davon aus, daß sich in den drei Zahnformen der Säugetiere, den Schneide-, Eck- und Backenzähnen, ihr dreigliedriger Organismus manifestiere. Den Schneidezähnen entspricht nach dieser Deutung das Sinnes-Nerven-System. So ergibt sich eine klare Zuordnung; denn bei den Nagetieren werden die Schneidezähne als Nagezähne ungewöhnlich groß. Wenn man diese Interpretation überprüft, ergeben sich aber erhebliche Schwierigkeiten. Ein Sinnestier müßte besonders durch Augen und Ohren ein waches Bewußtsein für die Umgebung haben. Es müßte sich auch stark mit der Weite dieser Umgebung verbinden. Ein Tier, bei dem die Nervenorganisation besonders ausgebildet ist, müßte ein ziemlich hoch entwickeltes Gehirn haben. Das alles trifft aber nicht zu. Das Gehirn der Nagetiere steht unter den Säugetieren auf einer niedrigen Stufe (Portmann 1967, S. 267 ff.). Wie es mit den Sinnen steht, haben wir bereits geschildert. Was für die Nagetiere charakteristisch ist, ist – von wenigen Gattungen abgesehen – nicht die Weite der Wahrnehmung, sondern die Erregung des Eigenempfindens. Wie gering die Beziehung vieler Nagetiere zur Umgebung ist, zeigt sich wohl an keiner Tatsache deutlicher als dem Drang, sich ganz zurückzuziehen und einen größeren Teil des Lebens in Gängen und Nestern unter der Erde zu verbringen. Je genauer man die genannte Interpretation der Nagetiere überprüft, desto größer werden die Widersprüche zwischen den Tatsachen und der Theorie. Man muß nach einem anderen Weg zum Verstehen der Nagetiere suchen.

Bei aufmerksamem Betrachten fällt bei vielen Nagetieren der große Kopf auf. Er kann so groß sein wie der Brustkorb. Am Schädel tritt besonders die schmale vordere Partie hervor. Zwischenkiefer und Unterkiefer bilden einen eindrucksvollen Vorbau, der im wesentlichen das knöcherne Futteral der Nagezähne ist. Die unteren Nagezähne sind extrem lang. Sie ziehen in einem flachen Bogen durch den ganzen Unterkiefer. Unterhalb des Kiefergelenks ist der Ort, an dem fortwährend neue Zahnsubstanz angebaut wird. Die Schneidezähne im Oberkiefer sind kürzer und stärker gekrümmt. Auch sie wachsen fortwährend nach. Das gilt bei vielen Nagetieren ebenfalls für die Backenzähne, die durch eine weite Lücke (Diastema) von den Nagezähnen getrennt sind. Von der Intensität des Zahnbildungsprozesses bekommt man durch folgende Zahlen einen Eindruck:

	Jährliches Wachstum	
	der oberen Nagezähne	der unteren Nagezähne
Baumstachler (Urson) 65 bis 80 cm 3,5 bis 7 kg	69,35 mm	91,25 mm
Meerschweinchen 28 cm bis 1,2 kg	91,25 mm	113,15 mm
Wanderratte 24 bis 27 cm 200 bis 400 g	113,15 mm	160,6 mm
Goldhamster 15 bis 18 cm 80 bis 150 g	73,0 mm	281,05 mm
Taschenerdhörnchen 11 bis 23 cm	226,3 mm	361,35 mm

(Keil 1966, S. 194)

An der Außenseite wird ein besonders harter Belag von Zahnschmelz angelagert; er bildet die scharfe Kante der meißelartigen Zähne.

In keiner anderen Tiergruppe erreicht die Zahnbildung innerhalb des Organismus eine solche Intensität. Zähne entstehen und «wachsen» anders als die übrigen Organe. Durch die enorme Verdichtung und Verhärtung entsteht sofort die endgültige Form. Zähne können deshalb nicht wachsen, sie können nur durch Anlagerung von neuem Dentin und Schmelz länger werden. Es handelt sich um den

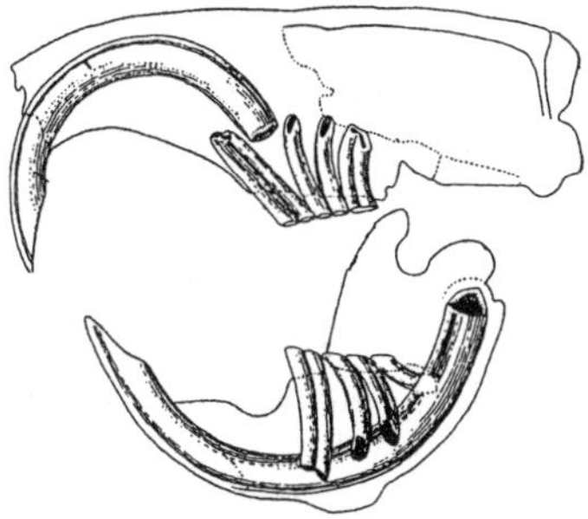

Abb. 39: Schädel einer Taschenratte mit den Schneidezähnen und den wurzellosen, fortwährend wachsenden Backenzähnen (aus Remane/Storch/Welsch)

Höhepunkt der Formbildung überhaupt: um reine Formbildung ohne jeglichen Anteil lebendigen Wachstums. Dieser Prozeß ist so definitiv, daß es bei den meisten Nagetieren keinen Zahnwechsel gibt; es entstehen fast immer gleich die bleibenden Zähne.

Was bedeutet es für die Entwicklung des tierischen Organismus, wenn dieser Prozeß, der so extrem in die Formbildung einmündet, bestimmend wird? Auch in den anderen Organen wirken formende Kräfte. In ihnen ist die Formbildung aber ein lebendiges Geschehen. Die Formen der Organe treten allmählich während der Embryonalentwicklung auf. Sie werden dann während des ganzen Lebens unentwegt neu gebildet. In den Zähnen ist die Formbildung, die im ganzen Organismus tätig ist, lediglich ins Extrem gesteigert. Wird die Zahnbildung nun so intensiv wie bei den Nagetieren, dann werden die formenden Kräfte auch im ganzen Organismus viel stärker. Das bewirkt eine Hemmung des Wachstums. Durch die Abschwächung des Wachstums erreichen die Organe rascher das Endstadium ihrer Form. Die Embryonalentwicklung wird kurz und der Organismus klein. Die Kleinheit der Nagetiere ist die Konsequenz der so intensiv gesteigerten Zahnbildung.

Betrachtet man nun noch einmal die kleine Tabelle über das Zahnwachstum, dann bemerkt man: Beim Stachelschwein, dem größten der drei Nagetiere, ist die Zahnbildung am schwächsten; bei dem kleinsten, der Gebirgstaschenratte, ist sie am intensivsten. Die Formkräfte einer so intensiven Zahnbildung wie bei der Taschenratte wirken im ganzen Organismus stärker hemmend auf das Wachstum als die schwächere Zahnbildung beim Meerschweinchen oder gar beim Stachelschwein.

Dort, wo das Wachstum besonders stark gehemmt ist, vollzieht sich die Formbildung während der Embryonalentwicklung rascher als bei jenen Nagetieren, die stärker heranwachsen:

Mäuse werden im allgemeinen nach einer Tragzeit von		21 Tagen geboren,
das viel größere Murmeltier	nach	33 – 34 Tagen,
das Eichhörnchen	nach	38 Tagen,
das Stachelschwein	nach	63 – 65 Tagen

(van den Brink 1957, S. 200 ff.)

Die von der Zahnbildung ausgehenden Wirkungen haben einen Einfluß besonders auf jene Prozesse, in denen ohnehin tote Substanz abgesondert wird, z. B. auf die Haarbildung. So entsteht bei vielen Nagetieren ein dichtes, schönes Fell. Es ist zum Teil sehr begehrt, um Pelzwaren herzustellen (Biber, Nutria, Bisamratte, Murmeltier, Siebenschläfer, Hamster, Hörnchen und Ziesel). Greifen die Verhärtungsprozesse intensiv in die Haarbildung ein, dann werden die Haare wie bei den Baumstachlern und Stachelschweinen zu Stacheln. Jene Organe aber, die von ihrer Bestimmung dem Prinzip der Form entgegengesetzt sind, das sind die der Bewegung, werden abgeschwächt. So kommt es, daß bei den Nagetieren die Beine schwach ausgebildet sind. Am schwächsten sind sie bei den kleinen Nagetieren, in deren Organismus die Kräfte der Zahnbildung besonders stark wirken.

Durch die fortwährend «wachsenden» Nagezähne haben die Nagetiere den Drang zum geschäftigen Beknabbern und Abraspeln. Mit den Organen ist immer der Trieb zur Betätigung verknüpft. Aus einem sicheren Instinkt suchen die Nagetiere vor allem die dichtere pflanzliche Nahrung, besonders Körnerfrüchte, Nüsse und Sämereien, sogar Rinde und Holz. Diesem intensiven Kontakt zur Materie entspricht der feine Geruchssinn. Er leitet die Tiere zu ihrer Nahrung; mit ihm empfinden sie die Düfte, die beim Beknabbern aus dem Stoff aufsteigen. Die Nagetiere unterliegen dem Zwang, mit ihren Zähnen unaufhörlich Festes zu zerstören. Sie müssen ihre Zähne, besonders die Nagezähne, abnützen. Dadurch verursachen sie recht großen Schaden. Das zerstörende Hineindrängen in die feste Materie zeigt sich am eindrucksvollsten in den unterirdischen Gängen und Kammern. In der Regel verwenden die Nagetiere ihre bekrallten Vordergliedmaßen zum Graben. Die Taschenratten, Blindmäuse und Nacktmulle lockern aber mit ihren Nagezähnen wie mit Spitzhacken die Erde. Sie nagen ihre Gänge, Kammern und Nester in den Boden.

Nagezähne sind der vorderste Teil des Verdauungstraktes. Ihre mächtige Ausbildung führt zusammen mit dem intensiven Nahrungsdrang zu einer recht guten Ausgestaltung der übrigen Verdauungsorgane. Der Magen ist nicht selten etwas erweitert. Der Darm erreicht die acht- bis zehnfache Länge des Tieres (ohne Schwanz). Um die oft schwer verdauliche pflanzliche Nahrung aufzuschließen, hat sich der Blinddarm stark erweitert. Besonders gut ist auch der Dickdarm entwickelt, der die Flüssigkeit resorbiert. So ist der Kot der Nagetiere trocken und fest.

Der Trieb des Nagens führt zum Kontakt, zur regsamen Berührung mit der Materie. Das ist vorn an den Zähnen am intensivsten, breitet sich aber über das ganze Tier aus. So suchen die Nagetiere mit den Tasthaaren, den sensiblen Pfötchen und ihrem Schwanz unentwegt die Berührung und die Erregung.

Die bei weitem artenreichste Gruppe unter den Nagetieren sind die Mäuseartigen, das heißt die kleineren Formen, bei denen der Zahnbildungsprozeß das Wachstum besonders stark hemmt. Zu ihnen gehören unter anderem die Wühlmäuse und die Langschwanzmäuse. Von den Langschwanzmäusen kennt wohl jeder die Hausmaus, die Ratten (Haus- und Wanderratte) und vielleicht auch die Waldmaus. Ihre Gestalt ist gestreckt. Der Kopf tritt etwas aus dem Rumpf hervor. Die Sinne wenden sich mit den Ohrmuscheln, den ziemlich großen Augen und der spitzen Schnauze deutlich zur Umgebung. Und hinten haben die Tiere durch ihren langen Schwanz einen guten Kontakt mit dem Boden. Die Wühlmäuse sind gedrungener. Der Rumpf geht fast unmerklich in den Kopf über. Die Sinne treten viel weniger hervor. Die Schnauze ist abgerundet und der Schwanz viel kürzer als bei den Langschwanzmäusen. Die Beziehung zur Umgebung wirkt verhalten. Bei den Nagetieren ist im Ganzen der Gestalt der Rumpf der beherrschende Teil. So tritt der Rumpfcharakter der Nagetiere bei den Wühlmäusen ganz deutlich hervor. Besonders ausgeprägt ist er bei den skandinavischen Lemmingen, am extremsten bei den fast dauernd im Boden lebenden Blindmäusen Südost- und Osteuropas, die den Wühlmäusen nahestehen. Aber auch an der Feldmaus, dem wohl häufigsten Tier Deutschlands, kann man die Dominanz des Rumpfes deutlich wahrnehmen.

Auf Wiesen und Weiden sieht man häufig zwischen den Gräsern und Kräutern schmale Wege. Sie führen von einem Loch zum anderen. Vor allem im Sommer kann man am Abend die Bewohner dieses Territoriums beobachten. Sie bewegen sich rasch trippelnd auf den gebahnten Wegen. Immer wieder halten sie inne, richten sich bisweilen auch für einen Moment auf. Dann trippeln sie auf ihren sicheren Bahnen weiter und suchen sich rechts und links ihre Nahrung. Im Spätsommer sind es vor allem Samenkörner, im Frühjahr

Abb. 40: Feldmaus (Microtus arvalis)

waren es vor allem Gräser. Sie orientieren sich durch ihren feinen Geruchssinn. Werden sie von einem Eindruck überrascht, dann verschwinden sie blitzschnell im nächsten Loch. Nun muß man geduldig warten, bis sie wieder herauskommen. Das helle Licht des Tages ist ein zu starker Eindruck. Deshalb kommen sie meistens erst am Abend aus ihren Löchern hervor.

In dieser Weise begegnet man Feldmäusen in weiten Bereichen Europas, in Skandinavien allerdings nur in den südlichen Teilen Finnlands. Das Gelände muß offen und der Boden darf nicht zu feucht sein.

Die schmalen Pfade auf den Wiesen, im Getreide oder in einem Luzernenfeld sind nur ein Teil des Territoriums. Der andere Teil liegt ziemlich dicht unter der Erdoberfläche. Die Feldmäuse graben einfachere Gangsysteme mit wenigen Löchern, in denen sie sich vor allem rasch verstecken, und ausgedehntere, weit verzweigte unterirdische Anlagen mit Kammern für die Wintervorräte und einem größeren kugeligen Nest. Dieses hat einen Durchmesser von 10 bis 20 Zentimetern und ist ausgepolstert. Feldmäuse siedeln sich bisweilen auch in Gehöften, besonders in Getreide- und Strohschobern, an. Dort verursachen sie oft großen Schaden. Denn das Getreide und Pflanzenmaterial, in dem sie ihre Gänge und Nester anlegen, werden verschmutzt und sind nicht mehr brauchbar.

Die Feldmäuse leben normalerweise in Kolonien von etwa zwanzig Tieren. Die Zahl kann aber stark zunehmen. In einem ziemlich regelmäßigen Rhythmus von drei oder vier Jahren erreicht sie einen Höhepunkt. Dann bricht die Population zusammen. In dem folgenden Jahr ist die Anzahl so vermindert, daß man fast den Eindruck gewinnt, die Feldmäuse seien ausgestorben. In den Mäusejahren vertilgen Mäusebussarde, Turmfalken, Waldohreulen, aber auch Füchse, Mauswiesel und Hermeline sehr viele Feldmäuse.

Das immer erneute Anschwellen der Population, das dem Landwirt großen Schaden verursacht, beruht auf einer ungewöhnlich starken Vermehrung. Die Fortpflanzungszeit beginnt im März und reicht bis in den Oktober. Ein Mäuseweibchen wirft nach einer Tragzeit von 19 bis 21 Tagen drei bis acht Junge und kann sofort wieder trächtig werden. Die Jungen sind als Nesthocker zunächst nackt und blind. Am fünften Tag haben sie ein kurzes Haarkleid. Ihre Augen öffnen sich im Alter von neun Tagen. Sie werden von ihrer Mutter knapp drei Wochen gesäugt. Aber schon im Alter von 12 oder 13 Tagen, das heißt als Säuglinge, werden sie von erwachsenen Männchen begattet. So kann eine weibliche Feldmaus schon mit fünf Wochen Junge bekommen.

Wie sind diese unter den Säugetieren einmaligen Tatsachen zu verstehen? Wir haben oben darauf hingewiesen, daß die Nagetiere im Gegensatz zu den Huftieren eine schwache individuelle Prägung haben. Bei den Huftieren mit der charakteristischen Gestalt der einzelnen Gattungen ist die Zahl der Nachkommen gering. Eine Hirschkuh, ein weiblicher Steinbock, ein Dromedar oder ein Rind trägt jeweils nur ein Junges. Hier tritt das einzelne Tier innerhalb der Art in den Vordergrund. Unter den Nagetieren gibt es keines, das nur ein Junges wirft. Die Zahl der Jungen bei einem Wurf kann mehr als zehn betragen. Als Nesthocker sind diese auch viel weniger ausgereift als die neugeborenen Huftiere. Auch das ist eine Signatur des wenig Individualisierten. Es hat den Anschein, daß die starke Vermehrung eine besondere Manifestation der geringen Individualisierung ist.

Man muß aber auch bedenken, daß Formkräfte immer stark nach außen wirken. So herrscht im Organismus der Nagetiere ein intensiver Drang in den Raum nach außen. Dieser verwirklicht sich unter anderem in der starken Vermehrung. Damit ist eine gesteigerte Sexualität verknüpft, in der sich eine Eigenschaft der Nagetiere besonders intensiv äußert: die Erregung durch Kontakt.

So treten in der Feldmaus die charakteristischen Wesenszüge der Nagetiere besonders deutlich in Erscheinung.

Der Biber

Die schönste Erscheinung unter unseren Nagetieren ist das Eichhörnchen mit seiner anmutigen Gestalt, seinen raschen und sicheren Bewegungen im Geäst und an den Stämmen und den eleganten Sprüngen von einem Baum zum anderen. Die eindrucksvollste ist aber der Biber. Viele Nagetiere gestalten ihre Lebenswelt, indem sie Gänge in die Erde graben und Nester anlegen. Viele sammeln Vorräte für den Winter. Diese Fähigkeiten erreichen beim Biber eine Stufe besonderer Vollkommenheit. Kein anderes Tier greift so stark verändernd und gestaltend in seine Umgebung ein.

Was zunächst auffällt, ist die Beziehung zum Wasser. Der Biber lebt an Bächen, an langsam strömenden Flüssen und Teichen, die von einer reichen Ufervegetation aus Büschen und Bäumen umgeben sind. Vor allem Espen, Weiden und Pappeln sind wichtig, auch Birken. In Europa ist der Biber heute ein seltenes Tier. Bis vor wenigen Jahren fand man ihn nur an wenigen Stellen, vor allem am Unterlauf der Rhône, an der Elbe zwischen Torgau und Magdeburg, in Südnorwegen, in Finnland, am Oberlauf des Dnepr und am Donez bei Woronesch. In früheren Zeiten war er weit verbreitet. Die

Versuche, den Biber an verschiedenen Stellen in Mitteleuropa wieder anzusiedeln, sind erfolgreich verlaufen.

Seine tiefe Beziehung zum Wasser zeigt sich in vielfältiger Weise. Am Land wirkt die Gestalt plump. Die Bewegungen sind schwerfällig. Ein Biber entfernt sich auch nicht weit von seinem Gewässer. Im Wasser bewegt er sich gewandt und schnell; er ist ein vorzüglicher Schwimmer. Beim Schwimmen legt er die vorderen Glieder an die Brust. Die Kraft der Bewegung stammt aus den Beinen, die den Leib durch die Füße mit Schwimmhäuten zwischen den fünf Zehen vorantreiben. Wenn der Biber taucht, verschließt er Nasenlöcher und Ohren. Selbst in tieferen Gewässern schwimmt er bis zum Grund, wo er nahrhafte Rhizome von Wasserpflanzen findet. Dort bewegt er sich auf seinen vier Läufen. Er kann länger als eine Viertelstunde unter der Wasseroberfläche bleiben.

Selbst der schöne braune Pelz hat für das Schwimmen eine Bedeutung. Die Haare stehen sehr dicht, am Rücken 12.000 auf einem Quadratzentimeter, am Bauch 23.000. Die längeren Grannenhaare werden nach außen etwas dicker und bilden eine Hülle über der Unterwolle. Auf diese Weise umschließt der Pelz Luft, die die Wärme hält, vor Durchnässung schützt und das Tier leichter macht. So kann sich der Biber «fast ohne Muskelanstrengung an der Wasseroberfläche halten» (Djoshkin und Safonow 1972, S. 16).

Das Wasser ist für ihn aber mehr als nur der Lebensraum, mit dem er sich bis in seine Gestalt tief verbunden hat. Wasser ist jenes Element, das überall in der Natur der Verhärtung und Erstarrung entgegenwirkt. Insbesondere ist es das Medium der Lebensprozesse und des Wachsens. Wenn man erfährt, daß der Biber bis in das vierte Lebensjahr wächst – im Sommer schneller als im Winter – und so zum größten Nagetier Europas und Nordamerikas wird, dann wird man auf einen wichtigen Sachverhalt hingewiesen. Bei ihm sind jene Prozesse, die bei den anderen Nagetieren das Wachstum so stark hemmen, abgeschwächt. In seinem Organismus sind die Lebenskräfte vitaler. Bei den Mäusen erlöschen sie spätestens nach zwei

Abb. 41: Biber (Castor fiber)

Jahren. Ein Biber lebt 12 bis 15 Jahre. Man weiß von Bibern, die 25, sogar über 30 Jahre alt geworden sind. Ein ausgewachsenes Tier erreicht ein Gewicht von 18 Kilogramm. Das für die Nagetiere charakteristische Wirken der Formkräfte ist modifiziert. Das zeigt sich gerade auch bei der Entwicklung der Zähne. Der junge Biber bekommt zuerst Milchbackenzähne. Diese werden gewechselt. Erst im dritten Lebensjahr hat er seine bleibenden Zähne (Hinze 1950, S. 73 f.). Nach einigen Jahren hört bei den Backenzähnen das Wachsen, das heißt die Bildung von Dentin und Zahnschmelz, auf.

Das alles ist Ausdruck einer für Nagetiere ungewöhnlichen Bildsamkeit und von Lebensprozessen im Medium des Wäßrig-Weichen. So ist beim neugeborenen Biber das Skelett des Rumpfes und der Gliedmaßen noch weitgehend knorpelig. Die Verknöcherung beginnt in den an den Kopf angrenzenden Bereichen und schreitet zu den weiter hinten liegenden Partien fort.

Manches an der Gestalt des Bibers ist merkwürdig. Sein Leib wird nach hinten, wo er die Verdauungsorgane umschließt, immer mächtiger. Auch die hinteren Gliedmaßen sind im Knochenbau und der Muskulatur viel kräftiger als die vorderen. An den kleinen Augen und Ohren bemerkt man, daß sich das Tier nicht stark zur Umgebung hin öffnet. Die inneren Lebensprozesse haben offensichtlich ein großes Gewicht. So steht der Geruchssinn an erster Stelle. Auch der Geschmack scheint recht fein zu sein. Besonders rätselhaft ist der Schwanz. Er erweitert sich vom elften Schwanzwirbel an zur sogenannten Kelle. Ihre Oberfläche ist von Schuppen bedeckt. Dicht unter der Oberfläche breitet sich ein Geflecht aus feinen Blutgefäßen aus. Das Innere «wird von einer homogenen fettartig-knorpeligen Masse von rötlich-weißer Färbung eingenommen» (Hinze 1950, S. 45). Dieses Gebilde ist sehr empfindlich. «Schon bei ... unvorsichtigem Anfassen eines gefangenen Bibers muß man Gefahr laufen, ihn tödlich zu verletzen» (Hinze 1950, S. 47). Dieser Schwanz dient dem Biber beim Schwimmen als Steuer; mit ihm klatscht er bei Gefahr auf die Wasserfläche. Bei Überhitzung kann der Biber Wärme ableiten, indem er seine Kelle in das Wasser taucht. Diese Funktionen können die eigenartige Bildung und hohe Sensibilität dieses Organs aber wohl kaum erklären.[15]

Biber, die an Flüssen leben, graben in die Uferböschung schräg ansteigende Gänge, die zum Teil in einem Kessel enden. Hier wohnt eine ganze Biberfamilie, die Eltern mit ihren Kindern. Der Gang wird zu einem ganzen System erweitert, das mehr als hundert Meter lang sein kann. Diese Erdbauten entsprechen den unterirdischen Gängen, Kammern und Nestern anderer Nagetiere. Die Eingänge liegen immer unter dem Wasserspiegel. So ist der Biber, wenn er seinen Bau verläßt, unmittelbar im Wasser. Und wenn er ihn wieder aufsucht, muß er nicht zuvor an Land.

In den sumpfigen Gebieten der Flußniederungen wird der Biber zum Baumeister. Hier baut er seine Burgen. Aus Ästen, Stämmen und Schlamm entsteht zunächst eine künstliche Insel, die bis zu zwei Metern über den Wasserspiegel emporragt. Diese wird dann komplizierter ausgehöhlt als die Uferböschung. In der Mitte liegt der Kessel. Von ihm führen Gänge nach außen. Auch sie münden unter dem Wasserspiegel. Die Lücken zwischen den Ästen und Stämmen werden mit verrottetem Pflanzenmaterial, Erde und Schlamm abgedichtet. Von weitem wirken die Burgen «wie große Reisighaufen. Ist viel Schlamm verwendet worden, den die Biber mit den Vorderfüßen fest an die Brust gedrückt aufrecht watschelnd viele Meter weit bis zu ihrer Baustelle herantragen, so erinnert der Bau an einen stabilen Erdhügel. Dagegen erweckte eine mit zahlreichen langen Rohrhalmen abgedeckte Burg von weitem den Eindruck eines eingeernteten und zur Abfuhr bereitgestellten Rohrstapels» (Hinze 1950, S. 160).

Die Biber verbringen einen großen Teil des Tages in ihrer Burg. Wie andere Nagetiere kommen sie im Hoch- und Spätsommer am späten Nachmittag oder gegen Abend ins Freie. Sie begeben sich an Land, um zu fressen. Der Biber ernährt sich von verschiedenen Kräutern, besonders von Mädesüß, Brennesseln, verschiedenen Ampferarten, Giersch und Knöterich. Seine Hauptnahrung sind aber Holz und Rinde. Das entspricht seiner Organisation: den großen, außerordentlich harten und scharfen Nagezähnen mit dem rötlich-braunen Schmelz, den kräftigen Backenzähnen, der ungewöhnlich starken Kaumuskulatur und den gut entwickelten Verdauungsorganen. Der erste Teil des Magens ist stark erweitert und dem Pansen der Wiederkäuer in gewisser Weise vergleichbar. Hier beginnt der eigentliche Verdauungsvorgang. Dieser wird im zweiten Magenabschnitt weitergeführt. Der anschließende Dünndarm ist etwa sechsmal so lang wie das Tier. Der Blinddarm ist außerordentlich mächtig; sein Volumen umfaßt das Doppelte des Magens. Es folgt dann noch ein ziemlich langer Dickdarm.

Wenn ein Biber eine junge Espe oder Pappel fällt, um dann die Rinde und das Holz der Zweige zu fressen, dann betätigt sich das Nagetier in der vollkommensten Form. Nachdem die Borke ringsum abgenagt ist, wird ein Span nach dem andern mit den Nagezähnen aus dem Holz herausgeschnitten. Dabei steht der Biber auf den Hinterpfoten und hält sich mit den Vorderpfoten am Stamm. So fällt er eine Espe, Weide oder Pappel, deren Stamm zehn Zentimeter dick ist, in einer Nacht. Im Laufe eines Jahres schneidet ein Biber zum Beispiel zwei- bis dreihundert dünne Pappelstämme. Einen Eindruck von der Kraft des Verdauens bekommt man, wenn man bedenkt, daß der Biber neben den Kräutern in einem Jahr weit mehr als 1000 Kilogramm Holz und Rinde verzehrt. Eine solche Verdauung ist mit starker Drüsentätigkeit, das heißt mit intensiven Lebensprozessen im Bereich des Flüssig-Wäßrigen verbunden.

Wenn der Biber am frühen Morgen in seine Burg oder seinen Erdbau zurückkehrt, schläft er mehrere Stunden. Im Sommer hält er sich bei sonnigem Wetter zur Mittagszeit des öfteren im Freien auf. Er läßt sich von den Strahlen der Sonne, die durch das Gebüsch und das dichte Gras dringen, bescheinen. Er hat in dieser Zeit, wo die Sonne so machtvoll ist, den Drang, sich ihrer Wirkung auszusetzen.

Im Herbst werden die Biber besonders aktiv. Nun fällen sie mehr Bäume, als sie für ihre Ernährung benötigen. Sie befördern die dünnen Zweige zu ihrem Bau und stapeln sie im Wasser als Wintervorrat. Die Stämme werden zerteilt und als Bauholz verwendet. Jetzt werden vor allem die Burgen gebaut und jene Werke, die seit je das Erstaunen erregt haben, die Dämme. Durch sie wird im Gebirge der rasche Lauf eines Baches gebändigt. Es entsteht ein kleiner Teich, in dem sich Forellen ansiedeln und in dessen Umgebung Vögel nisten. Durch Dämme wird das langsam strömende Wasser eines kleinen Flusses zu einer Höhe von etwa zwei Metern aufgestaut. Man hat festgestellt, daß der Biber für den Bau seiner Dämme die geeignetsten Stellen wählt. Diese Bauten sind Zeugnisse einer hohen Intelligenz, die die Biber bei ihrer gemeinsamen Tätigkeit leitet.

Im 18. Jahrhundert schrieb der Schweizer Naturforscher Ch. Bonnet unter dem Eindruck dieser Leistung Folgendes: «Um die Zeit des Brach- und Heumonats treten die Biber in Gesellschaft von drei- bis vierhundert zusammen. Sie versammeln sich an den Ufern der Seen, oder der Flüsse; denn sie leben sowohl auf dem Lande als im Wasser. Ihre erste Sorge ist, sich Meister von dem Gewässer zu machen, über welches sie bauen wollen, um den Wirkungen des Steigens und Fallens desselben vorzubeugen.

Dieser Damm ist bisweilen ein ungeheures Werk und man glaubt nicht einmal, daß es unvernünftige Thiere hätten entwerfen, anfangen und vollbringen können. Stellet euch einen Fluß, achtzig oder hundert Fuß breit vor, wo die Gewalt des Stromes soll gehemmet werden Die Biber bauen zu dem Ende einen Damm, oder einen Wall, achtzig oder hundert Fuß lang, und zehn bis zwölf Fuß breit. Die Sache ist wahr, so wenig wahrscheinliches sie auch hat, und man muß sie mehr als einmal sehen, um in allem zu glauben.

Finden sie am Ufer des Flusses einen großen Baum, so schneiden sie ihn unten entzwey; sie beissen auch die Aeste davon ab, um ihn der Länge nach zu legen, und zur Grundlage des Dammes zu gebrauchen. Unterdessen, daß einige sich hiermit beschäftigen, suchen andere kleinere Bäume, beissen sie durch und schneiden sie zu Pfählen, die sie anfänglich auf der Erde hinschleppen, hernach auf dem Wasser an den Ort flößen, wo sie selbige gebrauchen. Sie bauen daraus eine Art Pfahlwerk, das mit allerley Zweigen und Ruthen von Bäumen fest durchflochten ist; und legen davon verschiedene Reihen an. Inzwischen bringen andere Biber einen gewissen Mörtel, den sie mit ihren Füßen getreten und zubereitet haben. Sie legen ihn zwischen dieses Pfahlwerk, klopfen ihn mit dem Schwanze, wie mit einem Bläuel, derb zusammen, und verfertigen gleichsam ein drittes Mauerwerk.[16] Oben auf dem Damme machen sie zwey oder drey Oeffnungen, um dem Strome seinen Lauf zu lassen; und wissen selbige nach dem Steigen oder Fallen des Wassers weiter oder enger zu machen. Bricht der Strom irgendwo in dem Damme mit Gewalt durch, so sind sie alsbald daran, den Bruch wieder auszubessern.

Eigentlich ist der Damm ein gemeinschaftliches Werk, woran alle Biber zugleich arbeiten. So bald er fertig ist, theilet sich der ganze Haufen in viele kleine Gesellschaften, deren jegliche sich ihren besonderen Platz aussuchet, und sich darauf eine bequeme Wohnung bauet.» (Zitiert nach Remane 1960, S. 55 ff.)

Es würde zu weit führen, die verschiedenen Arten des Dammbaus im einzelnen zu beschreiben. Wir wollen nur erwähnen, daß die Biber in einer Nacht einen Damm um etwa einen Meter verlängern und daß sie die Stämme, die sie gefällt und zerteilt haben, in besonderen Kanälen heranholen.

Wenn im Winter der angestaute Teich oder kleine See zufriert, entsteht zwischen dem Wasser und der Eisdecke verschiedentlich eine Zwischenschicht von Luft. So kann der Biber atmen, wenn er nun seinen Kessel verläßt, um sich von seinem Vorrat an Zweigen oder den Rhizomen am Grunde des Gewässers zu ernähren.

Hat sich der Biber einmal gepaart, dann bleiben die Partner beisammen. Die Paarung geschieht zwischen Januar und März, und zwar im Wasser. Die Tragzeit dauert 105 bis 107 Tage. Die embryonale Entwicklung ist auffallend lang. Das entspricht dem ganzen Charakter des Bibers. Zwischen April und Mitte Juli werden in der Regel zwei oder drei Junge geboren. Sie sind im Gegensatz zu den meisten anderen Nagetieren recht weit entwickelt. Sie haben bei der Geburt bereits ein Fell, die Augen sind offen. Sie gehen auch schon bald ins Wasser. Etwa drei Monate werden sie von ihrer Mutter gesäugt. Dann folgt jene lange Wachstumsphase, die wir schon erwähnt haben.

Das Flußpferd

Es gibt Tiere von edler Gestalt. Die Glieder ihres Leibes stehen in ausgewogener Harmonie zueinander wie beim Löwen und anderen Großkatzen, beim Pferd und vielen Antilopen. Der Eindruck des Edlen entsteht auch durch grazilen Bau des Leibes wie beim Reh und den Gazellen. Bei anderen Tieren findet man keine Ausgewogenheit und Harmonie. Sie sind bis in die äußere Erscheinung ein Bild extremer Einseitigkeit. Zu ihnen gehört das Flußpferd, jener Koloß unter den Tieren, bei dem die Masse – ein ausgewachsenes Flußpferd wiegt 2,5 bis 3,2 Tonnen – das Wesentliche zu sein scheint. Tiere wie die Vögel haben ein geringes Gewicht, aber eine starke Durchformung. Das Flußpferd ist das genaue Gegenteil, eine lebendige Masse, der die formenden Kräfte nicht gewachsen sind. Was bei einem andern Tier pathologisch wirken würde, ist hier das Normale.

Der Leib ist mit viereinhalb Metern außerordentlich lang. Der Rumpf sieht aus wie ein prall gefüllter Bauch. Wo sonst ein Hals ist, setzt sich die voluminöse Bildung fort und geht in den Kopf über. Auch dieser ist langgestreckt. Er besteht zur Hauptsache aus dem Maul. Der Gehirnschädel ist der unbedeutendste Teil. Am Kopf ist vieles gedunsen, vor allem die wulstigen Lippen am Maul, das sich zum Umkreis ausweitet, als ginge es darum, möglichst viel in sich hineinzuschlingen. Wenn das Flußpferd sein Maul aufreißt, öffnet sich ein gewaltiger Schlund mit enormen Kauflächen und mächtigen Hauern, die zeitlebens wachsen. Sie sind um ein Vielfaches größer als bei seinen Verwandten, den Schweinen. Die Augen sind von Wülsten umgeben, selbst die kleinen Ohren sind dick und fleischig.

Das Unproportionierte zeigt sich wohl am deutlichsten an den kurzen, plumpen Beinen. Am ganzen Leib sieht man, daß der Bauch die Hauptsache ist. So entwickeln sich jene Organe, durch die sich das Tier in die Umgebung hineinstellt, nur schwach. Man ist erstaunt, daß sie den schweren Leib tragen, und noch mehr über-

Abb. 42: Flußpferd (Hippopotamus amphibius)

rascht, wenn man erfährt, daß sich das Flußpferd schnell, bis zu einer Geschwindigkeit von 48 Stundenkilometern bewegen kann – natürlich nur auf eine kurze Distanz.

Wenn man Flußpferden in ihrer afrikanischen Heimat begegnet, lernt man etwas von ihrem eigenartigen Lebensstil kennen. Sie leben dort, wo es das ganze Jahr über reichlich Wasser gibt, in Herden von zwanzig bis dreißig Tieren. Den Tag über halten sie sich z. B. in der Randlagune eines langsam dahinfließenden Stromes auf oder in den flachen Randbezirken eines Sees – abgesehen von kürzeren Zwischenzeiten, in denen sie, soweit es die Sonnenhitze erlaubt, auf einer Sandbank lagern. Sie stehen auf dem Grund, weitgehend entlastet durch den Auftrieb. Der Leib wird also weniger durch die Beine als von dem warmen Wasser getragen. Er ist weitgehend unter der Wasseroberfläche; mit den Nasenlöchern, den Augen und Ohren und dem Rücken dringt er gerade ein wenig über das Wasser hinaus. Die Sinne befinden sich wie an einer unteren Grenze der Welt. Von weitem sehen die Tiere

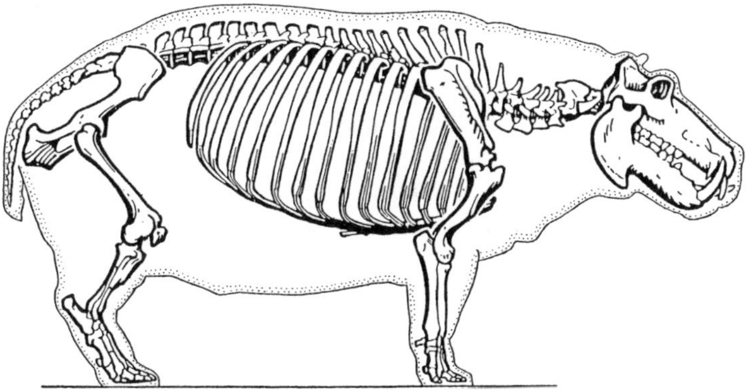

Abb. 43: Umriß und Skelett eines Flußpferdes (aus Tank)

wie Baumstämme aus, die im Wasser treiben. Man gewinnt den Eindruck von träger, phlegmatischer Behaglichkeit. Aus diesen Kolossen bricht aber wilde Aggression hervor, wenn sie gestört werden. J. Hagenbeck schildert die Wirkung, die die unvorsichtige Berührung eines Flußpferdes mit einem Ruder auslöste: «Da geschah etwas Furchtbares, was ich bestimmt mein ganzes Leben nicht vergessen werde: Die ‹Baumstämme› ringsumher verwandelten sich in Flußpferde. Die sonst sehr harmlosen Tiere wurden von wilder Wut ergriffen. Sie fühlten sich gereizt oder angegriffen. Ich sah gewaltige Mäuler mit lang vorragenden Zähnen, die nach unserem Faltboot schnappten, sah in Schlunde hinein, die so mächtig waren, daß sie einen Menschen bequem zermalmen konnten» (Hagenbeck 1976, S. 84). Der kleine ruhige Steppensee verwandelte sich für eine kurze Zeit in eine äußerst gefährliche, von heftigen Emotionen durchwühlte Welt.

Wenn sich die Flußpferde im Wasser bewegen, dann ist das ein sicher angenehmer Zwischenzustand zwischen Laufen und Schweben. Das Flußpferd kann auch für kürzere Zeit, maximal 19 Minuten, ganz untertauchen und sich unter der Wasseroberfläche fortbewegen.

Was tut das Flußpferd im Wasser? Nach außen ist nur wenig zu bemerken. Die Tätigkeiten spielen sich im Innern des Bauches ab. Das Flußpferd verdaut die Grasmengen, die es in der Nacht aufgenommen hat, und was es zusätzlich am Tag an Wasserpflanzen und Schilf frißt, insgesamt eine Menge bis zu 150 Kilogramm. Sein Magen ist ein mächtiges Organ. Der Hauptmagen erweitert sich in zwei große Blindsäcke für die Gärungsprozesse. Er geht in den Hintermagen über, an den ein Darm von mehr als 60 Meter Länge anschließt. In diesem gewaltigen Verdauungstrakt wird das Gras großenteils bis zur Verflüssigung abgebaut. Im Dünndarm nimmt das Blut die verdaute Substanz auf. Hier beginnt jener Ernährungsprozeß, der das Flußpferd zu dem mächtigen Koloß werden läßt. Wenn die Eingeborenen ein Flußpferd schlachten, erhalten sie einen größeren Anteil an Fleisch als bei jedem andern Tier. Bei einem so massigen und trägen Tier hatte man erwartet, ein Teil der verdauten Materie würde unter der Haut und an anderen Stellen Fettpolster bilden. So war man überrascht, als man in dem gewaltigen Leib so gut wie kein Fett fand. Die aufgenommene Substanz wird nicht abgelagert, sondern fortwährend erneuert. Das Flußferd ist ein Tier, in dem die dumpfen Lebensprozesse des Stoffwechsels eine besondere Intensität erreichen.

Bedenkt man, daß der Verdauungsprozeß bis zur Verflüssigung der aufgenommenen Nahrung führt und diese Verflüssigung beim Flußpferd eine so beherrschende Rolle spielt, werden manche Tatsachen verständlich. Wenn sich das Flußpferd zum Verdauen ins Wasser begibt, sinkt es stärker in das Innere seines Leibes zurück, als wenn es sich am Land auf dem festen Untergrund befindet. Es taucht in jenes Medium unter, das dem Lebensprozeß im Leibesinnern entspricht. Dieser Prozeß bestimmt das Flußpferd bis an die Grenze der Haut, die mehrere Zentimeter dick wird. Hier entstehen nicht die verhärteten

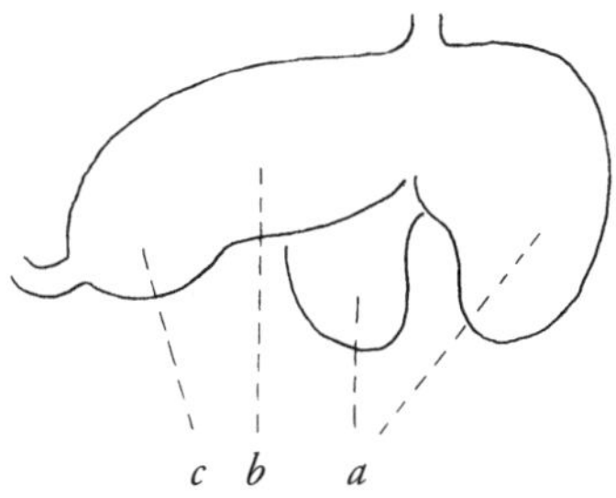

Abb. 44: Magen eines jungen Flußpferdes
a – zwei Blindsäcke
b – der dem Blättermagen der Wiederkäuer entsprechende Abschnitt
c – entpricht dem Labmagen der Wiederkäuer
(aus Schimkewitsch, vereinfacht)

Haare, sondern viele Drüsen, die ein rotes Sekret absondern; das Flußpferd ist nackt. Nur am Maul, an Nase und Ohren und am Schwanz wachsen Haare.

Im Wasser scheiden die Flußpferde erhebliche Kotmassen aus. Genau genommen leben sie nicht im Wasser, sondern in dem vom Wasser verdünnten Dickdarminhalt. Auch von diesem geht eine ernährende Wirkung aus. Er fördert das Planktonwachstum und über die Glieder einer Nahrungskette den Fischreichtum. Vor allem eine für die Fischer wertvolle Fischart gedeiht in den Seen, in denen viele Flußpferde leben. Verdauung und Ernährung sind bis in die Dimension der Ökologie offensichtlich die wesentlichen Lebensprozesse.

Sie bestimmen auch den recht gleichförmigen Lebensrhythmus. Ein Tier, das wie der Vogel durch sein Auge an die Welt des Lichtes hingegeben ist, ist am Tage regsam und zieht sich in der Nacht beim Schlaf aus der äußeren Welt ganz zurück. Das Leben der Flußpferde ist durch einen Wechsel von Fressen und Verdauen bestimmt. Um die Zeit des raschen Sonnenuntergangs oder danach verlassen sie das Wasser. In der Nähe des Gewässers sind große Kothaufen, bis ein Meter hoch und zwei Meter Durchmesser. Diesen zollen sie die angemessene Referenz. Die weiblichen Tiere lassen den Kot einfach fallen. Die männlichen geraten offensichtlich in eine Erregung und wedeln mit dem flachen Schwanz schnell in seitlicher Richtung, verwenden ihn also als Dungschleuder. Auch am Land wird die Darmausscheidung verteilt und das Leben der Natur angeregt. Im Dunkel der Nacht rupfen die Tiere mit den Lippen die enormen Grasmengen und durchwühlen mitunter mit den so kräftigen Eckzähnen den Boden nach Wurzeln und Knollen. Sie sind in der Dunkelheit beim Aufnehmen der Nahrung auf einen geringen Bewußtseinsumkreis eingeengt. Nur die Laute und Geräusche aus der umgebenden Savanne dringen an sie heran. Noch bevor die Sonne wieder aufgeht, begeben sie sich mit vollem Magen ins Wasser. Auch hier ist, wie wir das bereits geschildert haben, der Horizont ihres Bewußtseins extrem eingeschränkt. – So lebt das Flußpferd unentwegt im Gegensatz zum Rhythmus der täglichen Sonnenbewegung. Bevor die Sonne sich über dem Horizont erhebt, taucht es großenteils unter die Wasseroberfläche hinunter; ist die Sonne untergegangen, steigt es an Land.

Wenn die dumpfen Prozesse des Verdauens und Ernährens ein Tier so stark beherrschen wie das Flußpferd, dann wird das nach außen gerichtete Bewußtsein abgedämpft. Doch die Natur ergänzt in wunderbarer Weise, was dem Flußpferd fehlt. Auf seinem Rükken, dieser lebendigen Insel, lassen sich Vögel nieder, die mit ihren wachen Sinnen alles bemerken und bei einer Gefahr laut kreischen.

Im Wasser findet die Paarung statt. Zuvor kommt es nicht selten zu heftigen Kämpfen zwischen den männlichen Flußpferden. Mit gewaltigem Brüllen, das wie aus einer hohlen Tonne kommt und weit zu hören ist, gehen die Tiere aufeinander los und fügen sich zum Teil schwere Wunden zu. Nach acht Monaten, wenn die Regenzeit und damit das sprießende Leben der Savanne ihren Höhepunkt erreichen, wird das Junge geboren. Die Geburt findet ebenfalls im Wasser statt, das heißt dort, wo das Flußpferd dann den größeren Teil seines Lebens verbringen wird. Hier wird es auch von seiner Mutter gesäugt.

So spricht sich in vielen Tatsachen eine Harmonie zwischen dem Flußpferd und seiner Umgebung aus. Es lebt dort, wo durch das Zusammenwirken von Sonne und beachtlichen Niederschlägen in regelmäßigem Rhythmus wie wohl kaum in einem anderen Gebiet der Erde gewaltige Mengen an pflanzlicher Substanz entstehen. Von ihnen kann sich das Flußpferd ernähren. Dann sind in seinem Lebensraum ruhige Gewässer, zu denen es durch die Auflösungsprozesse seiner Verdauung eine tiefe Beziehung hat.

Wir wollen am Schluß noch eine Tatsache erwähnen, die zeigt, wie konsequent das Wesen des Flußpferdes sich nicht nur in der Gestalt, sondern bis in die Einzelheiten des Verhaltens offenbart. In der Herde der Flußpferde herrscht eine deutliche Rangordnung. Das rangniedrige Tier läßt dem höheren zum Beispiel den Vortritt. Die Rangordnung ist nicht angeboren, sondern muß festgestellt werden. Bei manchen Tieren geschieht das durch aggressive Auseinandersetzungen. Wodurch erringt aber ein Flußpferd gegenüber einem andern einen höheren Rang? Die beiden Tiere stellen sich nebeneinander und entledigen sich ihres Darminhaltes. Dasjenige, das größere Kotmengen fallen läßt, ist das überlegene. Denn es demonstriert, daß in ihm die Flußpferdnatur intensiver wirkt als in dem anderen.

Man wird darauf aufmerksam, daß in einem Tier nicht nur bestimmte Lebens- und Bildungsprozesse dem Organismus eine spezifische Prägung geben, sondern daß zwischen dieser Prägung und dem Verhalten ein geistiger Zusammenhang besteht. Dieses umfassende geistige Prinzip ist eigentlich erst das Tier; was man wahrnimmt, ist die Erscheinung, noch nicht das Wesen.

Und dieses gliedert sich so in die Natur ein, daß eine nahezu vollkommene Harmonie entsteht. Die räumliche Nähe von ruhigem, flachem Gewässer und afrikanischer Steppe entspricht dem Wesen des Flußpferdes. In der Regenzeit führen beim Höchststand der Sonne Licht, Wärme und Wasser zu einem mächtig sprießenden Wachstum, das heißt zu einer ungewöhnlichen Intensität pflanzlicher Substanzbildung. Hier entstehen jene Mengen an organischer

Substanz, von denen sich das Flußpferd ernährt. In den Steppenseen und den Randbezirken der Flüsse findet das Flußpferd jenes Milieu, das dem inneren Auflösungsprozeß der Nahrung entspricht und dem Übergehen der verdauten Substanz in das Blut als dem Träger der inneren Ernährungsvorgänge.

Die Giraffe

Die weiten Ebenen der Savannen sind diejenigen Gebiete, in denen die Sonne mit der Fülle ihres Lichtes und ihrer Wärme am intensivsten in den Lebensprozessen der Erde wirkt. Hier herrscht ewiger Sommer mit einem regelmäßigen Wechsel von Regen- und Trockenzeit. Wenn die Sonne im Zenit steht, ist der Himmel oft von Wolken bedeckt. Zumeist kurze und heftige Regengüsse durchtränken den Boden mit Wasser. Das Zusammenwirken von Wärme und Feuchtigkeit impulsiert das Leben und läßt einen reichen Pflanzenteppich emporsprießen, in dem die Gräser deutlich das Übergewicht haben. Ebenso entwickeln sich an den dornigen Sträuchern und Bäumen neue Triebe mit ihren Blättern. Ausdörrende Hitze bestimmt die andere Jahreszeit, in der die Sonne nicht so hoch am Himmel steht und kein Regen fällt. Der Boden trocknet aus. Das Gras verdorrt und wird gelb. Und die meisten Bäume verlieren die Blätter. Aber viele von ihnen beginnen einige Wochen vor der nächsten Regenzeit und der neuen Entfaltung des Lebens zu blühen. Die Natur zeigt eindrucksvoll, wie das sprießende Wachsen an die Feuchtigkeit gebunden ist, das Blühen jedoch an die reine Sonnenwirkung. In den Formen und Lebensprozessen der Pflanzenwelt manifestiert sich vielfältig die Macht der Sonne, am schönsten wohl in den Schirmakazien, die weithin das Bild der afrikanischen Savanne prägen. Ihr Stamm löst sich oft schon am Boden in eine Anzahl starker Äste auf. Das Sich-Ausbreiten führt

Abb. 45: Netzgiraffe (Giraffa camelopardalis reticulata; aus Portmann o.J.)

zu einer Krone, die sich nicht wie bei unseren Laubbäumen mehr oder weniger sphärisch zum Umkreis, sondern ganz zur Sonne wendet. Diese sonnenhafte Welt der afrikanischen Savanne ist der Lebensraum der Giraffe.

Hier lebt dieses eindrucksvolle Tier in kleinen Gruppen, die sich manchmal zu Herden von fünfzig und mehr Tieren zusammenschließen – oft in friedlicher Gemeinschaft mit Zebras, Antilopen und Straußen. Seine Gestalt ist von einem durchgängigen Prinzip beherrscht: von vertikaler Streckung. Goethe schreibt in einem seiner grundlegenden wissenschaftlichen Aufsätze: «Hals und Extremitäten [sind] auf Kosten des Körpers … begünstigt» (Goethe 1975, S. 247). Bei keinem anderen Tier sind Beine und Hals so lang und der Rumpf im Verhältnis zu den Beinen so kurz. Mit einer Höhe von knapp sechs Metern (5,80 m) ragt die Giraffe über alle anderen Tiere hinaus. In der Haltung spricht sich ein besonderer Charakter aus. Die normale Orientierung der höheren Tiere verläuft in der Horizontalen. Das ist Ausdruck einer starken Hinwendung zur Umgebung. In ihr äußern sich die Kräfte des Begehrens und die triebhaften Bewegungsimpulse. Das alles tritt bei der Giraffe zurück. Es hat den Anschein, als sei die Giraffe mehr bei sich als andere Tiere. In ihrer Gestalt empfindet man Ruhe und Würde. Selbst in der Bewegung wirkt die Giraffe majestätisch. Das alles macht ihren milden, unaggressiven Charakter verständlich. Nur in einer Situation reagiert die Giraffe mit leidenschaftlicher Heftigkeit: wenn ihr Junges angegriffen wird. Dann geht sie mit schrecklichen Schlägen der Vorderhufe auf den Räuber los.

Was bei der Giraffe am meisten beeindruckt, ist der Hals. Er ist nicht wie beim Schwan oder beim Strauß durch eine größere Zahl der Wirbel so lang. Er hat wie auch sonst bei den Säugetieren sieben Wirbel. Diese sind zu mächtigen Gebilden geworden. Sie werden durch kräftige Muskeln und Bänder gehalten, die vor allem an den langen Dornfortsätzen der Brustwirbelsäule ansetzen. Dieser lange Hals ist durch seine nahezu senkrechte Haltung auch ein statisches

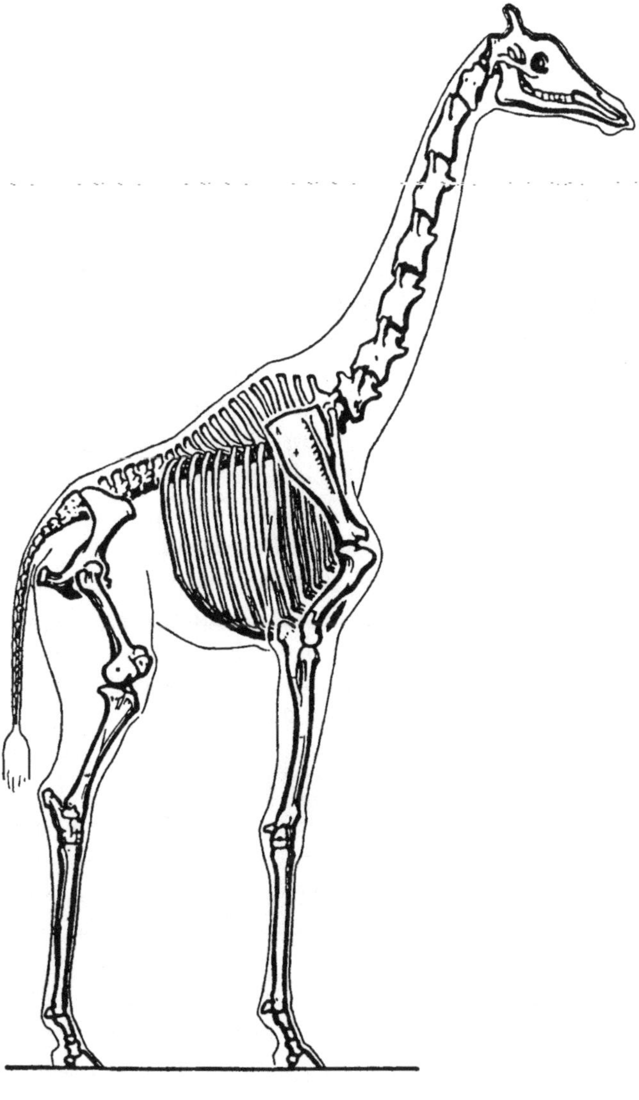

Abb. 46: Umriß und Skelett der Giraffe (aus Tank)

Gebilde, in dem die Druckbelastung nach unten erheblich zunimmt. Seine Streckung bestimmt auch die Gestaltung des übrigen Organismus, vor allem dort, wo ohnehin vertikale Bildung und tragendes Stützen herrschen, das heißt in den Gliedmaßen. Hier ist der Fuß noch stärker zu einem langen tragenden Knochen umgebildet als bei den Rindern und Kamelen. Auch die Unterschenkelknochen werden ungewöhnlich lang. Die Streckung ergreift ebenso die Beugung in den Gelenken. So werden die Beine zu hohen Ständern. Nun sind die Giraffen ziemlich schwer. Erwachsene Tiere haben ein Gewicht zwischen 500 und 750 Kilogramm; sie können aber auch bis 1200 Kilogramm schwer werden. Durch den Bau der Beine lastet die Masse des Leibes aber nicht in den Gliedern, sondern wird von ihnen souverän getragen; und das setzt sich im Hals fort. So bewirkt der vertikale Bau eine Entlastung. Dadurch steht die Giraffe so frei in ihrer Umgebung.

Die vertikale Streckung ist in den vorderen Beinen, das heißt in der Nähe des Halses, stärker als in den hinteren. Wirbelsäule und Rückenlinie steigen zum Hals hin an. Wenn man eine Giraffe von der Seite betrachtet, gewinnt man den Eindruck, der Hals beginne schon hinten am Rumpf. Das trifft insofern zu, als die Halsbildung in der angedeuteten Weise in den Rumpf eingreift. Man kann auch bemerken, wie der Rumpf nach vorn mächtiger wird und der Brustkorb auffallend hoch ist.

Wenn die Giraffe steht, sehen die unteren Abschnitte der Beine wie Stelzen aus; wenn sie sich bewegt, vollführen sie pendelnde Bewegungen. Man bemerkt, wie das Tier nicht ganz in seinen Beinen lebt, sondern sie gleichsam von außen, das heißt von oben, handhabt. Durch die übermäßige Streckung der Knochen und deren Schwere haben sie sich vom Innern des Tieres abgesondert. Das führt bei langsamer Bewegung zu dem schwankend pendelnden Paßgang. Wenn die Giraffe galoppiert, hat man noch stärker den Eindruck, sie sei nicht richtig mit der Erde verbunden. Es sieht aus, als ob die Giraffe schwebend immer nur für einen Moment den

Erdboden berühren würde. Die Glieder bewegen sich unten, das Tier ist mit seinem Bewußtsein aber hoch oben und in der Weite.

Durch den Hals hat die Giraffe einen weiten Horizont. Das kommt deutlich in der Bildung des Kopfes zum Ausdruck. Dort oben in der Welt des Lichtes sind die Augen auffallend groß und treten etwas hervor. So dringt das Bewußtsein weit hinaus in den lichterfüllten Umkreis. Man hat festgestellt, daß eine Giraffe noch auf einen Kilometer eine andere als Rudelgenossin erkennt. Das Auge hat ein feines Empfindungsvermögen für Farben; es kann Rot, Orange, Gelbgrün, Grün, Blau und Violett unterscheiden. Giraffen haben auch lange Ohrmuscheln und einen guten Gehörsinn. Die Lippen sind breit und beweglich. Sogar mit der dunklen Zunge begibt sich die Giraffe in die Umgebung; sie wird bis über 50 Zentimeter lang. Mit ihr holt die Giraffe die Zweige heran, von denen sie mit den Lippen Blätter und Knospen abrupft. Die Giraffe frißt nicht am Boden. Ihre Weide sind die Kronen der Schirmakazien, in deren Schatten sie so gerne steht. Selbst beim Fressen verliert die Giraffe nicht den Überblick. Nur wenn sie von Zeit zu Zeit einmal trinkt, wendet sie sich nach unten. Das ist recht mühevoll, weil sie das Wasser nur erreicht, indem sie die vorderen Beine weit auseinanderspreizt.

Am Kopf werden die gliedmaßenartigen Bildungen, die Kiefer, ungewöhnlich lang, nahezu 90 Zentimeter. Es kommt aber noch zu anderen auffallenden Formen. Den Giraffen, besonders den männlichen, wachsen kurze Hörner. Sie sind weitgehend von Fell umgeben, an der Spitze zwischen den Haarbüscheln liegt der Knochen aber frei. Das erinnert an das Geweih der Hirsche, durch das das Tier mit seinen Lebenskräften in einen Zusammenhang mit der Umgebung kommt. Allerdings wachsen die beiden hinteren Hörner nicht aus den Schädelknochen hervor. Sie entstehen getrennt und verschmelzen erst nach der Geburt mit dem Schädel. Die starke Verbindung mit dem Umkreis ergreift sogar den knöchernen Schädel. In ihm weiten sich die pneumatisierten Räume aus. Die Stirnhöhlen werden so groß, daß sie sich über den ganzen Schädel bis nach hinten erstrecken. Der Schädel ist so hoch, weil die Knochen des Schädeldaches von großen Lufträumen erfüllt sind. – So verbindet sich die Giraffe in ihrem Kopf als Konsequenz der gesteigerten Halsbildung intensiv mit den Kräften des Umkreises, mit der Welt des Lichtes und der Farben, mit der Welt der Töne und Geräusche und mit der Atmosphäre.

Das setzt sich im Atmen fort. Um die Luft bis in die Lunge hereinzuholen, muß die Giraffe tief atmen. Ein- und Ausatmen sind ein besonders kraftvoller Prozeß. Das zeigt sich auch am Bau des Brustkorbes, denn sieben der vierzehn Rippenpaare wirken als sogenannte falsche Rippen besonders aktiv beim Atmen. Das intensive Atmen greift aber auch in den Organismus ein. Das Blut enthält etwa doppelt so viel rote Blutkörperchen wie bei den meisten anderen Säugetieren. So kommt es zu einer gesteigerten Durchatmung des ganzen Leibes.

Wir haben schon daran erinnert, daß sich die Giraffen von pflanzlicher Substanz ernähren. Das entspricht ihrer ruhigen, unaggressiven Wesensart. Die Giraffen sind aber auch Wiederkäuer. Sie haben wie die Rinder und viele andere Tiere der Savanne, die Antilopen und Gazellen, eine hochentwickelte Verdauungsorganisation mit vier Mägen. Allerdings sind die Blätter, die sie abrupfen, nicht so verhärtet wie die Gräser, die die Rinder fressen. Man kann wie bei der Kuh verfolgen, daß einige Zeit nach dem Äsen eine Portion aus dem Pansen durch die sehr muskulöse Speiseröhre in das Maul hinaufbefördert, dort gründlich durchgekaut und dann hinuntergeschluckt wird. Der Kopf ist aber freier, weil er durch den Hals so stark über die dumpfen Lebensprozesse des Rumpfes emporgehoben wird. Kopf und Rumpf befinden sich auch im Hinblick auf den Grad der Bewußtheit auf verschiedenen Niveaus.

Es gibt eine Tatsache, die zu allem, was wir bisher betrachtet haben, im Widerspruch zu stehen scheint. Das ist die Länge des Darmes. Sie beträgt im Durchschnitt 76 Meter und übertrifft die der Kuh und des Flußpferdes. Man muß sich aber vergegenwärtigen, daß die Giraffe durch ihren Hals eine ausgedehntere Muskulatur hat und mehr Muskelkraft entwickeln muß. So löst sich auch dieses Rätsel. Durch ihren Hals hat die Giraffe einen besonders hohen Ernährungsbedarf.

Die Giraffen sind Wesen, die in ihrer Gestalt und ihrem Verhalten eine tiefe Beziehung zur Savanne haben. Am Tage stehen sie viele Stunden im Schatten der Schirmakazien. Das Geäst erzeugt ein Gitterwerk aus Licht und Schatten, in dem sie mit ihrer netzartig aufgelockerten Fellzeichnung unsichtbar werden können. Suchantke beschreibt die Begegnung mit einem Giraffenbullen mit folgenden Worten: «Seine Gestalt zerfließt im Gewirr der winkeligen und sperrigen Äste, im verwirrenden Licht- und Schattenspiel, das durch die Zweige tanzt. Wir sehen ihn erst, als er sich langsam und gemessen aus einer Baumgruppe löst, um von einer anderen Schirmakazie zu äsen» (Suchantke 1972, S. 261). Die Auflösung des braunen Fells zu einem netzartigen oder sternförmigen Muster (bei der Massai-Giraffe) läßt die Giraffe leichter erscheinen als bei einheitlich brauner Färbung. So manifestiert sich auch im Fell das Sich-Herausheben aus der Schwere und das Sich-Eingliedern in die Weite der lichterfüllten Natur.

Erst wenn die Nacht hereingebrochen ist und es ruhig wird, legen sich die Giraffen nieder. Sie halten aber auch dann noch den Hals aufrecht. Nur für kurze Zeiten beugen sie ihn nach hinten und legen den Kopf auf eine der hinteren Gliedmaßen. Dann schlafen sie wirklich. Sonst dösen sie mit offenen oder geschlossenen Augen in der Nacht. Hin und wieder stehen sie sogar für eine kurze Zeit auf. Die eigentlichen Schlafperioden sind recht kurz, nicht länger als zwölf Minuten. Das Tier, das am Tage ein Bild des Wachseins ist, braucht aufgrund seiner Konstitution nur sehr wenig Schlaf.

Die Giraffenkuh trägt ihr Junges länger als ein Jahr, 14 bis 15 Monate; nur beim Nashorn und beim Elefanten ist die Embryonalzeit noch ausgedehnter. Das Kälbchen wird am Tag geboren, das heißt dann, wenn die Mutter steht – und fällt mehr als zwei Meter in die Tiefe. Es erhebt sich schon nach einer halben Stunde auf seine langen Beine und kann dann bereits eine Höhe von knapp zwei Metern erreichen. Die Entwicklung verläuft geruhsam. Die bleibenden Zähne beginnen erst im Alter von drei Jahren durchzubrechen. Ihre volle Größe erreichen die Giraffen mit fünf oder sechs Jahren. Dann werden sie auch geschlechtsreif; sie erreichen ein Alter von 22 bis 28 Jahren.

Die jungen Tiere bleiben längere Zeit bei ihren Müttern in der Herde. Die weiblichen Tiere leben friedlich und ohne Auseinandersetzungen zusammen. Bei den jungen Bullen herrscht eine Rangordnung. Wie erringt eine Giraffe einen höheren Rang, das heißt wie demonstriert sie, daß sie in einem vollkommneren Sinne Giraffe ist? Zwei Bullen stellen sich nebeneinander und schlagen abwechselnd mit Hals und Kopf gegen den Hals des anderen. Wer die größere Kraft entwickelt, das heißt, wer den stärkeren Hals hat, ist der Überlegene. Das zeigt er dann bei der Begegnung mit Giraffen, die in der Rangordnung tiefer stehen, indem er den Hals senkrechter hält und den Kopf höher trägt.

Das Dromedar

Es gibt wenige Tiere, deren Physiognomie uns so beeindruckt wie die des Kamels. In der Haltung seines Halses empfindet man distanzierte Zuwendung. An dem langen Kopf wird die Nase so hochgehalten wie das Auge. Die Oberlippe ist länger als die untere und hängt über diese herab. Alles ist wie der Ausdruck eines starken Selbsterlebens. Das Kamel ist im buchstäblichen Sinne hochnäsig. Es wirkt herablassend und teilnahmslos wie eine Persönlichkeit, die aus dem Gefühl ihrer Bedeutung den inneren Abstand zur Umgebung zur Schau trägt.

Abb. 47: Dromedar (Camelus dromedarius)

Mancher Forscher weist eine solche Beschreibung zurück; er hält sie für eine anthropomorphe Fehlinterpretation.[17] Sicher muß man behutsam vorgehen, wenn man den Eindruck einer Physiognomie wiedergeben will. Und das, was in ihr zum Ausdruck kommt, wird sich nur dann klären, wenn man das Tier eingehend kennenlernt.

Wir müssen uns zunächst klarmachen, wie das Dromedar in einer der lebensfeindlichsten Regionen der Erde lebt, in dem Wüstengürtel, der vom nördlichen Westafrika über Arabien bis nach Asien reicht, und in den angrenzenden Steppengebieten – in einer Welt, in der die Glut der Sonne bei den langen Trockenperioden nur einen kümmerlichen Pflanzenwuchs aufkommen läßt. Es sind weite Räume, in denen Sand, Kies und Fels mit der sengenden Hitze des Tages und nächtlicher Kälte unvermittelt aufeinanderprallen. In dem Sandmeer der Wüste liegen weit voneinander entfernt Oasen wie Inseln des Lebens. Hier hätte der Mensch ohne das Dromedar nie heimisch werden können. Denn wie hätte er diese Inseln ohne das Wüstenschiff erreicht? Auf ihm durchquert er die Steppen- und Wüstengebiete. Dromedare transportieren noch heute in Karawanen vieles, was der Mensch in diesen Gegenden zum Leben braucht. Darüber hinaus versorgen ihn die Kamelstuten mit Milch. Zwei Stuten reichen oft, um eine Familie zu ernähren. Die Tiere, besonders die jüngeren, werden einmal im Jahr geschoren und liefern bis drei Kilogramm der weichen und stark wärmeisolierenden Wolle. Besonders in holzarmen Gegenden wird der trockene Dung als Brennmaterial gesammelt. Schließlich werden aus den Häuten allerlei Lederartikel hergestellt. Kaum ein anderes Tier ist so wie das Dromedar Lebensgrundlage des Menschen. Man muß schon weit in den Norden der Erde gehen, wo die Robben für die Eskimos und das Rentier für die Lappen eine ähnliche Bedeutung haben. – Die meisten Dromedare gibt es heute in Somalia, im Sudan, in Äthiopien und Indien. Ihre Zahl ist in den letzten drei Jahrzehnten sogar von etwas über 10 Millionen auf 19 Millionen angewachsen.

Wie bemeistern die Dromedare diese so lebenabweisenden Gebiete? Wenn sie mit ihren Lasten durch die Wüste ziehen, kommen sie mehrere Tage ohne Wasser aus, ohne etwas von ihrer Kraft einzubüßen. Man weiß durch sorgfältige Beobachtungen, daß sie 14 Tage ohne zu trinken in der Wüste existieren können. Dabei magern sie ab; ihr Leib dörrt aus und verliert bis zu 30 % seines Wassergehalts. Es ist erstaunlich, daß das Dromedar dann nicht nur überlebt, sondern sich noch bewegt und frißt. Unsere einheimischen Säugetiere wären längst umgekommen; der Mensch stirbt, wenn er 14 % seines Körperwassers verliert. Sein Blut wird so dick, daß es nur noch träge durch die Adern fließt. Die Lebensprozesse verlaufen beim Dromedar offensichtlich anders als bei den übrigen Tieren und beim Menschen.

Vor allen Dingen wird das Lebenselement des Wassers stark im Körper zurückgehalten. In den Nieren wird es bei der Harnbildung intensiv in das Blut resorbiert. So kann es kommen, daß das Dromedar an einem Tag nur einen Liter Harn ausscheidet; dieser ist allerdings sehr konzentriert. Auch im Dickdarm wird die Flüssigkeit stark resorbiert. Dadurch ist der Dung ungewöhnlich trocken. Ebenso ist an der ganzen Körperoberfläche die Flüssigkeitsausscheidung selbst bei großer Hitze schwach, vor allem durch die geringe Anzahl der Schweißdrüsen. Besonders eindrucksvoll ist die Drosselung des Wasserverlustes in der Nase. Sonst atmen die Säugetiere mit der Luft immer auch einiges an Feuchtigkeit aus. Beim Dromedar befindet sich in der Nase an den spiralig gebildeten Nasenmuscheln eine große Schleimhautfläche. Hier wird beim Einatmen die trockene Wüstenluft angefeuchtet; sonst würde sie das zarte Lungengewebe schwer schädigen. Dabei trocknet die Nasenschleimhaut etwas aus. Sie entzieht dann der Ausatmungsluft einen großen Teil ihrer Feuchtigkeit (Schmidt-Nielsen 1981, S. 66 ff.). Das Dromedar kann seine Nüstern durch einen besonderen Muskel auch verschließen, zum Beispiel wenn es in einen Sandsturm gerät. Dann legt es sich nieder, mit dem Rücken gegen den heftigen Wind mit dem heißen Sand.

In der Niere, dem Enddarm, in der Haut und in der Nase wirkt

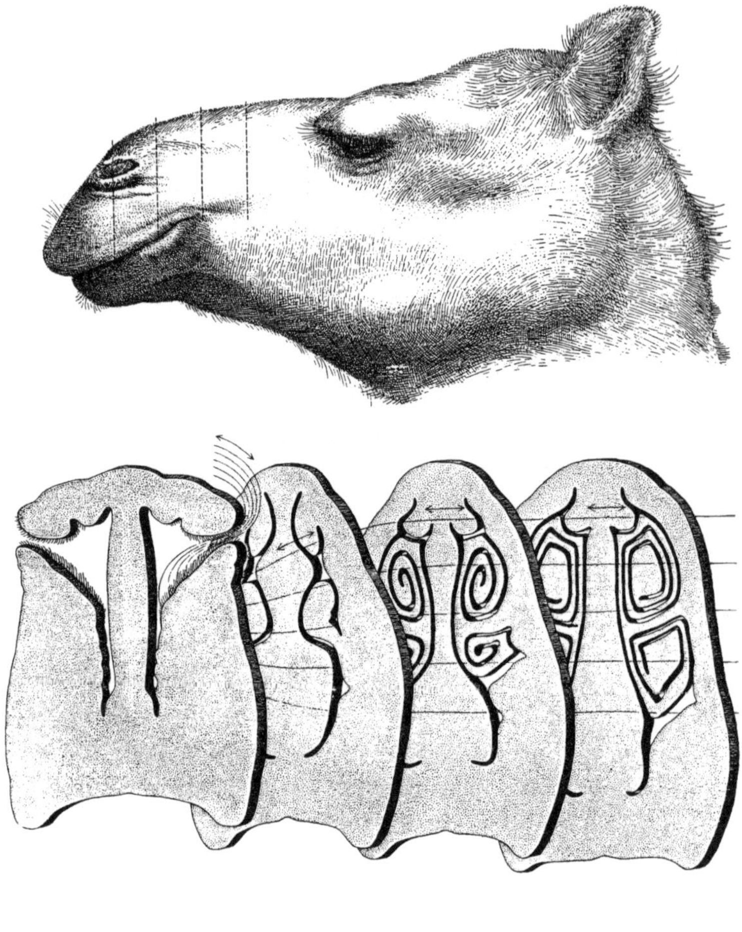

Abb. 48: Der Kopf des Dromedars (oben) und verschiedene Querschnitte durch seine Nase (unten). Man sieht, wie durch die zunehmende Spiralisierung der Nasenmuscheln die Oberfläche immer größer wird. (Aus Schmidt-Nielsen.)

beim Dromedar der gleiche Prozeß. Damit ein Organismus sein Leben erhalten kann, muß er sich gegenüber der Umgebung abgrenzen. Das geschieht nicht nur durch die Haut. Er bewahrt sich auch durch einen bestimmten Lebensprozeß seine innere Selbständigkeit. Und dieser hat beim Dromedar eine größere Intensität als bei den anderen Tieren.

In verschiedenen seiner Organe wie der Haut, dem Magen und der Lunge ist das Tier mehr oder weniger eng mit seiner Umgebung verbunden. Eines seiner Organe entfaltet sein Leben aber ganz abgesondert im Innern des Leibes. Das ist das Blut. Beim Dromedar wirken jene Kräfte, durch die das fließende Blut sein eigenes Leben hat, besonders stark. So werden von der Austrocknung der Magen, vor allem der Pansen, und die Gewebe anderer Organe betroffen, das Blut aber kaum. Selbst bei starker Ausdörrung des übrigen Leibes wird es nicht dickflüssig. Es behält die volle Lebendigkeit und damit seine für den ganzen Organismus belebende Funktion. Jenes Organ, das auch sonst regulierend in das Blut und die Blutbildung eingreift, die Niere, kompensiert die Austrocknung durch verstärkte Wasserretention. Dieser Prozeß dehnt sich beim Dromedar über den ganzen Organismus aus, eben bis in die Nase. Dadurch ist das Dromedar ein Tier, das in seiner Lebensorganisation einen hohen Grad an Unabhängigkeit erreicht. Es ist mehr als andere Tiere ein in sich abgeschlossenes, selbständiges Wesen. Wenn ein Dromedar durch die Wüste zieht, ist es wie eine lebendige Oase; durch die starke Individualisierung seines Lebensorganismus behauptet es sich gegenüber Hitze und Trockenheit.

Ganz anders ist die Beziehung zu den großen Temperaturschwankungen der Wüsten- und Steppengebiete, zu der Erhitzung am Tage und der starken Abkühlung durch die Ausstrahlung in den klaren Nächten. Im Laufe des Tages erwärmt sich das Dromedar von 36° auf 39° C. In der Nacht kühlt es wieder ab. Es lebt den täglichen Wärmerhythmus seiner Umgebung mit, den Wechsel von Erwärmung durch die Sonneneinstrahlung und die nächtliche Wärmeausstrahlung. Wenn sein Leib durch die Hitze ausdörrt, dann wird der Einfluß der äußeren Temperaturschwankung stärker. Nun erhitzt sich das Dromedar bis auf 40,7° C, in der Nacht kann es bis auf 34,5° C abkühlen (Achazi 1988, S. 312 f.). Es ist, als ob mit der Austrocknung die temperierende Wirkung des Wassers auch im Organismus des Dromedars abgeschwächt ist. So lebt das Dromedar bis in die Tiefe seines Leibes, bis in das Blut, den für die Wüste so bestimmenden täglichen Wärmerhythmus mit. Es ist also bis in seine Lebensorganisation mit der Wüste verbunden. Dies ist aber nur möglich, weil es in seinem Blut so unabhängig gegenüber der ausdörrenden Wirkung der Hitze ist.

Man erklärt die Temperaturschwankungen, diese temporäre Heterothermie, als Anpassung. Wenn die Temperatur des Körpers ansteigt, wird die Differenz zu der heißen Wüstenluft geringer; und damit wird die ohnehin schwache Schweißabsonderung zusätzlich verringert. Es ist aber sachgerechter und weniger theoretisch belastet, wenn man von einer Übereinstimmung zwischen den Vorgängen im Organismus des Dromedars und denen der Wüste spricht.

Wir können uns nun der Gestalt und dem Verhalten des Dromedars zuwenden. Wie ist der Zusammenhang seiner Gestalt mit dem Lebensraum? Die Gliedmaßen sind ungewöhnlich lang. Durch sie befindet sich der Rumpf ziemlich weit über dem Boden. Ähnlich wie beim Pferd hat die Beinbildung den Fuß ergriffen und umgestaltet. Der Mittelfuß ist zu einem langen kräftigen Knochen umgebildet, der wie der Unterschenkel den Leib stützt. Das Kamel hat im Gegensatz zum Pferd zwei Zehen. Am ersten und zweiten Zehenglied hat sich ein dichtes elastisches Polster aus Bindegewebe gebildet. So steht das Dromedar mit vier eigenartigen Sohlen auf dem Untergrund – wie mit verkümmerten Füßen. Der ziemlich breite Kontakt mit dem oft heißen Boden ist zugleich eine deutliche Abgrenzung. Auch an denjenigen Stellen, an denen das Dromedar beim Liegen auf der Erde aufliegt, hat es solche Schwielen, an den Ellbogen-, Knie- und Fersengelenken und an der Brust.

Durch seine Beine ist das Dromedar ein Tier der Bewegung. Die Weite der Wüste und Steppe gehört zu seinem Wesen. Diese Räume durchquert das Dromedar in dem gleichmäßigen Rhythmus des Paßganges. Durch die langen Knochen sondern sich die Beine stärker als beim Pferd vom übrigen Organismus ab. Sie kommen in eine pendelnde Bewegung, die für den Paßgang so bezeichnend ist. Der unentwegte Wechsel zwischen rechts und links versetzt das Wüstenschiff bei seiner Bewegung in ein rhythmisches Schwanken. In dieser Weise durchquert das Dromedar flache und wenig gewellte Gebiete auf eine recht ökonomische Weise und bewältigt in einer Stunde etwa sechs Kilometer. Vierzig Kilometer sind für eine Karawane die normale Tagesleistung. Eine stärkere Steigung bereitet den Tieren aber erhebliche Mühe. Und einen Hang hinunterzugehen ist recht schwierig: Unter Umständen müssen die Lasten anders verteilt werden, damit die Tiere nicht stürzen. Die Reitkamele können an einem Tag 120 Kilometer zurücklegen und selbst in der Wüstenhitze im Galopp eine Geschwindigkeit von knapp 20 Kilometer pro Stunde erreichen.

Recht eigenartig sind die Beine an den Leib angegliedert; die Oberschenkel sind nämlich nicht wie sonst in den Rumpf integriert. So wird der Rumpf zwischen den vorderen und hinteren Beinen fast wie eine Sänfte getragen. Er hat eine stark in sich abgeschlossene Form. Bei gut genährten Tieren sieht er aus wie ein prall gefüllter Sack. So drückt sich die Eigenart der Lebensprozesse, die Absonderung und Verselbständigung, auch in der Gestalt aus.

Die Muskulatur benötigt für ihre Arbeit eine gute Ernährung und Durchatmung. So entsprechen der Beinbildung stark entwickelte Ernährungsorgane. Das Kamel ist ein Wiederkäuer mit großem Pansen. Blätter- und Labmagen sind aber nicht wie bei den anderen Wiederkäuern voneinander abgegrenzt. Das Blut enthält einen überdurchschnittlich hohen Anteil an roten Blutkörperchen. So wird im ganzen Organismus, vor allem auch in der Muskulatur, die innere Atmung stark angeregt.

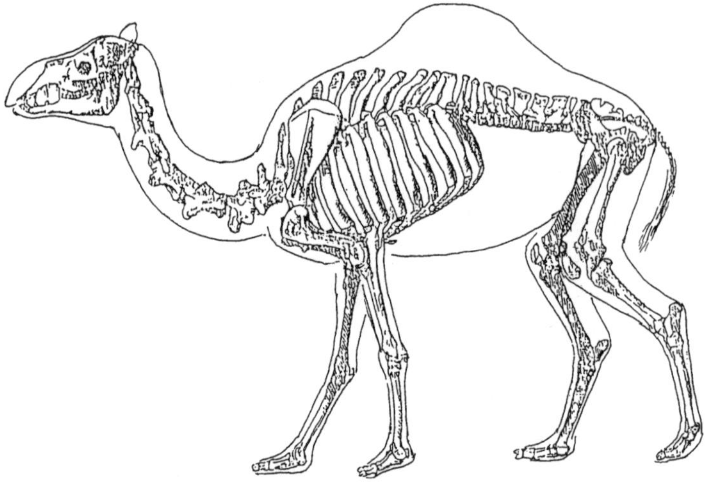

Abb. 49: Umriß und Skelett des Dromedars

Was am Rumpf am meisten auffällt, ist der Höcker. Bei guter Ernährung werden hier bis zu 30 Kilogramm Fett abgelagert. So isoliert dieser Höcker zusammen mit seiner Behaarung den Rumpf gegenüber der von oben einstrahlenden Hitze. Es ist nicht sicher, ob es auch eine Notration ist, die in schlechten Zeiten «verzehrt» wird. Aus einem Kilogramm Fett könnte das Dromedar einen Liter Wasser gewinnen.

Die starke Ausbildung der Beine setzt sich in die anderen Glieder fort, die auch zur Bewegungsorganisation gehören. So wird der Hals ungewöhnlich lang. Seine zurückgebogene Haltung drückt in einer äußeren Gebärde die Beziehung des Dromedars zu seiner Umgebung aus, ein distanziertes Sich-Absondern. Offensichtlich ist diese Beziehung nicht nur eine physiologische, sondern auch eine seelische. Denn in der Physiognomie, diesem Ausdruck des Seelischen im Kopf, manifestieren sich innere Distanz, überlegener Abstand und selbstbetontes Eigenerleben.

Und das Verhalten? Wenn Dromedare beladen werden, sind sie oft außerordentlich widerspenstig. Sie brüllen, widersetzen sich und versuchen, die Last wieder loszuwerden. Wie sollte sich ein seinem Wesen nach so unabhängiges Tier auch bereitwillig unterordnen? Wenn sich die Dromedare schließlich mit ihrer Last von drei bis fünf Zentnern erheben und in Bewegung setzen, strecken sie den Hals nach vorn. Bei ihrem Weg durch die Wüste wittern sie in die Weite. Sie haben durch ihre Nase ein feines Gespür für eine ferne Wasserquelle oder einen aufkommenden Sandsturm. Ein anderes Dromedar können sie mit der Nase bis auf eine Entfernung von etwa zehn Kilometern wahrnehmen.

Unterwegs erhalten die Dromedare Durrha-Hirse, Gerste und Bohnen. Wenn sie dann nach vielen Stunden rasten und an einem Brunnen trinken, nehmen sie große Wassermengen zu sich. Ein Kamel kann in zehn Minuten mehr als hundert Liter Wasser trinken. «Dabei ‹blüht› der Körper richtig auf» (Altmann 1990, S. 132). Wenn es sehr stark ausgedörrt ist, trinkt es, allerdings in einem längeren Zeitraum, bis zweihundert Liter. Daran sieht man, wie groß der Durst sein muß. Ein Mensch mit einem Gewicht von 70 Kilogramm empfindet schon Durst, wenn sein Leib nur 350 Gramm weniger Wasser enthält als normal. Wie mag es einem Dromedar zumute sein, wenn es mehrere Tage nicht trinken konnte?

Wenn es den Durst gelöscht hat, sucht es sich seine Nahrung. Oft findet es nur dürres Gras und dornenbewehrte Sträucher, an denen es die winzigen Blätter geschickt mit den Lippen abrupft. Es frißt auch Zweige mit ihren Dornen und Stacheln und zermalmt sie, ohne sich zu verletzen. Das Dromedar nimmt von jedem Baum oder Busch immer nur einige Blätter und Zweige und geht dann zu dem nächsten weiter. Wenn der Hunger groß ist, frißt es auch mitunter einen alten Korb oder eine Matte aus Palmblättern. Im Ostsudan schützen die Eingeborenen durch eine Umzäunung ihre Hütten, damit sie nicht von den Kamelen aufgefressen werden. Im Hinblick auf seine Nahrung ist das Dromedar so genügsam, wie es dem Pflanzenleben der Wüste entspricht. Es hat sogar eine gewisse Vorliebe für das Trockene, Ausgedörrte. Mit so karger Nahrung kann es aber nur leben, weil es als Wiederkäuer starke Kräfte der Verdauung hat.

Schon beim Fohlen sieht man an den überlangen Beinen die Bedeutung der Bewegungsorganisation. Etwa eine halbe Stunde nach der Geburt versucht das Neugeborene aufzustehen; nach einer Stunde kann es stehen. In den ersten Lebenswochen ist das junge Tier recht empfindlich, es braucht viel Wärme. Es wird lange von seiner Mutter gesäugt, nimmt aber schon nach der ersten Woche Rauhfutter zu sich. So zeigt sich schon früh die innere Beziehung zu seinem späteren Lebensraum. Nach drei bis fünf Jahren werden die Tiere dann an ihre späteren Aufgaben als Reittier, Lasttier oder Arbeitstier gewöhnt, das Wagen, Pflüge und Dreschmaschinen zieht und Wasserräder und Mühlen antreibt. Denn ein Dromedar ist von sich aus weder das eine noch das andere. Es gibt allerdings verschiedene Rassen, das kleine Bergdromedar und das größere, hochbeinigere Flachlanddromedar, und bei diesem einen leichten, drahtigen Wüsten- und einen kompakten, knochigen Flußtyp, der in wasserreicheren Gebieten zuhause ist.

Wenn man das Dromedar verstehen lernt, dann sieht man an seiner Gestalt und seinen Lebensprozessen, in seinem Verhalten und seiner Physiognomie, aber auch an der Farbe des Fells, daß es ein Tier der Wüste und der von der Sonne ausgedörrten Steppe ist.

Der Elefant

Die verschiedenen Tiere machen auf uns, besonders aber auf Kinder, recht unterschiedliche Eindrücke. Was man erlebt, läßt sich oft kaum in Worte fassen. Die Tiere «sprechen» zu uns, unser Erleben ist aber verschwommen. Man ist den Eindrücken rational nicht ge-

Abb. 50: Afrikanischer Elefant (Loxodonta africana)

wachsen. Es gibt Tiere, bei denen die Diskrepanz zwischen Eindruck und Begreifen besonders groß ist. Zu ihnen gehört der Elefant.

Der Zoologe bezeichnet die Rüsseltiere als eine Ordnung wie die Nagetiere oder Raubtiere. Sie umfaßt nur zwei Gattungen: den Afrikanischen Elefanten (Loxodonta) und den Asiatischen (Elephas). Diese unterscheiden sich in der Form ihrer Stirn, der Größe der Ohren und Stoßzähne, in der Zahl der Rippen, der Struktur der Mahlzähne und anderem mehr. Dennoch sind sie sich in den wesentlichen Merkmalen recht ähnlich; sie leben auch beide in Familienverbänden, die sich bisweilen zu größeren Herden zusammenschließen. Ein solcher Verband besteht aus einer Reihe von Elefantenkühen und ihren Kindern. Nicht immer gehört ein Bulle einer solchen Gruppe an, die von einer älteren, erfahrenen Leitkuh angeführt wird. Deshalb werden wir vom Elefanten allgemein sprechen, nur von Fall zu Fall von den beiden verschiedenen Formen.

Beginnen wir mit einer dem Anschein nach äußerlichen Tatsache, mit dem Gewicht. In einer Tabelle über das Höchstgewicht von Säugetieren (Flindt 1985, S. 16 f.) findet man folgende Zahlen:

Blauwal	136 t
Finnwal	76 t
Pottwal	53 t
Schwertwal	6,35 t
Afrikanischer Elefant	6 t
Indischer Elefant	5 t
Breitmaulnashorn	3,6 t
Flußpferd	3,2 t

Gegenüber den Riesen unter den Säugetieren, den großen Walen, nimmt sich der Elefant bescheiden aus. Doch das ist ein Irrtum. Der Blauwal übertrifft den Elefanten wohl an Masse, nicht aber an Gewicht. Denn im Wasser sind die Giganten der Meere leicht. Der Elefant ist also das schwerste Tier. Seine Bewegungen verraten aber

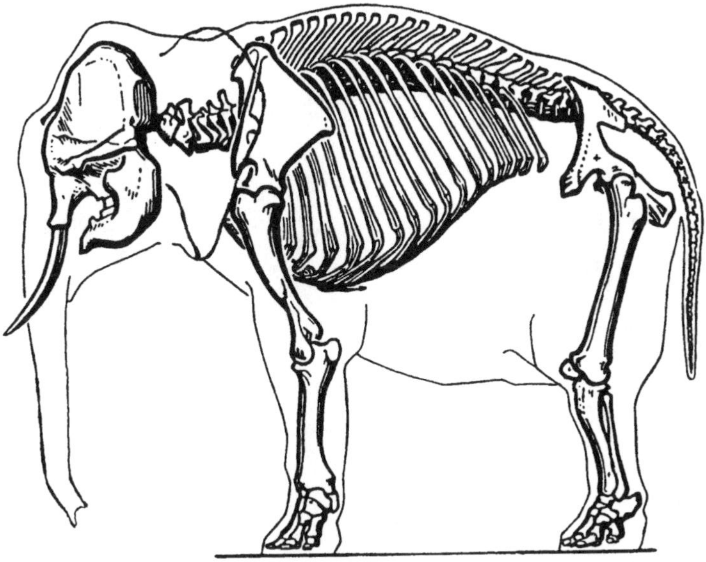

Abb. 51: Umriß und Skelett eines Indischen Elefanten (aus Tank)

nichts von Schwere. Sie wirken leicht, bisweilen fast tänzerisch. Der Grund liegt in dem Bau seiner Gliedmaßen, der einmalig im Tierreich ist. Die Beine haben die Form von mächtigen Säulen. Sie sind im Knie und dem entsprechenden Gelenk der vorderen Glieder fast völlig gestreckt. Sonst kommt bei den Säugetieren in dem gewinkelten Kniegelenk eine Spannung, d. h. ein bestimmter Bewegungsdrang zum Ausdruck. In den gestreckten Beinen des Elefanten vibriert dagegen kein Bewegungsimpuls. Im Stehen ruht der Elefant in sich. Die Schwere muß nicht wie sonst durch Muskelspannung bewältigt werden. Dadurch, daß die Knochen den Leib tragen, ist der Elefant entlastet. Er ist nicht in die Auseinandersetzung mit der Schwere gebannt. Er befreit sich aus ihren Fesseln

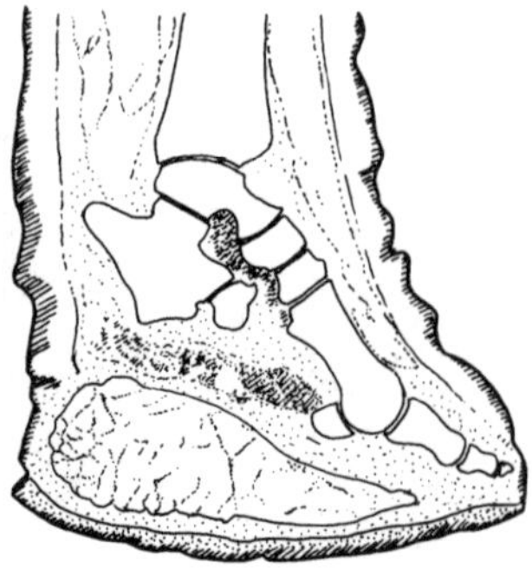

Abb. 52: Längsschnitt durch den Fuß eines Elefanten mit dem elastischen Sohlenpolster (nach Starck)

und kann sich offen der Umgebung zuwenden. Das ist nur durch den kräftigen Knochenbau möglich. Die Knochenbildung erreicht bei den Elefanten mit 25 % des Körpergewichts (Flindt 1985, S. 23; nach Pflumm 1989, S. 36, sind es «mehr als 30 %») den Höhepunkt unter den Säugetieren. Was die Gliedmaßen außerdem auszeichnet, ist das gekammerte Fettgewebe des Sohlenpolsters, auf dem das Fußskelett aufruht. So wird bei jedem Schritt des Paßgängers die Schwere des Leibes elastisch abgefedert. Der Kontakt mit dem Boden ist sensibel. Die mächtigen Tiere bewegen sich fast ohne Geräusch durch ein Gehölz. Elefanten gehen auf «leisen Sohlen». Der Größe des Leibes entspricht eine souveräne Bemeisterung der Schwere.

Auch im Kopf ruht der Elefant gleichsam in sich. Sonst ist der Kopf der Tiere durch die horizontale Richtung geprägt. Maul und Nase sind Ausdruck von Gier nach Nahrung und emotionaler Beziehung zum Stoff. Beides ist in der vertikalen Orientierung des Elefantenhauptes unterdrückt. Eine breite Stirn geht in den Rüssel über. Ober- und Unterkiefer treten zurück. Auch wenn er frißt, gibt der

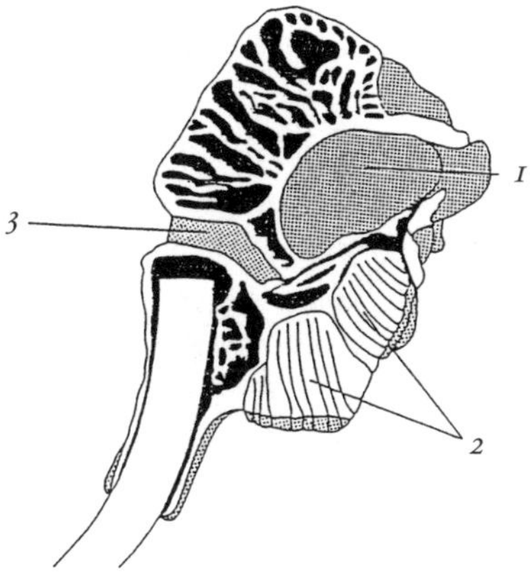

Abb. 53: Schädelskelett eines Elefanten ohne Unterkiefer. Man sieht vor allem die großen pneumatisierten Räume in den Schädelknochen. (Aus Starck.)

1 – Schädelhöhle
2 – Backenzähne
3 – Nasengang

Elefant seine ruhige Haltung nicht auf. Er führt das Gras oder den Zweig mit dem Rüssel zum Maul.

Am Kopf des Elefanten ist eigentlich alles ungewöhnlich. Die großen Ohren sprechen von intensiver Zuwendung zu den Geräuschen und Klängen in der Atmosphäre, der im Inneren eine hohe Sensibilität entspricht. So verständigen sich bei den Asiatischen und den Afrikanischen Elefanten die Tiere einer weit auseinandergezogenen Herde durch Töne im Bereich des Infraschalls. Es wird auch berichtet, Elefanten könnten nach entsprechender Dressur Melodien und musikalische Rhythmen unterscheiden. Das charakteristischste Organ ist der Rüssel, eine Kombination von Nase und Oberlippe. Bei keinem anderen Tier dringt die Nase so weit in den Luftraum hinaus. Weit vom Kopf entfernt beginnt das Einatmen. So wird die Luft tief in das Innere hineingenommen. Am Kopf ist die Nase ungewöhnlich breit. Die Augen liegen durch die gewaltige Nasenwurzel weit auseinander. Was man als Stirn bezeichnet, ist genau besehen eine Fortsetzung der Nasenhöhle. Hinter der Stirn liegt nicht das Gehirn, sondern eine reich gekammerte Stirnhöhle von erstaunlichem Ausmaß. Das intensive Aufsaugen der Luft durch den Rüssel setzt sich offensichtlich in dieser Pneumatisierung des Schädels fort.

Der Rüssel des Elefanten ist eines der eindrucksvollsten Organe im Tierreich. Er entsteht aus der Nasen-, Oberlippen-, Gesichts- und Wangenmuskulatur, die sich weit über die übliche Begrenzung des Leibes nach vorn in die Umgebung hinaus verlagert. Man hat seine Beweglichkeit und Geschicklichkeit immer wieder mit der der menschlichen Hand verglichen. Es ist in der Tat eine andere Geschicklichkeit als jene, die wir vom Springen des Eichhörnchens oder vom Klettern des Steinbocks kennen. Nicht in den Bewegungen des Leibes liegt die Geschicklichkeit, sondern in der Handhabung eines Organs, das von differenzierter Bewußtheit durchdrungen ist. Der Tastsinn an der Peripherie und vor allem der Bewegungssinn (Tiefensensibilität) in der Muskulatur sind besonders gut ausgebildet. Die sensible Beweglichkeit des Rüssels rührt sicher auch daher, daß die Oberlippe in ihm aufgegangen ist. Zu allem kommt noch hinzu, daß der Elefant seinen Rüssel – wie der Mensch die Hand – weitgehend im Blickfeld der Augen bewegt.

Wie die Hand ist der Rüssel ein recht universelles Organ. Mit ihm ergreift der Elefant Grasbüschel und Zweige und führt sie geschickt zum Maul. Mit ihm trinkt er, indem er das Wasser ein Stück weit einsaugt und dann in das Maul spritzt. Mit der Rüsselspitze kann der Elefant wie mit zwei Fingern kleine Gegenstände anfassen. Der Rüssel dient dem Elefant zum Wittern, denn er hat einen feinen Geruchssinn. Schließlich ist der Rüssel eine Posaune, mit der sich der Elefant weithin kundgibt.

Von diesem Organ muß man ausgehen, wenn man den Elefanten in seiner Eigenart verstehen will. Wie prägt sich die gesteigerte Entwicklung von Nase und Oberlippe in der ganzen übrigen Organisation aus? Das Hinauswachsen in die Umgebung ergreift am Oberkiefer die Schneidezähne und läßt sie zu den Stoßzähnen werden. Es wirkt, wie wir schon erwähnt haben, am Kopf auch in jenen Organen, durch die sich der Elefant den Geräuschen und Klängen zuwendet, in den äußeren Ohren. Hier hat der Elefant einen intensiven Kontakt mit der umgebenden Luft – beim Afrikanischen Elefanten machen die Ohren gut ein Fünftel der Körperoberfläche aus – und kann einen zum Teil beträchtlichen Anteil der in seinem Stoffwechsel entstehenden Wärme an die Atmosphäre abgeben.

Das tiefe Hereinnehmen der Luft in den Leib führt nicht nur zur Pneumatisierung des Schädels; es setzt sich bis in die Organe des Rumpfes fort. Hier weitet sich der Brustkorb ungewöhnlich stark aus (siehe Abb. 50). Beim Asiatischen Elefanten entstehen 19 Rippenpaare, beim Afrikanischen Elefanten sogar 21. Dem entspricht die Größe der Lunge. Bezogen auf das Gewicht des ganzen Körpers beträgt beim Pferd das der Lunge 0,7 %, beim Elefanten 2,08 %. Die Lunge ist mit dem Rippenfell verwachsen; es fehlt also der feine Spalt zwischen der Lunge und dem Brustkorb, der beim Elefant weitgehend unbeweglich ist. Der Rhythmus von Ein- und Ausatmen geht vom Zwerchfell aus. Das intensive Sich-Durchdringen mit Luft reicht bis in das Blut. So hat das Blut der Elefanten eine auffallend hohe Sauerstoffaffinität. Sie ist «etwa gleich hoch wie beim höhenangepaßten Lama» (Hiebl 1987, S. 14). Elefanten haben eine stärkere Beziehung zum Atmen als zur Verdauung. Sie fressen einen großen Teil des Tages: die Afrikanischen Elefanten als Tiere der Savanne vor allem Gras, die Asiatischen, die mehr in den Regen- und Trockenwäldern leben, vorwiegend Blätter und Zweige. Mit ihren Stoßzähnen schälen die Elefanten bisweilen große Rindenstücke von den Bäumen. Sie schädigen den Baumbestand auch auf andere Weise, indem sie kleinere Bäume umbrechen, um einfacher an die Blätter und Zweige zu gelangen. Die Zahlen über die tägliche Futtermenge gehen weit auseinander; sie reichen für den Asiatischen Elefanten von 144 bis 364 Kilogramm Grünfutter am Tag. Von dieser Menge wird aber weniger als die Hälfte verdaut. Der Magen hat bei einer Länge von 1 ½ Metern ein Volumen von etwa 100 Litern. Hier entstehen bei der Verdauung große Mengen von Methan. Der Darm ist für die Größe des Tieres nicht besonders lang. Beim Pferd erreicht er eine Länge von 31 Meter, bei dem weit größeren Elefanten 37 Meter. An einem Tag benötigt ein erwachsener Elefant etwa 130 Liter Wasser. So ziehen die Elefanten regelmäßig zu einer Wasserstelle, wo sie auch baden. In Zeiten großer Dürre kann es nötig werden, daß die Leitkuh ihre Herde über mehr als hundert Kilometer zu einer Wasserstelle führt, weil die anderen ausgetrocknet sind. Sie «kennt» ihren Ort, denn sie war vor vielen Jahren einmal dort. Die Elefanten sind Tiere, in denen die Erlebnisse lange Jahre nachwirken. Man spricht etwas ungenau von einem besonders guten Gedächtnis.

Den Bau der Gliedmaßen haben wir schon betrachtet. Auch er steht in innerer Beziehung zur Rüsselbildung. Nase und Oberlippe können nur dadurch zu der starken Verbindung mit der Atmosphäre und dem geschickten Eingreifen in die Umgebung kommen, daß sich der ganze Organismus durch seine Gliedmaßen aus der Fesselung an die Schwere heraushebt.

Jene Eigenschaften, die man häufig mit dem Begriff des Tierischen verbindet, sind im Wesen des Elefanten stark abgemildert. In ihm wirken nicht wie bei anderen Tieren heftige Begierden und starre, triebhafte Verhaltensweisen. Elefanten sind in der Lage, noch im Alter von 40 Jahren neue Geschicklichkeiten zu lernen. Wenn sie gefangen werden, werden sie in kurzer Zeit zahm und lassen sich zur Arbeit abrichten. Besonders die Asiatischen Elefanten können dann in den Urwäldern Südostasiens recht komplizierte Arbeitsvorgänge (Transport und Verladen von Baumstämmen) ausführen. Hier zeigt sich wohl am eindrucksvollsten, wie der Elefant durch die Haltung seines ganzen Leibes mit Rüssel und Stoßzähnen in die Umgebung eingreifen kann.

Vor allem bemerkt man, daß sich der Elefant etwas von dem offenen, nicht festgelegten Charakter bewahrt, den die Säugetiere in ihrer Kindheitsphase haben. In der so reifen Erscheinung des Elefanten, die fast den Charakter von Persönlichkeit hat, wirken jugendliche

Kräfte. Sie sind es, die den Elefanten bis ins hohe Alter wachsen lassen und die Jugendphase ausdehnen. Schon die Geburt eines Elefanten ist ein besonderes Ereignis. Die Elefanten einer Herde bilden einen Kreis. In der Mitte befindet sich das hochträchtige Tier. Unruhig steht es auf und legt sich wieder hin. Neben ihm stehen zwei Elefantenkühe, die bei der Geburt assistieren. Sie befreien offensichtlich das Neugeborene von seinen Hüllen. Etwa eine halbe Stunde nach der Geburt kann das Junge stehen. Dann löst sich die Versammlung auf, und die Mutter zieht mit ihrem kleinen Kalb in der Herde davon (Kurt 1986, S. 154 f.). Die jungen Elefanten werden von ihren Müttern zwei Jahre lang gesäugt. Man hat aber auch beobachtet, daß beim Afrikanischen Elefanten junge Tiere bisweilen bis zu einem Alter von neun Jahren gesäugt werden (Douglas-Hamilton 1976, S. 84). Die Geschlechtsreife tritt erst im Alter von zehn bis zwölf Jahren ein. Dann gebiert eine Elefantenkuh nur alle vier Jahre. Solange sie ihr Junges säugt, tritt keine Brunst ein. Die Mutter ist ganz dem Jungen hingegeben. Dann erst folgt die neue Tragzeit von knapp zwei Jahren. Der Zeitraum zwischen zwei Geburten kann sich aber auch auf sieben Jahre ausweiten.

Jene Kräfte, die Entwicklung und Wachstum zum Stillstand bringen, sind abgeschwächt. Was das Wachsen rasch zum Abschluß bringt, sind vor allem Formkräfte. Dort, wo starke Formbildung herrscht wie in den Zähnen, ist das Wachstum ganz erloschen. Die Formen, die man an Zähnen beobachtet, sind von Anfang an da. Sie entstehen nicht wie bei den anderen Organen allmählich während des Wachsens. Nun ist gerade die Zahnbildung beim Elefanten gegenüber den anderen Säugetieren stark modifiziert. In jeder Kieferhälfte hat ein Elefant nur einen, allerdings mächtigen Backenzahn. Bei jungen Elefanten sind die Backenzähne kleiner. Wenn sie abgekaut sind, werden sie durch neue ersetzt. Viermal werden die Zähne erneuert. Dabei werden sie immer größer. Die Backenzähne brechen sonst sehr rasch nacheinander durch. Beim Elefanten zieht sich dieser Prozeß über viele Jahre hin. Die Elefantenkälber haben bei der Geburt in

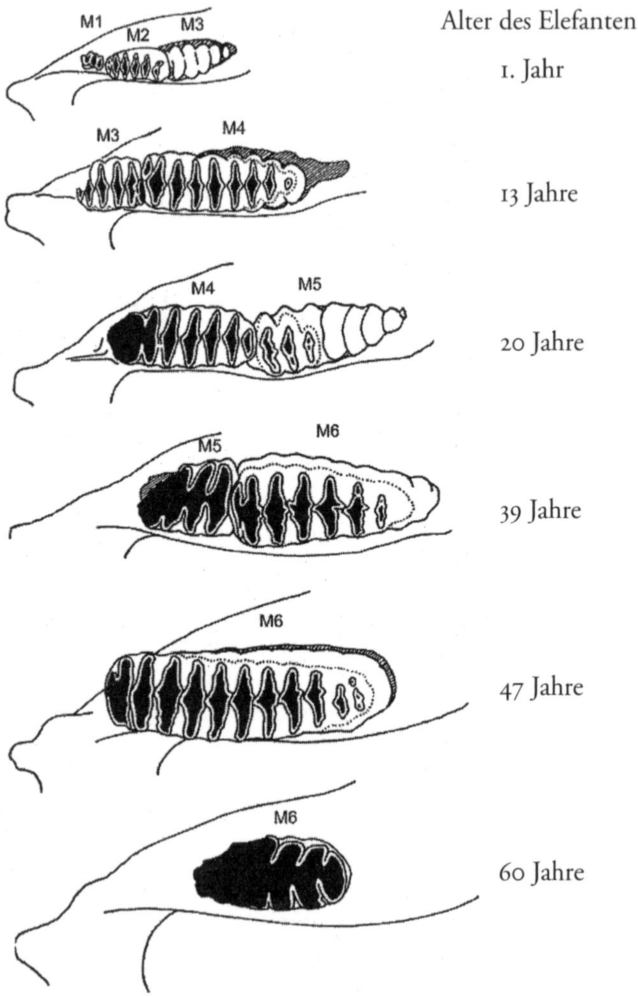

Abb. 54: Der horizontale Zahnwechsel in der rechten Unterkieferhälfte beim Afrikanischen Elefanten; M1 bis M6: 1. bis 6. Molar (Backenzahn) (aus Holdrege)

jeder Kieferhälfte zwei Backenzähne. Der erste hat die Größe einer Streichholzschachtel. Er ist im Alter von drei bis vier Jahren abgekaut, der zweite – er ist etwa so groß wie eine Zigarrenpackung – im Alter von sechs bis sieben Jahren. Dann werden die Reste abgestoßen. Nun wandern die neuen, immer größeren Zähne von hinten in den Kiefer ein. Ihren dritten Backenzahn haben die Elefanten zwischen dem 3. und 13. Lebensjahr, den vierten zwischen dem 6. und 25. Lebensjahr, den fünften vom 16. bis 43. Lebensjahr. Der sechste und letzte Backenzahn wächst vom 33. Lebensjahr an in den Kiefer ein. Man bezeichnet diese verzögerte Zahnbildung als horizontalen Zahnwechsel.

Die definitive Formbildung ist also hochgradig retardiert. Und in der Abfolge der Zähne vollzieht sich mit dem Größerwerden sogar ein Wachstum der Zahnbildung. Bei den Nagetieren hemmen die übermäßig starken Kräfte der Zahn- beziehungsweise Formbildung das Wachstum. Beim Elefanten sind die lebendigen Kräfte des Wachsens so machtvoll, daß die Zahnbildung hinausgezögert wird und die aufeinanderfolgenden Zähne mit dem ganzen Organismus größer werden.

Dies ist das wohl eindrucksvollste Zeichen für die Ausweitung der Kindheits- beziehungsweise Jugendphase. Beim Elefanten verläuft nicht nur die postnatale Entwicklung so langsam. Schon die Embryonalzeit dehnt sich mit 20 Monaten beim Asiatischen und 22 Monaten beim Afrikanischen Elefanten stärker als bei allen anderen Säugetieren aus. Und dann kann er bis über 60 Jahre alt werden.

Besteht nun aber eine Beziehung zwischen der Gestaltbildung und der Eigenart der Entwicklung? Die Gestalt wird vom Rüssel geprägt, das heißt von dem tiefen Hereinholen der Luft in den Organismus. Als Konsequenz dieses intensiven Einatmens nimmt das Blut außergewöhnlich viel Sauerstoff auf. Es ist nun eine bekannte Tatsache, daß Wachstum während der Kindheitsphase an einen hohen Sauerstoffgehalt des Blutes gebunden ist. Die innere Atmung bewirkt im ganzen Organismus eine Impulsierung des Lebens. Diese Impulsierung ist in der Kindheit besonders intensiv – und damit auch die

Voraussetzung für die gesteigerten Lebensvorgänge während des Wachsens. Dieses Geschehen, das sonst bald abklingt, ist beim Elefanten eine bleibende Konstitution. So paradox es klingt: Der Elefant ist das «kindlichste» Säugetier und wird gerade deshalb so groß.

Das Känguruh

Australien unterscheidet sich in vielem von den anderen Kontinenten. Seine Tierwelt enthält mehr endemische, das heißt nur hier heimische Arten als die anderen zoogeographischen Regionen der Erde. So fand man von den Säugetieren hier nur Beuteltiere und die beiden Gattungen der Kloakentiere, die Ameisenigel und das Schnabeltier. Von den Beuteltieren sind viele anderen Säugetieren ähnlich: den Mäusen und Ratten, dem Maulwurf und den Spitzmäusen, Raubtieren und Halbaffen. Am bekanntesten in dieser Hinsicht ist wohl die bärenartige Gestalt des Koala.

Noch etwas anderes fällt beim Vergleich mit den übrigen Säugetieren auf. Bei einer ganzen Anzahl der Beuteltiere – besonders beim Wombat, beim Beutelmull, beim Beutelteufel, beim Kuskus und dem Koala – hat die Gestalt in ihren Formen etwas Unfertiges. Bei der Embryonalentwicklung ist der Keimling zunächst wenig differenziert. Die charakteristischen Formen treten allmählich in Erscheinung. Verschwommene Anfänge werden konturierter. Schließlich hat sich das Tier in seiner Gestalt ausgeprägt, bei den Säugetieren in der Regel erst einige Zeit nach der Geburt. Vielen Beuteltieren haftet aber auch noch dann, wenn sie ausgewachsen sind, etwas Embryonales an.

Das ist offensichtlich in dem eigenartigen Verlauf ihrer Entwicklung begründet. Das Junge wird schon nach einer kurzen Embryonalzeit von 8 bis 40 Tagen in einem noch ganz keimhaften Zustand geboren. Es vollendet dann seine Embryonalzeit im Beutel. Hier wächst es noch längere Zeit in enger Verbindung mit seiner Mutter heran, bevor es jene Unabhängigkeit erreicht, die für die meisten anderen Säugetiere mit der Geburt eintritt. Das Geborenwerden verläuft gleichsam in zwei Etappen. Schon der Embryo kommt in eine verhaltene Beziehung zur äußeren Welt. Er atmet im Beutel die äußere Luft, er wird mit Milch genährt und unterliegt dem Einfluß der Schwere. Aus Gründen, die man zunächst nicht kennt, wird die Entwicklung im Mutterleib sehr früh beendet; sie geht dann unter dem Einfluß der äußeren Kräfte weiter. So entstehen Tierformen, in denen die Tierbildung in eigenartiger Weise zurückgehalten ist. Die Beuteltiere bleiben zum Teil auf einem vergleichsweise frühen Entwicklungsstadium stehen. Bei den anderen Säugetieren geht die Entwicklung noch einige Zeit nach der Geburt weiter. Auf die Milchzähne folgt beispielsweise eine zweite Generation von Zähnen. Bei den Beuteltieren entstehen als Folge der zurückgehaltenen Entwicklung nur Milchzähne. Es wird in jeder Kieferhälfte lediglich ein Zahn, der Prämolar, durch einen zweiten ersetzt.

Die eindrucksvollsten Gestalten unter den Beuteltieren sind die Känguruhs. Ihre Familie ist die artenreichste. Die kleinsten werden kaum größer als zwanzig Zentimeter, das Graue und Rote Riesenkänguruh erreichen fast die Größe des Menschen. Sie leben auch in recht unterschiedlichen Gebieten: von den felsigen Gegenden der Berge bis zu den weiten grasbewachsenen trockenen Ebenen. Hier ist der Lebensraum der Riesenkänguruhs, die ohne eine engere Bindung lockere Gruppen bis zu fünfzig und mehr Tiere bilden. Es war lange ein Rätsel, wie sie die Dürrezeiten überstehen. Sie können sich von harten Gräsern ernähren, die selbst den genügsamen Schafen zu karg sind. Sie kommen auch mehrere Tage aus, ohne zu trinken. Bei großer Trockenheit graben sie, von einem wunderbaren Instinkt geleitet, nach Wasser. Aus den Wasserlöchern trinken dann auch andere Tiere.

In «Brehms Tierleben» findet man folgende Bemerkung: «Die Känguruhs gehören unbedingt zu den beachtenswertesten Säugetieren. An ihnen ist eigentlich alles merkwürdig ...» (Brehms Tierleben 1912, S. 198). Das gilt vor allem für ihre Haltung und Bewegung. Wenn sich ein Känguruh wie beim Weiden langsam bewegt, hält es seinen Rumpf wie die anderen Tiere in der Horizontalen. Es stützt sich auf seine Arme und den kräftigen Schwanz, während es Beine und Füße nach vorn befördert. Das Känguruh kann sich auch aufrichten, das heißt eine für Tiere ungewöhnliche Haltung einnehmen. Diese vertikale Haltung ist im Bau des ganzen Leibes begründet. Das Känguruh ist vor allem vertikal organisiert. Unten ist es schwer und massig. Es ruht auf Beinen mit schmalen langen Füßen und dem Schwanz. Die Füße bilden zusammen mit dem kräftigen Schwanz die sichere Basis der aufrechten Haltung. Zum Kopf hin wird der Leib immer schmächtiger. Er geht in schmale Schultern mit kurzen Armen und kleinen Händchen über. Das Känguruh kann sich mit seinen Händchen und Fingern nicht nur kratzen, sondern auch geschickt Gegenstände ergreifen. Es gibt außer dem Menschen kein anderes Wesen mit so großem Gegensatz zwischen den beiden Gliedmaßenpaaren, der völligen Anpassung an den Untergrund und der freien Beweglichkeit. Der bewegliche Hals trägt einen im Verhältnis zum übrigen Leib auffallend kleinen Kopf, der dem eines Hasen oder eines Rehs ähnlich ist. An den großen Ohren, auch an den Augen bemerkt man eine sensible Hinwendung zur Umgebung. Ein Känguruh wird leicht von den Eindrücken überwältigt und entflieht angsterfüllt mit mächtigen Sprüngen.

Man kann ohne Schwierigkeit bemerken, welche Organe besonders stark ausgebildet sind. Es sind die Füße zusammen mit den Beinen, vor allem den Unterschenkeln. So hat man den Känguruhs den Namen Macropodidae (Großfüße) gegeben. Die Bildung der Füße ist übermäßig lang und zugleich stark verkümmert. Von den fünf Strahlen des menschlichen Fußes sind beim Känguruh nur der vierte und fünfte richtig ausgebildet, das heißt diejenigen, mit denen der Mensch an den seitlichen Fußrändern ganz auf dem Boden

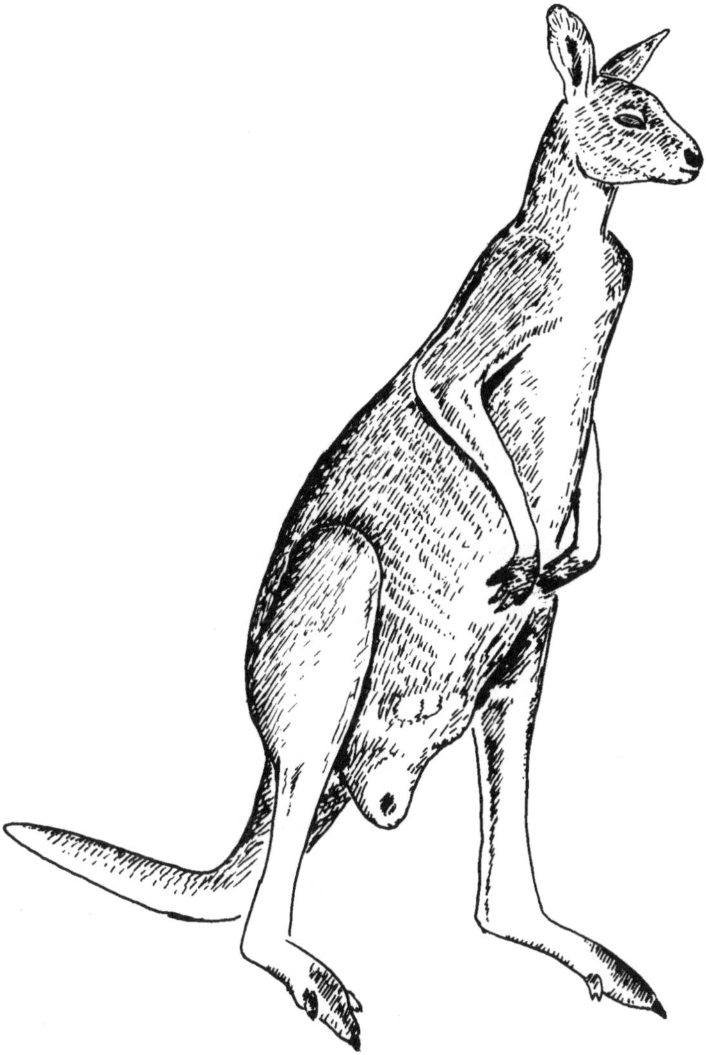

Abb. 55: Rotes Riesenkänguruh (Macropus rufus)

aufruht. Sie entspringen am Fersenbein. Die drei anderen Strahlen des menschlichen Fußes gehen vom Sprungbein aus, das über dem Fersenbein liegt. Sie bilden das Fußgewölbe, das die Last des Leibes trägt. Hier wird wie im ganzen menschlichen Leib die Schwere überwunden – durch eine kraftvolle Raffung und Verspannung zwischen der Ferse und dem Ballen. Diesem Gewölbe verdankt der Mensch den freien, elastischen Gang. Durch das doppelte Auflagern vorn am Ballen und hinten an der Ferse entsteht jene Basis, über der sich der Mensch sicher im Gleichgewicht halten kann. Indem beim Känguruh gerade der Gewölbeteil des Fußes verkümmert und z. T. völlig reduziert ist, sinkt das ganze Tier in die Schwere. Es wirken im Fuß nicht mehr die kontrahierend-zusammenraffenden Kräfte. So wird er lang und liegt wie ein Stab flach auf dem Boden. Der kräftige vierte Strahl geht in einen hufartigen Nagel über. Von dem zweiten und dritten Strahl bleibt nur ein kümmerlicher Rest übrig, dessen Zehen das winzige «Putzhändchen» bilden.

Wir können nun die Haltung des Känguruhs mit der des Menschen vergleichen. Der Mensch richtet sich über den Füßen vollständig auf, indem er sich über den beiden Auflagerungsstellen in der Balance hält. Das Känguruh hat in seinen schmalen Füßen jeweils nur eine Auflagerungsfläche. Der Schwanz ist zur hinteren Abstützung geworden. So entspricht der schmale, verkümmerte Fuß des Känguruhs dem Ballen des menschlichen Fußes, der Schwanz der Ferse. Zwischen Füßen und Schwanz balanciert das Känguruh seinen aufgerichteten Leib. Man kann also seine Füße zusammen mit Unter- und Oberschenkel, den Hüftbeinen und dem Schwanz mit dem Gewölbe des menschlichen Fußes und den beiden Kontaktflächen an Ballen und Ferse vergleichen. In dem unteren Teil seines Leibes ist das Känguruh gleichsam ganz Fuß geworden.

Der obere Teil hebt sich heraus. Er erreicht aber nicht die freie, offene Beziehung zur Umgebung wie beim Menschen. Deshalb bleiben die Schultern schmal; die Arme werden kurz und die fünf Finger der kleinen Hände krallenförmig.

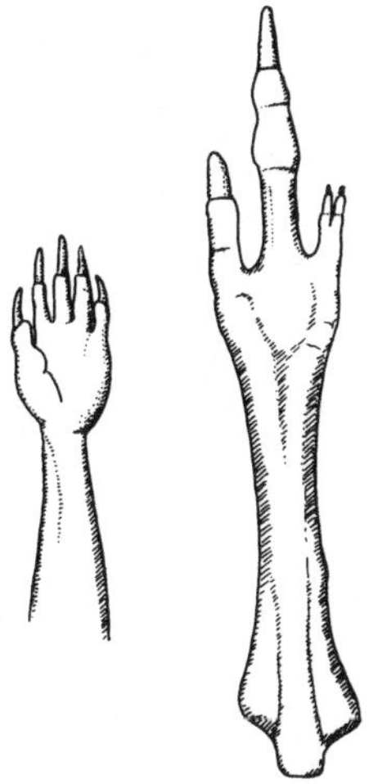

Abb. 56: Linker Unterarm und Hand (links) und linker Fuß (von unten; rechts) eines Riesenkänguruhs (nach Grassé)

So deutet vieles auf eine Nähe zum Menschen. Beim Känguruh befreit sich die Organisation aber nur unvollständig aus der Schwere. Die Überwindung der Schwere, die dem Menschen den Ausdruck des Edlen und Freien verleiht, ist beim Känguruh gleichsam im Anfang steckengeblieben. Sie gestaltet nur den Rumpf vom Hals bis zur Hüfte. So hockt das Tier auf seinen Füßen und dem Schwanz. Das alles gibt seinem Organismus jenen Charakter, der von den anderen Tieren so stark abweicht, aber auch nicht vollmenschlich ist.

Die Beine haben eine starke Muskulatur, mit der das Känguruh aus der hockenden Haltung in eine hüpfende Bewegung übergeht. Ein Känguruh kann langsam hüpfen, aber auch schnell mit großen Sprüngen den Raum durcheilen. Es wendet sich nun mit dem ganzen Körper durch die horizontale Haltung zur Weite. Der dicke Schwanz hält dem Rumpf und dem Kopf die Balance. In dieser federnd-wippenden Bewegung berührt das Känguruh nur noch mit der Spitze seiner Füße den Erdboden. Die kräftiger gebauten Männchen des Roten Riesenkänguruhs können Sprünge von über zehn

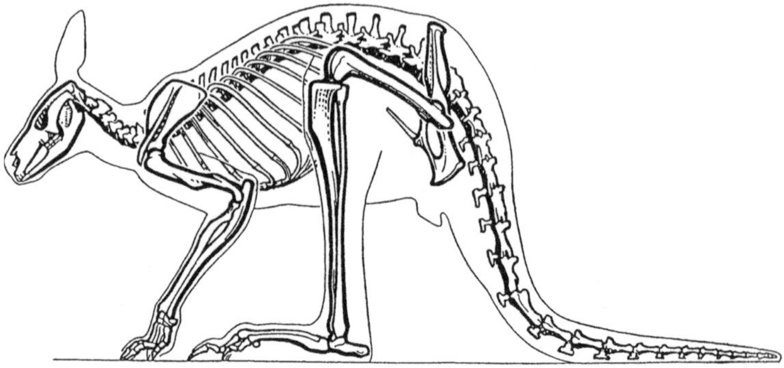

Abb. 57: Umriß und Skelett eines Riesenkänguruhs – in horizontaler Haltung (aus Tank)

Metern ausführen, Hindernisse von drei Metern überspringen und eine Geschwindigkeit von 90 Stundenkilometern erreichen. Das Riesenkänguruh kann durch eine geniale Konstruktion seiner Beine und Füße seine Geschwindigkeit verdoppeln, sogar vervierfachen, ohne die Kraft und die physiologische Energie zu steigern. Wenn es beim Springen wieder den Boden berührt, werden durch die starke Belastung elastische Sehnen gespannt, und zwar die Achillessehne und die Sehnen der Zehenbeuger. Die elastische Energie in diesen Sehnen ist etwas mehr als die Hälfte jener Kraft, die das Känguruh für den nächsten Sprung benötigt. An der Bewegung des hüpfenden Känguruhs sieht man die federnde Elastizität seiner Beine und Füße.

Auch beim Känguruh hat die kraftvolle Ausbildung und Betätigung der Beine einen Einfluß auf den übrigen Organismus. Man sieht schon von außen, daß sich in der Bauchhöhle die Verdauungsorgane stark entwickeln. So gliedert sich der Magen wie bei den Wiederkäuern in mehrere Kammern. Bei einigen Känguruh-Arten wird der Verdauungsprozeß so intensiv, daß die im Magen vorverdaute Nahrung im Maul wiedergekäut wird. So erreichen die Verdauungskräfte jene Intensität, die selbst den Schafen überlegen ist.

Abb. 58: Bewegungen des Känguruhs.
Bei der langsamen Bewegung (oben) verwendet das Känguruh den Schwanz wie eine Gliedmaße. Unten: Hüpfende Fortbewegung bei mittlerer Geschwindigkeit. Beim Aufsetzen der langen schmalen Füße auf dem Boden dehnt sich die mächtige, 40 cm lange Achillessehne. Das Tier verwendet die gespeicherte Kraft für den unmittelbar folgenden Sprung (aus Scheiba).

Wie hängt das alles mit der eigenartigen Entwicklung zusammen? Beim Roten Riesenkänguruh wird das Junge nach 33 Tagen als unfertiger Embryo geboren. Er ist nur 14 Millimeter lang. Am weitesten ist der Kopf ausgebildet. Augen und Ohren sind noch geschlossen. An den kleinen Ärmchen kann man schon die verschiedenen Teile unterscheiden. Die Beine sind viel unvollkommener; von den Füßen ist noch kaum etwas zu sehen. Dieses kleine Wesen krabbelt mit seinen Ärmchen und Händchen durch das Fell der Mutter – sie liegt ausgestreckt auf dem Rücken – in den Beutel. Hier umschließt es dann mit seinem Mund eine der beiden Zitzen, die Milch geben. Im Mund des Embryos schwillt die Zitze an; so ist der Embryo nun für Monate fest mit der Mutter verbunden. Nach etwa fünf Monaten löst sich das kleine Känguruh. Es ist so weit herangewachsen, daß es den Beutel verlassen kann. Es kehrt aber immer wieder, besonders bei Gefahr, in die Geborgenheit zurück – auch um zu trinken. Erst nach

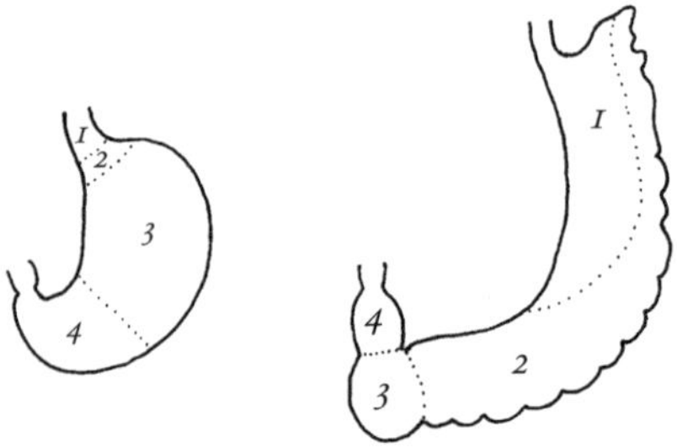

Abb. 59: Der Magen eines Menschen (links) und eines Riesenkänguruhs (rechts). Beim Riesenkänguruh sind ähnlich wie beim Rind und den übrigen Wiederkäuern die vorderen Abschnitte des Magens mächtig ausgeweitet – allerdings nicht nur die Pars oesophaga (1), sondern auch die Pars cardiaca (2). (Nach Romer/Parsons.)

acht Monaten, das heißt neun Monate nach der Befruchtung, wird das junge Känguruh selbständig.

In der Regel bekommt ein Känguruhweibchen jedes Jahr nur ein Junges. Es kann sich aber ein zweites entwickeln, wenn das andere nicht mehr dauernd an der Zitze hängt und den Beutel bereits für kürzere Zeiten verläßt. Dann bekommt das um Monate jüngere Känguruh-Kind von seiner Zitze eine anders zusammengesetzte Milch als das ältere Geschwister von seiner Zitze. Die Zusammensetzung der Milch ändert sich nämlich mit dem Heranwachsen der kleinen Känguruhs.

Man hat beobachtet, wie sich der Känguruh-Embryo im Beutel entwickelt. Unter dem Einfluß der Gravitation bilden sich nun vor allem jene Organe, durch die sich das Tier später mit der Schwere auseinandersetzt: die Füße, die Beine und der Schwanz. Bei einem Tier wie dem Pferd oder dem Schaf erreichen die Gliedmaßen schon im Mutterleib einen hohen Grad der Vollkommenheit. Sie stehen dem jungen Tier bei der Geburt weitgehend fertig zur Verfügung. Das Känguruh nimmt dagegen schon früh an der Entwicklung sei-

Abb. 60: Neugeborenes Riesenkänguruh. Es hat die Größe (14 Millimeter) und die Formen eines Embryos. (Aus Portmann 1948.)

nes Leibes teil, indem es in einem so unfertigen Zustand geboren wird. Sein Leib ist zunächst noch viel keimhafter als bei den neugeborenen Nesthockern.

Auch dieses Phänomen weist auf den Menschen hin. Durch L. Bolk[18] und R. Steiner[19] weiß man, daß die Entwicklung des menschlichen Leibes im Vergleich zu der der Primaten und der Säugetiere retardiert ist. Sie verläuft vor und nach der Geburt langsamer. So sind viele Organe des Menschen weniger weit ausgebildet als bei den höheren Tieren. L. Bolk hat diese Gesetzmäßigkeit als Fetalisation, R. Steiner als Devolution bezeichnet (siehe auch S. 351 ff.). Der Mensch bleibt in seiner Leibesbildung vor jener Spezialisierung stehen, die zu den verschiedenen Formen der Tiere führt. Es kommt nicht zu den leiblich bedingten instinktiven Fixierungen des Verhaltens. Der Mensch bewahrt sich in seinem Leib einen Zustand der Bildsamkeit, durch den er im Laufe der Kindheit sein individuelles Wesen ausprägen kann. Nun führt bei den Beuteltieren die Entwicklung, wie wir gesehen haben, auch zu einer Fetalisierung, zu einer gleichsam unfertig erscheinenden Tiergestaltung. Und im

Kreise dieser merkwürdigen Tiere erscheint mit dem Känguruh eine Gestalt, die nicht bestimmten Säugetieren ähnlich ist wie andere Beuteltiere, sondern dem Menschen.[20] Das Känguruh ist das Beuteltier mit der stärksten Retardation. Das zeigt sich an den Zähnen. Die Entwicklung der Backenzähne ist so verlangsamt, daß der letzte erst mehrere Jahre nach dem ersten durchbricht.

VÖGEL

Wesentliche Züge der Vogelorganisation wurden bereits in dem Kapitel über Bussard und Adler behandelt (S. 43 ff.). Dort haben wir auch gezeigt, wie sich der Organismus des Tieres in spezieller Form als Vogel ausgestaltet. Aus dem weiten Reich der Vögel greifen wir nun zwei bekannte Arten heraus, um zu verfolgen, wie sich in ihnen das Wesen des Vogels nach verschiedenen Richtungen in die Natur eingliedert. Dabei soll auch noch einiges Allgemeine, was bisher nicht berücksichtigt wurde, zu dem Bild des Vogels hinzugefügt werden.

Schwalben

Der Sommer offenbart sein Wesen in vielfältiger Gestalt. Auf den Wiesen wenden sich die Kräuter mit ihren Blüten zur Sonne. Es ist die Zeit, in der auch die Gräser in verhaltener Weise blühen. Auf den Feldern ist das Getreide herangewachsen und beginnt zu reifen. Und an den Bäumen ist das lichte Laub des Frühsommers dunkler geworden. Oben in der Atmosphäre bilden Wolken mit ihren quellenden Formen und dem reinen Weiß eine lichte, höhere Landschaft über der Erde. Und das Blau des Himmels läßt etwas von der Tiefe des Weltalls ahnen, mit dem die Erde jetzt so stark verbunden ist. In all diesen Erscheinungen manifestiert sich die Hingabe der Erde an die Sonne und das machtvolle Wirken der Sonne im Leben und den elementarischen Prozessen der Erde.

Zu dieser Zeit des Jahres, in der die Erde dem Himmel gegenüber so offen ist, gehören die Insekten und die Vögel, und unter diesen besonders auch die Schwalben. Sie sind Ende März oder Anfang April aus dem fernen tropischen Afrika zurückgekehrt. Bis in die erste Hälfte des Monats September leben sie hier. Das sind etwa elf Wochen bis zum höchsten Stand der Sonne an Johanni und etwa elf Wochen danach. Was sie hierher führt, ist die zum Sommer anschwellende Sonnenwirkung, wo in Mitteleuropa der Tag schließlich doppelt so lang wie die Nacht ist. Werden die Tage wieder kürzer, so daß die Zeit von Sonnenaufgang bis Sonnenuntergang nur noch dreizehn Stunden umfaßt – wie Anfang April –, dann ziehen die Schwalben erneut nach Süden. Bis in die Tiefe der Lebensvorgänge sind die Schwalben wie viele andere Zugvögel in ganz spezifischer Weise mit dem Sonnenrhythmus verbunden. Man weiß durch die Vogelzugforschung, «wie innig der Lebensrhythmus des Vogels mit dem Himmelslicht zusammenhängt. So stark sind viele Arten im Bann der Sonne, daß sich … die Zugzeit in einer auffälligen Zeitsymmetrie um die Sommersonnenwende ordnet. Solche Vögel kommen um so viele Wochen vor der Sonnenwende bei uns an, als sie dann nach der Sonnenwende im Lande bleiben» (Portmann 1966, S. 33). Die Wanderung jener Vögel, die bis in die Tropen ziehen, ist, wie A. Kipp anschaulich beschreibt, «ein bewegliches Mitgehen mit dem Sonnenlauf! Diese Zugvögel unterwerfen sich nicht dem jahreszeitlichen Geschehen an einem Erdenort, sondern verhalten sich der Erde gegenüber beweglich, um ihr Verhältnis zum Sonnenlicht zu bewahren» (Kipp 1983, S. 164 f.). Auch die Mauser ist eng an den Sonnenrhythmus gebunden.

Unter den Schwalben sind uns die Rauch- und die Mehlschwalbe am besten vertraut. Man trifft sie auf dem Land, wo sich die menschlichen Siedlungen, die Dörfer und Einzelhöfe, in einer offenen Umge-

Abb. 61: Rauchschwalbe (Hirundo rustica)

bung befinden; aus unseren Städten sind sie seit längerem verschwunden. Die Uferschwalbe, die kleinste unserer Schwalben, lebt dort, wo sie in die Wände von Sand- und Kiesgruben und in Flußufer ihre Röhren graben kann. Bei den Gehöften, über den Wiesen und Teichen kann man immer wieder neu die Meisterschaft der Schwalben im Fliegen bewundern: wie sie in reißender Geschwindigkeit mit raschem Flügelschlag vorwärts stürmen, wie sie in schönen bogenförmigen Linien schnell durch die Luft gleiten und rasch Wendemanöver ausführen. Sie unterbrechen immer einmal ihre brillanten Bewegungen, indem sie sich auf einen Zweig oder Draht niederlassen. Dann begeben sie sich aber wieder in ihr Element. Wenn man ihren Bewegungen folgt, gewinnt man den Eindruck, daß dieses impulsive und so regsame Dahinsausen durch den Raum für die Schwalben mit einem besonderen Lustgefühl verbunden ist.

Der ganze Leib einer Schwalbe ist Ausdruck dieser intensiven Beziehung zur Weite der Atmosphäre. In dem langgestreckten Rumpf manifestiert sich das Hineinbegeben in den Raum. Die Flügel haben die charakteristische Form von Hochgeschwindigkeitsschwingen; sie sind lang und schmal. Besonders durch die auffallend langen Handschwingen dringen die Flügel weit hinaus in die Umgebung. Wenn man daran denkt, daß in den Federn Eigenschaften der Luft sichtbar werden (siehe S. 48 ff.), dann erfaßt man in der Flügelbildung der Schwalben eine besonders starke Verbindung mit dem Element Luft. Das Sich-Hingeben an die Atmosphäre ist bei der größten unserer Schwalben, bei der Rauchschwalbe, am intensivsten. Bei ihr wiederholt sich die Gebärde der Flügel in dem tief gabelförmig geteilten Schwanz.

Alles, was am Leib des Vogels überhaupt noch in Beziehung zur Schwere steht, tritt bei den Schwalben ganz in den Hintergrund. So sind die Schwalben leicht. Rauchschwalben wiegen etwa 19 Gramm. Sie verbinden sich nur wenig mit den dichteren Zuständen der Materie. Das Skelett wiegt wenig mehr als ein Gramm. Der Schnabel ist sehr klein, die Gliedmaßen mit den Fingern sind kümmerlich. Schwalben kommen auch nur selten auf den Boden. Dort bewegen sie sich unbeholfen mit schwankenden Schritten. Sie leben so intensiv, wie es nur möglich ist, in dem leichten und beweglichen Element der Luft. Acht bis neun Stunden durcheilen sie am Tag mit ihren eleganten Bewegungen den Raum. Lediglich der Mauersegler, der außerhalb der Fortpflanzungsperiode «vermutlich wochenlang ununterbrochen in der Luft» ist (Weitnauer, Scherner 1980, S. 698), übertrifft sie. Ihre Nahrung, fliegende Insekten und Spinnen, erhaschen sie im Flug. Um zu trinken, gleiten sie dicht über die Fläche eines Teiches oder einer Pfütze. Das ist ihnen möglich, weil die Luft unter den Flügeln an der Wasserfläche gestaut und dadurch der Auftrieb erhöht wird (Bezzel, Prinzinger 1990, S. 50). Sie nippen mit dem Schnabel am Wasser, flattern hoch und gleiten erneut dicht über die Wasserfläche, um wieder etwas Wasser aufzunehmen.

Was spricht sich aber in der dunklen Farbe des Rückens und der Flügel aus? Bei der Rauchschwalbe ist die gesamte Oberseite schwarz beziehungsweise schwarzblau. Das Licht der Sonne wird hier von dem Gefieder fast vollständig absorbiert. Die Rauchschwalbe begibt sich nicht nur in die offene Atmosphäre, sondern vereinigt sich in diesem Absorbieren des Lichtes mit der Sonne. Unten ist das Gefieder wie bei den anderen Schwalben hell. Vorn am Kopf, wo die Rauchschwalbe bei ihrer sausenden Bewegung in die Luft hineinstößt, erglüht das Federkleid in rötlich-brauner Farbe. Im gemächlichen Flug durcheilt die Rauchschwalbe den Raum mit 35 Kilometern pro Stunde, sie kann aber die Geschwindigkeit auf über 90 Kilometer pro Stunde steigern. Die Mehlschwalbe ist nur um ein geringes langsamer.

Man ist vielleicht erstaunt, wenn man erfährt, daß die Schwalben als eine von 45 Familien zu der großen Gruppe der Singvögel gehören. Denn die meisten Singvögel leben in Hecken, Büschen und im Wald, das heißt dort, wo sich in der Natur geschützte Räume bilden. Und gegenüber dem Gesang einer Amsel oder eines Rotkehlchens und dem Ruf des Buchfinks sind die Lautäußerungen der Schwalben bescheiden. Wenn Rauchschwalben zu mehreren nebeneinander auf einem Draht sitzen, kann man ihr feines plauderndes Zwitschern hören. Auch wenn sie äußerlich ruhig sind, vibriert in ihnen eine zarte innere Erregung, die sich in diesem Gesang äußert. Wird die Rauchschwalbe durch einen Eindruck von außen erregt, hört man das lautere helle «tswitt». Wie bei allen Vögeln kommen die Töne tiefer aus dem Inneren als die Laute der Säugetiere. Das Organ des Gesangs, die Syrinx, befindet sich nicht wie der Kehlkopf am Anfang der Luftröhre, sondern dort, wo sie sich in die beiden Hauptbronchien gabelt.

Viele Singvögel bauen kunstvollere Nester als die meisten anderen Vögel. Ein rätselhafter Instinkt leitet sie bei der Auswahl des Baumaterials, bei der Herstellung der Form und bei der Auspolsterung. Wenn man sieht, wie der brütende Vogel mit seinem Nest ein Ganzes ist, erscheint dieses wie ein zu ihm gehöriges Organ. Vögel haben keine Gebärmutter, in der sich wie bei den Säugetieren die Nachkommen bis zur Geburt entwickeln. In ihren Nestern bauen sie aber Gebilde, die man mit einem gewissen Vorbehalt[21] als eine verobjektivierte Gebärmutter ansehen kann. Selbstverständlich muß man die Unterschiede beachten. Die Nahrung für den Aufbau des neuen Organismus ist dem Ei von vornherein mitgegeben. Während der Bebrütung bildet sich im Ei an der ganzen Peripherie unmittelbar unter den Eihäuten ein Geflecht aus feinen Blutgefäßen, die sogenannte Chorioallantois-Membran. Sie ist ein Atmungsorgan, das durch die feinen Poren der Kalkschale den Sauerstoff aufnimmt, den der Vogelembryo für seine Entwicklung braucht. Die Chorioallantois-Membran entspricht dem Chorion (Zottenhaut) der Säugetiere, das in der Gebärmutter von dem mütterlichen Organismus neben den Substanzen für den Leibesaufbau des heranwachsenden Tieres auch den Sauerstoff erhält. Vom brütenden Vogel strömt dem sich entwickelnden Jungen nur die Wärme zu. Die Temperatur im Nest erreicht mit über 38° C annähernd die im Inneren des brütenden Vogels (41° C).

Die Schwalben sind Meister des Nestbaus. Die Singvögel bauen ihre Nester meistens an geschützten Stellen im Gebüsch, in der Krone eines Baums usw. Die Schwalben ziehen sich nicht so stark aus der Umgebung zurück. So heftet die Mehlschwalbe ihr geschlossenes Nest außen an Gebäude, die Rauchschwalbe jedoch im Inneren von Ställen und Scheunen an die Wände, bisweilen selbst in bewohnten Zimmern und in der Gaststube von Wirtshäusern. Dort bauen sie zum Beispiel an einem Gesims oder auf einem Sparren aus Lehm und Halmen ihr halbrundes, oben offenes Nest. Für ihr Werk benötigt ein Schwalbenpaar bei gutem Wetter eine Woche. Häufig verwenden die Schwalben, wenn sie aus dem Süden zurückkehren, für ihre Brut ein Nest des vergangenen Jahres, das sie lediglich ausbessern.

Wenn die Schwalben wenige Wochen in der rasch zunehmenden Sonnenwirkung gelebt haben, legt das Weibchen Ende April in der Regel vier bis sechs Eier. Nach zwei Wochen (14 Tagen) schlüpfen die Jungen, meist nur eines an einem Tage. Jetzt haben die Eltern vollauf zu tun, um für die Jungen die Insektennahrung zu beschaffen. Man sieht nun, wie die erwachsenen Schwalben immer wieder zu ihren Nestern fliegen, die Rauchschwalben durch ein offenes Fenster oder einen Spalt im Tor. In dieser Zeit legt eine Schwalbe an einem Tag etwa 600 Kilometer zurück.

Nach drei Wochen verlassen die Jungen das Nest. Sie fliegen auf dürre Äste und Drähte und werden nun dort von ihren Eltern gefüttert. Noch eine kurze Zeit kehren sie am Abend zum Schlafen ins Nest zurück.

Ein großer Teil der Schwalben brütet ein zweites Mal. Sieben bis acht Wochen nach den ersten Eiern legt das Rauchschwalbenweibchen noch einmal drei bis fünf Eier, aus denen dann ebenfalls zwei Wochen später die Jungen ausschlüpfen.

Bevor die Rauchschwalben – zumeist im September – unsere Gegenden verlassen, sammeln sie sich im Schilfgürtel von Teichen und Seen. Sie schließen sich zu großen Schwärmen zusammen. Die einzelne Schwalbe geht jetzt ganz in der Gruppe auf. Auf dem Weg nach Afrika ziehen die Schwalben nur am Tag, und zwar mit recht großer Geschwindigkeit (knapp 60 Kilometer pro Stunde). Sie fliegen ziemlich niedrig und folgen bei ihrem Weg über die Alpen bestimmten Tälern. Von den Rauchschwalben weiß man recht genau, wo sie nun für einige Monate in Afrika leben. «So überwintern die britischen Rauchschwalben im östlichen und südlichen Teil von Südafrika, während die Vögel aus den westlichen und zentralen Gebieten des europäischen Festlandes ihre Hauptwinterquartiere in einem Gürtel besitzen, der etwa von Liberia im Westen nach Zentral- und Ostzaïre im Osten reicht … Populationen aus Skandinavien und Finnland verteilen sich über große Gebiete Afrikas» (Curry-Lindahl 1982, S. 75). In einigen Teilen Afrikas ist die Rauchschwalbe jetzt der häufigste Vogel. Das wird verständlich, wenn man bedenkt, daß im Spätsommer etwa 240 Millionen Rauchschwalben nach Süden ziehen. Viele von ihnen überstehen allerdings nicht die Gefahren und Strapazen des weiten Weges.

In Afrika ist die unmittelbare Wirkung der Sonne intensiver als im Norden, aus dem die Schwalben kommen. Die Tage sind aber nur wenig länger als zwölf Stunden. Die sonnenverwandten Vögel finden hier, wo der irdisch bestimmte Tagesrhythmus herrscht, nicht die Bedingungen für die Fortpflanzung. Jene Lebens- und Bildekräfte, durch die sich aus der formlosen Substanz des Eis das neue Vogelwesen gestaltet, wirken dort, wo in der Natur der umfassendere Rhythmus der Sonne, der des Jahres und der Sonnengang durch den Tierkreis, vorherrscht.

Schwäne

An einem Teich und einem See erlebt man, daß die Erde hier eine andere Beziehung zu ihrer Umgebung hat als auf den Wiesen und Feldern. In der ruhigen Fläche spiegeln sich der Himmel und die Büsche und Bäume des Ufers. Nirgendwo sonst wendet sich die Erde so zum Umkreis wie an einem ruhigen Gewässer. Jeder Windhauch kräuselt die sensible Grenzfläche. An den Wellen erglitzert dann wie in einem lebendigen Spiel das Licht der Sonne. Es dringt aber auch in die Tiefe. Das Wasser nimmt das Licht in seine klare Substanz auf. So kann am Grunde eine eigene Vegetation gedeihen. An einem See oder Teich ist die Erde gegenüber dem Licht, das ihr aus dem Kosmos zuströmt, offen. Sie gibt sich ihm hier allerdings nicht so hin wie in der Atmosphäre. Der Übergang von der Atmosphäre zum Gewässer bedeutet eine starke Verdichtung der Substanz; Wasser ist 840mal dichter als Luft. Durch diese Verdichtung kommt die Substanz unter den Einfluß der Gravitation und grenzt sich an der Oberfläche gegenüber dem Kosmos ab. In seiner inneren Beweglichkeit und Offenheit gegenüber dem Licht ist das Wasser aber der Luft verwandt.

Das muß man bedenken, wenn man sich jenen Vögeln zuwendet, in denen sich das Vogelwesen aus seiner so tiefen Verbindung mit der durchsonnten Atmosphäre etwas löst und mit dem dichteren Element des Wassers verbindet. Man kann an verschiedenen Vogelgruppen sehen, wie sich dieses Lösen gleichsam in Stufen vollzieht. Die Möwen haben noch einen starken Zusammenhang mit der Atmosphäre. Wenn sie sich auf das Wasser begeben, tauchen sie kaum ein und erheben sich mühelos wieder in den Luftraum. Bei den Enten ist die Verbindung mit dem Wasser schon stärker. Die im Wachstum tätigen Bildekräfte erlangen bei diesen Vögeln eine größere Intensität. So werden die Enten größer und schwerer als die Möwen und tauchen tiefer ein. Die Bildung ihres Leibes ist Ausdruck der intensiveren Beziehung zu dem dichteren Element. Der Rumpf wird kompakter, die Flügel sind im Vergleich zu denen der Möwen relativ kürzer. Auch an dem Schnabel und den größeren Ruderfüßen zeigt sich die stärkere Verbindung mit dem Wasser. Schwimmenten wie zum Beispiel die Stockenten können ohne besondere Schwierigkeiten auffliegen. Schon bei den Tauchenten wird der Übergang in die freie Atmosphäre ein mühevoller Vorgang, bei dem die Vögel ein Stück weit platschend über die Wasserfläche laufen. Am vollkommensten aber vereinigen sich die Schwäne mit dem tragenden Element des Wassers und der spiegelnd glitzernden Grenze zwischen der Atmosphäre und dem Inneren des Sees oder Teiches. Durch die Schwere ihres Leibes – männliche Schwäne wiegen im Durchschnitt elf bis zwölf Kilogramm, weibliche neun bis zehn Kilogramm – ruhen sie mehr im Wasser und werden stärker von ihm getragen.

Ein Schwan, der auf einem See dahingleitet, verändert die ganze Naturstimmung. Die ohnehin helle Stimmung des Sees wird noch gesteigert. Das reine Weiß des Gefieders hat einen lichten, unirdischen Charakter. Es ist, wie wenn sich das Licht der glitzernden Wasserfläche in diesem Weiß konzentriert und beruhigt hätte. Die Gestalt mit den oft etwas angehobenen Flügeln und dem schlanken Hals ist würdevoll und edel. Durch die feierliche Stimmung, die von einem Schwan ausgeht und sich über die Umgebung ausbreitet,

Abb. 62: Schwimmender Höckerschwan (Cygnus olor)

wird etwas von den tieferen Dimensionen der Natur spürbar. Man kann verstehen, daß man früher im Schwan einen Boten aus einer höheren Welt erlebt hat.

In vielem erscheint der Schwan wie ein Gegenbild der Schwalben. Wir werden anhand weiterer Tatsachen sehen, inwieweit dieser Eindruck berechtigt ist.

Von den drei Arten, die in Europa leben, wenden wir uns zunächst dem Höckerschwan (Cygnus olor) zu, der uns in Mitteleuropa am vertrautesten ist. Der Singschwan (Cygnus cygnus) lebt vor allem in Skandinavien, der etwas kleinere Zwergschwan (Cygnus columbianus) in der Tundra des hohen Nordens. Der Höckerschwan, der auf vielen unserer Gewässer eine besondere Zierde ist, stammt aus den mehr östlichen Gebieten Europas. Seine Heimat ist z. B. «an den Seen des polnisch-norddeutschen Tieflandes vom ehemaligen Ostpreußen bis Ostholstein» (Bauer, von Blotzheim 1968, S. 30). Wegen seiner eindrucksvollen Erscheinung holte man ihn seit dem 16. Jahrhundert in die Parkanlagen der Schlösser und Städte. Von dort hat er sich dann über Mitteleuropa ausgebreitet. Hier lebt er das ganze Jahr über, wenn die Gewässer nicht zufrieren. Als ein Vogel, der sich so stark aus der Atmosphäre losgelöst hat, folgt er nicht der Sonne nach Süden wie die Zugvögel. Wenn in kalten Wintern eine Eisdecke die Seen und Teiche überzieht, fliegen die Schwäne nach Westen, nach Frankreich und England, wo der Golfstrom ein milderes Klima bewirkt.

Wir haben schon darauf hingewiesen, wie sich die Beziehung des Vogelwesens zum Licht am Schwan in besonderer Weise manifestiert. Er nimmt das Licht nicht wie die Schwalben durch das Schwarz des Gefieders auf. Das lichte Weiß entsteht dadurch, daß bei der Federbildung «feinste Luftbläschen in die Hornsubstanz der Federzellen eingeschlossen» werden (Portmann 1984, S. 55) und das Licht an diesen reflektiert wird. Die Schwanenküken sind allerdings bräunlich-grau. Auch im zweiten Jahr ist das Gefieder der Jungschwäne oberseits graubraun. Im folgenden Jahr wird das Federkleid bei der Mauser allmählich hell. In dem Weiß befinden sich aber noch einige graubraune Flecken. Erst wenn der Schwan drei Jahre alt ist, hat er sein lichtes Gefieder. Man gewinnt den Eindruck, daß der Schwan zwei Jahre lang auf seinem See das glitzernde Licht in sich aufnehmen muß, bis es sich in dem tief unbewußten Prozeß der Federbildung manifestiert. So wäre das Weiß des Gefieders ein Bild dafür, wie sich der Schwan in seinem Erleben mit der Lichtwelt seiner Umgebung durchdringt.[22]

An einem schwimmenden Schwan erlebt man nichts von Schwere. Wenn man bedenkt, wie tief ein Hund oder ein Pferd in das Wasser eintauchen, dann erfaßt man, wie der Schwan trotz seines Gewichtes leicht ist. Das verdankt er zum Teil seinem Gefieder und der Luft, die dieses umschließt. Durch die luftige Hülle und die Luftsäcke im Innern des Leibes beträgt das spezifische Gewicht eines

Schwans nur 0,6. So lebt er, auch wenn er schwimmt, noch weitgehend in der Atmosphäre. Das Federkleid, das er mit dem Sekret seiner Bürzeldrüse einfettet, schirmt ihn fast ganz gegenüber dem Wasser ab. Der Schwan gleitet gleichsam in einem luftigen Nachen über das Gewässer. Und da ihn das Wasser trägt, empfindet er wohl kaum etwas von der Masse seines Leibes. Wie wenig die Schwere sein Wesen bestimmt, zeigt sich besonders an dem schlanken Hals. Er hebt den Kopf mit den Augen elegant und leicht ein Stück weit hinauf in die Atmosphäre. Schwäne haben die vollkommensten Hälse; bei keinem anderen Tier bildet sich der Hals wie bei ihnen aus 25 Wirbeln. Die Schwäne übertreffen auch in der Anzahl der Federn die anderen Vögel. Ein großer Raubvogel hat etwa 8000 Federn, eine Silbermöwe etwa 6500 Federn; Schwäne haben 20.000 bis 30.000 Federn, die meisten am Hals.

Das Gewicht seines Leibes empfindet der Schwan erst, wenn er das Wasser verläßt. Am Land kann man die ziemlich kurzen, kräftigen Beine und die Schwimmfüße sehen. Der Gang ist schwankend, weil die Beine ziemlich weit durch den breiten Rumpf voneinander getrennt sind. Am eindrucksvollsten bemerkt man die Schwere, wenn sich der Schwan vom Wasser in die Luft erhebt. Er breitet seine mächtigen Flügel aus; die Spannweite kann 2,60 Meter erreichen. Dicht über dem Wasser kann er noch nicht zur vollen Bewegung ausholen. Um sich ganz vom Wasser zu lösen, unterstützt er den Start mit «Wassertreten». Dann bietet ein fliegender Schwan ein majestätisches Bild. Er ist mit ausgestrecktem Hals ganz in die Weite gerichtet. Durch den weit ausholenden Rhythmus der kraftvollen Schwingen bewegt er sich schnell durch den freien Raum. Einen Höckerschwan erkennt man von weitem an dem singend pfeifenden und metallisch schwirrenden Rauschen der Flügel. Begibt er sich wieder hinunter auf einen See, dann gleitet er oft noch hundert Meter über die Wasserfläche, bevor er ziemlich vehement in das Wasser eintaucht.

Einzelne Schwäne sieht man recht selten. Haben sich Schwäne

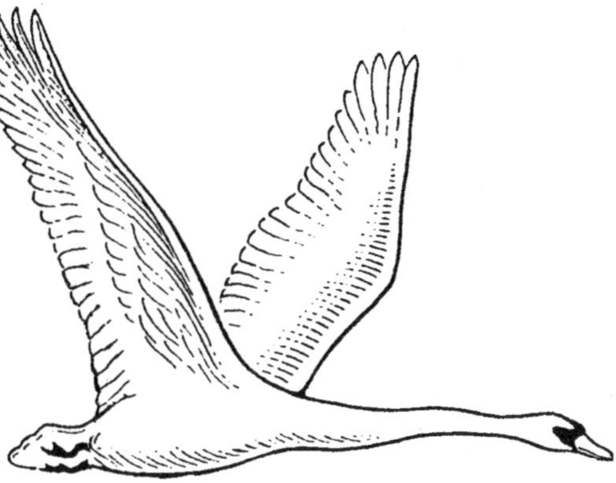

Abb. 63: Fliegender Höckerschwan

einmal gepaart – das geschieht meistens im Alter von drei Jahren –, dann bleiben sie beisammen. Im Frühjahr grenzt das Männchen das Revier ab. Versucht ein anderer Schwan in dieses Gebiet einzudringen, dann wird er aggressiv abgewiesen. Das Männchen stellt die Flügel auf, legt Kopf und Hals weit zurück und schwimmt drohend auf den Eindringling zu. In dem sonst so ruhigen Wesen glühen leidenschaftliche Energien auf. Es kann zum Kampf kommen. Die Vögel gehen dann mit den Schnäbeln und Flügeln aufeinander los.

Ihr Nest bauen die Schwäne im Rohr- und Schilfdickicht oder an einer etwas erhöhten Stelle auf einer kleinen Insel. Am Bau beteiligen sich beide Partner. Das Männchen reißt in unmittelbarer Nähe Rohr und Stengel ab und nimmt anderes Pflanzenmaterial auf. Es legt das Baumaterial in Richtung auf das entstehende Nest ab. Baumeister ist das Weibchen. Sein Werk ist ein Gebilde mit einem Durchmesser von 1,5 bis 2 Metern und einer Höhe von 20 bis 35 Zentimetern. Oben formt es eine Mulde und polstert sie mit Blättern und Daunen aus, die es aus seinem Gefieder an der Bauchseite herauszupft. Die Paarung wird durch einen Ritus von gebärdenhaften Bewegungen eingeleitet, der in eine zärtliche Zuwendung der beiden Vögel einmündet. Auf die Paarung folgen noch einige charakteristische gemeinsame Haltungen und Bewegungen. Das alles spricht von einer inneren Beziehung der Tiere zueinander. Der ritualisierte Ablauf zeigt aber, daß diese Beziehung nicht persönlich ist.

Das Weibchen legt dann in der zweiten Aprilhälfte zumeist sechs oder sieben graugrüne, gelblich durchscheinende Eier. Es sind die größten der europäischen Vogelwelt – das durchschnittliche Maß ist 114,5 x 74,2 Millimeter. Der Schwan ist ja auch der größte unserer Vögel. Während das Weibchen brütet, bewacht das Männchen das Revier. Nach fünf Wochen (35 Tagen) schlüpfen die Küken. Etwa einen Tag, nachdem das letzte geschlüpft ist, führt die Schwanenmutter ihre Kinderschar auf das Wasser. Die Kleinen bewegen sich sofort recht behende. Das Wasser ist von Anfang an ihr Lebenselement. Man kann manchmal sehen, wie die Familie in einer bestimmten Ordnung schwimmt: vorn die Mutter, dann die Kleinen und hinten der Vater. Von Flügeln ist bei den Schwanenkindern zunächst nichts zu sehen. Sie wachsen in den viereinhalb Monaten bis Mitte September. Dann können sich die jungen Schwäne in die Atmosphäre erheben.

Ihre Nahrung finden die Schwäne, auch die ganz kleinen, im Wasser. Sie ernähren sich von den Pflanzen, die am Grund wachsen. Dort, wo das Wasser flach ist, tauchen die Schwäne nur mit dem Kopf und dem langen Hals nach unten. Wo es tiefer ist, wenden sie sich mit dem ganzen Körper in die Tiefe. Durch Gründeln können die Schwäne Pflanzen abweiden, die ein Meter unter dem Wasserspiegel wachsen. Junge Schwäne sind auch in der Lage zu tauchen.

Die pflanzliche Nahrung entspricht der ruhigen Lebensweise dieser edlen Tiere. Sie verlangt stärkere Verdauungskräfte als Sämereien, Früchte, Insekten, Fische und andere Tiere, von denen sich die meisten Vögel ernähren. Im Organismus des Schwans wirken besondere Lebenskräfte. So werden Schwäne mit Sicherheit älter als zwanzig

Abb. 64: Schwimmender Singschwan (Cygnus cygnus)

Jahre. Es gibt Berichte, nach denen Schwäne ein Alter von 50 und 72 Jahren erreicht haben sollen.

Vieles von dem, was wir beschrieben haben, gilt auch für den Singschwan. Doch es gibt auch charakteristische Unterschiede. In seiner nördlichen Heimat lebt der Singschwan auch auf Moor- und Tundrenseen, in Karelien auf den Seen des großen Waldgebietes. Dort im Norden ist der Jahresrhythmus viel ausgeprägter als in Mitteleuropa. Der Sommer wird zu einem Tag, der in Wochen nicht endet. In dieser sonnenhaften Welt wachsen den kleinen Singschwänen die Flügel schneller als unseren Höckerschwänen. Sie können sich schon nach zwei Monaten in die Lüfte erheben. Unter dem intensiven Eindruck des Lichtes hellt sich das Gefieder rascher auf. Bereits nach der ersten Mauser enthält es viele weiße Federn. Und schon die zweijährigen Singschwäne haben ein vollständig weißes Federkleid.

Der Singschwan wendet sich in seinem ganzen Wesen mehr zum

Umkreis als der Höckerschwan. Er streckt seinen Hals senkrecht nach oben. Der Ausdruck ist ganz wach. Dem entspricht die weitgehend gelbe Farbe des Schnabels. Die Beine sind auch länger als die des Höckerschwans. Vor allem dringt das Innere in einer Vielzahl von Lauten nach außen. Am eindrucksvollsten sind die posaunenartigen Töne während des Fluges. Auch beim Schwimmen äußert sich eine verhaltene Erregung in Lauten von wechselnder Stärke und Höhe. Bei der «Begrüßung» stoßen die Singschwäne schrille Laute aus, andere hohe Laute in Angst und bei Schreck.

Im Winter frieren die Seen für Monate zu. So ziehen die Singschwäne im Oktober oder November nach Südwesten zur dänischen Nordseeküste und in das Gebiet der westlichen Ostsee. Deshalb kann man in den Wintermonaten an der deutschen Ostseeküste bis in die Gegend von Rügen Singschwäne antreffen.

Der Zwergschwan ist dem Singschwan recht ähnlich. Er ist etwas kleiner und wird nur fünf bis sechs Kilogramm schwer. In ihm löst sich das Vogelwesen nicht so stark wie bei den beiden größeren Schwänen aus dem Umkreis der Atmosphäre los. So kann der Zwergschwan schon nach sechs Wochen fliegen. Der erwachsene Vogel erhebt sich ohne Mühe vom Wasser in die Luft. Vor allem sind Zwergschwäne richtige Zugvögel. Sie verlassen ihr Brutgebiet in der Tundra schon im September und fliegen weit nach Südwesten in ihre Überwinterungsgebiete in Holland, England und Irland.

REPTILIEN

Mit den Reptilien kommen wir in das weite Reich der wechselwarmen (poikilothermen) Tiere, die keine eigene Wärmeorganisation haben. Die Durchwärmung des Leibes ist bei ihnen ganz von der Umgebung, besonders von der Sonne, abhängig. Bei Abkühlung werden sie träge und geraten schließlich in den Zustand der Kältestarre. Das innere Wesen des Tieres kann seinen Leib nur ergreifen, wenn dieser eine bestimmte Wärme hat.

Die Beziehung zwischen innerem Wesen und Körper ist bei den wechselwarmen Tieren labiler als bei den gleichwarmen (homoithermen). Deshalb unterliegen sie viel stärker dem Einfluß der äußeren Naturkräfte. So werden die Reptilien intensiv von der Schwere beherrscht. Die Beine gliedern sich seitlich dem Rumpf an; dieser hängt schwer zwischen den Gliedmaßen. Schwere bewirkt immer Verdichtung und in der Folge der Verdichtung Erstarrung. Sie greift im Organismus besonders dort an, wo ohnehin die Tendenz zum Absterben und zur Verfestigung wirkt. So steigert sich das Absterben der äußeren Hautschicht (Epidermis) zur Verhornung. Durch ihre dichte, verhornte Haut grenzen sich die Reptilien viel stärker als die Säugetiere gegenüber der Umwelt ab. Die Beziehung zur Umgebung wird schwächer; die Sinne werden stumpfer. Die Schwere bewirkt auch eine konstitutionelle Abschwächung der Bewegungsaktivität bis in Besonderheiten der Muskulatur. Das aber wirkt sich bis in die Verdauungs- und insbesondere die Atmungsorganisation und das Kreislaufsystem aus. Alle diese Organe stehen auf einer einfacheren Stufe als bei den Säugetieren. Durch ihr Leben in der Schwere und ihre Absonderung gegenüber der Umgebung sind die Reptilien wie eine Gegenwelt zur Welt der Vögel.

Schlangen

Wer einmal verfolgt hat, wie eine Ringelnatter durch das Wasser gleitet, für kurze Zeit ganz untertaucht, dann wieder den Kopf über das Wasser hebt und mit einer unbeeinflußbar erscheinenden Intensität den Teich durchstreift, oder wer gesehen hat, wie eine Kreuzotter züngelnd der Spur ihres Opfers folgt, wird die Eindrücke wohl kaum vergessen. Was man erlebt, ist rätselhaft und auch beunruhigend. Man begreift nicht, wie ein solches Wesen so rasch dahingleiten kann. Die Gestalt und der Ausdruck der Bewegung üben eine irrationale Wirkung aus; man wird in einer tieferen, dunklen Schicht des eigenen Wesens berührt.

Ganz allgemein enthält der Anblick vieler Reptilien etwas Befremdliches. Man begegnet maskenhaft erstarrten Physiognomien. Der Leib lastet schwer, auch wenn er nicht besonders groß ist, zwischen kurzen Beinen. Die Haut ist wie wohl bei keiner anderen Tiergruppe verhärtet. Das Tier ist tief in das Gebiet der Schwere und der Verhärtung hineingebannt. Als unbefangener Betrachter empfindet man etwas Düsteres, bisweilen sogar Dämonisches. Zu dem Kreis dieser eigenartigen Tierwesen gehören die Schlangen.

Bei einem ersten Überblick über die Vielzahl der Reptilien bemerkt man, daß die charakteristischste Form, die der Echsen, eine Mitte zwischen zwei extremen Gestaltungen ist. In dem kompakten Leib der Schildkröten erreicht die eine jener für die Reptilien so kennzeichnenden Eigenschaften ihren Höhepunkt, die Verhärtung; bei den Schlangen die andere, das Ausgeliefertsein an die Schwere.

Abb. 65: Ringelnatter (Natrix natrix)

Die Schlange ist eine der ungewöhnlichsten Tierformen. In ihr kommt aber nur in gesteigerter Weise zum Ausdruck, was die Gestalt vieler Echsen charakterisiert. Bei diesen löst sich der Kopf nur wenig vom übrigen Leib. Der Hals sieht aus wie die Fortsetzung des Rumpfes. Der Rumpf schwillt nur wenig an und geht fast unmerklich in den oft langen Schwanz über. Die Gliederung in Kopf, Hals, Rumpf und Schwanz ist wenig ausgeprägt. Wenn man bedenkt, wie kurz die Beine sind, wie wenig sie den Leib tragen und der Leib sich beim Laufen bisweilen schlängelnd bewegt, dann wird deutlich, wie stark der Rumpf bei den Echsen im Vordergrund steht. Er ist jener Teil des Tieres, in dem sich der Organismus ganz von der Umgebung absondert. An verschiedenen Arten der tropischen und subtropischen Glattechsen kann man bemerken, wie diese so wenig gegliederte Echsenform in die der Schlangen übergeht: durch Streckung des Rumpfes und Verkümmerung der Gliedmaßen. I. E. Fluhn schreibt:

«Die Glattechsen, die ihren Namen nach dem glatten Schuppenkleid haben, zeigen uns auf anschauliche Weise, wie Echsen mit ihren vier kräftigen Beinen allmählich zum beinlosen ‹Schlangentyp› übergehen. Zunächst wird der Rumpf länger; die Gliedmaßen bilden sich zurück und werden zierlicher, büßen an Zehen- und Fingerzahl ein, bis nur noch stummelartige Reste übrigbleiben; dann verschwinden die Vorderbeine und endlich auch die Hinterbeine. Zugleich verwandelt sich die Bewegungsweise vom Schreiten zum Schlängeln» (zitiert nach «Grzimeks Tierleben», Bd. 6, München 1980, S. 246).

Auf diese Weise entsteht der übermäßig lange Leib der Schlangen, an dem der Rumpf nicht mehr von Hals und Schwanz zu unterscheiden ist. Diese einfache Gestalt ist nach verschiedenen Richtungen variiert: nach der Größe – die kleinsten Schlangen sind kaum mehr als sieben Zentimeter, die größten mehr als zehn Meter lang; nach den Proportionen – es gibt lange, schlanke und kurze dickere Schlangen. Dann findet man die vielfältigsten Zeichnungen und Farben. Bei manchen Schlangen hat der Kopf eine ausdrucksvolle Physiognomie, bei anderen sieht er nur wie das vordere Ende des Leibes aus. Auch der Schwanz kann auffällig gebildet sein wie bei den Klapperschlangen.

Wodurch erreicht der Schlangenkörper diese ungewöhnliche Streckung und seine schlanke Form? In seinem Innern entwickelt sich die Wirbelsäule stärker als bei den anderen Wirbeltieren. Es werden mindestens 180 Wirbel gebildet. Es gibt aber auch Schlangen mit einer Wirbelsäule aus 435 Wirbeln. Zu einer solchen Wirbelkette gehört eine entsprechend gut entwickelte Muskulatur. Und durch den Wirbelkanal zieht vom Kopf bis zum Schwanz ein übermäßig langes Rückenmark, von dem zwischen den Wirbeln eine große Anzahl von paarigen Nerven in den schmalen Leib ausstrahlen. Sie sind zusammen mit dem Rückenmark Träger der reflexhaft-instinktiven Bewegungen und der elementaren Empfindung des eigenen Leibes, des Eigenbewegungs-, des Tast- und des Wärmesinns.

Durch die intensiv gesteigerte Ausbildung der Wirbelsäule und des Rückenmarksnervensystems konzentriert sich der Organismus

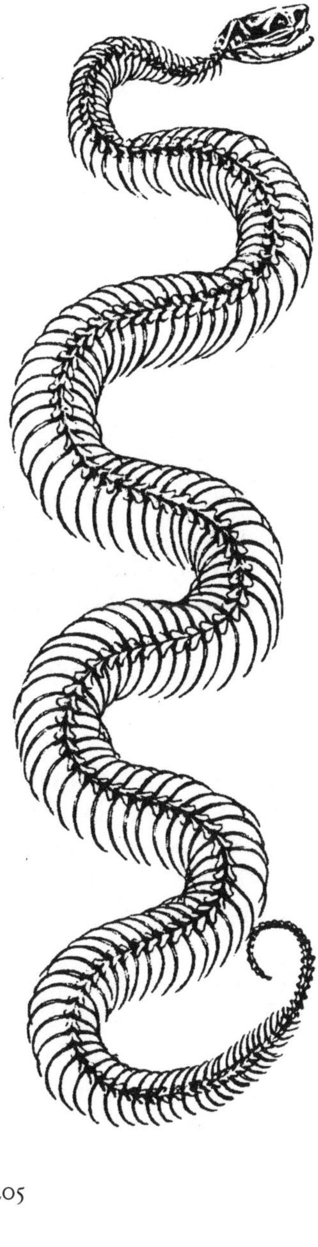

Abb. 66: Skelett einer Kreuzotter (Vipera berus) Es besteht vor allem aus der beweglichen Wirbelsäule mit den paarigen Rippen. Es fehlen bei der Bildung der Wirbelsäule jene Kräfte, durch die sich die Rippen wie bei der Schildkröte zu einem Gehäuse zusammenschließen. (Aus Dircksen.)

zum Innern des Leibes. So treten jene Organe zurück, durch die sich das Tier sonst mit der Umgebung verbindet. Am deutlichsten zeigt sich das in der vollständigen Reduktion der Gliedmaßen und in der großen inneren Beweglichkeit des Schlangenleibes. Die verschiedenen Bewegungsweisen führen die Schlangen mit ihrer Wirbelsäule aus. Das sieht man, wenn eine Schlange in Wellenbewegungen über den festen Untergrund oder durch das Wasser gleitet. Einige relativ kurze, giftige Vipern bewegen sich ganz geradlinig, indem sie sich mit ihren Rippen vom Innern des Leibes aus gegen den Untergrund vorwärts drücken; sie gehen von der Wirbelsäule aus gleichsam auf ihren Rippen.

Man darf sich nun nicht vorstellen, daß eine Schlange mit ihrer verhornten Haut empfindungslos auf dem Boden liege oder über ihn hinweggleite. Die Haut ist reich an Tastsinnesorganen, die sich sogar in Tastflecken konzentrieren. Der Kontakt mit dem Boden erregt ein intensives Tastempfinden. Dadurch erleben die Schlangen die Grenze ihres Leibes; sie kommen zu einem starken Selbstempfinden. Wenn sich eine Schlange dann noch in einer Spirale zusammenrollt und sich vom Hals bis zum Schwanz selbst berührt, erreicht das Selbsterleben eine höchste Steigerung.

Die Schlange ist ein Wesen, das in seiner Gestalt und in seinem Empfindungsleben auf sich selbst bezogen ist. Durch die Konzentration auf den eigenen Leib ist die ganze Sinnesorganisation modifiziert. Die Sinne sind ja jene Organe, durch die sich das Tier zu den Qualitäten der Umgebung hin öffnet und sich mit ihnen verbindet. Das ist bei den Schlangen abgedämpft. Die Augen haben einen merkwürdig starren Ausdruck. Die Beziehung zum umgebenden Raum des Lichtes und der Farben ist in eigenartiger Weise modifiziert. Wenn sich eine Schlange häutet, findet man in der abgestreiften Haut, dem sogenannten Natternhemd, dort, wo die Augen waren, keine Löcher. Auch hier ist Haut; sie ist allerdings durchscheinend. Bei den Schlangen haben sich die Augenlider geschlossen; sie verwachsen und werden durchsichtig. Wo sich sonst das Innere wie im Auge öffnet, sondert es sich bei den Schlangen in dieser eigenartigen Weise ab. Die Linse ist ein ziemlich starres Gebilde. So geschieht die Akkomodation nicht durch Verformung. Ein Ringmuskel am Grunde der Iris übt durch Kontraktion Druck auf den Glaskörper aus; dadurch wird die Linse nach vorn gepreßt.

Durch das Auge erhält man Eindrücke von dem, was sich an der Oberfläche der Dinge und anderer Wesen zeigt. Dieses Wahrnehmen ist bei den Schlangen eingeschränkt. Sie empfinden nur, was sich bewegt; ruhende Formen sind für sie nicht vorhanden. Sie nehmen nicht wahr, was die Dinge selbst sind, sondern nur insoweit sie für sie eine Bedeutung haben. In das Innere der Dinge dringt man durch das Hören. Was ein anderes Wesen erlebt, kann sich durch die Stimme äußern. Im Zusammenhang mit der Zentrierung auf das eigene Wesen ist bei den Schlangen das Trommelfell verschwunden. Das Mittelohr ist rückgebildet, ebenso auch die Eustachische Röhre, die Verbindung zwischen dem Mittelohr und der Mundhöhle. Schlangen sind taub. Sie sind ganz abgesondert von dem Inneren der Dinge und der Innerlichkeit anderer Wesen. Sie empfinden von den Geräuschen und Klängen allenfalls das mechanische Vibrieren der Luft.

Zu den Sinnesorganen der Schlangen gehört auch die gespaltene Zunge. Wenn eine Schlange züngelt, «tastet» sie in die Luft. Sie nimmt etwas von den riechenden Substanzen auf und überträgt sie im Inneren des Rachens auf zwei Wülste. Von dort werden sie dann in die beiden Gruben des Jacobsonschen Organes gepreßt. Hier, im Oberkiefer, empfindet die Schlange dann die Gerüche. Das Riechen ist also ein komplizierter Vorgang mit innerer Berührung und Druck, das heißt mit dem für die Schlangen charakteristischen Selbstempfinden. Durch neuere Untersuchungen weiß man auch, daß Schlangen mit den beiden Spitzen ihrer Zunge die Spur anderer Tiere besonders gut verfolgen können.

Bei den giftigen Grubenottern konzentriert sich der Wärmesinn in einem kleinen paarigen Organ zwischen den Augen und den

Nasenlöchern. In den Vertiefungen dieser Grubenorgane erfährt die Sensibilität für Wärme eine ganz außergewöhnliche Intensivierung. Auf der nächtlichen Jagd «kriecht die Grubenotter langsam herum und sucht den Boden und niedrige Büsche nach etwas ab, das kühler oder wärmer ist als die allgemeine Umgebung. Schon ein Temperaturunterschied von einem zweitausendstel Grad Celsius genügt, um die Schlange zu alarmieren. Ganz langsam und leise nähert sie sich dem Objekt – einem durch Verdunstung von Hautfeuchtigkeit abgekühlten Frosch, einem schlafenden Vogel oder vielleicht einem Menschen im Schlafsack. Mit Hilfe ihrer überlappenden kegelförmigen Ansprechgebiete für Wärme merkt die Schlange, wann sie in Schlagentfernung gekommen ist, und kann auch ziemlich viel über die Größe und Stellung der möglichen Beute erfahren» (Milne 1963, S. 102).

Das alles ist die Konsequenz der übermäßigen Ausbildung von Wirbelsäule und Rückenmark. Das Zentralnervensystem der Wirbeltiere besteht aus dem einfacher organisierten Rückenmark und dem immer komplizierter werdenden Bau des Gehirns. Die höheren Partien des Gehirns dienen vor allem dem äußeren Wahrnehmen, dem Sehen und dem Hören; das Rückenmark dem Empfinden des eigenen Leibes, das heißt der inneren Lebens- und Bewegungszustände, und dem an der Leibesgrenze erregten Selbstempfinden des Tast- und Wärmesinns. Durch das starke Übergewicht des Rückenmarks ist die Schlange ein Wesen, das weit mehr als andere Tiere im Selbstempfinden aufgeht.

Die enorme Streckung des Rückgrates gibt auch den inneren Organen ein charakteristisches Gepräge. Speiseröhre und Magen werden ungewöhnlich lang. Aber nicht nur die ohnehin länglichen Organe werden von der Streckung ergriffen, sondern auch Leber, Nieren und die Fortpflanzungsorgane. Selbst das Herz wird außerordentlich schlank. Besonders eindrucksvoll werden die paarigen Organe modifiziert. Die beiden Nieren liegen nicht mehr neben-, sondern hintereinander. Und von den beiden Lungenflügeln wird der linke weitgehend oder ganz unterdrückt. Auch die ziemlich einfache Lunge ist ein langgestrecktes Organ, das in der Tiefe des Leibes zu einem ungegliederten Luftsack wird. Im Atmen durchdringt sich das Tier mit Luft. Diese Verbindung mit der Umgebung wird bei den Schlangen durch die Verkümmerung der linken Lungenhälfte abgeschwächt.

Auch das Kreislaufsystem ist unvollkommener als bei den Vögeln und den Säugetieren; durch das Herz werden der venöse und arterielle Teil noch nicht vollständig voneinander getrennt. So ist die innere Durchatmung des Organismus relativ schwach. Die Lebensprozesse verlaufen langsamer als bei den homoiothermen (gleichwarmen) Vögeln und Säugetieren. Vor allem entwickeln die Schlangen wie auch die übrigen Reptilien keine eigene Wärmeorganisation. Sie leben vorwiegend in warmen Biotopen, besonders in den Tropen und Subtropen, wo ihnen die starke Sonneneinstrahlung die fehlende Eigenwärme zum Teil ersetzt.

Die Dominanz der Wirbelsäule im ganzen Organismus und ihre Beweglichkeit macht sich auch in der Bildung des Kopfes geltend. Am Schädel einer Schlange findet man nichts von einer festgefügten, kapselförmigen Gestalt. Die einzelnen Teile sind locker miteinander verbunden. Das Kopfskelett besteht großenteils aus länglichen und spangenförmigen Knochen. Wie lose das Gefüge ist, sieht man, wenn eine Schlange ihre Beute verschlingt. Dann weitet sich das Maul bisweilen zu einem gewaltigen Rachen, indem die Knochenteile auseinanderweichen und nur noch durch elastische Bänder verbunden sind. Mit einem solchen Kopf kann die Schlange nicht kauen oder beißen, sie kann nur hinunterschlingen.

Die Ringelnatter verschlingt von den Fröschen zunächst die Beine. Sonst wird von dem Opfer zuerst der Kopf hinuntergewürgt. Oft umwindet die Schlange das Beutetier, erdrückt es durch die enger werdenden Umwindungen und renkt ihm die Glieder aus. Wenn es dann allmählich im Rachen der Schlange verschwindet, hat man den Eindruck, es werde unmittelbar von dem Verdauungstrakt aufgesogen.

Viele Schlangen, etwa ein Drittel der 2500 Arten, töten wie die Kreuzotter ihre Beute durch Gift. Sie injizieren das Gift blitzschnell durch lange spitze Zähne in den Leib ihres Opfers. Zumeist lassen sie das vergiftete Tier entweichen. Dieses bricht aber bald zusammen. Das Gift lähmt das Atemzentrum, es zersetzt das Blut oder bringt es in den Adern zum Gerinnen. Es beginnt auch das Gewebe zu zersetzen. Dieses Gift entsteht in einem Teil der Speicheldrüsen. Es ist Speichel, dessen auflösende Wirkung aufs höchste gesteigert ist. Auflösung und Zersetzung spielen sich sonst bei der Verdauung im Inneren des Leibes ab. Bei den Giftschlangen drängt dieser Prozeß so intensiv nach vorne, daß mit dem Giftspeichel dem lebenden Beutetier die zersetzende Wirkung durch den Biß eingeflößt wird. Nach kurzer Zeit folgt die Schlange dann züngelnd der Spur ihres Opfers und verschlingt es. Dabei wird dem verendeten Tier oft nochmals Gift eingespritzt. Dadurch wird die Verdauung beschleunigt.

Was bedeutet es, daß die Schlangen ihre Beute unzerteilt verschlingen? Indem das Opfer durch die Speiseröhre in die Schlange hineingleitet, wird wohl auch im Inneren ein starkes Selbstempfinden ausgelöst. Oft versinkt dann die Schlange für Tage in einen Zustand der Lethargie. Sie verliert völlig die Verbindung mit der Umgebung und ist ganz an den Verdauungsprozeß hingegeben. Das verschlungene Tier wird vollständig aufgelöst. Selbst seine Knochen werden durch die scharfen Verdauungssäfte zersetzt. Was sich da im Inneren der Schlange abspielt, ist die Vernichtung des anderen Wesens. Lediglich die verhornten Teile wie die Krallen werden unverdaut wieder ausgeschieden.

Als Tiere, die so stark unter dem Einfluß der Erde, das heißt der Schwere, stehen, legen die meisten Schlangen Eier – in der Regel in Anhäufungen von pflanzlichem Material: in Blätter- und Grashaufen, in Torf und Moos, zum Teil aber auch in den Erdboden. Dort entwickelt sich der Organismus in der pergamentartigen Umhüllung von vornherein unter dem Einfluß der äußeren Naturkräfte.

Schon die Eier sind langgestreckt. In ihnen entwickeln sich kleine Schlangen, die bereits beim Schlüpfen viel länger als die Eier sind. Ihr Leib war nämlich in der Eihülle spiralig aufgerollt.

Wenn man alles überschaut, kann man sich gedrängt fühlen, einen Begriff des menschlichen Seelenlebens auf die Schlange anzuwenden. In der Schlange tritt in einseitiger Form in Erscheinung, was der Mensch in sich als Egoität und Egoismus kennt: in ihrer Gestalt, in ihrem Selbstempfinden, in dem Sich-Abschließen gegenüber fremder Innerlichkeit, in dem Vergiften und Verschlingen des anderen Wesens und in der Hingabe an seine Vernichtung. Natürlich wäre es ganz unzutreffend, wenn man die Schlange als egoistisch bezeichnen würde. Sie ist aber wie eine Verkörperung egoistischer Lebensempfindung und egoistischer Instinkte. Davon empfindet man etwas, wenn man eine Schlange sieht.

Die Schildkröte

Unter den Reptilien sind die Schildkröten die eigenartigste Tiergruppe. Das Ungewöhnliche ist das erstarrte Gehäuse, aus dem der Kopf, die kompakten Gliedmaßen und der Schwanz zumeist nicht weit herauskommen. Nun ist bei den Reptilien ganz allgemein die Haut trocken und dicht. Die Vorgänge des Absterbens in der Epidermis, der äußeren Hautschicht, sind besonders stark. So entstehen Hornschuppen und in der tieferen Hautschicht bisweilen sogar Knochenschuppen. Das Innere des Leibes wird von der Umgebung scharf abgegrenzt. Diese Grenzziehung erreicht im Panzer der Landschildkröten den Höhepunkt.

Der Panzer hat für das Tier in verschiedener Hinsicht eine große Bedeutung. Zum Schlaf zieht es sich ganz in das Innere zurück. Wenn die Schildkröte aufwacht, drückt sie das Gehäuse mit den Beinen etwas vom Boden weg. Bewegung ist Transport des Gehäu-

Abb. 67: Griechische Landschildkröte (Testudo hermanni)

ses, aus dem vorn der Kopf herausschaut. Der abgeschlossene Charakter tritt auch an den übrigen Teilen des Leibes auf: an dem kleinen, kompakten Kopf und an den plumpen Gliedern.

Wir werden im weiteren immer wieder auf die Griechische Landschildkröte (Testudo hermanni) hinschauen. Sie lebt in den Trockenlandschaften der Apenninenhalbinsel (bis hinüber zur Pyrenäenhalbinsel) und der Balkanhalbinsel und steht den anderen Landschildkröten in den wesentlichen Merkmalen so nahe, daß wir immer auch den allgemeinen Charakter der Schildkröten im Auge haben. Die Variationen weichen nur wenig vom Grundthema ab, am stärksten bei den Meeresschildkröten.

Wie viele Reptilien haben auch die Landschildkröten eine starke Affinität zu Wärme und Trockenheit, das heißt zu jenen Qualitäten, die zu Verhärtung und Erstarrung in enger Beziehung stehen. So leben die europäischen Landschildkröten in steppenartigen Gebieten, in der Macchie, in Trockenrasen, sogar in Dünen. Dort ernähren sie sich ihrem unaggressiven Wesen entsprechend von verschiedenen Pflanzen, im Frühling mit Vorliebe von jungen Schößlingen. Wird der Sommer zu trocken und die Vegetation zu ausgedörrt, dann ziehen sie sich zurück; sie graben sich z. B. unter einen Strauch in den Boden ein. Auch den kühlen Winter verbringen die wechselwarmen Tiere unter der Erde in einem Lager, das sie sich gescharrt haben. Sie befinden sich dann in einer doppelten Umhüllung: in der Erde und in ihrem harten Panzer.

Wenn die Schildkröten nach der Winterruhe wieder Nahrung zu sich nehmen, wachsen sie wieder etwas; eine zweite Wachstumsphase kann nach der sommerlichen Dürre im Herbst folgen. Der Frühling ist auch die Zeit der Paarung. Dann legt das Weibchen seine Eier (bis zu zehn) in eine Grube, die es mit dem Schwanz gegraben hat. Nach zwei bis drei Monaten schlüpfen die jungen Schildkröten. Das ist offensichtlich ein recht mühevoller Vorgang; denn es dauert im Durchschnitt 18 Stunden, manchmal sogar zwei Tage, bis sich die kleinen Schildkröten – sie sind etwa 4 cm groß – aus der Eischale befreit haben und an die Erdoberfläche gelangen (Obst, Meusel 1972, S. 38). Nun beginnt ein ziemlich eintöniges Leben in einem engen Umkreis. Nur zur Paarung und dann, wenn die Nahrung nicht mehr ausreicht, verlassen die Schildkröten ihr Areal, das oft nur wenige Quadratmeter groß ist. So gleicht der Lebensraum in seinem geringen Umfang der stark in sich abgeschlossenen Gestalt. Alles erweckt den Anschein, als wäre bei der Schildkröte die Welt mehr im Innern als draußen. Dabei hat sie ziemlich wache Augen und einen feinen Geruchssinn. Wenn man sich aber so intensiv durch sein Gehäuse abgrenzt, dann wendet man sich nur sehr verhalten der Umgebung zu. Selbst wenn sich die Schildkröte bewegt, bleibt sie weitgehend bei sich; sie berührt die Erde mit ihren plumpen und verhornten Gliedern nur ganz von außen.

Das Gehäuse dieses eigenartigen Tieres entsteht durch einen ungewöhnlich intensiven Verhärtungsprozeß. Die Haut ist weitgehend in den Hornschildern erstarrt. Unter der Hornschicht befindet sich der kompakte Knochenpanzer. Durch sein Gewölbe zieht die Wirbel-

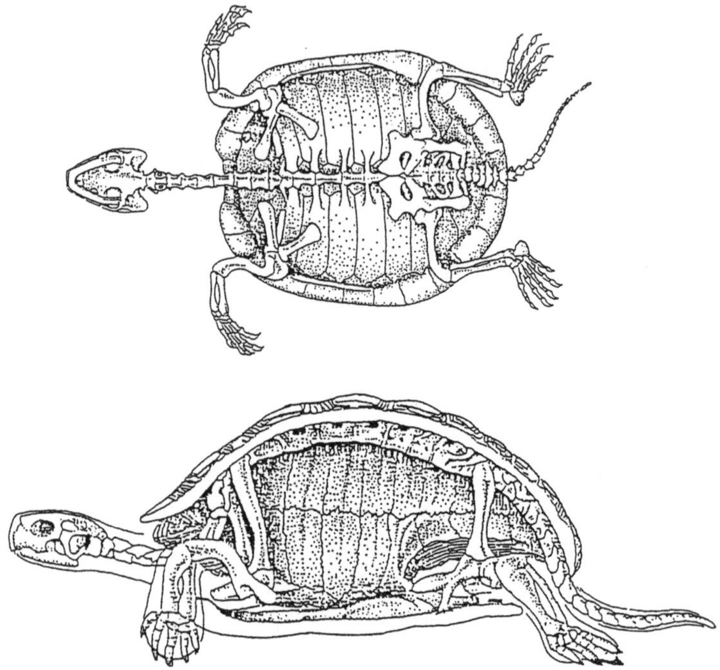

Abb. 68: Griechische Landschildkröte. Blick in den geöffneten Panzer von unten (oben) und von der Seite (unten)
(aus Ziswiler, z. T. etwas verändert)

säule. Zwischen zwei Wirbeln gehen hier nach beiden Seiten schmale Knochenspangen aus, die gemeinsam die Kuppel bilden. Es sind verbreiterte Rippen (Costalia), die sich in den Randplatten (Marginalia) fortsetzen. Unten schließen sich diese Knochenspangen durch eine Reihe flächiger Knochen, dem Plastron, wie der Brustkorb im Brustbein zusammen. Die Teile des Bauchpanzers entsprechen vor allem den Schlüsselbeinen und einigen Bauchrippen. Den First bildet die Reihe der sogenannten Wirbelplatten (Neuralia), die mit den Dornfortsätzen der Wirbel verwachsen sind.

Das knöcherne Gehäuse unserer Schildkröte ist ein eigentümlich veränderter Brustkorb. Ein Brustkorb ist immer ein umschließendes Gebilde aus einer Reihe beweglicher Knochenspangen, den Rippen. Hier ist die Knochenbildung intensiver als sonst. Die Rippen und ihre Fortsetzung, die Randplatten, dehnen sich flächig aus und werden zu einem sklerotisch erstarrten Brustkorb. Wie kommt es zu dieser Steigerung der Knochenbildung?

Normalerweise entstehen Rippen wie die Knochen der Gliedmaßen über ein knorpeliges Zwischenstadium. Der Panzer der Schildkröten besteht aber zu einem großen Teil aus sogenannten Deckknochen, die sich in den tieferen Schichten der Haut direkt ohne Knorpelstadium bilden. Das ist die für den Schädel charakteristische Knochenbildung.

Bei jedem Tier muß man wieder neu nach jenem Organ suchen, das zum Schlüssel für das Verstehen des Ganzen wird. Will man die Schildkröte verstehen, dann muß man offensichtlich vom Schädel ausgehen. Der Schädel der Schildkröte unterscheidet sich von dem der anderen rezenten Reptilien. Sonst findet man an den Schädeln in der Schläfenregion Öffnungen, die sogenannten Schläfenfenster. Nur die Schildkröte hat eine völlig abgeschlossene (anapside) Schädelkapsel. Die Intensität der knöchernen Absonderung beherrscht nicht nur den Gehirnschädel. Kiefer und Nase, die sonst durch Streckung stark zur Umgebung hinauswachsen, werden in ihrer Entwicklung zurückgehalten. Und an den Kiefern entstehen keine Zähne, sondern nur scharfe Hornschneiden. Bei keinem anderen Reptil, auch bei keinem Säugetier, hat die knöcherne Umhüllung des Gehirns ein solches Übergewicht über die anderen Teile des Schädels.

Diese intensive Absonderung und Verhärtung kommt im ganzen Organismus zur Geltung, am stärksten eben in jenem Organ, das das Innere ohnehin durch Knochenspangen umschließt. Wenn sich der Brustkorb bei den höheren Tieren und beim Menschen bildet, wachsen aus der weichen knorpeligen Anlage der Wirbelseite die Rippenanlagen hervor. Auch sie sind knorpelig. Sie wenden sich zunächst zur Seite. Dann greift von vorn (beziehungsweise von oben), das heißt aus der Richtung des sich bildenden Schädels, ein neuer Gestaltungsimpuls ein: Die Rippen biegen sich während ihres weiteren Wachsens zusammen und vereinigen sich zum Teil im Brustbein. Dieser zusammenschließende Gestaltungsimpuls ist bei den ersten Rippenpaaren am stärksten, nach hinten (unten) klingt er aus. So entsteht der Brustkorb mit den vorderen echten und den hinteren falschen Rippen. In der Bildung des Brustkorbes wirken zwei recht unterschiedliche Prinzipien ineinander. Die freien Rippen zeigen durch ihre gelenkige Verbindung mit der Wirbelsäule und ihre Muskulatur eine Nähe zu den Gliedmaßen. Diese Gliedmaßentendenz wird aber von vorn (oben) durch eine absondernde Tendenz, durch die die Höhlung des Brustkorbes entsteht, modifiziert. Die bildenden Kräfte, die am Kopf durch flächig sich ausweitende Knochen die Schädelkapsel bilden, kommen hier zur Geltung. Man erfaßt sehr konkret, wie im Organismus die Bildungsprozesse verschiedener Organe ineinandergreifen.

Nun wird der Knochenpanzer der Schildkröte verständlich. Er entsteht dadurch, daß die Bildekräfte des Schädels viel machtvoller als sonst in den entstehenden Brustkorb eingreifen. Die Rippen werden breiter und schließen sich wie die Knochen des Schädels an sogenannten Nähten zusammen. So erstarrt der Brustkorb zu einer dem Gehirnschädel nicht unähnlichen Knochenhöhle. Die umschließend-verhärtende Tendenz wirkt auch in die Bildung der Gliedmaßen hinein. Die Aufgliederung in Zehen und Finger verschwindet ganz in einer verhornten Umhüllung, aus der nur noch die Krallen hervorkommen. Dem entspricht die schwerfällige Bewegung. Wie sehr die Gliedmaßen von der Schädelbildung modifiziert sind, bemerkt man, wenn sich unsere Schildkröte zum täglichen Schlaf oder zum Winterschlaf aus der Umgebung zurückzieht. Dann verschwinden auch die Beine. Mit ihnen verschließt die Schildkröte die vordere und hintere Öffnung ihres Hauses wie mit Fensterläden. Die Gliedmaßen sind nun in die schädelartige Höhlung integriert.

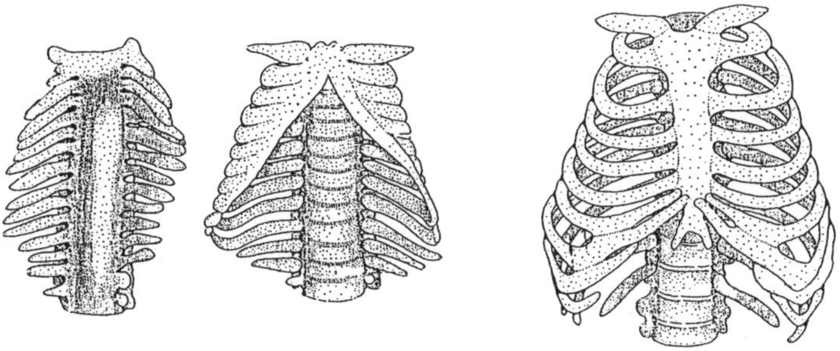

Abb. 69: Die Entstehung des menschlichen Brustkorbes während der frühen Embryonalentwicklung (aus Clara)

Wir können auch verfolgen, wie sich einzelne Organe ausbilden. Besonders gut ist jenes Organ – natürlich auf der Stufe des Reptils – durchgestaltet, das die Schädelkapsel umschließt, das Gehirn. Im Brustkorb ist normalerweise neben dem Herz die Lunge das wichtigste Organ. Unter den Reptilien haben die Schildkröten charakteristischerweise die «voluminösesten Lungen ... sie können den größten Teil des Rückenschildes ausfüllen» (Ziswiler 1976, S. 321). Die Lungen sind auch hoch entwickelt. Die Bronchien teilen sich stark auf; dadurch wird die Luft tiefer in das Innere hereingenommen als bei den anderen Reptilien. Wie aber atmen die Schildkröten in ihrem erstarrten Brustkorb? «Vier vom Rückenpanzer ausgehende und miteinander verbundene membranöse Muskeln umschließen ... die Eingeweide sackartig. Das Ausatmen wird durch Kontraktion dieser Muskeln bewirkt. Das Einatmen erfolgt durch die Tätigkeit von vier äußeren Atemmuskeln, die sich in den Flankenhöhlen befinden. Durch ihre Kontraktion ... bewirken (sie) das Einströmen von Atemluft in die Lungen. Dabei nehmen die inneren Atemmuskeln ihre Lage passiv wieder ein» (Mirwald 1990, S. 269).

Als ein Tier, dem durch die ganze Konfiguration jede aggressive Beziehung zur Umgebung fehlt, ist unsere Schildkröte ein Pflanzenfresser. So wird ihr Darm im Verhältnis zu dem der meisten anderen Reptilien recht lang (etwa neunmal so lang wie der Körper). Recht charakteristisch sind auch die Eier, die das Weibchen in die selbst gegrabene Grube legt. Sie sind fast kugelrund und haben im Gegensatz zu den meisten anderen Reptilien eine harte Kalkschale.

Wenn man erfaßt, wie die Schädelbildung den Organismus prägt, werden auch weitere Phänomene verständlich. Die Atmung verläuft recht langsam, ebenso der Puls. Auch Wachstum und Entwicklung sind verlangsamt. Schildkröten erreichen erst im Alter von zehn Jahren die Geschlechtsreife. Wenn man bedenkt, daß die Griechische Landschildkröte 40 bis 50 Jahre alt wird, kommt einem das verhaltene Wachstum deutlich zu Bewußtsein. Verknöcherung ist ein Geschehen, das immer mit einer Herabminderung der Vitalität verbunden ist. Im Knochen gerinnt das Leben weitgehend in der Form. Indem mit der Knochenbildung eine sklerotisierende Tendenz den Organismus ergreift, werden Leben und Wachstum herabgedämpft. Nicht ohne Grund sehen Schildkröten schon in ihrer Jugend alt und greisenhaft aus.

FISCHE

Beim Betrachten der Natur muß man sich immer wieder über die Wege, die zu einem sachgerechten Verstehen führen, Rechenschaft geben. Das ist vor allem dann erforderlich, wenn man in Bereiche eindringen möchte, die uns ferner liegen. Zu diesen fremderen Welten gehören die Fische. Bei ihnen findet man nicht, was für die höheren Tiere charakteristisch ist: die Gliedmaßen und die deutliche Gliederung des Leibes. Auch einzelne Organe und Organsysteme unterscheiden sich in Bau und Funktion recht beträchtlich.

Als sich Goethe 1796 über seine Methode äußerte, wies er erneut auf die Bedeutung des Typus für das Begreifen der verschiedenen Tierformen hin. Er schreibt: «Dies also hätten wir gewonnen, ungescheuet behaupten zu können, daß alle vollkommneren Naturen, worunter wir Fische, Amphibien[23], Vögel, Säugetiere und an der Spitze der letzten den Menschen sehen, alle nach einem Urbilde geformt seien, das nur in seinen beständigen Teilen mehr oder weniger hin und her weicht» (Goethe 1975, S. 352).

Wie aber kann man in den Fischen eine spezielle Ausprägung jenes Urbildes erkennen, das man sich als allgemeines Bild des tierischen Organismus, besonders an den Säugetieren, erarbeitet? Dieses Urbild, der Typus, kann sich, wie wir an verschiedenen Tierformen gesehen haben, durch seine innere Beweglichkeit in vielen speziellen Ausgestaltungen verwirklichen. Man muß lernen, «den Typus in seiner Versatilität zu verfolgen» (a.a.O., S. 249).

Dabei hat man auch auf die äußeren Bedingungen, in denen sich der Typus ausgestaltet, hinzuschauen. Die äußeren Verhältnisse sind die «Veranlassung ..., durch die die innere Wesenheit sich verwandelt. Veränderte Lebensbedingungen reizen die organische Form, sich nach inneren Gesetzen in einer bestimmten Weise umzubilden. Die äußeren Einflüsse wirken mittelbar, nicht unmittelbar auf die Lebewesen» (R. Steiner 1963, S. 149).

Um die Fische zu begreifen, muß man verfolgen, welche Sonderform der Typus annimmt, wenn er sich im Medium des Wassers ausprägt. Man hat dem Wasser einen bedeutenden Einfluß zuzugestehen, muß diesen aber richtig bewerten. Eine innere Bestimmung, der Typus, und eine äußere Bedingung, das Wasser mit seinen verschiedenen Eigenschaften, wirken zusammen. So hat man den Fisch als das Resultat dieses Zusammenwirkens zu betrachten, und zwar bis in die Einzelheiten seiner Organisation. Und die verschiedenen Formen der Fische wären aus der Beziehung zu den so unterschiedlichen Regionen der Wasserwelt und der jeweils besonderen Art, sich in diese als Fisch hineinzubegeben, abzuleiten.

Das Wasser hat am Antlitz der Erde einen bedeutenden Anteil. Die Meere und Ozeane bilden 70,8 Prozent der Oberfläche, unter der sich mächtige Räume in der Weite und Tiefe erstrecken. Die Gewässer des Landes, die Seen, Flüsse und Ströme, sind ein viel kleinerer Teil der Hydrosphäre (etwa 1 Prozent der Erdoberfläche). Gegenüber der Luft ist Wasser um ein Vielfaches dichter und schwerer (s. S. 192). Seine wohl wichtigste Eigenschaft ist die innere Beweglichkeit. So ist die Grenze zur Atmosphäre sensibel und dynamisch. Und es gibt wohl keinen Ort, wo völlige Ruhe herrscht. Die Hydrosphäre ist ein Raum von strömender Bewegung.

Auch wenn sich das Wasser gegenüber der Atmosphäre abgrenzt, ist es durch seine Klarheit gegenüber dem Licht offen. Besonders die oberen Schichten des Meeres und der Seen sind am Tage lichterfüllte Räume. Wenn das Licht in das Wasser eindringt, wird es aber weitgehend von seinem Ursprung, der Sonne, abgetrennt. Von unten betrachtet ist die Grenze zur Atmosphäre, von einem engen Ausschnitt abgesehen, ein silbrig glänzender Spiegel. So entsteht im Wasser ein eigener Lichtraum, der zur Tiefe hin dämmrig wird. In 150 m Tiefe ist nur noch ein schwacher Rest des Lichtes (1 Prozent bei klarem Wasser) vorhanden. Bei 1000 Metern beginnt die absolute Finsternis. Mit der Tiefe wächst auch der Druck durch die darüberliegenden Wassermassen.

Eine besondere Beziehung hat das Wasser zur Wärme. Es absorbiert die einstrahlende Wärme schon in den obersten Schichten (ein bis zwei Meter). Wasser hat die höchste spezifische Wärme. Um wärmer zu werden, muß es mehr Wärme aufnehmen als die anderen Stoffe. Dadurch ist Wasser wie keine andere Substanz ein Träger von Wärme. Aus dem gleichen Grunde herrschen in den Gewässern viel ausgeglichenere Temperaturen als am Land oder in der Atmosphäre.

Seit einigen Jahrzehnten weiß man, daß die Ozeane und Meere keine stillen Räume sind. Es gibt eine Vielzahl von Geräuschen, nicht nur jene, die von den Schiffen herrühren, sondern auch solche von Tieren und Stürmen. Besonders eindrucksvoll sind die Gesänge der Buckelwale. Die Geräusche und Klänge breiten sich im Wasser viel schneller (mit etwa 1485 Metern in der Sekunde) und sehr viel weiter aus als in der Atmosphäre. Sie sind unter Umständen noch in einer Entfernung von hundert und mehr Kilometern vernehmbar.

Schließlich muß man bedenken, daß im Wasser viele Substanzen gelöst sind, in den Meeren und Ozeanen 3,5 % Salze, insbesondere Kochsalz (2,8 %), aber auch verschiedene Gase wie z. B. Sauerstoff und Kohlendioxid. Im Süßwasser der Kontinente ist der Anteil der Gase und damit die Beziehung zur Atmosphäre etwas stärker. Hinzu kommen noch sehr viele andere Substanzen. So ist der Raum des Wassers von zahlreichen Geschmacks- und Geruchsqualitäten[24] erfüllt.

Wir wenden uns zunächst den Knochenfischen zu. Wenn man beobachtet, wie ein solcher Fisch[25] ohne äußere Bewegung im Wasser schwebt und nur die Brust- und Bauchflossen rhythmisch bewegt, wird man auf jene Eigenschaft des Wassers hingewiesen, die man an erster Stelle zu berücksichtigen hat. Es ist seine Dichte, die nach dem archimedischen Prinzip das Gewicht des Fisches bis zum Zustand des schwerelosen Schwebens aufhebt. Das hat einen bedeutenden Einfluß auf den Typus. Wo die Schwere fehlt, können sich keine Gliedmaßen bilden. Ihre ganze Funktion besteht in der Auseinandersetzung mit der Schwere beim Tragen des Leibes und bei der Bewegung. Sie gestalten sich aus einer spezifischen Beziehung zur Schwere, die das Tier in seiner Körperhaltung und seiner Bewegungsweise auslebt. So ist die Ausbildung der Gliedmaßen an die Schwere gebunden. Wo die Schwere im Wasser aufgehoben ist, entstehen nur ganz unbedeutende Knochenelemente, die z. B. dem Schulter- und Beckengürtel entsprechen. An diese gliedern sich die Brust- und Bauchflossen an. Man bemerkt, wie ein bedeutendes Organsystem fast ganz unentfaltet bleibt.

Ohne Gliedmaßen wird der Rumpf vor allem in seiner Muskulatur viel einfacher. Denn die Muskeln des Rumpfes sind beim Säugetier morphologisch und funktionell eng mit denen der Gliedmaßen verflochten. Sie haben den Rumpf zwischen den vorderen und hinteren Beinen zu tragen.

In der Auseinandersetzung mit der Schwere entwickelt ein Tier Willenskräfte und ergreift seinen Leib von innen. Es wendet sich seiner Umgebung von innen zu. Das fehlt, wenn das Tier vom umgebenden Medium getragen wird. Es ist nicht wie das höhere Tier ein Wesen, das sich im Erleben der eigenen Aktivität in einem gewissen Umfang von der Umwelt abhebt. Die Verbindung mit der Umgebung wird tiefer. Das Tier exponiert sich durch den flachen Leib viel stärker. An der Oberfläche bildet die Epidermis keine Abgrenzung durch eine Schicht toter verhornter Zellen. Die Oberfläche ist durch zahlreiche Drüsen schleimig und wie ohne Grenze zum umgebenden Wasser. Die Verbindung mit dem Wasser ist so innig, daß die Haut den Sauerstoff für ihre Lebensprozesse nicht aus dem Blut erhält, sondern aus dem umgebenden Wasser aufnimmt. Deshalb enthält das Blut in den Gefäßen der Haut keine roten Blutkörperchen.

Zum Typus gehört ein Hals. Durch ihn kann das Tier, das durch die Beine an den Untergrund gefesselt ist, den Kopf mit den Sinnen zur Umgebung wenden. Wenn das Tier aber schwebt, bewegt sich der ganze Organismus frei im Raum. Deshalb entsteht kein Hals. Kopf und Rumpf verschmelzen zu einer Einheit; der Kopf wird zum vorderen Teil des Rumpfes. Bildeprinzipien, die für den Kopf charakteristisch sind, greifen auf den Rumpf über. So entstehen hier beispielsweise als Verhärtungen in der Haut die Schuppen, die bei den Knochenfischen aus knochenartiger Substanz bestehen. Ein ähnlicher Prozeß spielt sich in der Sinnesorganisation ab. Das ganze Wesen wird undifferenziert. Der Rumpf geht allmählich in den Schwanz über und vereinigt sich in der Schwanzflosse ganz mit dem vorbeiströmenden Wasser.

Der Typus nimmt eine Form an, die ganz nach vorn und zur Weite hinorientiert ist. Dorthin ist auch der Bewegungsimpuls gerichtet, der in der Regel in den hinteren Partien des Leibes durch undulierende Bewegungen erzeugt und auf die Schwanzflosse übertragen wird.

Die starke Beziehung zur Umgebung manifestiert sich besonders in jenen Organen, durch die sich das Tier ohnehin mit den Qualitäten seiner Umwelt verbindet, das heißt in den Sinnesorganen. Wo das Tier durch seine Schwerelosigkeit so wenig in sich zentriert ist, bilden sich die Augen links und rechts. So ist das Bewußtsein des Fisches zur Weite des lichterfüllten Wasserraumes gerichtet; das Gesichtsfeld umgreift fast den ganzen Umkreis. Die Augen haben nicht wie beim Menschen und den Säugetieren die Form einer Kugel, sondern die einer Schale. Wie bei den Vögeln sind sie gegenüber dem Licht ganz offen. Den Augen fehlen die Lider. Der Fisch kann sich nicht aus der Licht- und Farbenwelt seiner Umgebung zurückziehen; er ist mit ihr tief verbunden. So ist das Blickfeld durch die große runde, steife Linse

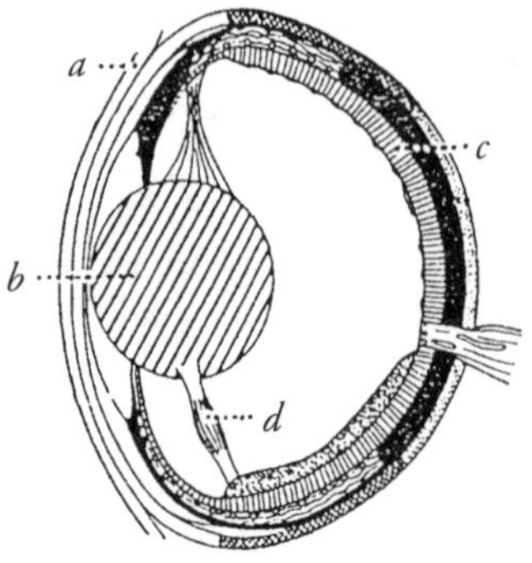

Abb. 70: Das weit offene Auge eines Knochenfisches
a – Hornhaut (Cornea)
b – kugelförmige unelastische Linse
c – Netzhaut (Retina)
d – Muskel zum Zurückziehen der Linse für Akkomodation auf die Ferne (aus Ziswiler)

sehr groß. Die Farbeindrücke wirken bei einigen Fischen so intensiv, daß sie die Färbung des Untergrundes annehmen. Andere sind silberglänzend, das heißt wie lebendige Spiegel, an denen die Farben und Muster der Umgebung sichtbar werden. Viele Fische wenden ihren Rücken zur Sonne (sogenannte Lichtrückenreaktion) und werden vollständig von Licht «umspült». Beleuchtet man Fische von der Seite, dann neigen sie sich zur Lichtquelle hin.

Man weiß, daß eine ganze Anzahl von Fischen die Geräusche und Klänge, die den Wasserraum erfüllen, empfinden. Sie nehmen den Schall mit der ganzen Oberfläche auf. Dadurch kommt im Innern z. B. die Schwimmblase – wie bei den höheren Tieren das Trommelfell – zum Vibrieren. Von hier wird der Schall dann durch die Weberschen Knöchelchen zum Innenohr weitergeleitet. Der Fisch lebt und vibriert als ganzes Wesen in den Geräuschen und Klängen. Ein besonderer Sinn ist das Seitenlinienorgan. Seine feinen Kanäle, die sich mit vielen Poren nach außen öffnen, findet man am Kopf. Ein Kanal zieht an der Seite ganz nach hinten. Hier empfindet der Fisch alle Vibrationen und Druckschwankungen des Wassers, möglicherweise auch die tieferen Klänge. Fische leben aber nicht nur in einer Welt von Geräuschen, sie erzeugen auch selbst recht unterschiedliche Geräusche (Genaueres z. B. bei Ladich 1991).

Im Fisch ist das Tierwesen tief mit den Qualitäten der Welt verwoben. Das gilt auch für den Geschmack. Die meisten Geschmacksknospen liegen im Mund, an der Zunge und den Lippen, aber auch am Kopf. Sie breiten sich sogar über den Rumpf aus. Bei bestimmten Fischen befinden sie sich selbst an Flossenstrahlen, also ganz an der Peripherie. Deshalb kann man von einem Fisch nicht sagen, er schmecke; er geht als ganzes Wesen im Empfinden der Geschmacksqualitäten des Wasserraumes auf.

Vor den Augen liegen zwei kleine Gruben, die Geruchssinnesorgane. Ihre Sensibilität grenzt bei manchen Fischen an das Unfaßbare. Lachse, die ins Meer hinausgewandert und dort mehrere Jahre herangewachsen sind, kehren wieder in jenes Bachgebiet zurück, in dem sie ihr Leben begonnen haben. Auf dem oft weiten Weg von der Mündung des Flusses bis in den Oberlauf und die Nähe des Quellgebietes leitet sie der Geruchssinn. Sie empfinden die besondere Qualität des Wassers, das von dort stammt. Von Aalen weiß man durch Experimente, daß sie Stoffe noch in höchster Verdünnung riechen. So reagierten sie auf eine bestimmte Substanz, die so verdünnt war, als hätte man ein unbeträchtliches Quantum in der 56fachen Wassermenge des Bodensees aufgelöst. Man kann also annehmen, daß Aale, die aus der Elbe in die Nordsee schwimmen, Spuren von Stoffen riechen, die aus der Sargasso-See vor Mittelamerika durch den Golfstrom weit nach Osten mitgetragen wurden. Dort wandern die Aale zum Laichen hin.

Indem man geistig verfolgt, wie sich der Typus zum Fisch gestaltet, lernt man das Wesen des Fisches ganz von innen kennen. Man bemerkt, daß man einen Fisch anders anschauen muß als ein höheres Tier. Was man sieht, ist nur ein Teil, weil der Fisch so stark an die Qualitäten der Umgebung hingegeben ist.

Wie steht es mit dem Schlaf, wo die Fische so tief mit ihrer Umgebung verflochten sind und sich nicht aus ihr zurückziehen können? Wenn es in der Nacht dunkel wird und die von der Licht- und Farbenwelt stammenden Reize erlöschen, hören verschiedene Fische wie die Sardinen und Heringe auf zu schwimmen. In der

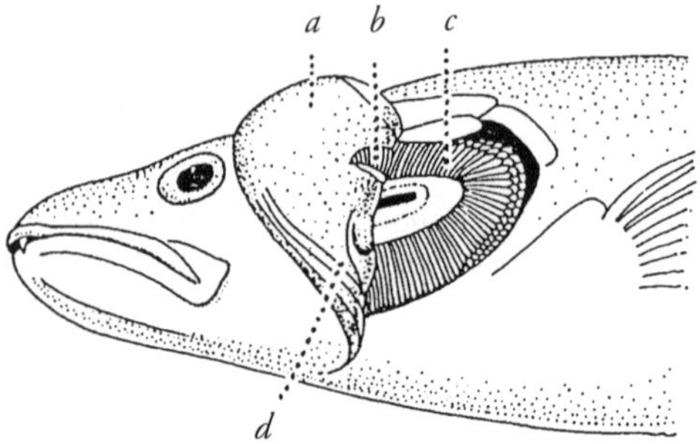

Abb. 71: Atmungsorgan eines Knochenfisches
a – Kiemendeckel   b, c – Kiemenbögen
d – Knochenspangen, die den Kiemendeckel versteifen (aus Ziswiler)

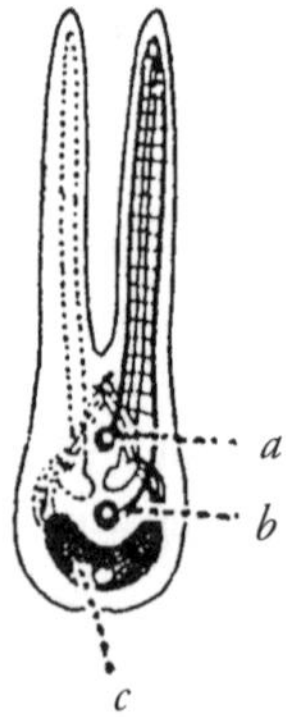

Abb. 71a: Ein doppeltes Kiemenblättchen
a – Gefäß, durch das venöses Blut in das Kiemenblättchen strömt
b – Gefäß mit arteriellem Blut aus dem Kiemenblättchen
c – Schnitt durch knöchernen Kiementräger
(aus Ziswiler)

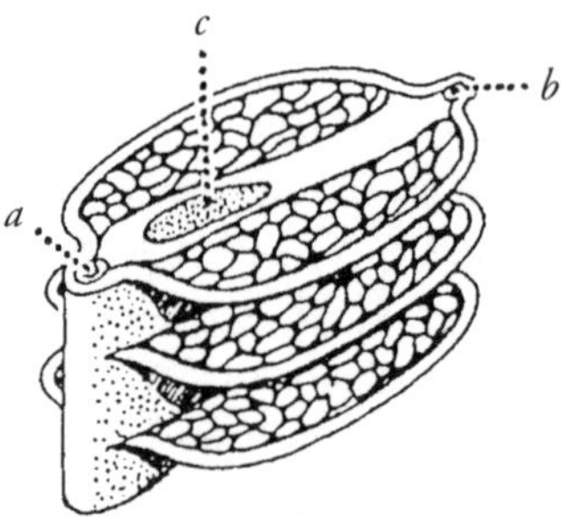

Abb. 71b: Ausschnitt aus einem Kiemenblättchen mit drei Kiemenfältchen
a – Blutgefäß mit venösem Blut
b – Blutgefäß mit abfließendem arteriellem Blut
c – Kiemenstrahl
(Querschnitt, aus Ziswiler)

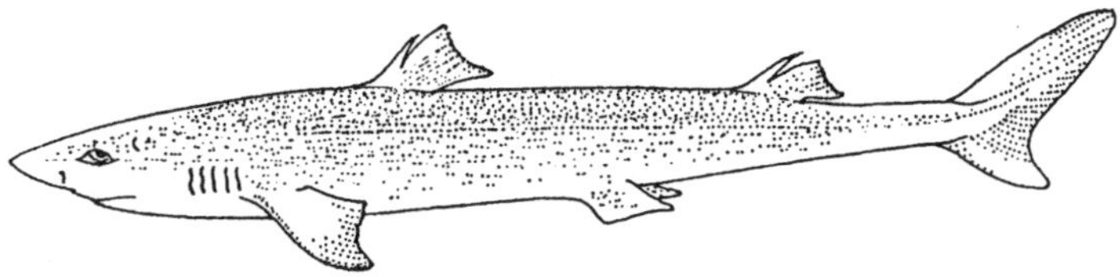

Abb. 72: Dornhai (Squalus acanthias, 60–150 cm; aus Remane/Storch/Welsch)

Nacht wird bei vielen Fischen als Ausdruck eines stark abgedämpften Bewußtseins das «Atmen» schwächer: Die Kiemendeckelfrequenz wird langsamer. Manche Fische graben sich ein, andere sondern in jeder Nacht eine Schleimhülle ab, aus der sie am Morgen herausschlüpfen. Nur wenige Fische wie die Makrelen, die Thunfische und Haie des freien Ozeans bewegen sich in der Nacht genauso ruhelos wie am Tage. Es gibt auch Fische (die sogenannten mesopelagischen Fische), die tagsüber im stark abgedämpften Sonnenlicht der Tiefe von 400 bis 600 Metern leben und nachts bis dicht unter die Oberfläche des Meeres zum Licht des Mondes und der Sterne emporsteigen.

Das Fehlen der Gliedmaßen und das Leben im Wasser hat auch auf die Ausbildung der inneren Organe einen Einfluß. Vor allem ist die Atmung stark modifiziert. Die Lungenbildung ist im Innern des Rumpfes zurückgehalten. Die Lungenanlage wird zur Schwimmblase, die in ganz anderer Weise als die Lunge Gas aufnimmt und abgibt. Aus dem Blut wird durch die kapillarreiche Gasdrüse vor allem Sauerstoff in die Schwimmblase abgesondert – immer so viel, daß der Fisch schwerelos schwebt. Deshalb ist die Schwimmblase bei den Süßwasserfischen auch etwas größer als bei den Fischen, die in dem dichteren Salzwasser leben. Wenn Fische z. B. am Abend in die oberen Schichten aufsteigen, wo der Druck geringer ist, wird Gas aus der Schwimmblase ins Blut resorbiert. Dringen sie am Morgen wieder in eine tiefere Region hinunter, wo der Druck größer ist, wird mehr Gas in die Schwimmblase abgesondert. So ist die Schwimm-

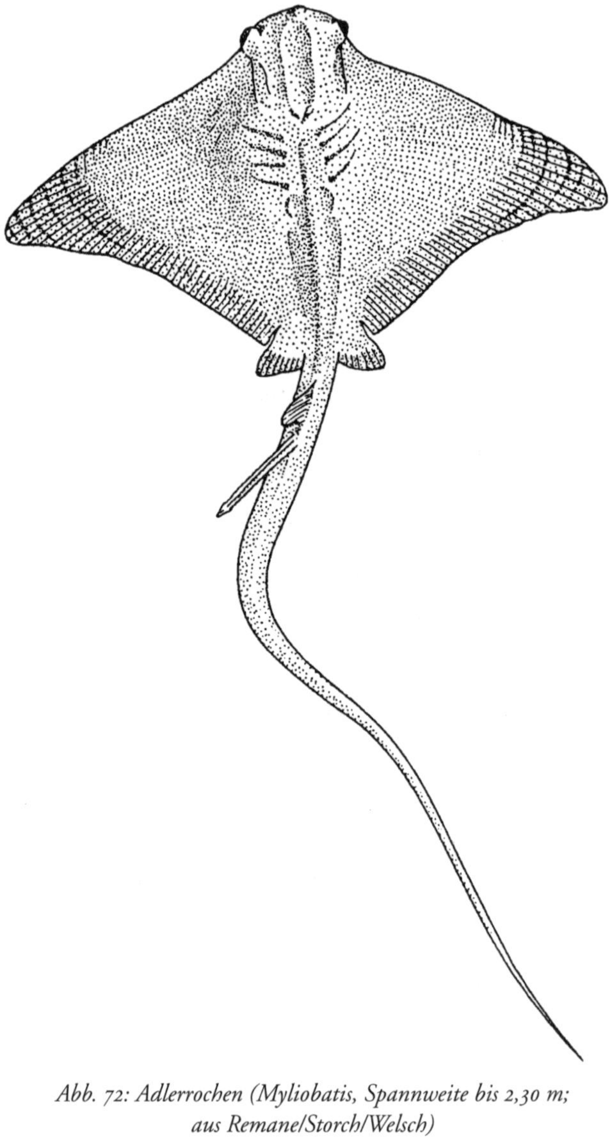

Abb. 72: Adlerrochen (Myliobatis, Spannweite bis 2,30 m; aus Remane/Storch/Welsch)

blase ein Organ, das tief mit dem schwerelosen Wesen des Fisches verbunden ist.

Ein eigenartiges Phänomen weist auf den Zusammenhang der Schwimmblase mit der Lunge hin. Wenn sich bei ganz jungen Fischen die Schwimmblase mit Gas füllen soll, schwimmen sie an die Oberfläche und schlucken etwas Luft in die Schwimmblase. Erst jetzt beginnt die Gassekretion der Gasdrüse. Bei einem Teil der Fische löst sich dann die Verbindung der Schwimmblase mit dem Vorderdarm auf, bei anderen bleibt sie als Ductus pneumaticus erhalten.

Das Atmen ist wie bei den höheren Tieren ein rhythmischer Prozeß. Durch den Mund nimmt der Fisch Wasser auf, dann fließt es an beiden Seiten durch den Kiemendeckel wieder nach außen. Dabei strömt es an den Kiemen, einer großen Zahl dünnwandiger Blättchen, vorbei. Hier gibt das Blut Kohlendioxid an das Wasser ab und nimmt Sauerstoff auf. In den Kiemen verbindet sich die Blutzirkulation intensiv mit dem strömenden Wasser. Aus den Kiemen fließt das Blut dann unmittelbar zu den Organen des Kopfes und des Rumpfes.

In einem Organismus ohne Gliedmaßen ist der Atmungs- und Ernährungsbedarf gering. Das Blut wird vor allem in der Niere und der Milz gebildet, allerdings viel weniger als bei den Säugetieren. Es macht nur 2 % des Körpergewichts aus gegenüber dem Wert von durchschnittlich 8 % bei den Säugetieren; und es enthält relativ wenig rote Blutkörperchen. Damit fehlen alle Bedingungen für einen eigenen Wärmeorganismus. So sind die Fische, abgesehen von wenigen Ausnahmen wie die Thunfische, im Hinblick auf ihre Körperwärme wie ein Teil des umgebenden Wassers. Magen und Darm sind im Vergleich mit den höheren Tieren als Konsequenz der fehlenden Gliedmaßen und der schwebenden Lebensweise ziemlich schwach ausgebildet.

Die Wesensart der Fische äußert sich auch in der Fortpflanzung. Die Fische geben die Ei- und Samenzellen in die Umgebung ab, teilweise in großen Mengen.[26] Sie sind Wesen ohne Sexualität. Aus befruchteten Eiern entwickeln sich dann ohne jede schützende Hülle unter dem unmittelbaren Einfluß des umgebenden Mediums die jungen Fische.

Im Fisch ist das Tierwesen wenig individualisiert. So gilt für die Fische in besonders hohem Maße, daß das einzelne Tier nur ein Exemplar der Art ist. Das zeigt sich im Verhalten vieler Fische. Etwa die Hälfte aller Fischarten schließt sich zu Schwärmen zusammen. In einem Schwarm bewegen sich alle Fische in gleicher Richtung. Dabei haben sie einen bestimmten Abstand voneinander. Ein Schwarm ist eine Art höherer Organismus, in dem der einzelne Fisch aufgeht. Ein Hering, den man von seinem Schwarm trennt, wirkt verstört und desorientiert.

Nun gibt es unter den Fischen eine Gruppe, die einen stärkeren physiognomischen Ausdruck hat als die bisher betrachteten Knochenfische. Das sind die Knorpelfische: die Haie und Rochen und die Chimären. Bei ihnen bleibt das Skelett knorpelig. Es kann verkalken; der Knorpel wird aber nicht zu Knochensubstanz umgebaut. Diese Fische haben keine Schwimmblase. So werden sie nicht ganz vom Wasser getragen. Sie erhalten zwar durch eine große Menge leichter Fette einen Auftrieb, müssen sich aber aktiv bewegen, um nicht zu Boden zu sinken.

Der Einfluß der Schwere zeigt sich am stärksten bei den Rochen. Wenn sie am Grunde liegen, breitet sich ihr Leib flach in der Ebene aus. Beim Schwimmen hat man den Eindruck, sie würden mit ihren Flossen wie mit Flügeln durch den Raum des Wassers fliegen. Die Haie geben sich nicht wie die Rochen an die Schwere hin. Sie setzen sich mit dieser auseinander und ergreifen ihren Leib von innen. Dieser ist rund, das heißt in sich zentriert, nicht flach wie bei den Knochenfischen. Die stärkere Individualisierung äußert sich auch in der Physiognomie und in der Fortpflanzung. Ein Teil der Knorpelfische ist vivipar; die Jungen entwickeln sich im Mutterfisch und werden geboren.

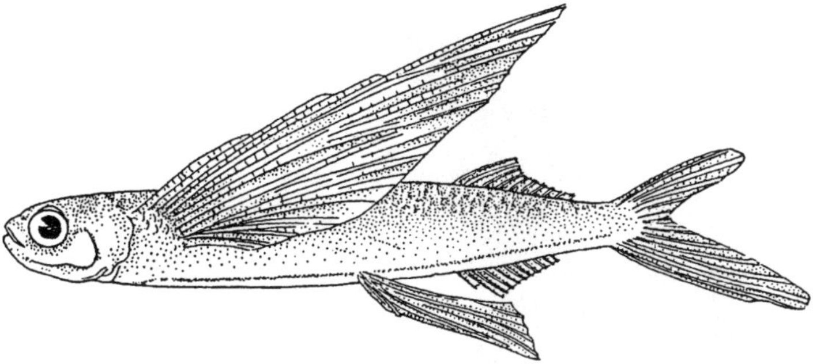

Abb. 74: Fliegender Fisch (Exocoetus volitans, 25 cm; aus Wheeler)

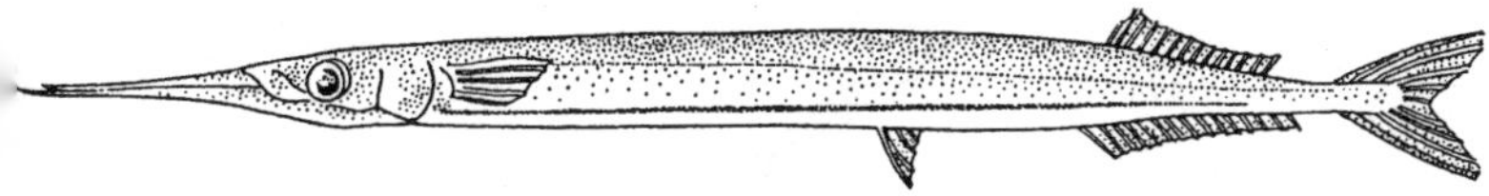

Abb. 75: Europäischer Hornhecht (Belone belone, bis 90 cm; aus Wheeler)

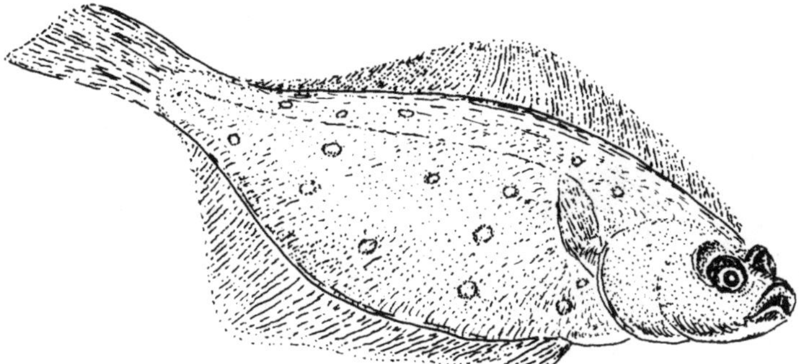

Abb. 76: Scholle (Pleuronectes platessa, bis 60 cm)

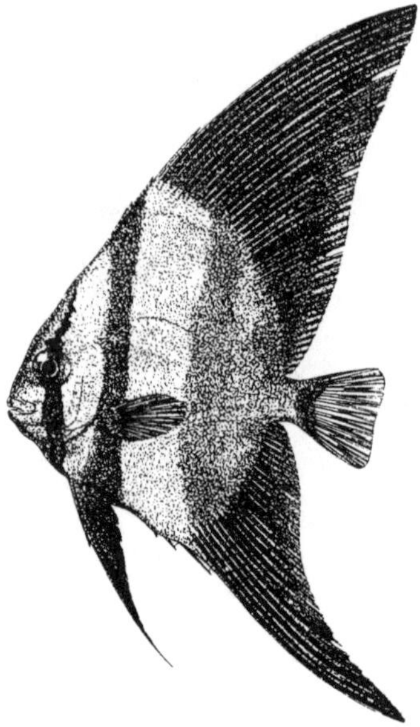

Abb. 77: Fledermausfisch
(Platax orbicularis, 35 cm;
aus Wheeler)

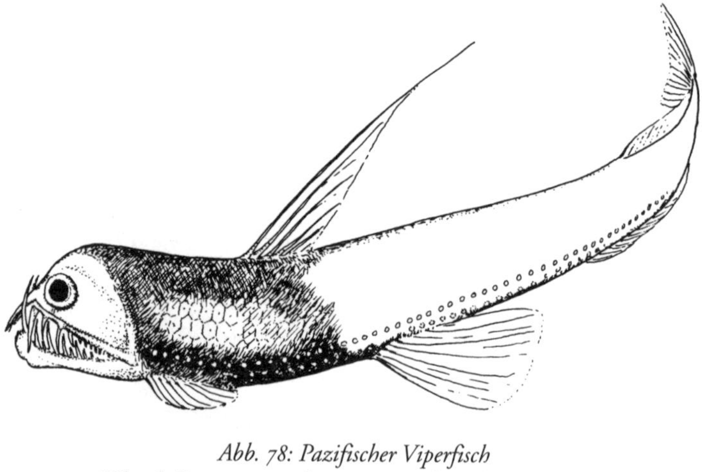

Abb. 78: Pazifischer Viperfisch
(Chaulodius macouni, bis 30 cm; nach Midgalski/Fichter)

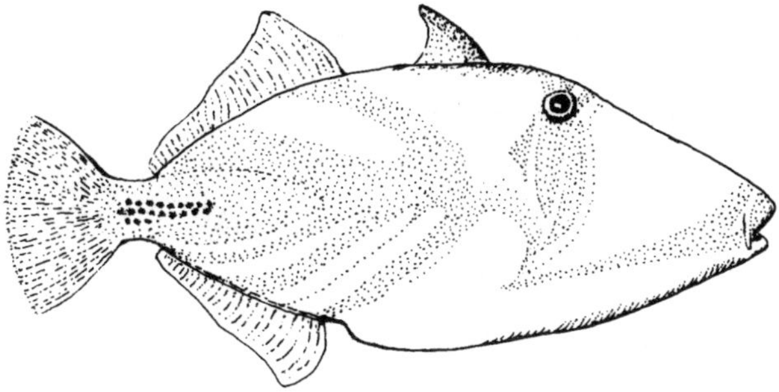

Abb. 79: Picasso-Drückerfisch (Rhineacanthus aculeatus, ca. 30 cm)

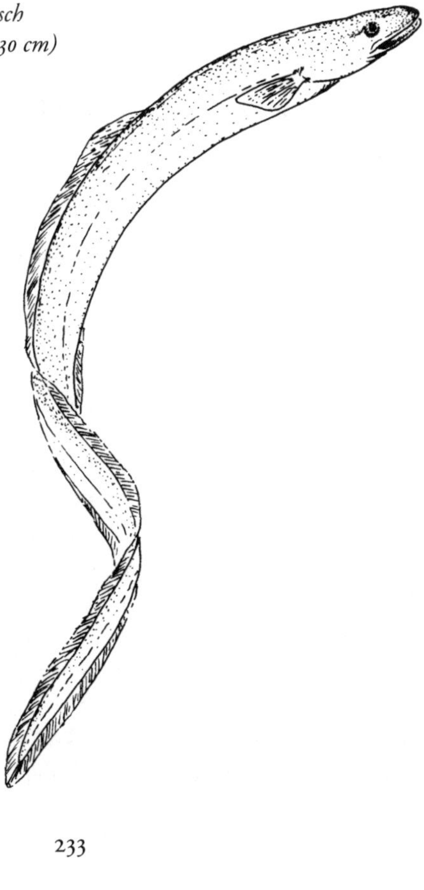

Abb. 80: Europäischer Flußaal (Anguilla anguilla, bis 150 cm)

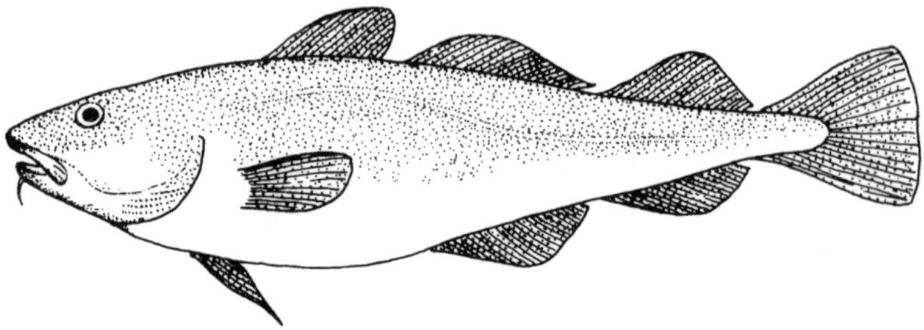

Abb. 81: Kabeljau (Gadus morhua, 60–100 cm)

An dem Gegensatz von Knochen- und Knorpelfischen kann man deutlich sehen, welche Bedeutung die Schwerelosigkeit und die Schwere in der Ausgestaltung des Tierwesens hat.

Wie gelangt man zum Verstehen einzelner Fische? Wenn sich die Fische so tief mit ihrer Umgebung verbinden, wie wir das gesehen haben, dann sollte man studieren, welche Formen die Fische in den verschiedenen Regionen der Hydrosphäre annehmen. Wir können das nur an wenigen Beispielen skizzieren.

Auch unter den Knochenfischen gibt es einige, die sich ganz mit der unteren Grenzfläche des Wasserraumes verbinden. Das sind die Plattfische. Zunächst schwimmen die kleinen Fischchen, denen noch jeder Anklang an die spätere Form einer Scholle oder eines Heilbutt fehlt, im Raum des Meeres. Dann gewinnt die Schwere Einfluß auf ihre Entwicklung, weil sie keine Schwimmblase haben. Im Zusammenhang mit den bekannten Umbildungen – Verlagerung des einen Auges und des Mundes, Reduktion der einen Brustflosse – sinken sie in die Tiefe und legen sich mit einer der beiden Seiten flach auf den Untergrund. – Die obere Grenzfläche, die zur Atmosphäre, ist sehr beweglich. Das helle Licht ist Bedingung für Wachheit. Hier leben dicht unter der Oberfläche die Hornhechte.

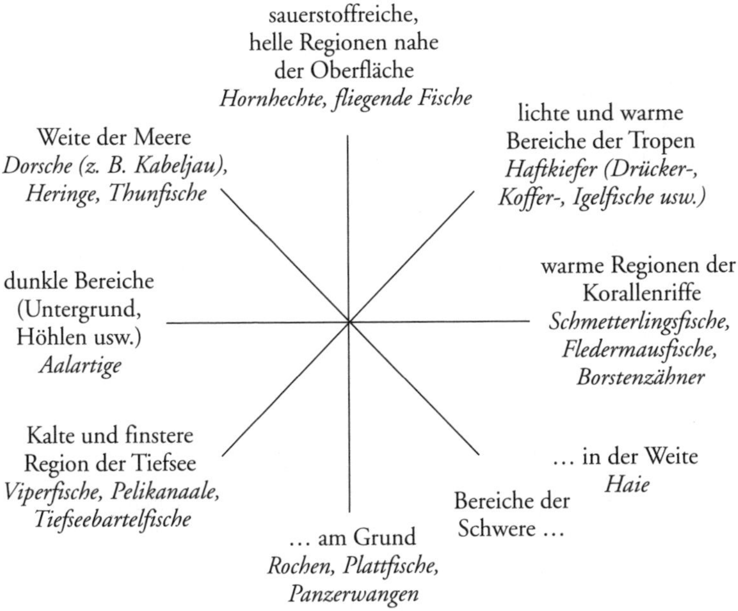

Die verschiedenen Regionen des Meeres und einige ihrer charakteristischen Fischformen

Ihre Gestalt ist schmal und langgestreckt; auch die Kiefer sind verlängert und die Augen auffallend groß. Der ganze Leib ist Ausdruck der raschen, wachen und zupackenden Bewegung. Die lineare Gestalt ist das Gegenteil der flächig breiten Plattfische. Der gleichen Region gehören auch die Schwärme der fliegenden Fische an, die von Zeit zu Zeit mit großer Geschwindigkeit die Wasserfläche durchstoßen, sich von ihren großen, ausgebreiteten Flossen durch die Luft tragen lassen und bald wieder in das Meer eintauchen. Sie haben große Augen und zum Teil bunte Farben.

Dann gibt es Fische in den finstren Regionen der Tiefe. Ihre Physiognomie ist durch die großen Mäuler und die nadelförmigen Zähne Ausdruck einer fast dämonischen Gier. In der Finsternis und dem gewaltigen Druck kann sich der Fisch nicht an die Weite hingeben. Da dringen aus dem Innern seines Organismus die zerstörenden Kräfte des Verdauungstraktes nach außen. – Die Gegenwelt finden wir dort, wo das Wasser stark durchlichtet und durchwärmt und die Umgebung farbenreich ist. Das ist die Region der Korallenriffe. Hier kann sich der Fisch intensiv der Umgebung zuwenden – sein Leib wird eine hohe flache Scheibe. Bei dieser Hingabe an die Kräfte der Sonne treten die Begierden zurück – das Maul wird klein. Dies alles finden wir bei den Schmetterlingsfischen, die geschickt durch die Korallen manövrieren.

Einen besonderen Ausdruck von Wachheit haben die Haftkiefer der tropischen Meere und unter ihnen besonders die Drückerfische und Kofferfische. Bei den schmalen Drückerfischen beherrscht der große vordere Kopfteil die ganze Gestalt. Beim Kofferfisch dehnt sich die Verhärtung des Kopfes über den ganzen Leib aus. Der Fisch steckt in einem Panzer, in dem einige Löcher für den Mund, die Augen, die Flossen und den After offen geblieben sind. – Das Gegenbild sind die schlangenartigen Gestalten der Aale und Muränen. Ihr Leib ist glatt; die Schuppen sind ungewöhnlich klein. Sie leben am Tage in dunklen Verstecken im Untergrund, in Höhlen und Spalten. Der Ausdruck des ganzen Fisches ist begierdehaft schlängelndes Vorwärtsdrängen.

Den Höhepunkt bilden sicher jene Fische, die in Schwärmen durch die Weiten der Meere wandern wie der Kabeljau, der Hering und Thunfisch (siehe Luther 1967 und Waterman o.J., S. 50 ff.). Auch die Haie durchmessen zum Teil weite Räume. Dennoch sind sie ein Gegenstück zu diesen typischen Fischen, weil sie der Schwere unterliegen.

AMPHIBIEN

In den vorangehenden Kapiteln sind wir von der Betrachtung der höher organisierten Tierformen zu den einfacheren übergegangen. Indem wir die Amphibien erst nach den Fischen behandeln, durchbrechen wir dieses Prinzip; denn die Amphibien sind in ihrer Organisation vollkommener als die Fische. In der äußeren Erscheinung zeigt sich das am deutlichsten an der Tatsache, daß sie richtige Gliedmaßen haben. Die Amphibien werden deshalb mit den Reptilien, den Vögeln und Säugetieren als Tetrapoden zusammengefaßt. Manche Eigentümlichkeit weist aber auch auf die Fische hin. Und wir werden sehen, daß man die Amphibien nur vor dem Hintergrund der Fische begreift. Aus diesem Grund besprechen wir die Amphibien erst nach den Fischen.

Gegenüber den überaus zahlreichen Gattungen und Arten der Fische sind die Amphibien eine relativ kleine Tiergruppe, und zwar die kleinste unter den Wirbeltieren. Zudem erreichen die meisten Amphibien nicht die durchschnittliche Größe der übrigen Tetrapoden; die Salamander und Molche, die Unken, Frösche und Kröten sind verhältnismäßig kleine Tiere. In ihren Formen bestehen allerdings recht beträchtliche Unterschiede. Die Gestalt der Schwanzlurche (Urodela) steht der typischen Form höherer Tiere am nächsten. An einem Salamander oder Molch kann man deutlich zwischen dem Kopf, dem Rumpf mit den beiden Beinpaaren und dem Schwanz unterscheiden. Der Kopf löst sich allerdings kaum

Abb. 82: Alpensalamander (Salamandra atra) als Beispiel für die Gestalt der Schwanzlurche (aus Wüst)

vom Rumpf; denn ein Hals ist wie bei allen Amphibien mit nur einem Wirbel kaum angedeutet. Und die Beine sind schwach entwickelt. Der Rumpf hängt zwischen ihnen und beteiligt sich schlängelnd an der Fortbewegung. Die Rumpfwirbelsäule besteht aus fünfzehn bis zwanzig Wirbeln, an die sich Rippen angliedern, die sich jedoch nicht zum Brustbein zusammenschließen.

Gegenüber dieser ziemlich harmonischen Gestalt wirkt die der Froschlurche (Anura) plump. Bei dem Frosch oder der Kröte ist von einer Gliederung des Leibes in Kopf, Rumpf und Schwanz kaum etwas zu bemerken. Der dominierende Teil ist ein bauchartiger Rumpf mit stark entwickelten Hintergliedmaßen und schwächeren Vordergliedmaßen. Der Kopf ist kaum mehr als der vordere Teil dieses «Bauches». Zu dem eigenartigen physiognomischen Ausdruck gehören die gleichsam aufgesetzten Augen und das außergewöhnlich große Maul. Wenn ein Frosch oder eine Kröte das Maul öffnet, ist es, wie wenn der Bauch selbst eine Klappe auftäte. Die Wirbelsäule besteht in der Regel nur aus neun Wirbeln: einem Halswirbel, sieben Rumpfwirbeln ohne Rippen und einem Kreuzbeinwirbel.

Abb. 83: Erdkröte (Bufo bufo) als Beispiel für die Gestalt der Froschlurche (aus Wüst)

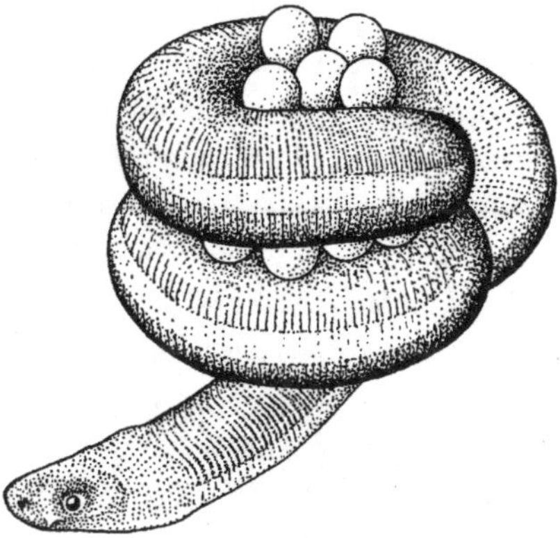

Abb. 84: Ceylonwühle (Ichthyophis glutinosus) als Beispiel einer Blindwühle. Das weibliche Tier hält die Eier in einer Erdhöhle umschlungen (aus Remane, Storch, Welsch)

Wie ein Gegenbild zu der gedrungenen Gestalt der Froschlurche sind die Blindwühlen (Gymnophiona) der tropischen Gebiete, die der naive Betrachter eher für große Regenwürmer als für Amphibien halten würde. In ihrem langgestreckten Leib ist die Wirbelsäule mit z.T. weit über 200 Wirbeln ähnlich stark wie bei den Schlangen entwickelt. Die meisten Blindwühlen leben verborgen im Boden, wenige im Wasser. Einige Arten erreichen eine Länge von mehr als einem Meter und gehören damit zu den größten Amphibien. Die Blindwühlen sind die kleinste Gruppe der Amphibien, die Froschlurche die bei weitem umfangreichste. Im folgenden wenden wir uns nur den Schwanzlurchen und den Froschlurchen zu.

Um sich ein Bild vom Wesen der Amphibien zu machen, ist es sinnvoll, zunächst ihre Beziehung zur Umgebung ins Auge zu fassen. Jeder, der einmal einen Frosch in der Hand gehabt hat, erinnert sich an die schleimig-glitschige Haut. Diese ist sehr dünn und drüsenreich und unterscheidet sich von der Haut der höheren Wirbeltiere. Es ist eine Schleimhaut, die man bei den Säugetieren und dem Menschen nur im Inneren des Leibes, z.B. in der Mundhöhle, findet. Durch diese Schleimhaut steht ein Amphib in einer lebendigen Beziehung zur Atmosphäre, zur Luftfeuchtigkeit und zum Wasser. Man kennt kein Amphib, das das Wasser wie sonst die Wirbeltiere mit dem Mund aufnimmt. Alle saugen die für ihr Leben so wichtige Flüssigkeit durch die Haut auf – wenn sie sich in einem Gewässer, in feuchter Luft oder feuchtem Erdreich befinden oder sich mit Tau benetzen. Dementsprechend verdunstet in trockener Umgebung Wasser durch die ganze Körperoberfläche. Dadurch sind die Amphibien äußerst sensibel für die Feuchtigkeitsverhältnisse ihrer Umgebung. So leben sie, soweit sie sich nicht im Wasser aufhalten, tagsüber in feuchten Verstecken, die sie erst am Abend und in der Nacht verlassen, das heißt dann, wenn die Luft nach dem Sonnenuntergang wieder feuchter wird. Wenn es regnet, werden sie auch am Tag aktiv.

Die Haut ist auch Atemorgan. Zwar haben viele Amphibien einfache Lungen, alle nehmen aber einen größeren oder geringeren Teil des Sauerstoffs durch die Haut in ein fein verzweigtes Kapillarnetz auf, das sich dicht unter der Oberfläche ausbreitet. Hier wird auch wie in der Lunge ein Teil des Kohlendioxids ausgeatmet. Von der gesamten Menge des benötigten Sauerstoffs nimmt der Laubfrosch 24,2 %, die Erdkröte 27,6 %, der Feuersalamander 41,4 % und der Kammolch 73,7 % durch die Haut auf (Ziswiler 1976, S. 241). Es gibt auch eine Anzahl von Amphibien, die nur durch die Haut und die Schleimhaut der Mundhöhle atmen wie die lungenlosen Salamander, die artenreichste Gruppe der Schwanzlurche. Dann ist die Haut eine vollständig über den Leib ausgebreitete «Lunge».

So sind die Amphibien intensiv mit der Atmosphäre, ihrer Feuchtigkeit und dem Element des Wassers verflochten. Lebensprozesse, die sonst in den inneren Organen des Leibes geschehen, vollziehen sich auch an der Peripherie. Die Haut ist ein über das ganze Tier ausgebreitetes Lebensorgan. Dementsprechend wird sie auch immer wieder erneuert. Die Amphibien häuten sich in ziemlich regelmäßigen Abständen, die Kröten im Sommer etwa alle zwei Wochen. «Einige Stunden vor der Häutung ergießt sich eine Flüssigkeit aus den Schleimdrüsen unter die äußerste abgestorbene verhornte Hautschicht, so daß sie der neu gebildeten Haut nur noch locker aufliegt. Dann bilden sich auf bestimmten ‹Nähten›- Durchlöcherungen (Perforationen) aus; an ihnen entlang teilt sich die Haut längs der Rückenmitte bis zum Nacken, längs der Bauchmitte bis zur Brust, dort quer von Arm zu Arm und an den Armen und Beinen bis zu den Händen und Füßen» (Heusser 1980, S. 383). Und nun beginnt die Kröte sich ihrer alten Haut zu entledigen, die sie nach Art der Amphibien dann sofort auffrißt.

Die Haut ist auch Sekretionsorgan. In ihren Drüsen wird nicht nur Schleim gebildet, der die Haut feucht hält; fast alle Amphibien haben «zumindest Spuren von Gift in ihrer Haut» (Cochran 1961, S. 138). Am intensivsten ist das in der Haut der Farbfrösche, die in den Wäldern Süd- und Mittelamerikas leben. Deren Gifte gehören zu den giftigsten Naturstoffen überhaupt. Die geringe Menge von 0,08 Milligramm Batrachotoxin aus der Haut eines 3 Zentimeter langen Frosches (Phyllobates aurotaenia) «reicht aus, um über

1000 Mäuse durch eine subcutane Injektion zu töten» (Mebs 2003, S. 501). Die Indianer fangen diese Giftfrösche, töten sie und halten sie dann an einem spitzen Stock über ein Feuer. Das Gift, das nun aus der Haut heraustropft, wird in einem Gefäß gesammelt, wo es einen Fermentationsprozeß durchmacht. Dann tauchen die Indianer die Pfeilspitzen in diese Flüssigkeit und lassen sie trocknen. Ein Affe oder ein Vogel, der von einem solchen Pfeil getroffen wird, ist auf der Stelle gelähmt. Das Gift lähmt vor allem Herz und Atem und bewirkt Muskelstarre. In den letzten zwei Jahrzehnten fand man, daß die Pfeilgiftfrösche das Gift nicht selbst bilden und zumindest dessen Vorstufen mit der Nahrung – es handelt sich um Spinnen und Insekten – aufnehmen und das Gift dann in die Haut, das heißt an die Peripherie ihres Leibes, absondern (siehe hierzu Mebs 2000 und 2003).

Schließlich ist die Haut der Amphibien auch Sinnesorgan. Die Tiere sind an der ganzen Oberfläche sensibel für Tastreize. Das ist für die Haut nicht ungewöhnlich. Darüber hinaus empfinden die Amphibien durch ihre Haut eine Sinnesmodalität, die eine Beziehung zum Stoffwechselsystem hat und bei den übrigen Tetrapoden im Mund bzw. Maul zentriert ist. Das ist der Geschmackssinn. Er ist auch bei den Amphibien an der Mundschleimhaut am intensivsten, breitet sich aber auch über die den ganzen Leib umgebende Schleimhaut aus.

Die Tatsache, daß das Atmungssystem nur zum Teil im Innern des Leibes konzentriert ist, hat für den Organismus der Amphibien große Bedeutung. Normalerweise befinden sich bei den höheren Tieren in der Leibeshöhle neben verschiedenen anderen Organen die Lunge und der Verdauungstrakt. Im Verdauungstrakt wirken starke Kräfte des Verlangens und Begehrens, denen gegenüber das Atmen ziemlich emotionslos verläuft. Wenn nun die Amphibien in der geschilderten Weise durch die Haut atmen und die Lungen dementsprechend schwach ausgebildet sind, dann erhält im Inneren des Leibes das

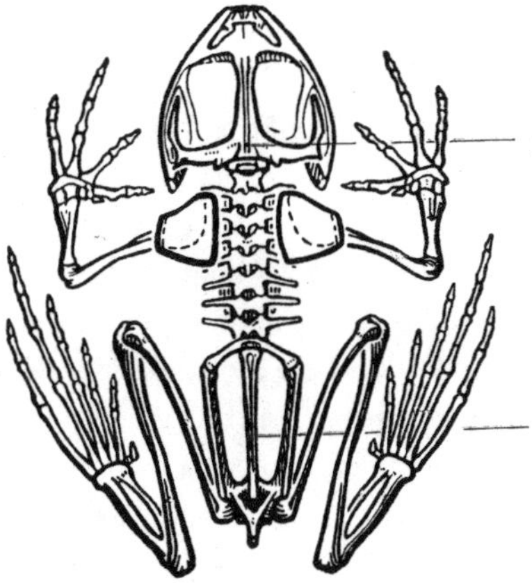

Abb. 85: Skelett eines Frosches.
Gegenüber dem mächtigen Maul erscheint das Gehirn ganz unbedeutend; 1 – Lage des Gehirns; 2 – die zum Urostyl verschmolzenen Schwanzwirbel, die in den Rumpf integriert sind, so daß die Bauchhöhle mit den Verdauungsorganen nach hinten erweitert wird (aus Tank).

Verdauungssystem das Übergewicht und mit ihm die Kräfte des Begehrens. Die bekannte Amphibienforscherin D. Cochran spricht dezent von dem «gesegneten Appetit» (Cochran 1961, S. 5) der Amphibien. Die Nahrungsgier ist besonders bei Froschlurchen enorm.

Bei ihnen ist die Leibeshöhle mit ihren Organen ganz einseitig ausgebildet. Wir haben schon erwähnt, daß die Wirbelsäule sehr kurz ist und den wenigen Wirbeln Rippen fehlen. Das sind Verhältnisse, die für den hinteren Teil der Wirbelsäule bzw. den Unterleib charakteristisch sind. An die kurze Wirbelsäule gliedert sich ein stabähnliches Knochengebilde an, das Urostyl, das aus der Verwachsung der Schwanzwirbel entstanden ist. Bei den Froschlurchen ist also der Schwanz in den Rumpf integriert. Damit erweitert sich die Leibeshöhle nach hinten, während der Brustteil weitgehend oder ganz unterdrückt ist. Der Eindruck, der Leib der Froschlurche sei wie ein Bauch, ist also ganz zutreffend. Dem entspricht im Innern ein sehr gut entwickelter Verdauungstrakt: ein voluminöser Magen, in den das Tier eine große Nahrungsmenge aufnehmen kann, ein langer, spiralig aufgerollter Dünndarm und ein auffallend langer Enddarm. Besonders eindrucksvoll ist der Anfangsteil des Verdauungstraktes, das große Maul, in dem die Gier nach Nahrung ihren physiognomischen Ausdruck findet. Und um die Insekten möglichst rasch in den Magen zu bekommen, ist bei vielen Froschlurchen die Zunge vorn befestigt. Das Tier schleudert sie nach außen, packt damit das Opfer, wirft es in das offene Maul und verschluckt es unmittelbar. Dieses Einverleiben der Nahrung geschieht mit solcher Intensität, daß beim Schlucken die Augen für einen Moment im Kopf, das heißt in der Mundhöhle, versinken.

Vor einer Reihe von Jahren bekam ich einen Eindruck von der Freßgier bestimmter Froschlurche. Eine Kröte näherte sich in einem Garten einer Ameisenstraße und setzte sich dort nieder. Nun verschwand eine Ameise nach der anderen im Maul der Kröte. Man hörte jedesmal, wenn die Kröte ihre Zunge hinausschleuderte, einen leisen Klicklaut. So endete der Ameisenzug fast vollständig im Magen der Kröte.

Dieser fast unersättliche Nahrungstrieb hat im Ganzen der Natur durchaus eine positive Funktion. Darauf weist D. Cochran mit folgenden Worten hin: «Vor allem aber ist die Kröte der beste Freund des Bauern und Gärtners, denn sie frißt im Laufe eines einzigen Tages unzählige Mengen an Insekten, insbesondere auch höchst schädliche Käfer … In den Vereinigten Staaten hat man mehrmals versucht, den Wert einer einzigen Kröte im Kampf gegen das Ungeziefer in einer Geldsumme auszudrücken; die Ergebnisse schwanken zwischen 20 und 50 Dollar pro Jahr!» (Cochran 1961, S. 107). Das trifft zu auf die Mitte des letzten Jahrhunderts.

Man kann an weiteren Tatsachen bemerken, wie das Wesen der Amphibien, vor allem das der Froschlurche, vom Verdauungstrakt geprägt wird. Die höheren Wirbeltiere atmen wie der Mensch durch das rhythmische Pulsieren von Brustkorb und Lunge. Bei den Amphibien ist von einem solchen Atemrhythmus nichts zu bemerken. Viele nehmen die Luft zunächst in das Maul auf. Hier gelangt ein Teil des Sauerstoffs durch die feinen Kapillaren in das Blut. Dann wird die Luft wie ein Bissen in die Lunge hinuntergeschluckt. Die verbrauchte Luft wird wieder in die Mundhöhle gepreßt und dann durch die Nasenlöcher ausgeatmet. Das Atmen ist wie ein Fressen von Luft. Die Begierdekräfte des Verdauungstraktes beherrschen offensichtlich das Atmen. Sie haben auch einen deutlichen Einfluß auf das Sehen. Man hat festgestellt, daß die meisten Froschlurche nur das sehen, was sich bewegt, was also möglicherweise gefressen werden kann. Unbewegliche Gegenstände und das, was sich momentan nicht bewegt, erregen den Sehsinn nicht. So ist der unmittelbare Eindruck, daß die Augen zum Maul und zum Bauch gehören, durchaus richtig.

Die Entwicklung der Amphibien gehört zu den eigenartigsten Vorgängen in der Tierwelt. Sie wird eingeleitet durch die Besamung der Eizellen. Bei den meisten Schwanzlurchen geschieht das im Innern der weiblichen Tiere. Die männlichen Tiere legen ein kleines Päckchen mit Samenzellen, einen Spermatophor, ab, den das Weibchen in seine Kloake aufnimmt und dann die befruchteten Eier entläßt. Bei den Froschlurchen ist der Vorgang dramatischer. Die männlichen Tiere stürzen sich gleichsam auf die größeren weiblichen und umklammern sie mit ihren Armen. Der Fortpflanzungstrieb hat eine solche Macht, daß männliche Tiere zum Teil wie besinnungslos auch alle möglichen Gegenstände umklammern. Sie sind so auf den Fortpflanzungsvorgang fixiert, daß sie die ganze Zeit über keine Nahrung aufnehmen. Während die Eier aus dem Leib der weiblichen Tiere hervorkommen, werden sie von den männlichen besamt. Dieser Vorgang findet meistens in einem der Gewässer statt, in dem sich dann auch die Larven entwickeln. Man kennt aber zahlreiche Varianten.

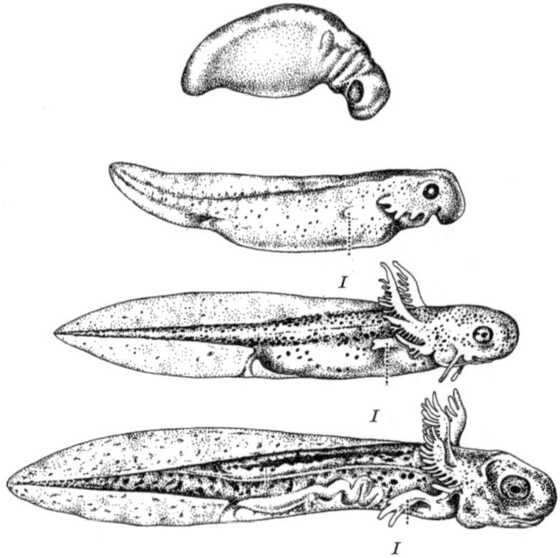

Abb. 86: Frühe Stadien in der Entwicklung eines Schwanzlurches, des Fleckenquerzahnmolches (Ambystoma maculatum). Neben der Entwicklung der äußeren Kiemen ist deutlich zu sehen, wie sich allmählich die Vordergliedmaßen (1) allmählich bilden (aus Ziswiler).

Zunächst sei der typische Verlauf der Entwicklung in knappen Zügen geschildert. In der stark aufquellenden Hülle eines Eis entwickelt sich der Keim, der unter Umständen schon nach wenigen Tagen die Hülle verläßt und nun wie ein kleiner Fisch im Wasser schwimmt. Dieses Wesen entspricht in seiner Organisation weitgehend der eines Fisches. Es atmet mit Kiemen und bewegt sich mit einem Ruderschwanz. Am Kopf und den Seiten befindet sich wie bei den Fischen das Seitenlinienorgan. Die Augen sind ohne Lider, und es fehlt vielfach ein äußeres Gehörorgan (Trommelfell und Mittelohr). Bei den Kaulquappen der Froschlurche werden die Kiemen bald von einer Hautfalte überdeckt. Nun nehmen sie wie der Fisch das Atemwasser durch den kleinen Mund auf. In der ersten Phase seiner Entwicklung ist das Amphib ein Fisch, dem allerdings ein

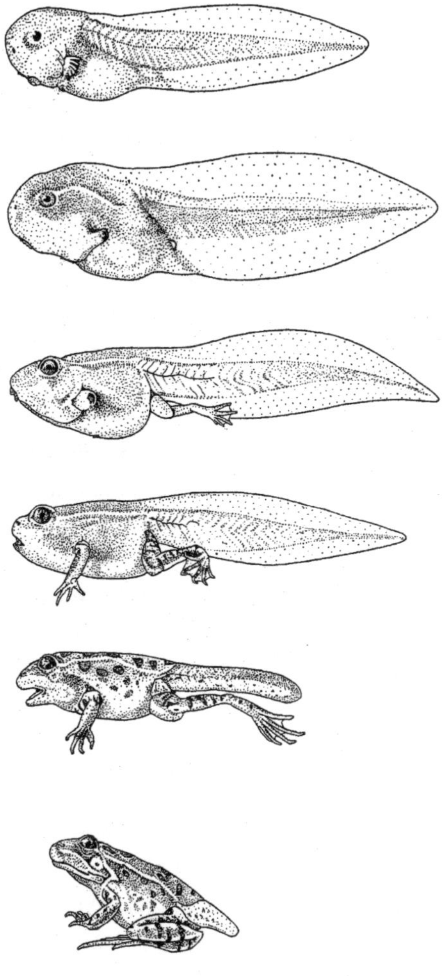

Abb. 87: Die Kaulquappe und die Metamorphose eines Froschlurches, des nordamerikanischen Leopardfrosches (Rana pipiens). Bei der Kaulquappe entstehen zunächst äußere Kiemen, die dann ins Innere verlagert werden (aus Ziswiler).

wichtiges Organ fehlt, die Schwimmblase. Dadurch schweben diese fischartigen Wesen nicht schwerelos; sie sinken langsam nach unten, wenn die Ruderbewegungen des Schwanzes aufhören.

Das ist von großer Bedeutung. Denn unter dem Einfluß der Schwere entwickeln sich nach einiger Zeit jene Organe, durch die sich ein Tier mit der Schwere auseinandersetzt – das sind die Gliedmaßen. Bei den Schwanzlurchen erscheinen so, wie das üblich ist, zuerst die vorderen Gliedmaßen, bei den Froschlurchen im Zusammenhang mit der übermäßigen Betonung des Hinterleibes die hinteren Gliedmaßen. Dann folgt die vollständige Metamorphose zum Amphib. Sie geht von der Schilddrüse aus, die durch ihr Sekret, das Thyroxin, im ganzen Organismus die inneren Atmungsprozesse intensiv steigert. Nun verschwinden die Kiemen, es entsteht die Lunge. Mit der Umwandlung der Atemorganisation wird auch das Kreislaufsystem umgebildet. Der Ruderschwanz wird resorbiert, während sich die Gliedmaßen voll ausbilden. Bei den Froschlurchen wird auch der Verdauungstrakt tiefgreifend umgestaltet, denn die Kaulquappen haben sich von pflanzlicher Substanz ernährt; nun folgt die für die Amphibien typische Ernährung durch Insekten, Würmer, Schnecken usw. Im Zusammenhang mit dieser Umgestaltung entsteht das mächtige Maul mit der Zunge. In der Leber und anderen Organen vollziehen sich drastische biochemische Veränderungen. Auch die Sinnesorganisation wird eine andere. Das Seitenlinienorgan bleibt nur bei einigen im Wasser lebenden Schwanzlurchen und Froschlurchen bestehen; sonst verschwindet es. Stattdessen erscheinen Trommelfell und Mittelohr. An den Augen, die zum Teil wesentlich größer werden, bilden sich Augenlider. In den Augen verändert sich die Form der Linse, und in der Retina wird ein neues Sehpigment gebildet. Auch die Haut wird von der Metamorphose ergriffen; sie wird etwas dicker und erhält an der Peripherie eine ganz dünne Hornschicht.

Wenn man sich das alles vor Augen führt, muß man sagen: Es entsteht ein neues Lebewesen. Wüßte man nichts von der Metamorphose, man würde die Kaulquappe und den Frosch für zwei völlig verschiedene Tiere halten. Und es ist in der Tat so, daß bei der Metamorphose durch die Kaulquappe ein neues Tierwesen erscheint. Es ist ein Wesen, das gegenüber der fischartigen Kaulquappe den Leib durch die Gliedmaßen, die Lungenatmung usw. viel stärker von innen ergreift. Und während das Tier in seinem Fischzustand intensiv an die Umgebung hingegeben ist, leben nun starke Kräfte des Begehrens und der sinnlichen Leidenschaften im Amphib auf. Ein Phänomen weist besonders schön darauf hin, daß mit der Metamorphose ein Wesen nun mehr aus dem Inneren seines Leibes tätig wird; das sind die Lautäußerungen, die besonders bei Froschlurchen durch die Schallblasen zu einer beachtlichen Intensität anschwellen.

Die Metamorphose ist zunächst ein Rätsel. Woher kommt der Organismus, der sich als Amphib durch die Larvenform hindurch verwirklicht? Er muß gleichsam im Hintergrund schon in irgendeiner Art vorhanden sein, bevor er durch die Metamorphose erscheint. In dem vorangehenden Kapitel wurde dargestellt, daß man den Fisch nur versteht, wenn man erfaßt, wie sich in ihm der Typus in einer speziellen Form verwirklicht. Es wurde deutlich, daß sich der Typus unter der Bedingung des Lebens im Wasser aber nur unvollständig als Fisch verkörpert. Besonders auch durch die Schwerelosigkeit entsteht im Fisch eine Tierform, in der der Typus nur einen Teil seiner Bildekräfte ausgestaltet; indem der Fisch aus dem Typus hervorgeht, verkörpert sich dieser nur partiell. Mit dieser Anschauung kann verständlich werden, was bei der Metamorphose geschieht.

Die Larve des Amphibs ist ein fischartiges Wesen, das allerdings nicht ganz zum Fisch ausgestaltet ist. Es fehlen z.B. die paarigen Flossen, und das Skelett ist durch seine knorpelige Konsistenz noch bildsam. Dieses Wesen befindet sich im Gegensatz zum Fisch durch das Fehlen der Schwimmblase unter dem Einfluss der Schwere. Dadurch kann sich der Typus aber vollständiger verwirklichen.

Denn jetzt entstehen an der Stelle von Flossen richtige Gliedmaßen und mit ihnen zusammen ein vollkommenerer Organismus, allerdings mit den Einseitigkeiten, die wir geschildert haben. Das physiologische Medium, durch das sich der Typus im Amphib vollständiger verkörpert als im Fisch, ist der von der Schilddrüse ausgehende gesteigerte Atemprozess in allen Organen.

Bei genauer Betrachtung bemerkt man, daß der Typus in den Amphibien wohl vollständiger als in den Fischen, aber doch noch recht unvollkommen erscheint. Die Wirkung der Schwere ist bei den Larven durch den Auftrieb im Wasser abgeschwächt. Dementsprechend entwickeln sich bei den Schwanzlurchen nur kleine Gliedmaßen. Bei den Froschlurchen sind die Beine zum Teil wohl ziemlich lang, es fehlt ihnen aber auch hier die Kraft, um den Körper frei zu tragen. Bestenfalls katapultiert sich das Tier mit ihnen ein Stück weit durch den Raum. Das Unvollkommene zeigt sich auch in der kleinen und ihrer inneren Struktur einfachen Lunge, ebenso im Herz, das nur eine Kammer hat, in der geringen Blutmenge, dem Kreislauf ohne Trennung in arterielles und venöses Blut, der geringen Verselbständigung des Flüssigkeitshaushalts und einem ziemlich trägen Stoffwechsel. Aber auch in der Sinnesorganisation, besonders in Auge und Ohr, und in der Bildung des Gehirns manifestiert sich der Typus nur unvollständig.

Bei verschiedenen Schwanzlurchen bleibt die Metamorphose auf unvollkommenen Stufen stehen. Die Armmolche (Sirenoidea) kommen nur bis zur Ausbildung der vorderen Gliedmaßen, und sie haben neben einfachen Lungen noch Kiemen. Andere Arten, bei denen beide Gliedmaßenpaare entstehen, atmen wie die Larven mit Kiemen. Die bekanntesten dieser Formen sind der Grottenolm (Proteus anguinus), der in den Gewässern der dinarischen Karsthöhlen lebt, und der mexikanische Axolott (Ambystoma mexicanum), bei dem Thyroxingaben die vollständige Umwandlung zum Lurch auslösen. Dieses Fortbestehen von jugendlichen bzw. larvalen Merkmalen beim ausgewachsenen Tier bezeichnet der Zoologe als Neotenie.

Nun gibt es neben dem typischen Ablauf der Entwicklung die unterschiedlichsten Variationen. Wir können nur einige erwähnen. Es ist wohl weithin bekannt, daß das Weibchen des schwarzen Alpensalamanders (Salamandra atra) zwei bis drei Jahre nach der Begattung zwei voll entwickelte kleine Salamander zur Welt bringt. Bei den kleinen Lebendgebärenden Kröten (Nectophrynoides) findet die gesamte Entwicklung vom Ei über das Kaulquappenstadium und die Metamorphose innerhalb von neun Monaten im Innenraum der Gebärmutter statt. Während der Paarung gelangen bei dem Schüsselrücken-Laubfrosch (Fritziana goeldii) die dotterreichen Eier auf den Rücken des Weibchens. In ihnen entwickeln sich die Kaulquappen, die dann in einem mit Wasser gefüllten Blatttrichter von Bromelienpflanzen abgesetzt werden. Bei den Beutelfröschen (Gastrotheca) bildet sich über den Eiern auf dem Rücken der Weibchen eine Bruttasche, aus der dann nach einigen Wochen wie bei einer Geburt die Kaulquappen hervorkommen. Den ungewöhnlichsten Verhältnissen begegnet man bei den Wabenkröten (Pipa) aus den nördlichen Regionen von Südamerika. Bei der Paarung bewegen sich die Weibchen mit den Männchen in einer eigenartigen Kreisbewegung in ihrem Gewässer auf- und abwärts. Dabei gelangen die Eier auch hier auf den Rücken des weiblichen Tieres. Was nun geschieht, beschreibt H. W. Parker mit folgenden Worten: «Dort [auf dem Rükken] haften die Eier fest und regen nun die Haut zu einem verstärkten Wachstum an. Sie wächst an jedem einzelnen Ei in die Höhe und schließlich um es herum, und zwar in einem derartigen Ausmaß, daß … jedes Ei in einer eigenen schüsselförmigen Grube zu liegen kommt. Dann schließen sich die Öffnungen der Mulden mit einem Deckel … und innerhalb der Gruben findet nun die Entwicklung bis zu einem fortgeschrittenen Stadium der Metamorphose oder sogar bis zu deren Abschluß statt» (Parker 1972, S. 79). Nach etwa zweieinhalb bis viereinhalb Monaten steigen dann kleine Wabenkröten aus ihren kleinen Brutbehältern.

Hier ist die Schleimhaut nicht nur Organ für das Atmen wie das

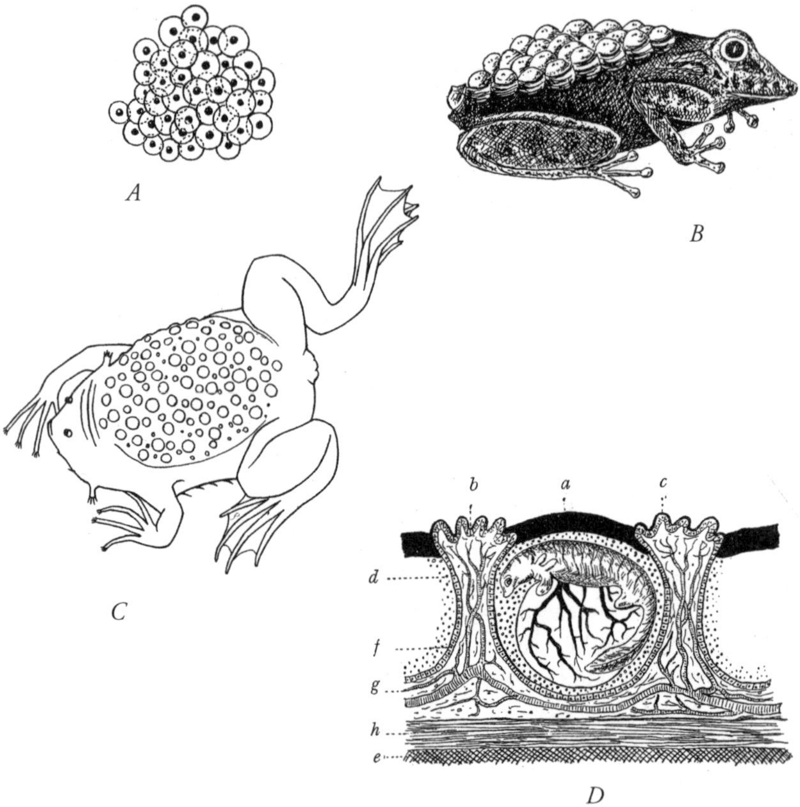

Abb. 88: Laichklumpen eines Frosches im Wasser mit den aufgequollenen Eiern (A; aus Ziswiler). Weibchen des in Brasilien lebenden Schüsselrücken-Laubfrosches (Fritziana goeldii; B; aus Korschelt und Heider). Weibchen der Wabenkröte (Pipa pipa) mit den in die Rückenhaut aufgenommenen Eiern (C; aus Ziswiler). Senkrechter Schnitt durch die Rückenhaut der Wabenkröte (D; aus Korschelt und Heider). In der Bruttasche entwickelt sich der Embryo wie in einer Gebärmutter.
a – Deckel der Hauttasche; b und c – Wand der Hauttasche; d – gelatineartige Flüssigkeit; e – Muskulatur; f – Epidermis; g – Corium mit Blutgefäßen; h – subkutaner Lymphraum.

innere Gewebe der Lunge und für das Aufsaugen von Flüssigkeit wie die Darmschleimhaut. Sie ist eine Gebärmutterschleimhaut, die das befruchtete Ei wie bei der Einnistung in sich aufnimmt und den heranwachsenden Keim durch zahlreiche Blutgefäße, die an die kleinen Brutkammern herandringen, mit Sauerstoff und Nährstoffen versorgt.

Diese Tatsachen verdeutlichen noch einmal mehr, daß die Amphibien Tiere sind, bei denen Organfunktionen, die sonst dem Inneren des Leibes angehören, sich nach außen fortsetzen und sich mehr oder weniger stark über das ganze Tier ausbreiten.

Bei der Metamorphose entsteht mit dem Amphib eine Tierform, die durch ihre Gliedmaßen den Raum des Wassers verlassen kann. Die Schwere, unter deren Einfluß sich die Gliedmaßen bilden, entfaltet aber, wie schon erwähnt, nicht ihre volle Wirksamkeit; sie ist im Wasser durch den Auftrieb abgeschwächt. So bleiben die Gliedmaßen bei den Schwanzlurchen klein. Das ist wohl der Grund, weshalb viele Schwanzlurche einen beträchtlichen Teil ihres Daseins im Wasser verbringen oder ganz im Wasser leben wie jene, die sich nur unvollständig metamorphosieren und den Fischzustand nicht ganz überwinden. Die Froschlurche mit ihren kräftigen Hintergliedmaßen begeben sich ausgiebiger ans Land. Nur wenige sind ständige Wasserbewohner wie z.B. die Wabenkröte und die Unken (Bombina). Andere leben in der Randzone zwischen Wasser und Land wie der Wasserfrosch (Rana esculenta). Er hält sich bisweilen am Ufer auf, springt aber sofort bei der leisesten Beunruhigung ins Wasser und taucht unter. Er überwintert auch eingegraben im Schlamm am Boden seines Teiches. Andere Frösche wie der braune Grasfrosch (Rana temporaria) begeben sich weiter in den Umkreis der Gewässer. Die Kröten, die durch ihre Größe und die schwächeren Hinterbeine recht schwerfällig sind, lösen sich stärker als die Frösche vom Wasser und verbringen den Winter am Land in sicheren Verstecken. Manche Frösche wie die Baumfrösche (Chiromantis) und die meisten Laubfrösche leben sogar auf Bäumen, besonders in tropischen und subtropischen Wäldern, wo die Luft genügend Feuchtigkeit enthält. Es gibt aber auch Amphibien, die in den trockensten Gebieten Australiens leben. Der Wasserreservoir-Frosch (Cyclorana platycephala) nimmt während der Regenzeit so viel Wasser in seine Blase und die Lymphräume unter der Haut auf, daß er völlig aufgedunsen wie eine Kugel aussieht. Er macht sich zum Wasserspeicher, zieht sich in seine Wohnkammer unter der Erde zurück und übersteht hier mit seinem Wasservorrat die Trockenzeit.

NIEDERE TIERE
(WIRBELLOSE)

Wir sind auf dem Weg unserer Betrachtungen an eine wichtige Grenze gelangt. Seit dem großen französischen Naturforscher J. B. Lamarck unterteilt man das Tierreich in die beiden Gebiete der Wirbeltiere und der wirbellosen Tiere. Auch wenn dieser Einteilung in der zoologischen Systematik heute nicht mehr jene Bedeutung wie früher zugemessen wird, so kennzeichnet sie für denjenigen, der das Tierreich nicht nur beschreiben und klassifizieren, sondern auch verstehen will, eine deutliche Zäsur. Die Wirbeltiere sind unserem Verständnis zugänglich, weil man sie recht gut als spezielle Ausprägungen des Typus begreifen kann. Bei den Fischen muß man allerdings schon einen ziemlich starken Umwandlungsprozeß mitvollziehen, um in ihrem Organismus die Sonderform des Typus zu erkennen. Man hat aber an der Wirbelsäule und anderen Organen noch deutliche Anhaltspunkte für das Urteil. Diese entfallen weitgehend, wenn man die Grenze zu den wirbellosen Tieren überschreitet. Goethe hatte allerdings die Hoffnung, daß der Typus «durch das Labyrinth der tierischen Formen ... bis zu den formlosesten organischen Naturen hinabreicht» (Goethe 1975, S. 248). Es bedarf aber einer besonderen Umsicht in der Handhabung der Methode und eines Überblicks über die Tatsachen, wenn man mit Verständnis die Schwelle, die in das weite Gebiet der wirbellosen Tiere führt, überschreiten will. Es geht darum, einen Bereich, der auch für den Zoologen weitgehend aus einer Fülle rätselvoller Erscheinungen besteht, geistig zu durchdringen.

WÜRMER UND INSEKTEN

Es gibt in der Tierwelt Zusammenhänge, die recht überraschend sind. Wenn man an den Regenwurm denkt, den man beim Umgraben im Erdreich entdeckt, oder an einen der Meereswürmer, die in wellenförmiger Bewegung durch das Wasser gleiten, dann mag man kaum an eine auch nur entfernte Verwandtschaft mit einer Schwebfliege oder einem Schmetterling glauben. Denn von dem, was für einen Wurm charakteristisch ist, von dem einförmigen Bau, der feuchten Haut und dem Leben im Wasser oder in der Erde, findet man fast nichts bei den Insekten. Ihr Leib ist in verschiedene Teile gegliedert und bis ins kleinste durchformt, die Konsistenz ist trocken, und die meisten leben in der Atmosphäre oder können sich wenigstens für eine kürzere Zeit in den Luftraum erheben. Wendet man sich aber der Entwicklung der Insekten zu, dann sieht man, daß viele als Larve oder Raupe einem Wurm ähnlich sind. Natürlich gibt es im Einzelnen beträchtliche Unterschiede, denn Larve und Raupe sind eine Etappe auf dem Weg zum Insekt. Im Lebendigen kündigt sich das Spätere schon auf den vorangehenden Stufen an. Will man verstehen, was ein Insekt ist, dann muß man zuvor den Wurm begreifen.

RINGELWÜRMER

Wenn hier von Würmern die Rede ist, dann sind die Ringelwürmer (Anneliden) gemeint, die der Zoologe mit den Insekten, Spinnentieren und Krebsen als Gliedertiere (Articulaten) zusammenfaßt. Bei den Ringelwürmern unterscheidet er die Vielborster (Polychaeten), die Wenigborster (Oligochaeten) und die Blutegel (Hirudineen), die durch ihre oft parasitische Lebensweise von der Wurmform etwas abweichen. Zu den Wenigborstern gehören die Regenwürmer und Würmer, die im Süßwasser leben. Der Lebensraum der Vielborster sind vor allem die Küstengebiete der Meere. Dort graben sie sich in den wasserdurchtränkten Untergrund ein wie der Sandwurm. Andere sitzen in Röhren, die sie ausgeschieden haben, und wenden sich mit ihrem Kranz langer, farbiger Tentakeln zum Umkreis. Viele bewegen sich im freien Raum des Wassers, am Grund oder leben in Riffen. Durch ihre Sinnesorgane, die Kiemen und verschiedenartige andere Fortsätze treten sie stärker mit der Umgebung in Beziehung als die Wenigborster. In den Grundprinzipien stimmen sie aber überein: in der monotonen Wiederholung der Körpersegmente, in der dünnen, schleimigen Haut, der einfachen, glatten Muskulatur, die unter der Haut das Innere umgibt, dem geschlossenen Blutkreislauf und den schlängelnden oder peristaltischen Bewegungen.

Bei einigen Vielborstern entsteht der langgestreckte weiche Leib, indem sich an einer kleinen Larve (Trochophora-Larve), die eine Zeit-

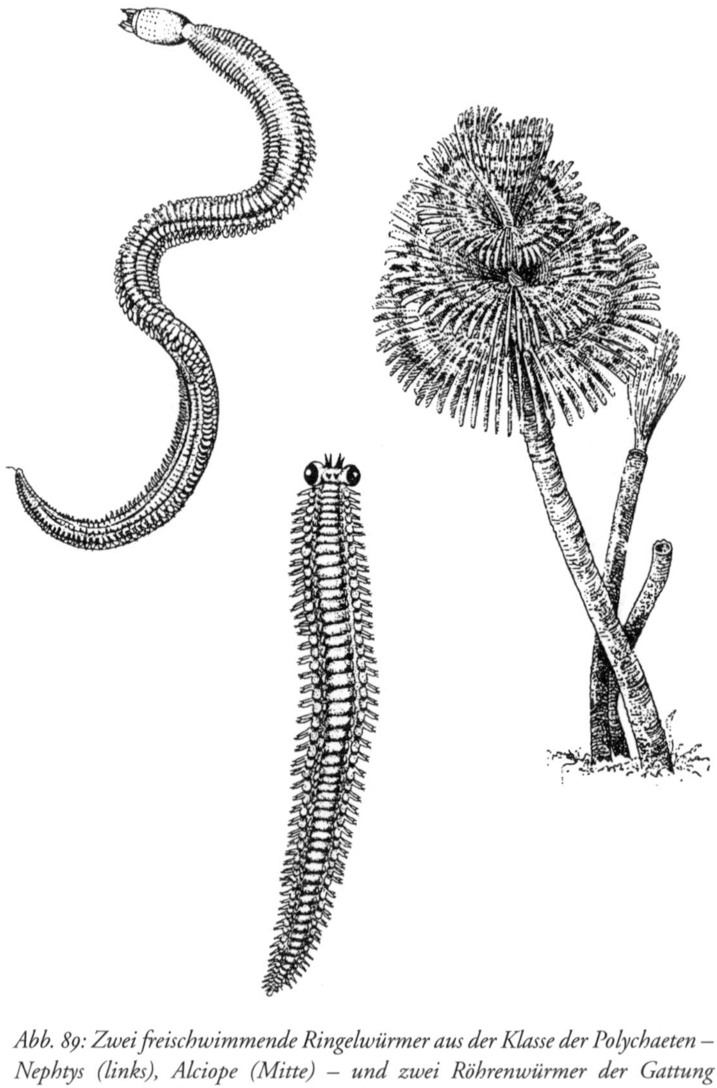

Abb. 89: Zwei freischwimmende Ringelwürmer aus der Klasse der Polychaeten – Nephtys (links), Alciope (Mitte) – und zwei Röhrenwürmer der Gattung Spirographis (rechts) – der linke mit entfalteter Tentakelkrone (aus Kaestner I/3, 1993 und Remane/Storch/Welsch)

lang im Meer schwebt, ein Segment nach dem andern bildet. Das Wachsen ist vor allem ein Sprießen. So sind die Würmer, auch wenn die Segmente in anderer Weise entstehen, Tiere, denen das Kennzeichen eines höheren Organismus fehlt: die Unterordnung der Glieder unter ein übergreifendes Organisationsprinzip. Das Lebendige, der sich wiederholende Bildungsprozeß, ist das Beherrschende.

Wie ist die Beziehung dieser fremdartigen Tiere zum Typus? Zur Beantwortung dieser Frage kann man sich zunächst folgendes sagen: Um die Organisation des Fisches zu verstehen, muß man verfolgen, welche Form der Typus annimmt, wenn er im Medium des Wassers keine Gliedmaßen ausbilden kann. Der Wurm steht auf einer weit einfacheren Stufe als der Fisch. Beim Schritt vom Fisch zum Wurm verschwinden weitere Glieder des vollkommenen Organismus aus der äußeren Erscheinung.

Das wird deutlich, wenn man die Entwicklung eines Fisches mit der Organisation des Wurmes vergleicht. Beim Fisch bilden sich sehr früh – wie bei allen Wirbeltieren – hinter der Kopfanlage die paarigen Somiten. Es sind zarte kleine Kämmerchen, die eine immer längere Kette bilden. Zwischen ihnen senkt sich die Anlage des Neuralrohres ein, das sich zum Rückenmark weiterentwickelt. Von den Somiten geht dann nach innen die Bildung der Wirbel aus, nach außen die der Muskulatur und der Haut. Dabei lösen sich die Somiten auf; sie gehen gleichsam in diese verschiedenen Organbildungen über. Bei den Würmern entsteht ebenfalls eine paarige Kette von Somiten. Von ihnen stammen jene Zellen, die außen unter der dünnen Haut zum Hautmuskelschlauch werden. Die Somiten bleiben als die Cölomhöhlen aber ganz oder weitgehend erhalten. Sie umgeben im Zentrum den Darm und werden hier zur Darmmuskulatur. Vor allem stammt von ihnen die segmentale Gliederung des Wurmkörpers.

Die Fische entwickeln sich über die Organisationsstufe der Würmer hinaus. Dabei entstehen unter anderem die Haut, die Wirbelsäule und das Rückenmark mit seinen Nerven. Durch die Wirbelsäule zentriert sich der Organismus; der Leib erhält durch das

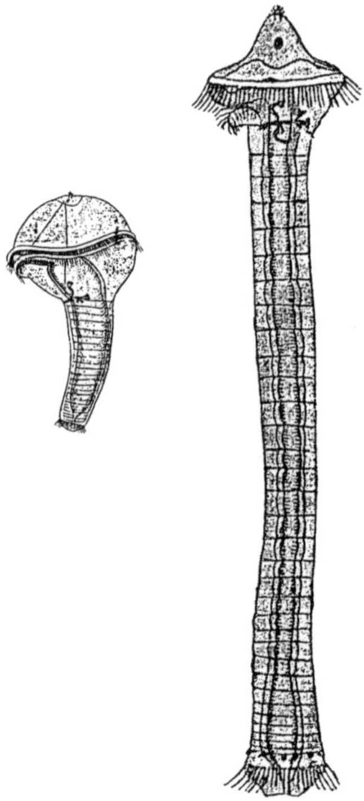

Abb. 90: Frühes Entwicklungsstadium eines Ringelwurms der Gattung Polygordius (links): der sprießend wachsende Wurmkörper ist zunächst ein Anhängsel der Trochophora-Larve, dem späteren Kopfende des Wurms. Rechts: fortgeschrittenes Entwicklungstadium (aus Korschelt/Heider)

knöcherne Skelett eine bestimmte Form. Das Tier bewegt sich, indem es mit seiner Aktivität an der Wirbelsäule angreift; es bewegt sich von innen. Durch das Rückenmarksnervensystem und die zu ihm gehörigen Sinne kann es auf die Eindrücke, die ihm aus der Umgebung zukommen, reagieren. Und durch die Haut hat sein Körper eine umgrenzende Hülle.

Was bedeutet es, wenn sich diese Organe nicht ausbilden? Dann grenzt sich der Organismus nicht gegenüber der Umgebung ab. Er ist durch seine zarte Haut mit der umgebenden Feuchtigkeit und Luft völlig verwoben. Die Bewegungsimpulse ergreifen den Leib nicht, sie tauchen gleichsam ganz in die schlängelnden und peristal-

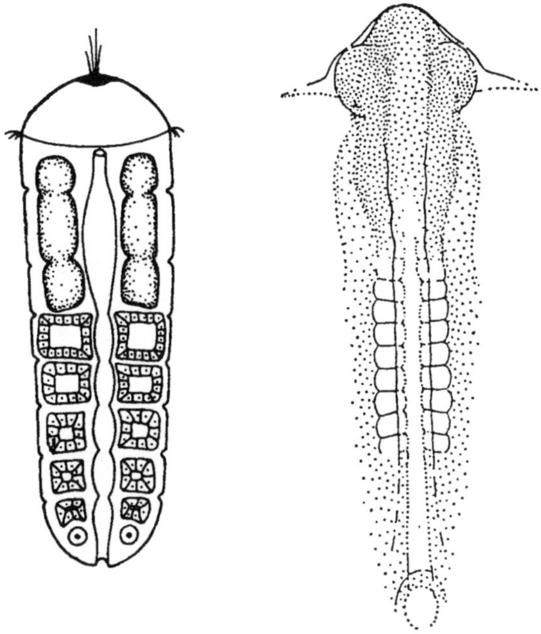

Abb. 91: Frühe Stadien in der Entwicklung eines Ringelwurms (Schema; links) und eines Fisches (Stichling, rechts). Die Segmente des Wurmkörpers mit den Somiten entstehen aus der Sprossungszone am hinteren Ende. (Aus Kaestner I/3, 1993 und Portmann o. J.)

tischen Muskelbewegungen unter. Und da das zentrale Nervensystem fehlt, kann sich das Tier nicht oder nur sehr wenig zur Umwelt wenden. Es ist weitgehend auf die dumpfen Empfindungen an und in seinem Leib begrenzt. Das einfache Nervensystem mit den Ganglienknoten in jedem Segment, die durch einen Nervenstrang untereinander verbunden sind, entspricht dem sympathischen Nervensystem der Wirbeltiere, das nur ein dumpfes Empfinden des Leibes und seiner Organe vermittelt.

Damit wird deutlich: Die Würmer sind Wesen, in denen der Rumpf in seiner ersten und einfachsten Anlage als Tier erscheint. In den Fischen prägt sich der Rumpf mit jener Vollständigkeit aus, die er ohne Gliedmaßen erreichen kann. In den Würmern tritt die Rumpfbildung auf ihrer allerersten und insofern noch unvollständigen Stufe in Erscheinung.

In dieser so unvollkommenen Manifestation des Typus liegt eine doppelte Tendenz. Der Wurm kann sich mit den Kräften, die aus der Umgebung auf ihn einwirken, verbinden; er kann aber auch in den Prozessen des eigenen Leibes aufgehen. Letzteres führt bei den Blutegeln zur Ausweitung des Darms in einer ganzen Anzahl paarig angeordneter Blindsäcke. Weit mehr als die Hälfte der Blutegel ernährt sich vom Blut, das sie aus dem Leib von Wirbeltieren, besonders Fischen und Säugetieren, heraussaugen. Dieses Blut behandeln sie so, daß sie sich unter Umständen länger als ein Jahr von ihm ernähren können.

Die frei beweglichen Vielborster wenden sich in der Bildung ihres Leibes und im Verhalten deutlich nach außen. Vorn entsteht ein großer Nervenknoten. Hier entwickeln sich Lichtsinnesorgane, zum Teil hoch entwickelte Linsenaugen. Es kommt zu einer Konzentration des Geschmacks- (und Geruchs-?) Sinnes. Die Segmente erweitern sich nach links und rechts zu den sogenannten Parapodien, die teilweise Kiemen tragen. Bei einigen dieser Würmer beginnt zur Fortpflanzungszeit am hinteren Ende wieder ein sprießendes Wachsen. So entsteht z. B. beim Palolowurm (Eunice) eine ganze Kette von Segmenten mit Eiern oder Samenzellen wie ein dünner Wurm an dem vorderen Wurm. Der hintere Teil löst sich dann ab, schwimmt an die Oberfläche und entläßt dort die Fortpflanzungszellen. Bei der Gattung Myrianida bildet sich sogar eine Kette kleiner Geschlechtstiere, die sich dann voneinander trennen.

Von vielen dieser Würmer weiß man, daß der Mond einen starken Einfluß auf die Fortpflanzung hat. Die Würmer sind ja innig mit

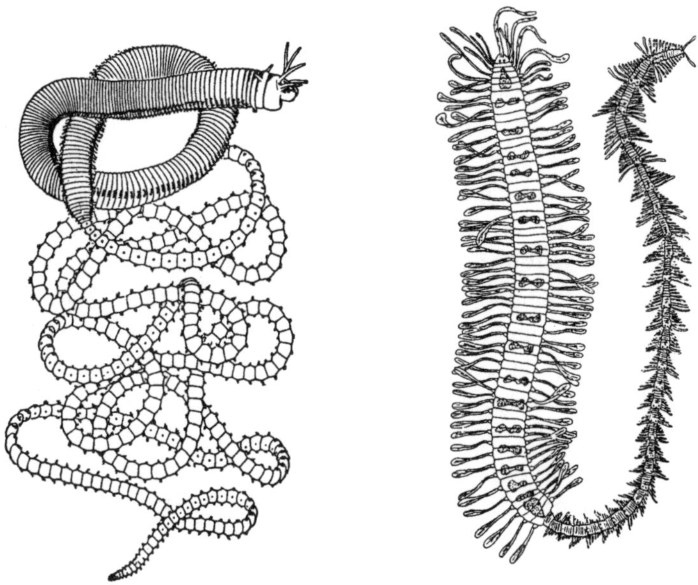

Abb. 92: Zwei Ringelwürmer (Polychaeten), bei denen das sprießende Wachstum während der Fortpflanzung immer wieder neu auftritt: Eunice viridis (Palolowurm, links; aus Kaestner) und Myrianida fasciata (rechts; aus Korschelt/Heider)

dem umgebenden Wasser verbunden, auf das der Mond seine Wirkung ausübt. Die Fortpflanzung ist ganz an den Lichtrhythmus des Mondes gebunden. Bei dem Palolowurm der Südsee (Eunice viridis) ereignet sich das merkwürdige Fortpflanzungsgeschehen immer am zweiten oder dritten Tag nach dem dritten Mondviertel, das in den vier Wochen zwischen Ende Juni und Ende Juli eintritt.

Die Organisation der Wenigborster ist einfacher. Der Wurm besteht aus einer Serie schlichter Segmente. Der Organismus ist mehr nach innen gerichtet. Fast alle diese Würmer ernähren sich von abgestorbenen Pflanzenteilen oder Mikroorganismen des Wassers und Bodens. Von den Regenwürmern weiß man besonders seit den Beobachtungen von Ch. Darwin, daß sie den Boden in einer wunderbaren Weise bearbeiten. In Zeiten der Aktivität wandert an einem Tag ein Quantum an Erde und Pflanzenresten durch ihren Leib, das knapp einem Drittel des eigenen Gewichtes entspricht. «Der erstaunliche Kunstgriff im Verdauungsprozeß der Regenwürmer ... besteht in dem Zusammenführen von organischen und mineralischen Feinstpartikeln zu den sogenannten Ton-Humus-Komplexen» (Lindholm 1991, S. 233). Diese absorbieren Wasser viel stärker als der umgebende Boden. «So speichern Kotkrümel aus Lehmböden 40 Prozent mehr Wasser als der Lehm, der Kot sandbewohnender Würmer aber gar 110 Prozent mehr als der Sand» (Kaestner 1965, S. 548). Die Ton-Humus-Komplexe sind auch höchst effektive Nährstoffspeicher für die Pflanzenwurzeln. Durch den Schleim und die Ausscheidung der primitiven Nierenorgane der einzelnen Segmente wird im Boden Stickstoff angereichert. Regenwürmer wirken auch harmonisierend, indem saurer wie auch alkalischer Boden beim Weg durch den Darm etwas neutralisiert wird. Außerdem wird das Erdreich durch die Regenwürmer umgelagert und durchlüftet (ergänzend hierzu Steiner 1963, S. 184 ff.).

Das alles erhöht die Qualität des Bodens und fördert das Pflanzenwachstum. Ein Weizenacker mit Regenwürmern hatte gegenüber einem anderen ohne Regenwürmer eine um 83 Prozent höhere Ernte, ein Bohnenfeld einen Mehrertrag von 195 Prozent. – Der Regenwurm hat ein feines Empfinden für die Qualitäten des Bodens und verändert sie so, daß sie für das Pflanzenleben besonders günstig sind. Will man den Charakter dieser Tätigkeit möglichst genau aussprechen, dann muß man sagen, sie sei weisheitsvoll.

INSEKTEN

Im Sinne der zoologischen Systematik entspricht den Ringelwürmern (Anneliden) der ganze Formenkreis der Gliederfüßler (Arthropoden) mit den Hauptgruppen der Krebse, der Spinnentiere und Insekten. Zu diesen sind noch zwei kleinere Gruppen hinzuzuzählen, die durch die Gleichförmigkeit der Segmente den Würmern recht ähnlich sind: die Onychophoren der Südkontinente und die Tausendfüßler (Chilopoden und Progoneaten). Wir werden uns auf die Insekten beschränken, das heißt jene so außerordentlich artenreiche Tiergruppe, in der die vollkommene Form erst nach einem mehrstufigen Verwandlungsprozeß auftritt. Nur die einfachsten Gattungen wie z. B. das Silberfischchen (Lepisma) durchlaufen keine Metamorphose.

Bei charakteristischen Insekten wie Fliegen, Bienen oder Schmetterlingen kann man deutlich die Gliederung des Körpers sehen. Die drei Teile Kopf (Caput), Brustabschnitt (Thorax) und Hinterleib (Abdomen) sind aber kaum mit der dreigliedrigen Organisation der Säugetiere und des Menschen vergleichbar. Die Insekten sind nicht nur durch ihre geringe Größe, sondern auch den Bau der Organe wie durch eine tiefe Kluft von den höheren Tieren getrennt. Gegenüber den so einfach gestalteten Würmern sind sie viel höher organisiert; ihr Leib ist bis ins einzelne durchgeformt. Das, was sie über die Würmer erhebt, entfernt sie aber zugleich von den höheren Tieren.

Die Leibesbildung der Insekten wird von starken Formkräften

geprägt. So ist bei einem Insekt, das die letzte Häutung hinter sich oder die Puppenhülle verlassen hat, das Wachstum völlig erloschen. Der Leib erstarrt in seinen Formen. Die Haut (Epidermis) bildet das Chitin, das zusammen mit eiweißartigen Substanzen in einem Prozeß, der dem Gerben ähnlich ist, sklerotisiert. Von der Regenerationsfähigkeit, die für die Würmer so charakteristisch ist, findet man beim ausgewachsenen Insekt keinen Rest. Die Form hat das Leben ganz in das Innere des Leibes zurückgedrängt. Und auch hier ist die Vitalität abgedämpft.

Am Kopf haben die Insekten zum Teil mächtige Augen. Sie sind sphärisch gewölbt und ganz zum Umkreis gewendet. Jedes der beiden Augen besteht aus einer Anzahl keilförmiger Einzelaugen; bei manchen Insekten sind es mehr als 25.000. Der Bau des Auges ist dem bei den anderen Tieren polar entgegengesetzt. Sonst entsteht durch Einstülpung ein Innenraum, in den das Licht und die Farben eindringen. An der inneren Peripherie der kleinen Sphäre liegen die lichtempfindlichen Elemente. Aus solchen Augen kann das Bewußtsein in die Umgebung hinausdringen und sich durch die Akkomodation der Linse näheren und ferneren Gegenständen zuwenden. Im Sehen dringt das Bewußtsein vom Inneren des Leibes in den äußeren Raum der Farben, des Hellen und des Dunklen. Das ist bei den Insekten anders. Ein Insekt lebt durch den Bau seiner Augen draußen im Umkreis der Farben und des Lichtes. Es wendet sich dieser Welt nicht von innen zu, es ist ihr in seinem Empfinden unmittelbar ausgeliefert und zugleich in sie ausgebreitet.

Vor den Augen dringen die beiden Antennen in die Atmosphäre hinaus. Sie sind Träger des Geruchssinnes. Durch sie lebt das Insekt in dem Raum der Düfte. Ein feines Empfinden führt sie zu den Blüten und den anderen Nahrungsquellen. Durch die Düfte finden die Schmetterlinge jene Pflanzen, an denen sie ihre Eier ablegen und von denen die Raupen dann fressen. Bestimmte Schmetterlingsmännchen nehmen den Duft der Weibchen über Entfernungen von mehr als einem Kilometer wahr.

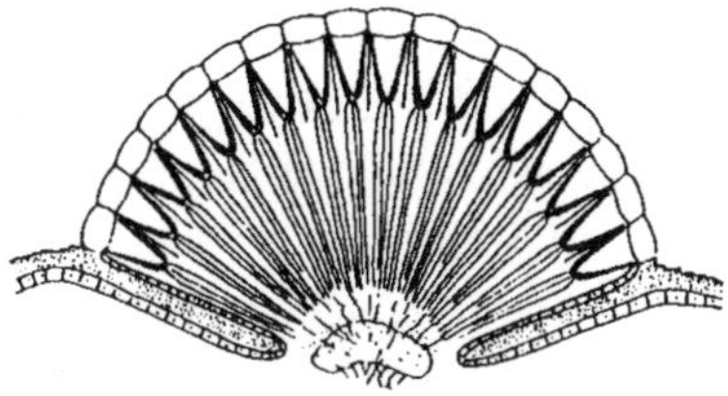

Abb. 93: Längsschnitt durch das sphärische Facettenauge eines Insekts mit den keilförmigen «Einzelaugen» (Ommatidien; aus Suchantke 1994)

Manche Insekten, z. B. Bienen, berühren mit den Fühlern die Gegenstände und haben dabei Geschmacksempfindungen. Die Antennen dienen bei einigen Insekten sogar dem Hören. Männliche Stechmücken (Culiciden) tanzen bisweilen in Schwärmen, die auf- und niedersteigen. Plötzlich entsteht eine Turbulenz. Eine weibliche Stechmücke hatte sich dem Schwarm genähert. «Bei den Culiciden-Männchen ist die besonders große Antennengeißel mit langen Haaren besetzt. Sie wird durch die Schallwellen leicht mitgerissen, und zwar im Tonbereich des weiblichen Fluggeräusches. Auf dieser Resonanzeigenschaft der Antennengeißel beruht die Fähigkeit der männlichen Mücken, ihre Geschlechtspartner zu finden. Die Männchen werden durch den Flugton des Weibchens angelockt. Auf die eigenen Fluggeräusche beziehungsweise die anderer Männchen spricht die Antenne kaum oder gar nicht mehr an, da die Frequenz wesentlich höher liegt» (Penzlin 1991, S. 431).

Neuerdings weiß man, daß auch Bienen durch das Mitvibrieren ihrer Antennen den Klang der Umgebung hören. Diejenigen Bienen, die nach ihrer Rückkehr von einem blühenden Baum oder einer Wiese ihren Tanz auf der Wabe ausführen, erzeugen mit ihren Flügeln einen Ton. Diesen empfinden durch die Antennen jene Bienen, die der erfolgreichen Sammlerin bei ihrem Tanz folgen (Kirchner und Towne 1994, S. 68 ff.).

Was für den Brustabschnitt am charakteristischsten ist, sind die Flügelpaare des zweiten und dritten Segments. Durch sie ist das Insekt tief mit der durchlichteten Atmosphäre verbunden. Wenn man im Sommer Fliegen, Wespen und Libellen durch den Luftraum schwirren sieht, erlebt man unmittelbar, wie hier der Lebensraum dieser Tiere ist. Durch ihre Flügel bewegen sie sich im Umkreis, zu dem sie durch ihre Augen und Antennen gehören.

Zwischen den Adern sind die Flügel nur ein Hundertstel Millimeter dick. Ihre Fläche hat durch eine Wölbung günstige aerodynamische Eigenschaften. Bei einer Fliege vibrieren die Flügel in einer Sekunde zweihundertmal mit einer schönen Wellenbewegung der Flügelspitzen auf und ab – jeweils verbunden mit ganz bestimmten Drehbewegungen der Flügelflächen. «Jeder Flügel wirkt für sich wie ein Propeller, welcher … Luft von oben und vorne ansaugt und in einem engen konzentrierten Strom nach hinten treibt. Das fliegende Insekt verursacht so eine Zone erniedrigten Drucks oben und vorne und eine Zone hohen Luftdrucks direkt hinter ihm» (Wigglesworth 1959, S. 166 f.). Das Insekt saugt sich beim Fliegen in die Atmosphäre.

Die vibrierende Schnelligkeit der Flügel wird durch ein außerordentlich rasches Zusammenspiel der senkrecht und horizontal angeordneten Flugmuskeln in den Brustsegmenten erzeugt. Die Brustsegmente geraten in ein elastisches Vibrieren, das sich auf die Flügel überträgt. Das Insekt fliegt nicht nur mit den Flügeln, sondern mit dem Brustteil seines Leibes. Bei bestimmten Fliegen sind das zweite und dritte Brustsegment zu 85 Prozent von Flugmuskulatur erfüllt.

Durch die drei Beinpaare können sich die meisten Insekten geschickt auf dem festen Untergrund bewegen. Diese Bewegungsorgane sind aber keineswegs mit den Beinen der höheren Tiere vergleichbar, weder im Bau noch in der Funktion. Sie sind vielgliedrig, besonders am Endteil, den sogenannten Tarsen. Das Insekt setzt sich durch sie auch nicht mit der Schwere auseinander. Bei der Kleinheit

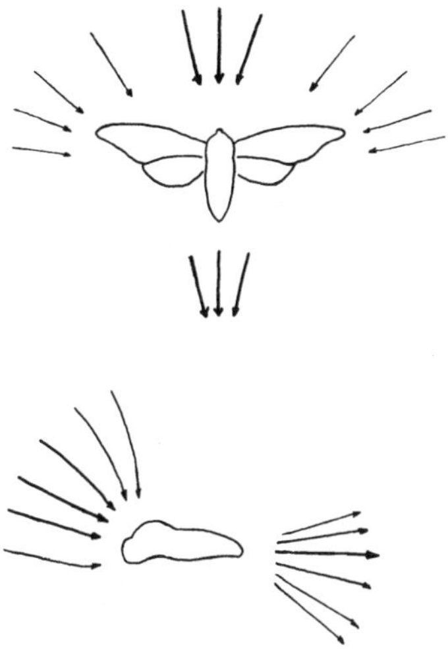

Abb. 94: Luftströmungen, die durch die vibrierenden Flügel eines Schwärmers erzeugt werden – von oben und von der Seite (nach Wigglesworth)

des Körpers unterliegt es kaum der Schwere; es bewegt sich an einem senkrechten Stamm und an einer Decke fast ebenso sicher wie auf horizontalem Untergrund. Die Insekten haben an den Beinen ein feines Tastempfinden, manche können mit den Tarsen schmecken.

Wenn eine Fliege den Kontakt mit dem Festen aufgibt, beginnt sie sofort zu fliegen. Und wenn sie mit den Tarsen wieder festen Untergrund empfindet, hört die Bewegung der Flügel momentan auf. Und was geschieht, wenn man eine Fliege daran hindert, an einem Gegenstand zu landen, indem man z. B. den Rücken an einer dünnen Nadel festklebt, die rechtwinklig abgebogen ist und in einem senkrechten Glasröhrchen steckt? Dann fliegt das Insekt unaufhörlich im Kreis. Wird es immer wieder mit einer Zuckerlösung gefüttert, dann fliegt es, bis die Flügel zerschlissen sind, z. B. sechs Tage und drei Minuten (Nachtigall 1968, S. 82). Was ein solches Insekt zur Ruhe bringt, ist die Berührung mit dem Festen. Die Glieder sind Organe, die vor allem dem Tasten und Schmecken an den Grenzen des Licht- und Luftraumes dienen.

Vom zweiten Brustsegment an haben die Insekten in jedem Segment auf der linken und rechten Seite ein kleines Loch. Diese Stigmen sind die Öffnungen des Atemorgans. Sie führen besonders im Hinterleib zu zwei länglichen, lufterfüllten Hohlräumen, von denen viele feine Kanäle, die sich immer weiter aufteilen, zu allen Organen gehen. Dieses Tracheensystem unterscheidet sich von allen anderen Atemorganen ganz wesentlich. Sonst wird in den Atemorganen der Sauerstoff in das Blut (oder die Lymphe) aufgenommen. Er gelangt zunächst in den Bereich des Flüssigen, der sich immer durch seine Oberflächenbildung abgrenzt. Die Atmungsvorgänge in den Organen spielen sich in der von der Umgebung abgegrenzten Eigensphäre des Lebendigen ab. Bei den Insekten dringt die Luft durch die Tracheen unmittelbar an die Organe heran. So steht das Leben der Organe direkt mit der Luft und der Atmosphäre in Beziehung. Insofern gibt es beim Insekt keinen von der umgebenden Welt abgetrennten Organismus. Die Insekten haben auch farbloses Blut, das weitgehend ohne Blutgefäße durch den Leib fließt. Das Blut, das die Organe umspült, ist vor allem Träger der Ernährungsvorgänge.

Wenn man sich daran erinnert, daß in der Luft die Tendenz wirkt, sich zu verflüchtigen (siehe S. 41) und zum kosmischen Umkreis hin auszuweiten, dann beginnt sich das Rätsel des Insektenwesens zu lösen. Man erfaßt, daß das Insekt nicht nur durch seine Augen, Antennen und durch die Flügel, sondern bis in seine inneren Organe anders mit der Welt verflochten ist als alle Tiere, die wir bisher betrachtet haben. Bis zu den Fischen lebt das Seelische des Tieres mit den Lust- und Unlustgefühlen, den Trieben, Begierden und Leidenschaften im Leib. Von hier entfaltet sich das Bewußtsein durch die Sinne nach außen. In dieser Weise steht auch der Mensch der Welt gegenüber. Um ihn herum sind die Erscheinungen. Er wendet sich ihnen von außen zu, weil er sich von der Welt durch seinen Leib abgesondert hat. Die Insekten sind Wesen, die sich nicht aus der Umgebung loslösen. Sie können sich den Erscheinungen nicht zuwenden, weil diese ihnen nicht gegenübertreten. Wenn der Aus-

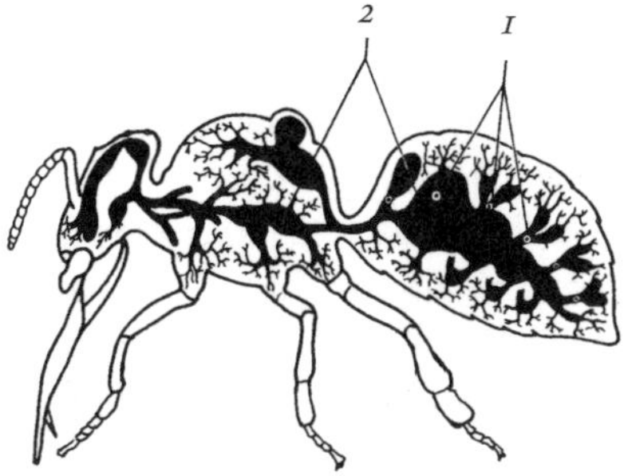

Abb. 95: Das Atmungssystem einer Biene mit den Stigmen (1), Luftsäcken (2) und Tracheen (aus Penzlin, verändert)

druck nicht mißverständlich wäre, dann müßte man sagen: Das Insekt lebt in den Erscheinungen; es ist von ihnen nicht getrennt. Von einem etwas anderen Gesichtspunkt aus schreibt Suchantke, der Umkreis der Insekten «ist ihr ‹Innen›» (1994, S. 98).

In dem Wesen der Insekten liegt der Grund für ihr so tiefes Verbundensein mit der Natur. Dieses manifestiert sich in der verschiedensten Weise. Am augenfälligsten ist das Einswerden mit der Umgebung bei Insekten aus der Gruppe der Gespenstheuschrecken (Phasmiden), die in der Form, den Strukturen und der Farbe ihres Körpers mit Zweigen und Blättern übereinstimmen (Stabheuschrecke, Wandelndes Blatt). Andere Insekten tragen auf ihren Flügeln die Farben und Strukturen des Untergrundes, auf dem sie zeitweise ruhen. Viele Insekten sind in ihrem Verhalten ein sinnvolles Glied in den Lebensprozessen der Natur, indem sie z. B. Blüten bestäuben und dadurch die Bildung der Früchte und Samen anregen. Oder sie verbreiten am Boden, besonders im Wald, wie bestimmte Ameisen die Samenkörner und wirken am Werden der Vegetation mit. «Unter ihrer Arbeit verändert sich das Antlitz der Erde: Schutt und

Steinblöcke verschwinden, ein weiter ertragreicher Wiesenmantel legt sich über sie, der mageren Borstgrasmatte werden Elemente der Frischwiese aufgedrängt, und schließlich wird sie über all den Veränderungen zum Waldboden werden. Steinhügel werden eingeebnet, Ebenen in hügelige Parklandwiesen umgeschaffen: das ist das Werk der Ameise als Landschaftsgärtnerin» (Gösswald 1955, S. 46). Käfer aus der Gruppe der Scarabaeiden wirken reinigend, indem sie die Ausscheidungen z. B. der Huftiere in den Boden verfrachten, sich hier von ihnen ernähren oder schön geformte Kugeln herstellen, in denen dann ihre Larven heranwachsen. Es gibt keinen Bereich der lebendigen Natur, in den die Insekten nicht eindringen. Man findet sie im Holz verschiedener Bäume (Borkenkäfer), im Stengel und in Wurzeln von Kräutern, im Innern von Blättern, von Früchten und Samenkörnern.

Wir können hier nur durch wenige Bemerkungen darauf hinweisen, wie sich die Insekten tief in das weisheitsvolle Lebensgefüge der Natur eingliedern. Wollten wir weiter in den Lebenszusammenhang von Insekt und Natur eindringen, dann müßten wir verfolgen, wie sich das Wesen des Insekts nach verschiedenen Richtungen hin ausformt.

Das vollkommene Insekt, die sogenannte Imago, ist immer die letzte Stufe einer Entwicklung mit verschiedenen Stadien. Aus den Eiern schlüpfen kleine Larven, die recht eigenartig heranwachsen. Auch wenn sie oft weich sind, so sind sie doch in ihrer Form erstarrt. Erst wenn sie bei der nächsten Häutung ihre bisherige Körperhülle verlassen, werden sie größer. Das Wachstum verläuft diskontinuierlich. Die Formkräfte, die das fertige Insekt so stark prägen, wirken – wenn auch abgeschwächt – schon im Larvenstadium.

Es gibt zwei Arten der Metamorphose und zwei Typen von Larven. Die einen haben von Anfang an Beine; der Leib zeigt wenigstens in Andeutungen die spätere Gliederung. Am Kopf findet man einfache Komplexaugen und Antennen. So weist vieles schon

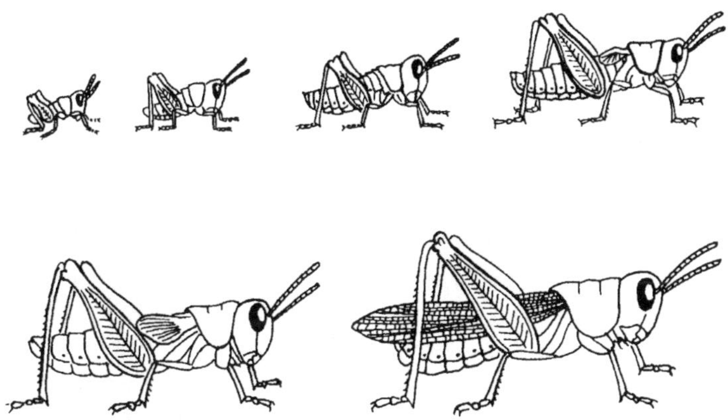

Abb. 96: Die allmähliche Metamorphose (Hemimetabolie) einer Feldheuschrecke (aus Suchantke 1994)

auf das fertige Insekt hin. Mit jeder Häutung tritt seine Form deutlicher in Erscheinung. In der sukzessiven Metamorphose werden jene Organe, durch die sich das Insekt mit der Atmosphäre und dem Licht vereinigt, immer vollkommener, besonders die Augen und das Tracheensystem. Es bilden sich auch die Flügel, die sich dann bei der letzten Häutung zum freien Flug entfalten. In dieser Weise entwickeln sich die Laubheuschrecken und Feldheuschrecken auf den Wiesen, die Eintagsfliegen, Steinfliegen und Libellen in den Gewässern. Dieser Verwandlungsprozeß wird als Hemimetabolie bezeichnet.

Die anderen Larven sind viel einfacher. Von Beinen sind wie bei den Raupen der Schmetterlinge bestenfalls schwache Ansätze vorhanden. Der Leib besteht aus einer Serie von Segmenten ohne eine übergreifende Gliederung. Am Kopf haben diese Larven bisweilen einfache Punktaugen und winzige Antennen. Außer der Chitinhülle weisen nur die Stigmen des einfachen Tracheensystems auf das spätere Insekt hin. Das Tier ist weitgehend auf das Innere seines Leibes zentriert. Hier ist es sehr lebendig. Der Anteil der blutähnlichen Hämolymphe ist mit oft mehr als 20 Prozent des Gewichtes außerordentlich hoch; der Ernährungsprozeß steht auch ganz im Vordergrund. Welche Mengen an Blättern gefressen werden, kann man immer wieder an den kahlen Sträuchern und Bäumen sehen, die die Raupen der Gespinstmotten mit ihren Fäden überzogen haben. Wenn diese Larven sich häuten, dann werden sie wohl größer; von einer Annäherung an das fertige Insekt ist aber nichts zu bemerken.

Dennoch haben sie auf verborgene Weise eine Beziehung zum vollkommenen Insekt. Unter ihrer Haut befinden sich, meistens nach innen eingestülpt, kleine Anlagen für die Antennen, die Komplexaugen, die Flügel und die Beine. In diesen Imaginalanlagen kündigt sich das Insekt an. Sie geben ihm die Möglichkeit, sich in der Erscheinung auszuprägen.

Das beginnt mit der Verpuppung. Noch unter der letzten Larvenhaut treten die mehr oder weniger tief versenkten Imaginalanlagen nach außen. Sie werden an der Puppenhülle zu den Bein-, den Flügel-, den Antennenscheiden usw., die man bei den Puppen der Schmetterlinge deutlich sehen kann. In der Puppe, die die letzte Larvenhülle abstreift, erscheint ein unentfaltetes, wenig bewegliches Abbild des fertigen Insekts. Deshalb bezeichnet man die Puppe der Schmetterlinge als Mumienpuppe. Die Puppen der Fliegen bleiben dagegen in der Larvenhaut eingeschlossen (sogenannte Tönnchenpuppe).

Innerhalb der Puppenhülle vollzieht sich der wohl eindrucksvollste Verwandlungsprozeß. Dadurch, daß die Organe der Larve auf einer so einfachen Bildungsstufe stehengeblieben waren, können sie sich zum Teil auflösen. Die gestaltenden Bildekräfte ziehen sich gleichsam zurück. Einer solchen Histolyse unterliegt ein Teil der Muskulatur. Aus dem lebendigen Material der aufgelösten Muskeln werden dann die Flug- und die Beinmuskeln gebildet. Weite Teile des Darmepithels werden abgestoßen oder aufgelöst und völlig er-

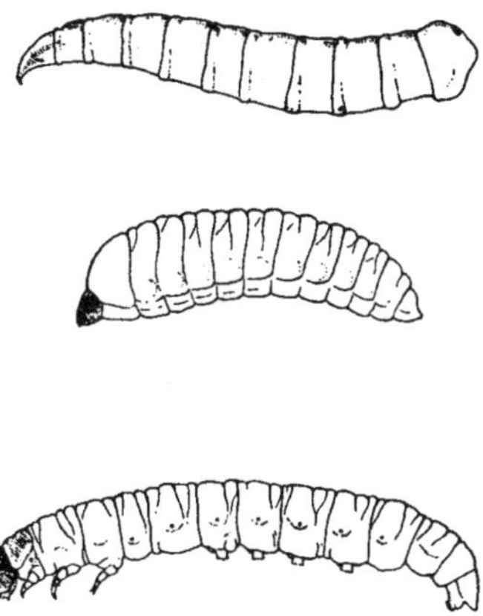

Abb. 97: Einfache wurmähnliche Larven von Insekten mit vollkommener Metamorphose: die Larve einer Fliege (oben), eines Rüsselkäfers (Mitte) und die Raupe eines Schmetterlings (unten). (Aus Weber/Weidner)

neuert. Auch ein Teil des Tracheensystems zerfällt und wird aus Imaginalanlagen neu gebildet. Die Augen gestalten sich aus ihren Imaginalanlagen. Und die Entwicklung der Flügel vollzieht sich in starken Wachstums- und Differenzierungsvorgängen.

Wenn dann die Puppenhülle aufbricht, das Insekt wie aus einer Mumie heraussteigt und seine Flügel entfaltet, dann kann einem bewußt werden, was sich ereignet hat. Ein einfaches Wesen, die Larve, ist verschwunden. Indem sich das Material ihres Leibes neu organisiert, tritt ein höheres Wesen in Erscheinung. Es ist jenes Wesen, das so tief mit der Natur verwoben ist, wie wir das kennengelernt haben. Indem das einfache, beim Fressen ganz an den Stoff hingegebene Wesen stirbt, erscheint ein höheres, das mit den Kräften des Umkreises vereinigt ist.

Wir müssen die letzte Aussage etwas einschränken. Denn in dieser Metamorphose, der sogenannten Holometabolie, bilden sich nicht nur die Fliegen und Mücken, die Bienen und Wespen und die Schmetterlinge, sondern auch die Käfer und die flügellosen Flöhe. Die Käferlarven verpuppen sich großenteils im Boden oder im Holz, das heißt dort, wo die mineralisierenden Kräfte wirken. Dem ent-

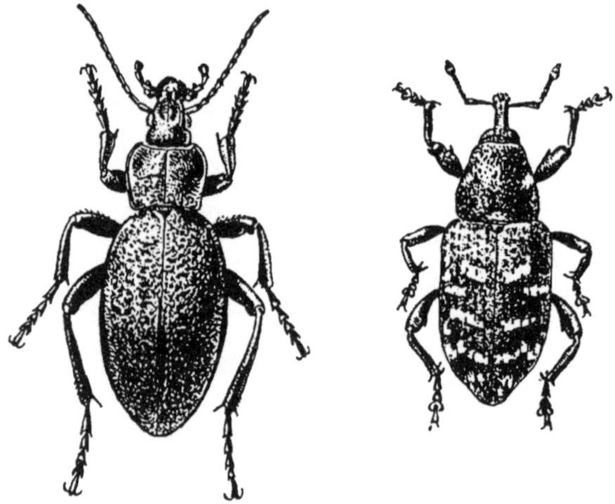

Abb. 98: Käfer mit der charakteristischen abgeschlossenen Form – aus der Familie der Laufkäfer (links) und der Familie der Rüsselkäfer (rechts). (Aus Remane/Storch/Welsch)

spricht ihre einseitige Spezialisierung, bei der die Sklerotisierung weit über das normale Maß hinausgeht. Dadurch verliert das Insekt etwas von seiner Verbindung mit dem Umkreis. Der Käfer sondert sich in seiner Verhärtung ab. Kopf und Augen werden klein. Die vorderen Flügel werden derb; sie legen sich wie ein Panzer über den Leib. Käfer fliegen viel weniger als andere Insekten; sie laufen und krabbeln am festen Untergrund und begeben sich nur selten in die warme und durchlichtete Atmosphäre. Nicht wenige drängen sich in das Dichte und Feste.

Wie ein Gegenbild sind die Schmetterlinge, insbesondere die Tagfalter. Durch ihre langen, zum Teil sogar aufgegliederten Antennen leben sie intensiv in den Düften der Atmosphäre. Durch

Abb. 99: Tagfalter (Großer Schillerfalter, Apatura iris)

ihre großen, farbigen Flügel haben sie eine tiefe Beziehung zur Sonne, besonders wenn die Farben aus dem Zusammenwirken des Lichtes mit feinen Strukturen in den Schuppen erglänzen. Suchantke hat in einigen seiner Arbeiten beschrieben, in welch hohem Maße die Farben und Strukturen auf den Flügeln von Schmetterlingen mit den Lichtverhältnissen besonders in tropischen Wäldern übereinstimmen (Suchantke 1983). «So entspricht die Helligkeitsintensität der weißlichen und gelben Flecken auf den Flügeln der Falter wie der prozentuale Anteil von Hell und Dunkel an der Gesamtfläche exakt den Verhältnissen von Licht und Schatten ihres Lebensraumes in dem jeweiligen Stratum des Waldes» (Suchantke 1994, S. 68). Das sind besonders eindrucksvolle Beispiele für das Einssein des Schmetterlings mit dem immateriellsten Gewebe von Kräften seiner Umgebung.

Man kann oft beobachten, wie sich Schmetterlinge mit ihren ausgebreiteten Flügeln ganz der Sonne exponieren. Dunkle Flügel absorbieren das Licht und die Wärme besonders gut. Helle Tagfalter wie die Weißlinge spreizen ihre Flügel bisweilen nur wenig. Dadurch werden Licht und Wärme durch die Flügel zum Leib hin reflektiert. Um auffliegen zu können, muß der Schmetterling 30 bis 40° C warm sein. Er setzt sich mit seinen Flügeln zur Sonne in Beziehung, durchdringt sich mit ihrer Wärme und erhebt sich dann in die durchsonnte Atmosphäre. Immer wieder gleitet er auch ein Stück weit. Wenn er gleitet und flattert, entsteht an der Oberfläche seiner Flügel ein Sog (siehe Kingsolver 1985). So ist der Schmetterling bei seinem gaukelnden Flug ganz leicht, das heißt ganz im Umkreis. – Zur Verpuppung kriechen die Raupen der Tagfalter an Stengel und Zweige. Dort, in der frei hängenden oder mit einem Gürtel befestigten Puppenhülle, vollzieht sich die Metamorphose zu diesen so tief mit den Kräften des Lichtes und der Wärme verbundenen Wesen.

Betrachtet man die Insekten unter dem Gesichtspunkt ihrer Beziehung zum Licht, zur Wärme und zur Atmosphäre, dann wird man in den Schmetterlingen die höchste Form des Insekts sehen. Man kann aber auch auf das zentrale Geschehen im Werden der Insekten hinschauen, auf die Metamorphose. Die vollkommene Form der Metamorphose ist die Holometabolie, bei der die Larve in der Puppe stirbt und die Imago sich in der Regel stärker mit dem Raum des Lichtes verbindet als bei den Insekten mit allmählicher Metamorphose. Die Entwicklung vom Ei zum fertigen Insekt kann selbst zum Lebenszentrum der Insekten werden. Das geschieht in vielen Formen bei der Gruppe der Hautflügler (Hymenopteren). Wir erwähnen nur die vollkommensten Stufen, auf denen die Insekten einen höheren Organismus, den Insektenstaat, bilden, der sich mit seinen Tätigkeiten ganz auf diese Entwicklung konzentriert. Aus

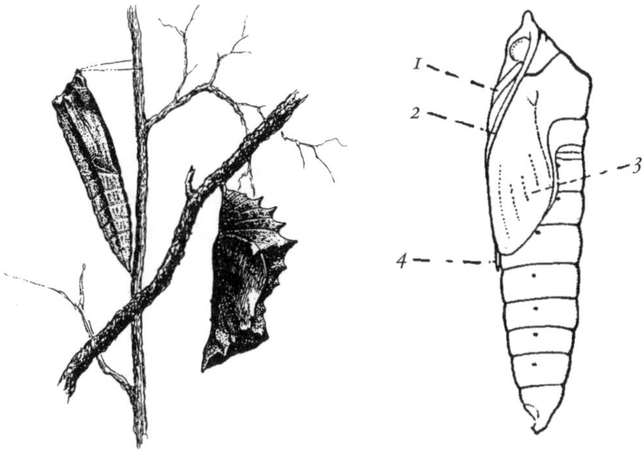

Abb. 100: Die Gürtelpuppe eines Osterluzeifalters (Thais polyxena) und die hängende Stürzpuppe (Araschnia levana) (aus Suchantke 1994). Rechts die Puppe eines Weißlings mit dem charakteristischen Mumienhabitus der Schmetterlingspuppen (1 – Rüsselscheide, 2 – Antennenscheide, 3 – Flügelscheide, 4 – Beinscheide; aus Weber und Weidner)

dem Zusammenwirken vieler Insekten werden Bedingungen geschaffen, durch die die Entwicklung aus dem unmittelbaren Einfluß der äußeren Natur herausgelöst wird. Die Wespen bauen aus einer papierähnlichen Substanz eine Nestkugel mit hängenden Waben. In diesen wachsen die Larven heran, indem sie gefüttert werden. Dann verpuppen sie sich in den kleinen Kämmerchen der Wabe. Die Loslösung aus der Natur erreicht bei den Bienen die höchste Stufe. Die Wespen bereiten ihre Nester aus Holzfasern, d.h. aus einer fremden Materie, die sie dann zu Papier verarbeiten. Die Bienen bauen ihre Waben aus Wachs, das sie aus ihrem eigenen Leib absondern. So wird die Entwicklung in eine Sphäre gehoben, die ganz aus dem Leben der Insekten selbst gebildet wird. Auch die Organisation des Bienenvolkes steht höher als die eines Wespenstaates. Denn sie hat das Kennzeichen, das für den vollkommneren Organismus gilt: Seine Glieder differenzieren sich nach den verschiedenen Funktionen – nach dem Produzieren der Eier durch die Königin, der Befruchtung der Eier durch die Drohnen und den verschiedenen Tätigkeiten der Arbeitsbienen: Wabenbau, Reinigen der Waben, Füttern jüngerer Larven mit dem Saft aus besonderen Drüsen, Füttern der älteren Larven mit Pollen und Honig, Sammeln von Blütenstaub und Nektar usw. Jede Arbeitsbiene führt im Laufe ihres meist kurzen Lebens diese verschiedenen Tätigkeiten in einer bestimmten zeitlichen Reihenfolge aus. Normalerweise herrscht Harmonie im Zusammenwirken der verschiedenen Tätigkeiten. Werden durch einen äußeren Eingriff diejenigen Bienen, die eine dieser Tätigkeiten ausüben, stark verringert, dann treten andere an ihre Stelle. Jüngere Bienen übernehmen rascher die betreffende Funktion, ältere kehren noch einmal zu ihr zurück. Wie in einem kranken Organismus wird die Schwäche eines Organs aus dem Zusammenwirken der anderen Organe überwunden.

WEICHTIERE

Wer die Tierwelt kennenlernt, bemerkt bald, daß es bei allen Unterschieden der Gestalt Ähnlichkeiten und Verwandtschaften gibt, wie zwischen Rind und Giraffe, aber auch tiefgreifende Unterschiede, etwa den zwischen einer Wespe und einer Schnecke. Man ahnt, daß in der Vielfalt der Formen eine innere Ordnung herrscht. Das Auffinden dieser Ordnung war eine große Leistung der zoologischen Forschung. Sie wurde möglich durch das Zusammentreffen mehrerer Tatsachen. Im Laufe des 18. Jahrhunderts wurde am Pariser Musée national d'Histoire naturelle eine umfassende Sammlung aufgebaut. Dann wurden die bestehenden Forschungseinrichtungen reorganisiert und neue eingerichtet. Und schließlich wirkte dort eine Reihe vorzüglicher Gelehrter zusammen. Zu ihnen gehörte der berühmte George Cuvier. Cuvier befaßte sich auch mit den niederen Tieren und kam durch seine Studien zu einer neuen und genaueren Gliederung. So wurde deutlich, daß die Weichtiere (Mollusken) neben den Würmern, zu denen sie Linné gezählt hatte, eine selbständige Tiergruppe sind. In seinem Werk «Le Règne Animal» (1817) unterschied er im Tierreich vier große Hauptgruppen: die Wirbeltiere, die Gliedertiere, die Weichtiere und die Strahltiere. Für das klare Überschauen eines so weiten und vielgestaltigen Gebietes war ein reiches Wissen erforderlich und ein klarer Verstand, der die Grenzen bemerkt, aber auch das Zusammengehörende sieht. Wer käme auf die Idee, zwei so unterschiedliche Tierformen wie die

Muscheln und Tintenfische als Untergliederungen der gleichen Tiergruppe aufzufassen? Man kann sich kaum einen größeren Gegensatz als den zwischen einer in ihrem Gehäuse zurückgezogen lebenden Muschel und einem Kalmar vorstellen, der zusammen mit anderen in der Weite des Weltmeeres einen Heringsschwarm verfolgt und mit seinen großen Augen und den sogenannten Armen ganz nach außen gerichtet ist. Allerdings, wenn man auf die Schnekken hinschaut, wird deutlich, daß es zwischen den Extremen eine mittlere Organisation gibt. Schnecken haben wie die Muscheln zumeist ein Gehäuse aus Kalk, in das sie sich zurückziehen können; sie dringen aber auch mit einem Teil ihres weichen Leibes in die Umgebung hinaus. – Zu den Weichtieren gehören noch die weniger bekannten Gruppen der Käferschnecken (Chitonen), der Kahnfüßer (Scaphopoden), der schalenlosen Wurmmollusken (Aplacophoren) und die erst in der Mitte des letzten Jahrhunderts in der Tiefsee entdeckten Napfschaler (Tryblidiaceen).

Tintenfische

Der Gegensatz von innen und außen zieht sich wie ein Grundmotiv durch das Reich der Weichtiere. Man findet ihn auch bei den Tintenfischen. Das hat vor mehreren Jahrzehnten A. Portmann sehr klar herausgearbeitet.[27] Das Perlboot (Nautilus) – ein Tintenfisch, der im indopazifischen Gebiet lebt, wo das Meer zwischen 60 und 600 Meter tief ist – bildet eine spiralig gewundene Schale. Das Tier befindet sich in der letzten Kammer. Die Zirren, die den Armen der anderen Tintenfische entsprechen, aber keine Saugnäpfe, wohl aber ein Tast- und Geschmacksempfinden haben, dringen nur wenig nach außen; auch die Augen sind viel einfacher als sonst bei den Tintenfischen. Beim Kraken (Octopus) bleibt die Schalenbildung schon am allerersten Anfang stehen; man findet eine Andeutung unter der Haut. «Arme», Augen und der so-

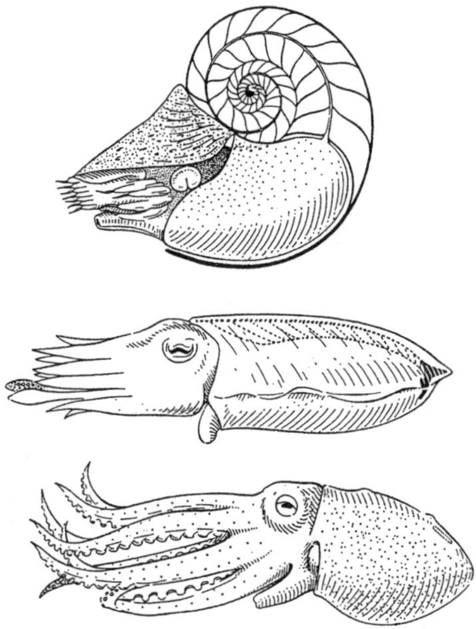

Abb. 101: Drei verschiedene Formen der Tintenfische.
Das Perlboot (Nautilus; oben) bildet eine spiralig geformte Schale, die einen Durchmesser von 27 Zentimetern erreicht. Die Kammern sind mehr oder weniger stark mit Gas gefüllt. Der Tintenfisch lebt in der letzten Kammer. Ein dünner Fortsatz seines Leibes durchzieht die ganze Schale und reguliert den Gasgehalt der Kammern. Augen, Gehirn und die zahlreichen zirrenförmigen «Arme» sind bei diesem so stark im Gehäuse lebenden Tier einfach.
Der gewöhnliche Tintenfisch (Sepia; Mitte) hat acht kürzere und zwei längere «Arme». Er kann wie das Perlboot durch das Gas in den Kammern seines Schulpes frei im Wasserraum schwimmen und schweben. Die Schalenbildung ist viel einfacher als beim Perlboot. So ist die Hinwendung zur Umgebung durch die Augen und die Arme stärker.
Bei der achtarmigen Krake (Octopus; unten) ist die Schalenbildung weitgehend unterdrückt. So kann sie nicht schweben, sondern sich nur über kürzere Strecken durch Rückstoß durch den Wasserraum bewegen. Bei der Krake erreichen «Arme» und Augen eine besonders hohe Stufe der Entwicklung (aus Portmann, o.J.)

genannte Trichter haben sich mächtig entfaltet. Der Gemeine Tintenfisch (Sepia officinalis) ist eine mittlere Gestalt.

Tintenfische leben in fast allen Bereichen des Meeres. Wir haben die Kalmare, die als vorzügliche Schwimmer zum Teil weit von den Küsten entfernt durch die oberen Schichten der Meere und Ozeane ziehen, schon erwähnt. Es gibt aber auch in den dunklen Regionen der Tiefe Tintenfische, die teilweise durch besondere Organe in vielerlei Farben leuchten. In den finsteren Tiefen haust auch ein Monstrum, der Riesenkalmar. Sein Leib wird etwa acht Meter lang, die Arme 14 Meter. Seine Augen übertreffen mit einem Durchmesser von 40 Zentimetern die Augen aller übrigen Tiere. Jene Tintenfische, die uns vertrauter sind, der Gemeine Krake und der Gemeine Tintenfisch, leben in den küstennahen Bereichen des Meeres.

Der Gemeine Tintenfisch lebt vor allem im Mittelmeer, aber auch jenseits der Meerenge von Gibraltar im Atlantischen Ozean, nach Norden bis zu den Färöer-Inseln, nach Süden bis zu den Küsten Südafrikas. Am Tage kann man ihn nur schwer entdecken. Er liegt im sandigen Untergrund. Jene Teile seines weichen, etwa 60 cm langen Leibes, die nicht ganz von Sand bedeckt sind, haben sich in der Farbe ganz der Umgebung angepaßt. Man sieht nur die dunklen Augen und eine Öffnung, aus der in rhythmischer Folge Wasser ausströmt. Aus dieser weitgehend verborgenen Lage nimmt die Sepia wahr, was in der Umgebung vorgeht. Ein Krebs, der in die Nähe kommt, löst innere Erregungen aus; sie äußern sich in Farbwellen, die vibrierend über Rücken und Arme hinweggleiten. Kommt der Krebs näher, dann stürzt sich der Tintenfisch auf ihn. Andernfalls verläßt er vorsichtig seine sandige Umgebung und nähert sich durch die undulierenden Bewegungen seines Flossensaums dem Krebs von hinten. Die Erregung vibriert nun vor allem in den Fangarmen, die zur Beute hingerichtet sind. Schließlich schleudert die Sepia zwei lange Fangarme, die man zuvor nicht bemerkt hat, dem Krebs entgegen. Sie saugen sich fest und ziehen das Opfer heran. Nun wird es von den anderen Armen umschlungen und getötet. Die zwei langen Fangarme sind inzwischen wieder in einer Tasche unter den Augen verschwunden.

So ruht die Sepia tagsüber lauernd im Untergrund. Wenn es dunkel wird, erheben sich die Tiere in den freien Raum des Wassers. Hier schwimmen sie nun schwerelos. Unter der Rückenhaut haben sie den Schulp, eine in das Innere gesunkene unfertige Schale. Dieses Kalkgebilde ist innen durch viele Lamellen unterteilt. In den schmalen Kammern befindet sich eine Flüssigkeit und über ihr ein Gas; es ist fast reiner Stickstoff (97 Prozent). Am Abend resorbiert die Sepia einen Teil der Flüssigkeit. Dadurch kann sich das Gas ausdehnen. Der Tintenfisch wird leichter. Er steigt auf und gleitet nun durch die Bewegung des Flossensaums durch den Raum. Hier ergreifen die Sepien dann mit ihren Fangarmen Schwimmkrabben und kleinere Fische.

Der späte Abend und die Nacht ist jene Zeit, in der die Sepien gefangen werden, die man auf den Fischmärkten am Mittelmeer kaufen kann. Im Lichtkegel heller Lampen glänzen die Tiere auf, die oft zu mehreren im Wasser dahinziehen. Man ergreift sie mit Keschern, die an langen Stangen befestigt sind.

Gegen Morgen begeben sich die Sepien wieder an den Grund und graben sich ein, indem sie mit ihrem Flossensaum Sand auf den Rükken ihres abgeplatteten Leibes «schaufeln». Sie sind nun aber keineswegs sicher. Sie werden von ihren Feinden mit einem feinen Geruchssinn aufgespürt, vor allem von dem räuberischen, bis drei Meter langen Meeraal und dem Seehecht. Um dem Feind zu entkommen, preßt die Sepia wie in einer Schreckreaktion durch eine momentane Muskelkontraktion das Wasser aus der Atemhöhle und schießt rückwärts durch den Wasserraum. Mit dem Wasser dringt auch dunkle «Tinte» durch den Trichter nach außen. Diese breitet sich rasch zu einer undurchsichtigen Wolke aus. Hinter ihr verschwindet die Sepia, die beim Ausstoßen der Tinte – eben wie im Schreck – ganz bleich geworden ist. Diese Wolke verdunkelt nicht nur das Wasser, sie enthält auch

Substanzen, die den Geruchssinn des angreifenden Fisches für eine Zeit lähmen. So verschwindet die Sepia für den Fisch wie ein Phantom in den Bereich des Unwahrnehmbaren.

Um diese Phänomene verstehen zu können, muß man die Gestalt des Gemeinen Tintenfischs etwas eingehender betrachten. Bestimmte Teile, die zum Organismus eines höheren Tieres gehören, findet man bei der Sepia und den anderen Tintenfischen nicht. Sie hat keine Gliedmaßen. Die beweglichen Gebilde, die den Mund umgeben und als Arme bezeichnet werden, entsprechen genauso wenig den Armen des Menschen oder des Känguruhs wie der «Fuß» der Muscheln dem Fuß eines Bären. Es sind muskulöse Gebilde ohne Knochen und Gelenke. Ein Tintenfisch hat auch keine dem Rumpf vergleichbare segmental gegliederte Organisation. Im Leib der Sepia findet man Organe des Atmens, des Kreislaufs, der Verdauung usw.; sie weichen aber stark von den entsprechenden Organen im Rumpf der höheren Tiere ab. Die Sepia saugt in rhythmischer Folge Wasser zum Atmen in die Mantelhöhle und stößt es durch das Rohr des Trichters wieder aus. Zwei Kiemen nehmen in der Mantelhöhle Sauerstoff aus dem Wasser in die farblose Blutflüssigkeit auf, die sich dann durch den Sauerstoff blau färbt. Dieses «Blut», die sogenannte Hämolymphe, strömt in Gefäßen, geht schließlich aber in die Spalträume der Gewebe über. Das ist ähnlich wie bei den Muscheln, wenn auch die Gefäße bei den Tintenfischen besser ausgebildet sind.

Einen erheblichen Teil des Sauerstoffs nimmt die Sepia wie die anderen Tintenfische aber durch die drüsenreiche Haut auf. Der Tintenfisch ist also an seiner Oberfläche gegenüber dem Sauerstoff so offen wie in seinen Augen gegenüber dem Licht. Er grenzt sich nicht ab, wie es für den Rumpf charakteristisch ist. Was die Atmung der Wirbeltiere kennzeichnet, das Hereinnehmen der Luft in ein inneres Atmungsorgan, ist in der Atemhöhle nur angedeutet. Wenn man bedenkt, daß das «Blut» schließlich wie eine Gewebsflüssigkeit durch die Organe sickert, dann wird deutlich, daß die Tintenfische auch kein richtiges Kreislaufsystem haben. Im Verdauungstrakt ist die Speiseröhre länger als der Darm. Ein Teil des Magens dient als Muskelmagen vor allem der mechanischen Bearbeitung der Nahrung; er hat also eine Funktion, die bei den Säugetieren und dem Menschen im Kopf lokalisiert ist.

Drei Organe sind aber mächtig ausgebildet. Die Augen sind groß und hoch entwickelt – mit Linse, d.h. Akkomodation an nahe und ferne Objekte, Pupille und Augenlidern. Das für die niedere Tierwelt einmalige Pupillenspiel zeigt, wie innerlich regsam der Tintenfisch auf die Eindrücke aus der Umgebung reagiert. Die sogenannten Arme sind auch vorwiegend Sinnesorgane. An ihrer Innenseite, besonders aber an den Saugnäpfen, hat die Sepia nämlich ein differenziertes Geschmacksempfinden: Sie unterscheidet wie der Mensch süß, sauer, bitter und salzig. Es besteht sogar eine Ähnlichkeit zwischen den großen Geschmackspapillen am Grund der menschlichen Zunge, den Wallpapillen (Papillae vallatae) und den Saugnäpfen. Nur sind die Saugnäpfe nicht wie die Wallpapillen in das umgebende Gewebe eingesenkt und durch einen Hornring am Rande und die Muskulatur im Innern stärker ausdifferenziert. Wie bei der Zunge ermöglicht die Muskulatur die denkbar größte Beweglichkeit. Als Wesen ohne Gliedmaßen hat der Tintenfisch keine Kieferbildungen wie die Wirbeltiere und der Mensch. Es fehlen Unter- und Oberkiefer, die wie beim Menschen eine Mundhöhle umschließen. Der sogenannte Hornkiefer ist eine spezielle Bildung des Tintenfisches am Anfang der Speiseröhre. So ist der Mund ganz offen. Und die Fangarme sind eine aufgeteilte, weit hinausdringende Zunge.

Schmecken erregt starke Empfindungen von Lust und Unlust und das Begehren, besonders wenn im Hunger der Nahrungstrieb aufglüht. So löst das Schmecken an den Saugnäpfen ein begehrungshaftes Ansaugen aus; im Innern der Saugnäpfe wird ein Muskel kontrahiert und erzeugt Unterdruck. Im Begehren ergreift man das Objekt, man hält es fest, zieht es zu sich heran und saugt es in sich hinein. Bei keinem anderen Wesen kann man dies so deutlich sehen wie bei den Tintenfischen – wenn die Sepia die zwei langen Fang-

Abb. 92: Wallpapillen der menschlichen Zunge (in Aufsicht und im Längsschnitt; nach Rohen, vereinfacht) und der Saugnapf eines achtarmigen Tintenfisches (im Längsschnitt)

arme hinausschleudert, sich mit ihnen an dem Fisch festsaugt, diesen zu sich heranzieht, ihn dann mit den anderen Zungenteilen umschließt, zum «Mund» führt, hier mit dem schnabelartigen Hornkiefer tötet und dann langsam verschluckt.

Die Sepia ist ein Wesen, das im Sehen und Schmecken ganz nach außen gerichtet ist. Was hier zum Ausdruck kommt, kann man sich durch den Vergleich mit dem menschlichen Kopf verdeutlichen. Die zwei vorherrschenden Bereiche des Kopfes sind die Sinnesorgane und das von der Schädelkapsel umschlossene Gehirn. Beim Menschen ist in den Sinnen die Beziehung zur Umgebung gedämpft. Durch die vertikale Organisation der Beine und des Rumpfes ist der Mensch als Wesen in sich zentriert. Diese Zentrierung gibt auch dem Kopf das Gepräge. Als Wesen ohne Gliedmaßen und Rumpf fehlt der Sepia jegliche Zurückhaltung und Zentrierung. So ist die Hinwendung in den Sinnen zur Umgebung ins Extrem gesteigert.

Im Kopf findet auch das Innere am stärksten seinen Ausdruck.

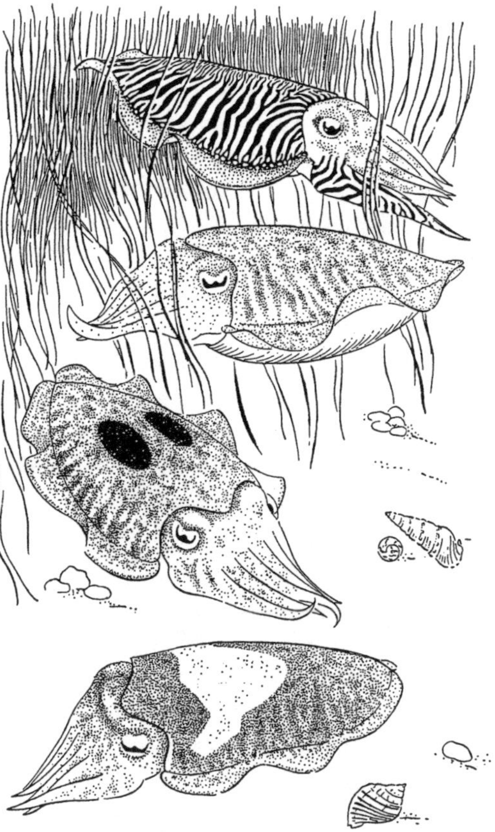

Abb. 103: Die emotionalen Erregungen und Stimmungen des gewöhnlichen Tintenfisches (Sepia) äußern sich in einem lebendigen und vibrierenden Farbspiel.
Von oben nach unten:
– eine männliche Sepia in Paarungsstimmung
– eine Sepia in ungestörter Ruhe
– eine Sepia im Zustand des Schrecks
– eine Sepia im Zustand der Ruhe
(aus Portmann o. J.)

Beim Menschen zeigt es sich in der Physiognomie und im lebendigen Spiel der Miene. Ähnlich ist es bei der Sepia. Auch bei ihr äußern sich die inneren Zustände unmittelbar, allerdings nicht in den feinen Veränderungen der mimischen Muskulatur, sondern vor allem in der Dynamik von Farben.

«Da ist zunächst ein relativ monotones Ruhekleid, das häufig zugleich Schutztracht sein kann. Ein anderer Ruhezustand ist das Schildmuster mit großen hellen und dunklen Querzonen. Sehr rasch können ... diese Zeichnungen dem Muster der Aufregung weichen, bei dem auf verschieden gesprengeltem Untergrund zwei mächtige braunschwarze Rückenflecken wie ein dunkles Augenpaar erscheinen. Von allen diesen Zeichnungen völlig verschieden strahlt das Muster des Tiers in geschlechtlicher Stimmung: erregend flammt jetzt eine kraftvoll weiß-schwarze Zeichnung, eine Art Zebrastreifung auf» (Portmann o. J., S. 213).

Die Sepia kann aber auch gelbe, orange-getönte und braunrote Färbungen annehmen, sogar intensiv grün aufleuchten. Farben sind Ausdruck eines Innern. Insofern kann man sagen: In den vibrierenden, sich zusammenballenden Farben und dem Erbleichen äußert sich unmittelbar Seelisches. Die ganze Gestalt der Sepia ist Physiognomie, und das Farbenspiel, soweit es nicht Anpassung an die Umgebung ist, ihre wechselnde Miene.

Bei einem Wesen, das in so hohem Maße dem Sinnesbereich des Kopfes entspricht, ist auch die Nervenorganisation gut ausgebildet. Die Ganglien sind in einer Nervenmasse wie zu einem Gehirn konzentriert und von einer Knorpelkapsel umschlossen. Dieses «Gehirn» enthält nicht nur jene Teile, die zu den Sinnen und den übrigen Organen des Leibes in Beziehung stehen, sondern auch höhere Assoziationszentren. Diese hohe Nervenorganisation ist auch Ausdruck des Wesens, das wie die Sepia so wach, so regsam und zu so raschen Reaktionen fähig ist.

Manches, was bei der Sepia schon recht ungewöhnlich ist, erscheint bei dem Gemeinen Kraken (Octopus vulgaris) in noch extremerer Gestalt. Auch er lebt im Mittelmeer und den Randgebieten des Atlantischen Ozeans zwischen den Kanarischen Inseln und der Nordsee. Er hat eine Affinität zu felsigen Küsten. Dort zwängt er sich tagsüber mit seinem weichen Leib in Spalten und Höhlen. Bei der hohen Sensibilität der ganzen Körperoberfläche sucht er im Berührungsempfinden eine umschließende Begrenzung. Wo er aber auf flachem Untergrund lebt, schleppt er Steine und Muschelschalen zusammen und baut sich einen Wall, in dem er am Tage haust.

Der Gemeine Krake ist größer als die Sepia. In der Nordsee wird er maximal 70 Zentimeter groß, in dem wärmeren Mittelmeer bis 3 Meter. Wir haben schon erwähnt, daß die Schalenbildung, die zu einer weitgehenden Absonderung führen würde, auf einem noch früheren Stadium stehenbleibt als bei der Sepia. So wird die Beziehung zur Umgebung noch intensiver. Die Augen werden im Verhältnis zum übrigen Leib bedeutender. Die Zunge gliedert sich zwar nicht wie bei der Sepia in zehn, sondern nur in acht Teile. Diese werden aber viel länger, beweglicher und kräftiger. Mit ihnen können die Kraken sogar auf dem Meeresgrund «laufen». «Sie gleiten durch Kontraktion der Arme einer Körperseite und Vorwärtsgreifen der übrigen Arme gleichmäßig und ziemlich schnell wie auf Rädern über den Untergrund» (Kaestner 1965, S. 443).

An den langen «Armen» mit den vielen zahlreichen Geschmacksorganen der Saugnäpfe wird das Empfinden und mit ihm die Intensität der begierdehaften Affekte intensiver als bei der Sepia. Man hat beobachtet, wie ein Krake durch heftiges Auspressen des Wassers aus der Mantelhöhle, also durch Rückstoß, auf einen großen Krebs, einen Hummer losschießt, ihn nach einer raschen Wendung mit den Fangarmen packt und in zwei Teile zerreißt. U. K. Schulz schildert folgende Auseinandersetzung:

Der Hummer «geht daran, mit den Panzerscheren den Kraken in der Mitte seines eigentlichen Körpers zu packen. Der Hummer scheint turmhoch im Vorteil. Die große Tintenschnecke schießt, vom Schmerz aufs äußerste gepeinigt, alles an Farbstoff ab, was ihr der Tintenbeutel hergeben kann, und benutzt die dadurch verursachte offensichtliche Verwirrung des Krebses nunmehr ihrerseits zur Vorbereitung des Angriffes. Von allen Seiten schieben sich unheimlich im Schutz der völligen ‹Vernebelung› die acht Arme schlangengleich an den Hummer heran. Greifarm um Greifarm packt mit Hunderten von Saugnäpfen zu. Diesmal wird dem Krebs die Umstrickung zum Verhängnis. Festgelegt sind die gefährlichen Scheren, und mit seinem kieferbewehrten Mund schiebt sich der Krake über den Gegner, zertrümmert ihm die Schale des Kopfteils und spritzt das giftige Sekret seiner Speicheldrüsen ein. Noch ein Zittern und Zucken – dann hat der Krake gesiegt» (zitiert nach «Grzimeks Tierleben», Bd. 3, S. 218).

Das Sekret löst wie in einem nach außen verlagerten Verdauungsprozeß die Organe des Hummers vollständig auf, so daß der Krake nach ein bis zwei Stunden den Panzer des toten Tieres aussaugen kann. Beim Kraken sind die Verdauungsorgane so schwach, daß sie fast nur noch der Resorption der bereits aufgelösten Stoffe dienen.

Wie die Sepien verlassen auch die Kraken am Abend ihr Versteck. Sie bewegen sich über den Untergrund und suchen alle Ritzen, Löcher und Höhlungen mit ihren «Armen» nach Beute ab. Sie sind viel mehr als die Sepien an den Untergrund gebunden, können aber auch für kürzere Zeit in den freien Raum des Wassers aufsteigen. Dort schwimmen sie aber nur rückwärts durch rhythmisches Auspressen des Atemwassers. Durch den beweglichen Trichter können sie recht geschickt ihre Richtung verändern.

Ihr Todfeind, die Muräne, kommt auch vor allem in der Nacht aus ihrem Versteck in den Felsenklüften. Sie sucht mit ihrem überaus feinen Geruchssinn ihre Opfer, zu denen auch der Krake gehört. Um der Muräne zu entkommen, preßt der Krake mit großer Kraft das Wasser aus der Mantelhöhle und mit ihm Tinte. Die Tinte der Kraken zerfließt nicht wie die der Sepia. Sie bleibt als konturierte Wolke stehen.

Man hat beobachtet, wie die Räuber dieses Phantom attackieren. Auch hier wird der Geruchssinn des Fisches vorübergehend gelähmt. Es ist, wie wenn der Krake durch die Tinte ein unbestimmtes Bild von sich im Wasser erzeugen würde. Das ist Ausdruck einer hohen Intelligenz, denn Tiere können mit ihrem Bewußtsein nicht Bild und Gegenstand unterscheiden. Der Krake verschwindet, indem das Bild entsteht. So kämpft der Angreifer mit dem Bild, das ihm wie der Krake erscheint. Das ist ein Geschehen wie in der Welt des Traumes.

Wir wollen noch erwähnen, daß die männlichen Tintenfische bei der Paarung immer ein ganzes Paket von Samenzellen durch einen besonders spezialisierten Arm auf das Weibchen übertragen. Das Weibchen heftet dann die ziemlich großen Eier an Pflanzen, Korallen oder die Unterseite größerer Steine. Bei der Entwicklung der Embryonen sind die Augen zunächst weit größer als alle anderen Organe. Wenn die jungen Tintenfische ausschlüpfen, sind sie für kurze Zeit vertikal orientiert. Sie sehen aus wie ein Kopf mit zwei seitlichen Augen. Die Fangarme hängen nach unten. Die Entwicklung verläuft außerordentlich rasch. Auch bei den höheren Tieren entwickelt sich der Kopf ziemlich schnell und eilt den übrigen Organen voran. Tintenfische werden nicht alt, manche kaum ein Jahr. Drei Jahre ist schon ein hohes Alter. Sie sterben bald nach der ersten Paarung.

Die Muschel

Die niederen Tiere, deren Organisation so viel einfacher ist als die der Säugetiere, der Vögel und selbst als die der Fische, sind unserem Verstehen nur schwer zugänglich. Viele ihrer Gestalten sind eindrucksvoll und fremd zugleich wie die Korallen und Quallen oder die Seesterne und Seeigel. Und manche von ihnen führen ein so zurückgezogenes Leben, daß man an ihnen kaum etwas findet, was man gemeinhin mit dem Wort Tier assoziiert: Bewegung, Äußerungen eines inneren Erlebens, Begierden und Leidenschaften. Zu ihnen gehören die Muscheln.

Man kennt viele Gattungen und Arten im Süßwasser und vor allem am Grund der Meere und Ozeane – von den flachen Randzonen mit dem Wechsel der Gezeiten bis in die Tiefen, in die kein Licht mehr hinunterdringt. Dort hat man z. B. in den 70er Jahren an heißen schwefelhaltigen Quellen Muscheln entdeckt. Muscheln können so klein sein wie die Erbsenmuscheln, die vor allem am Boden von Süßwasserseen leben und nur wenige Millimeter groß werden. Sie können aber auch solche Dimensionen erreichen wie die Riesenmuscheln aus dem Indischen und Pazifischen Ozean, deren Schalen früher als Waschbecken verwendet wurden. Wir wollen aber keine einzelne Muschel beschreiben wie etwa die Flußperlmuschel, die Teichmuschel oder die Auster, sondern das betrachten, was für sie alle, wenn auch mit gewissen Variationen, gilt.

Wenn man eine Muschel findet und aufhebt, sieht man nur die Schale. Die beiden Hälften, eine rechte und eine linke, umschließen das Innere so hermetisch, daß manche Muschel einem Stein nicht unähnlich ist. Man bemerkt an den konzentrischen Zuwachsringen, daß die Schalen durch einen rhythmisch verlaufenden Prozeß entstehen. Durch das zarte Gewebe, das der Schale innen anliegt, werden an deren Rand zum Teil im Jahresrhythmus neue Ringe aus Kalk (Kalzit) angefügt. Zu dieser Vergrößerung der Schale kommt bei manchen Muscheln ein weiterer Prozeß hinzu. Die Innenseite hat gegenüber der viel stumpfer wirkenden Außenseite – diese wird von der dünnen Haut des Periostracum überzogen – einen feinen silbrigen Glanz. Er entsteht durch dünne Schichten einer besonderen Modifikation des Kalkes (Aragonit), die der weiche Muschelkörper als sog. Perlmutter von innen an die Schale absondert. Die Schalenbildung ist offensichtlich ein wichtiger Lebensprozeß. Er verläuft meistens nicht ganz symmetrisch.

So wird die Schale hinten etwas länger; vorn ist sie breiter und mehr abgerundet.

Wenn eine Muschel ungestört ist, öffnen sich die Schalenhälften. Sie klaffen aber nie weit auseinander. Bei jenen Muscheln, die am Grunde der Gewässer liegen oder sich mit fädigen Ausscheidungen an Steinen und Pfosten befestigt haben wie die Miesmuschel, bewirkt ein elastisches Band zwischen beiden Schalenhälften, das sogenannte Ligament, dieses verhaltene Sich-Öffnen. Bisweilen dringt ein fleischiges Gebilde etwas aus dem Innern heraus. In der Terminologie der Zoologen heißt es Fuß; es wäre zutreffender, von einer Zunge zu sprechen. Zum einen ist dieses Gebilde durch seine Muskeln so beweglich wie eine Zunge; zum andern entspricht es der Kriechsohle der Schnecke, die durch eine Drüse den Speichel absondert, auf dem sie sich bewegt, und dabei besonders an den Rändern durch eine große Anzahl von Sinneszellen Geschmacksempfindungen hat. Manche Muschel kann ihren Ort verändern, indem sie durch ihre «Zunge» Kontakt mit dem Untergrund sucht und diese dann etwas kontrahiert. So zieht sie sich leckend von einer Stelle zur nächsten.

Bei einer Störung schließt die Muschel durch einen oder zwei Muskeln im Moment ihre Schalen. Sie zieht sich unter Umständen für Tage oder Wochen ganz in das Innere zurück. Die Muscheln der Gezeitenzone überstehen in diesem Zustand unbeschadet die Stunden der Ebbe. An den leeren Schalen kann man gut den Abdruck des einen oder der beiden Schließmuskeln sehen, die sich so dauerhaft kontrahieren können.

Andere Muscheln sondern sich noch stärker von der Umgebung ab, indem sie sich mit ihrer «Zunge» in den Untergrund hineinbohren und dort im Sand oder Schlick leben. Sie bleiben nur durch eine zarte Röhre, den sogenannten Sipho, mit dem Meer in Verbindung.

Die innere Organisation der Muschel ist einfach. Man kommt leicht zu einer unzutreffenden Bewertung, wenn man die Organe als Magen, Darm, Herz, Blut usw. bezeichnet und damit eine Beziehung zu den gleichnamigen Organen der höheren Tiere suggeriert. Um diese Organisation zu verstehen, muß man ihre Beziehung zu dem umgebenden Wasserraum genauer betrachten. Durch eine Öffnung am hinteren Ende oder durch den Sipho dringt unaufhörlich eine Wasserströmung in das Innere der Muschel. Und durch eine zweite Öffnung etwas oberhalb der anderen beziehungsweise durch den Sipho ergießt sich diese Strömung wieder nach außen. Die Muschel ist also gar nicht so isoliert, wie es zunächst scheint. Sie steht fortwährend in Verbindung mit ihrer Umgebung. Man hat bei verschiedenen Muscheln diese Strömung gemessen. Die relativ kleine, schwarzschalige Miesmuschel, die bisweilen ganze Muschelbänke bildet, wird bei einer Wassertemperatur von 14° C in einer Stunde von 1,5 Liter Meerwasser durchströmt; die etwas größere Herzmuschel bei 18° C von 2,5 Liter. Bei den Austern, die mit ihrer rechten Schale am Untergrund festkleben, ist die Strömung noch stärker. Bei der Gemeinen Auster beträgt sie bei 15° C 12,5 Liter in der Stunde, bei der Amerikanischen Auster bei 20° C 18,1 Liter und bei 24° C sogar 37 Liter (Kaestner 1965, S. 414). Man bekommt einen Eindruck davon, welche Wassermengen z. B. in einer Woche durch eine Muschel hindurchströmen und wie intensiv eine Muschel in das Leben des Meeres eingeflochten ist.

Diese Strömungen werden im Innern der Muscheln erregt. Unmittelbar unter der Schale liegt jenes Gewebe, das die Schale absondert, der sogenannte Mantel. Er umschließt einen Raum, in dem sich der «Fuß» befindet. In den Räumen zwischen «Fuß» und «Mantel» schweben zumeist wie ganz zarte Netze mit engen Maschen je zwei Kiemen im Wasser. Sie sind ebenso wie die Mantelfläche mit Wimpern überdeckt, die die Strömung erzeugen und leiten. Dabei entziehen sie dem Wasser Sauerstoff, den die Muschel für ihr Leben benötigt. Er wird von der Körperflüssigkeit aufgenommen, die sich vor allem in Gewebsspalten, den sogenannten Lakunen, bewegt. Diese Flüssigkeit hat bei den meisten Muscheln keinen Blutfarbstoff, der, wie bei den höheren Tieren das Hämo-

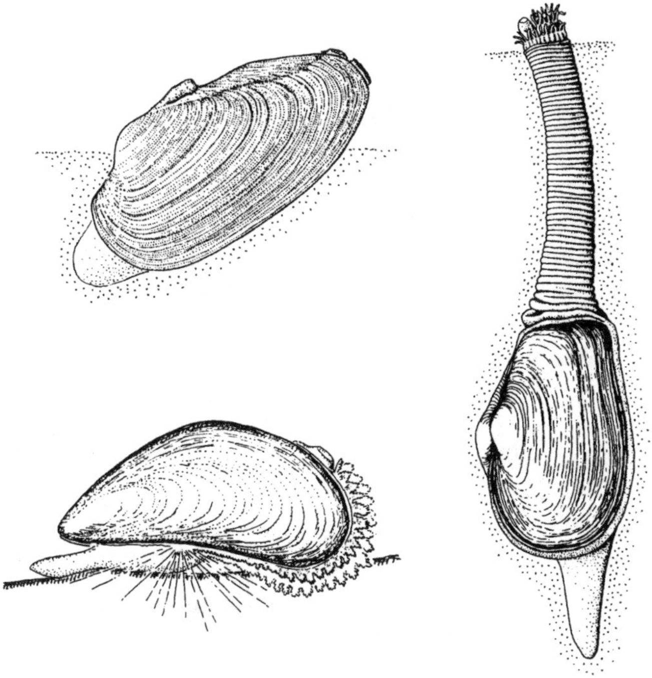

Abb. 104: Flußmuschel (Unio, oben links; aus Remane/Storch/Welsch, verändert); Sandklaffmuschel (Mya, rechts) im Boden des Wattmeers mit langem Sipho (aus Remane/Storch/Welsch); Miesmuschel (Mytilus, unten links) mit Byssusfäden an einem Holzstück befestigt (nach Kaestner)

globin, den Sauerstoff binden würde. So fehlt der Muschel mit dem Blut auch ein geschlossener Blutkreislauf. Die Flüssigkeit ist wohl am ehesten mit der Lymphe zu vergleichen, die bei den höheren Tieren das Gewebe der verschiedenen Organe durchdringt. Was entspricht bei der Muschel aber dem Blut, das bei den höheren Tieren den Sauerstoff erst zu den Geweben hinbringt? Das ist jene Strömung, die unaufhörlich durch die Muschel hindurchgeht. Wo aber wäre dann die Lunge, in der das Blut aus der Luft den Sauerstoff aufnimmt? Vor allem entspricht ihr die Atmosphäre, aus der an der Oberfläche des Meeres beziehungsweise der Seen und Flüsse Sauerstoff in das Wasser dringt. Der Sauerstoff der Atmosphäre stammt zu einem nicht geringen Anteil aus dem Assimilationsprozeß der Pflanzen, das heißt aber auch aus den Algen des Meeres. So nehmen die Muscheln auch Sauerstoff auf, den die Algen an das Wasser abgeben. Da gibt es dann keine trennende Grenze, die der Lungenoberfläche vergleichbar wäre.

Die Organe der höheren Tiere werden auf dem Wege über das Blut ernährt. Wie ist es bei der Muschel? Die Muschel ernährt sich auf eigenartige Weise. Das Gröbste, was sie in ihren «Magen» und «Darm» aufnimmt, hat einen Durchmesser von 0,05 Millimeter, zum Teil aber nur einen von 0,001 Millimeter. Die Nahrung befindet sich von vornherein in einem hochgradig aufgelösten Zustand. Zudem ernähren sich Muscheln von Substanzen, die die Algen bei ihrer Assimilation im Überschuß bilden und an das umgebende Wasser abgeben. Hier ist nicht einmal mehr ein Rest von Verdauungstätigkeit erforderlich. Es gibt noch andere Phänomene, die zeigen, daß man bei den Muscheln nicht von Verdauungsorganen wie bei den höheren Tieren sprechen kann.[28]

Was ist die Muschel für ein Wesen, wenn Blutkreislauf, Atmung und weitgehend auch die Verdauung Vorgänge sind, die der umgebenden Natur angehören? Offensichtlich betrachtet man die Muschel nicht richtig, wenn man nur auf die Schale und die von ihr umschlossenen Organe hinschaut. Bei den höheren Tieren muß man immer den Zusammenhang mit der Umgebung berücksichtigen. Bei der Muschel ist die Umgebung aber wie ein noch nicht individualisierter Teil des Organismus.

Vergleicht man eine Muschel mit der vollkommneren Organisation eines Säugetieres, dann bemerkt man, daß ihr bestimmte Teile fehlen. Sie hat keine Gliedmaßen. Sie hat aber auch keinen Rumpf. Was den Rumpf charakterisiert, ist bei seiner Entwicklung die segmentale Gliederung und im ausgebildeten Zustand die Wirbelsäule. Der Rumpf ist der Träger der wesentlichen Lebensorgane: der Lunge, des Blutes mit den Organen des Kreislaufs und der Verdauung. Wie es mit diesen Organen bei der Muschel bestellt ist, haben wir gesehen. So wäre die Muschel ein Wesen, das auf einfachster Stufe dem Kopf entspricht?

Um zu einer klaren Anschauung zu kommen, muß man bedenken, daß verschiedene Bildungen am Kopf der Säugetiere und des Menschen eigentlich zum übrigen Organismus gehören und der Kopf mit diesem zusammen eine Ganzheit ist, weil die Gliedmaßen, die Lunge usw. sich auch im Kopf repräsentieren: die Gliedmaßen in den Kiefern, die Lunge in der Nase. Selbst das Gehirn kann man als eine höhere Ausgestaltung des Rückenmarks ansehen. Wenn die Muschel ein Wesen ohne Rumpf und Glieder ist, dann wird auch der Kopf viel einfacher sein als der der höheren Tiere. Denn es müssen ihm ja jene Teile fehlen, die dem Rumpf und den Gliedern entsprechen.

So hat es den Anschein, daß in der Muschel vor allem vom Kopf das Sich-Absondern durch schalenartige Verknöcherung Gestalt geworden ist. Das ist aber nicht alles. Wenn eine Muschel ihre Schalen öffnet, ist sie an der Randzone des Mantels sehr sensibel. Sie reagiert sofort auf einen Schatten, der das Licht abschwächt. Sie empfindet auch die im Wasser gelösten Substanzen. Bei manchen Muscheln entstehen sogar Tentakeln als Organe des Schmeckens oder Riechens. Es gibt schließlich eine Anzahl von Muscheln, in denen sich die Empfindlichkeit gegenüber Licht und Schatten bis zur Bildung von Augen steigert. Zum Teil sind diese Augen sehr einfach (Gruben- und Blasenaugen), zum Teil aber hoch differenziert. Es ist ein eigenartiger Eindruck, wenn eine Kammuschel ihre schön geformte Schale öffnet und sich nun eine große Anzahl von Augen zur Umgebung wendet – Augen mit Pupille und Linse, jedes mit einem Gesichtsfeld von 90 bis 120 Grad. Alle Augen bilden gemeinsam ein Sehorgan, durch das dieses einfache kopfartige Wesen die Helligkeit des Wasserraumes, der so eng zu ihm gehört, empfindet.

Schnecken

In fast allen Tiergruppen trifft man auf ein weitgespanntes Spektrum der Gestalten. Aber selten ist der Unterschied, wie schon erwähnt, so groß wie der zwischen Tintenfischen und Muscheln, d.h. zwischen Tieren, die sich mit ihren Sinnesorganen extrem an die Umgebung hingeben, und solchen, die sich fast vollständig im Inneren ihrer Schalen absondern. Und dennoch gehören sie eng zusammen. Bei eingehender Betrachtung zeigt sich nämlich, daß man beide Tierformen, Tintenfische wie Muscheln, dann, wenn man sie z.B. zum Organismus des Menschen in Beziehung setzt, nur mit dem Kopf vergleichen kann. Man muß sich allerdings klarmachen, wie der Kopf sich gestalten würde, wenn er aus dem Zusammenhang mit dem Rumpf und den Gliedmaßen losgelöst wäre. Dann sieht man, daß bei den Tintenfischen die für den Kopf so charakteristische Hinwendung zur Umgebung durch die Sinne ganz im Vordergrund steht, bei den Muscheln dagegen das Umschließen der inneren Organe wie beim Gehirnschädel.

Die dritte, bei weitem formenreichste Hauptgruppe der Weichtiere sind die Schnecken (Gastropoda). Bei ihnen findet man die unterschiedlichsten Gestalten. Wir wenden uns zunächst der typischen Form zu. Das sind die Schnecken mit den spiralig gewundenen Gehäusen. Diese durch ihre Formen so eindrucksvollen Gehäuse werden ähnlich wie bei den Muscheln von dem zarten Gewebe, das der Öffnung innen anliegt, dem sogenannten Mantelrand, gebildet. Zunächst wird die Schalenmatrix aus eiweißartiger Substanz und Chitin abgesondert. In dieser kristallisiert dann Kalk als Calcit in feinen Prismen. Bei einigen Schnecken wie z. B. dem Seeohr (Haliotis) werden an diese Calcitschale innen perlmutterartige dünne Schichten aus Aragonit, der anderen Form des Kalkes, angelagert. Über der äußeren Kalkschicht befindet sich ein dünnes Häutchen aus Conchiolin, einer ebenfalls eiweißartigen Substanz. Man ist aufs höchste erstaunt, wenn man sieht, wie ein sonst so wenig geformtes

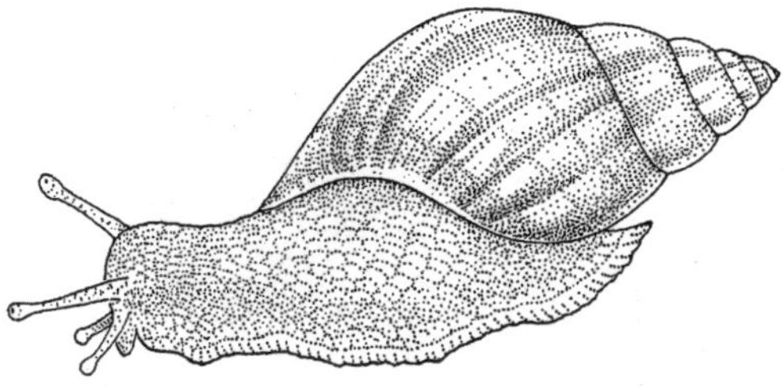

Abb. 105: Die charakteristische Form einer Schnecke mit dem spiralig gewundenen Gehäuse, dem sogenannten Fuß und den Fühlern an dessen vorderem Ende (Achatschnecke, Achatina, eine etwas über 30 Zentimeter große Schnecke aus den tropischen Regenwäldern Westafrikas)

Tier ein geometrisch so vollkommenes Gebilde gestaltet. Die Spirale dieses Gehäuses ist bei den meisten Schnecken rechts, d.h. im Uhrzeigersinn, gewunden. Aus diesem Gehäuse kommt jenes langgestreckte weiche Gebilde hervor, das der Zoologe als Fuß bezeichnet. Dieser sogenannte Fuß ist ein merkwürdiges Organ, weil es keine bleibende Form hat. Es entsteht für eine gewisse Zeit, in der die Schnecke langsam über den Untergrund gleitet, dann verschwindet es wieder in das Innere der Schale. Man kann gut verfolgen, wie der Fuß aus der Schale hervorquillt. Eine Schnecke hat ungewöhnlich viel Hämolymphe, die dem Blut der höheren Tiere entsprechende Flüssigkeit, nämlich zwischen 17 und 40 % des Körpergewichts. Mit dieser Hämolymphe presst die Schnecke den Fuß und schließlich an dessen vorderem Ende die Fühler heraus. Dann sind im Fuß und in den Fühlern die Gewebsspalten prall mit Hämolymphe gefüllt. Das ist ähnlich dem Anschwellen der Sexualorgane bei den Säugetieren durch das Blut. Und wie hier mit dem Anschwellen Lustempfindung verbunden ist, wird es auch bei den Schnecken sein. Das ist naheliegend, weil Schnecken im vorderen Teil des Fußes ein Begattungsorgan haben, das genauso herausgepresst wird wie der Fuß aus dem Gehäuse. So gibt sich die Schnecke mit einem dumpfen Lust-

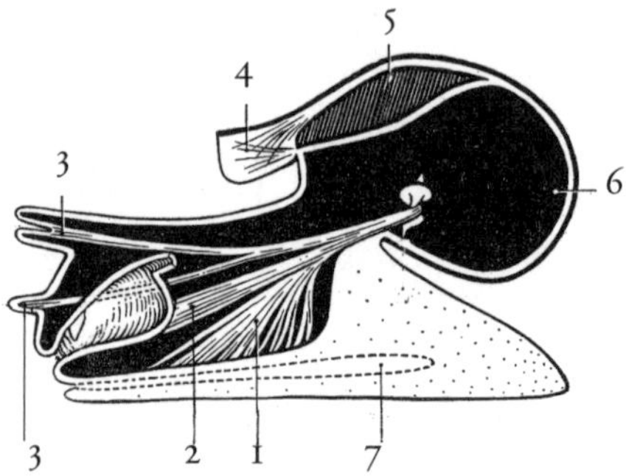

Abb. 106: Weinbergschnecke (Helix pomatia, Längsschnitt). Mit den an der Spindel ansetzenden Muskeln zieht die Schnecke den Fuß (1), den Schlund (2) und die Tentakeln (2, 3) in das Gehäuse zurück. 4 – Mantelrand; 5 – Atemhöhle mit einem feinen Adergeflecht, das den Sauerstoff in das Blut aufnimmt; 6 – sogenannter Eingeweidesack mit den Verdauungs- und vor allem den sehr differenzierten Fortpflanzungsorganen; 7 – Sohlendrüse, die den Schleim absondert, auf dem die Schnecke vorwärts gleitet (aus Kaestner).

empfinden an die Umgebung hin. Wenn die Schnecke sich wieder in ihr Gehäuse zurückzieht, kontrahiert sie einen Muskel, der an der zentralen Achse des spiralig gewundenen Gehäuses, der Spindel, ansetzt und von dort in den ganzen Fuß und die Fühler ausstrahlt.

Dem Fuß entsprechen bei den Tintenfischen die sogenannten Arme, die wir als eine stark aufgegliederte Zunge kennengelernt haben. Auch der Fuß ist in erster Linie ein Sinnesorgan. Er ist ganz von einer drüsenreichen Schleimhaut umgeben, durch die die Schnecke einen Teil des Sauerstoffs, den sie für ihre Lebensprozesse benötigt, und Wasser aufnimmt. Die ganze Schleimhaut ist äußerst sensibel gegenüber Berührung und den vier Geschmacksqualitäten der Substanzen. So ist der Fuß Tast- und Geschmacksorgan. Am besten ist der Geschmackssinn am sogenannten Mund, dem Beginn des Verdauungstraktes, und unten an den Seiten des Fußes. So ist es bemerkenswert, daß im Fuß eine langgestreckte Speicheldrüse vorn ein schleimartiges Sekret aussondert, über das die Schnecke langsam dahingleitet. Die Muskeln der Kriechsohle bilden Kontraktionswellen, die sich von vorn nach hinten bewegen und die Schnecke im Schneckentempo vorwärtsschieben. Der Fuß ist also ein Organ, durch das sich die Schnecke schmeckend an den Untergrund anschmiegt, diesen dabei einspeichelt und in äußerst gemächlicher Bewegung das, was der Untergrund bietet, abtastet und abschmeckt. Der Fuß ist eine sich ganz nach außen wendende Zunge. Schmecken ist immer mit Lustempfindung verbunden; bei der Schnecke ist sie aber in der geschilderten Weise besonders gesteigert.

Die Schnecke lebt durch ihre Zunge, den Fuß, vor allem im Geschmacks- und Tastempfinden; sie nimmt aber auch Licht wahr. Sie hat vorn, z.B. an ausgestülpten Fühlern, Augen. Diese Augen sind zum Teil recht einfache grubenartige Vertiefungen, d.h. wie auf früher Stufe der Augenbildung stehengebliebene Organe, zum Teil aber wie bei unserer Weinbergschnecke ziemlich weit entwickelt mit Linsen. Bei dem Übergewicht der dumpfen Geschmacksempfindung dringt das Sehvermögen aber nicht weit in die Umgebung.

Schnecken sind Tiere, die sich vor allem den stoffgebundenen Qualitäten zuwenden. Vom Rand der Schale wölbt sich die sogenannte Mantelhöhle in das Innere. Diese Mantelhöhle ist vor allem Atemorgan. Hier nimmt die Schnecke mit den Kiemen – es sind zwei oder nur eine – aus dem Wasser den Sauerstoff in die Hämolymphe auf, und zwar ihrer größeren Regsamkeit entsprechend wesentlich mehr als die trägen Muscheln, nämlich 50 bis 70 % gegenüber 3 bis 10 % bei den Muscheln. Bei den Landlungenschnecken dient ein feines Adergeflecht der Sauerstoffaufnahme. Bei vielen Schnecken, die im Wasser leben, enthält die Mantelhöhle auch ein Geruchsorgan, das Osphradium. Dann entwickelt sich vielfach nach vorn ein bewegliches Rohr, mit dem die Schnecke das Atemwasser aufnimmt und zugleich, indem sie diesen Sipho wie schnüffelnd

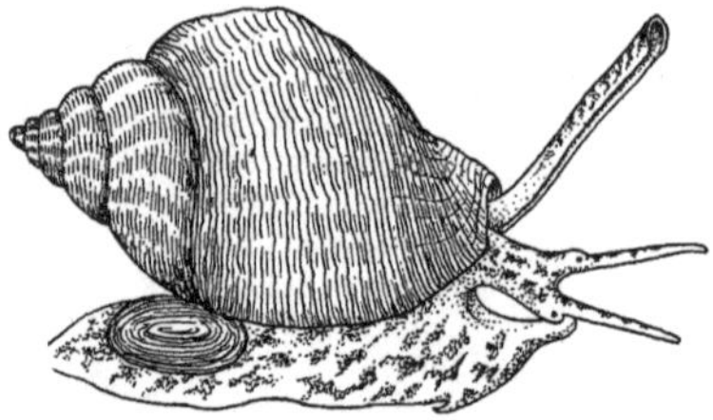

Abb. 107: Wellhornschnecke (Buccinium undatum) aus dem Nordatlantik mit gut entwickeltem Atemsipho und vorzüglichem Geruchssinn (aus Remane/Storch/Welsch)

hin- und herschwenkt, sehr fein empfindet, aus welcher Richtung bestimmte Düfte stammen.

Den vorderen Teil des Fußes mit den Augen bezeichnet der Zoologe, allerdings recht unzutreffend, als Kopf. Hier wendet sich die Schnecke nur in anderer Weise als sonst am Fuß zur Umgebung. Dort befindet sich auch der Schlund mit der für die Schnecken so charakteristischen Radula, einer Art Raspelzunge mit sehr vielen, oft Tausenden kleiner Zähnchen aus Chitin. Die Schnecken nehmen ihre Nahrung ganz unterschiedlich auf. Viele Pflanzenfresser beschaben wie unsere Weinbergschnecke mit der Radula Algen, Blätter, Pilze und Früchte. Andere Schnecken würgen ihre Beute hinunter, wieder andere bohren Löcher in die Schalen von Muscheln und fressen sie dann mit ihrem Rüssel aus. Es gibt auch Schnecken, die ähnlich den Muscheln mit dem Atemwasser kleine Nahrungspartikel aufsaugen. Die Verdauungsorgane befinden sich tief im Innern der Schale.

Es bestehen interessante Unterschiede zwischen den spiraligen Schalen der Muscheln und denen des Perlboots und der ausgestorbenen Tintenfische. Die Muscheln füllen mit ihrem weichen Leib die Schale bis zur Spitze aus. Die Tintenfische trennen, solange ihre Schale größer wird, immer wieder den weiter innen liegenden Teil

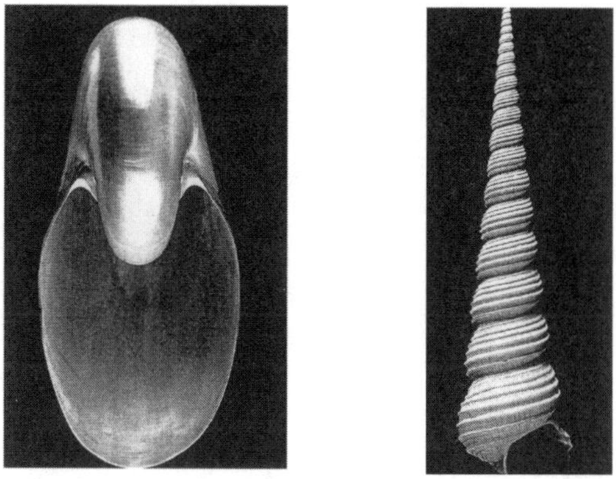

Abb. 108: Die unterschiedliche Spiralbildung bei Tintenfisch (Perlboot, Nautilus) und Schnecke (Turmschnecke, Turritella) (aus Erhardt)

durch eine Querwand ab und befinden sich selbst in der äußersten Kammer. So wenden sie sich stärker als die Schnecken nach außen, was in der ganzen Organisation zum Ausdruck kommt.

Ein anderer Unterschied liegt in folgendem: Beim Perlboot und seinen Verwandten in der Erdvergangenheit umschließen die neuen Windungen die vorausgehenden. So entsteht eine Form, in der das Tier von innen nach außen dringt. Bei den meisten Schnecken kommt zu dieser Tendenz eine zweite hinzu, indem die Windungen übereinanderliegen und von oben nach unten weiter werden. Damit orientiert sich die Schnecke nach unten zum Untergrund hin, zu dem sie mit ihrer Zunge so intensiv den Kontakt sucht.

Bei der einen Hauptgruppe, den Gekreuztnervigen Schnecken (Streptoneura), entstehen besonders kräftige Gehäuse und Schalendeckel, die das Gehäuse abschließen, wenn sich die Schnecke ins Innere zurückzieht. Zudem herrscht die größte Vielfalt in den Formen der spiraligen Gehäuse. Hier erreicht im Organismus der Schnecke die Absonderung der Schale eine besondere Intensität. Damit kommt es

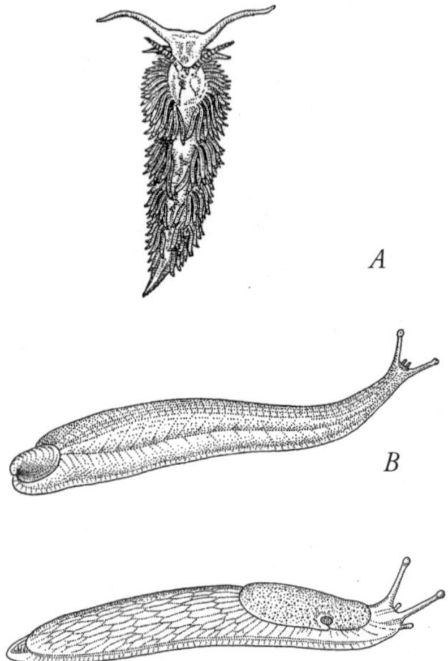

A

B

C

Abb. 109: Schnecken mit weitgehend (B) und ganz zurückgebildeter Schale (A, C). A: Die kleine braunrosa Fadenschnecke (Facelina drummondi) aus der Ordnung der Nacktkiemer (Nudibranchia) mit zahlreichen dünnen Ausstülpungen. B: Raubschnecke (Testacella haliotidea), eine Landlungenschnecke. C: Die Gartenwegschnecke, ebenfalls aus der Ordnung der Landlungenschnecken (Stylommatophora)(aus Remane/Storch/Welsch)

aber zu einem scharfen Gegensatz zwischen dem Innenraum des Gehäuses und der Hinwendung zu den Sinnesqualitäten durch den Fuß. Das manifestiert sich besonders dadurch, daß die Nervenbahnen des ziemlich einfachen Nervensystems nicht geradlinig vom Fuß in das Innere des Gehäuses ziehen, sondern sich beim Übergang von außen und innen überkreuzen. Diese Überkreuzung soll nach der Auffassung der Zoologen dadurch entstanden sein, daß sich das Gehäuse aus seiner ursprünglichen Lage mit ungekreuzten Nerven um 180° gegenüber dem Fuß gedreht hat. Bei der anderen Hauptgruppe, den Geradnervigen Schnecken (Euthyneura), ist der Prozess der Schalenbildung schwächer, zum Teil entsteht wie bei den Nacktschnecken nur das Rudiment einer Schale oder überhaupt keine Schale. Bei diesen Schnecken, zu denen unter anderen die Landlungenschnecken mit der Weinbergschnecke gehören, kommt es dementsprechend zu keiner Nervenüberkreuzung. So liegt der Gliederung der Schnecken in die beiden Hauptgruppen eine im Organismus der Schnecke veranlagte Polarisierung zugrunde:

Organismus der Schnecke

starke Schalenbildung	Dominanz des Fußes
Streptoneura	Euthyneura
(früher «Vorderkiemer»)	(früher «Hinterkiemer»)

Im Zusammenhang mit der Dominanz des Fußes, das heißt jenes Organs, in dem es durch den Anstau der Hämolymphe zu Lustempfindungen kommt, ist bei den Euthyneura die Sexualität in einer eigenartigen Weise gesteigert. Sie sind fast alle im Gegensatz zu den Streptoneura Zwitter. In der Regel sind Tiere entweder männlich oder weiblich, die betreffenden Schnecken sind beides zugleich. So kommt es bei der Begattung bei jeder der beiden Schnecken zu einer Erregung in den männlichen wie den weiblichen Teilen der sogenannten Zwitterdrüse. Bei den Weinbergschnecken kann man beobachten, wie sie sich gegeneinander aufrichten, den Körper in hochgradiger Erregung hin- und herwiegen. Dann schießt eine der beiden Schnecken einen dolchähnlichen Pfeil («Liebespfeil») aus Kalk in die Haut der anderen, was die Erregung steigert und die gegenseitige Begattung auslöst.

Wir könnten nun schildern, wie sich das Wesen der Schnecke

nach weiteren Richtungen hin einseitig ausgestaltet, indem sich bei den Euthyneura z.B. der Fuß wie bei der Mittelmeer-Schirmschnekke nach allen Seiten hin mächtig ausweitet oder bei den Seeschmetterlingen zu flügelartigen Gebilden wird. Statt dessen wollen wir uns einer mehr grundsätzlichen Frage zuwenden. Die Tatsachen weisen deutlich darauf hin, daß die Schnecken zwischen den so gegensätzlichen Gruppen der Tintenfische und Muscheln eine mittlere Stellung einnehmen. Der Leser kann ohne Mühe manches zusammentragen, das zeigt, wie das Sich-Absondern im Gehäuse bei den Muscheln viel stärker ist, das begierdehafte Hineindringen in die Umgebung durch Zunge und Auge dagegen bei den Tintenfischen eine wesentlich größere Intensität erreicht. In einem Kapitel («Das Weichtier und seine Schale») seines Buches *Die Tiergestalt* schildert A. Portmann von einem speziellen Gesichtspunkt aus die Unterschiede zwischen dem Sich-Absondern durch die Schale und dem sinneshaften Sich-Hinwenden zur Umgebung bei den drei Hauptgruppen der Weichtiere und im speziellen auch bei den Schnecken. Wo die Schalen gut ausgebildet werden, ist das einfache Nervensystem nur wenig im Bereich der Sinnesorgane konzentriert, sehr stark aber dort, wo die Schalenbildung zurücktritt und das Tier sich rückhaltloser durch sein Sinnesempfinden mit der Umgebung verbindet. Überblickt man, wie sich dieser Gegensatz von Schalenbildung und der Zentralisierung der Nervenorganisation, d.h. einem wacheren Bewußtsein, bei den Weichtieren manifestiert, dann findet man bei den Schnecken ein weites Spektrum; vor allem wird deutlich, daß ihre Organisation auch unter diesem Aspekt die Mitte ist zwischen der der Muscheln und der Tintenfische.

Zu Beginn dieses Kapitels haben wir darauf hingewiesen, daß Muscheln und Tintenfische Tiere sind, bei denen im Vergleich mit den höheren Tieren und dem Menschen nur ein Teil von deren Organismus erscheint, nämlich der Kopf. So ergibt sich die Frage, ob das nicht auch für die Schnecken zutrifft. Die Tatsachen, die wir geschildert haben, deuten in die Richtung. Ebenso folgende Bemer-

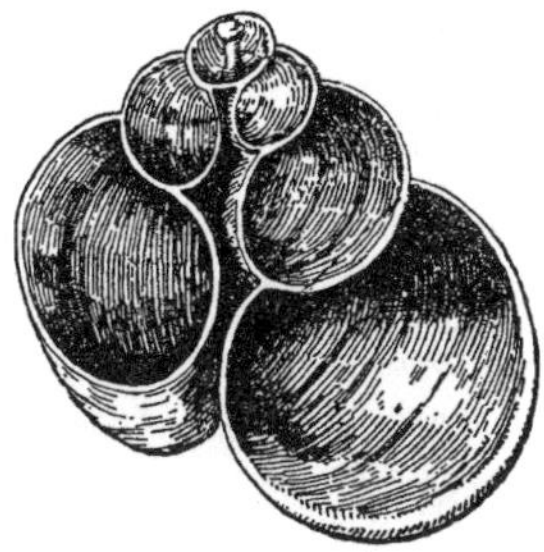

Abb. 110: Längsschnitt durch die Schale einer Weinbergschnecke (Helix pomatia; aus Kaestner)

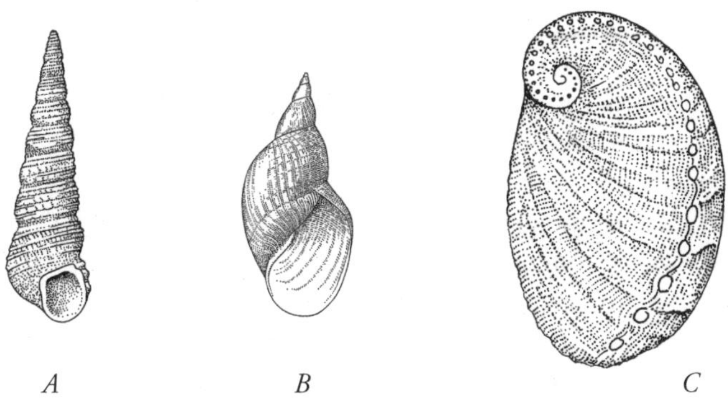

Abb. 111: Schneckenschalen mit unterschiedlicher Dynamik im Weiterwerden der logarithmischen Spirale und der damit verbundenen Hingabe der Schnecke an die Umgebung. A: Turmschnecke (Turritis); B: Schlammschnecke (Lymnaea); C: Seeohr (Haliotis) (aus Remane/Storch/Welsch).

kung R. Steiners: «Von der Schnecke können wir sagen: sie ist fast ganz Kopf, sie hat nichts anderes als Kopf» (GA 301, S. 128) – keinen Rumpf und keine Gliedmaßen. Eine Tatsache läßt sich mit dieser Deutung zunächst aber nur schwer in Einklang bringen: das ist die spiralige Form des Gehäuses. Wie es zu dieser Form kommt, ist für den Zoologen ein unaufgehelltes Rätsel. Es gibt allerdings eine Spur, die man verfolgen kann, um einer Lösung des Rätsels näherzukommen. Ein Spiralgehäuse bilden nur Schnecken und Tintenfische, also Weichtiere mit starken Sinnesempfindungen, nicht aber die Muscheln, bei denen die Sinne in der Regel nur schwach und auch fast nur am Mantelrand, d.h. am Saum der Schalen, entstehen.[29] Nun bilden die Schnecken und Tintenfische ihr Gehäuse nach einer bestimmten geometrischen Gesetzmäßigkeit; die Gehäuse sind ihrer Form nach logarithmische Spiralen (Prusinkiewicz u. Fowler 1997, S. 177 ff.). Wie aber kommt es zu dieser Form? In der Zahlenfolge $2^0 = 1$, $2^1=2$, $2^2 = 4$, $2^3 = 8$ usw. bezeichnet man die 2 als Basis, die Hochzahl als Logarithmus und das Resultat der Potenzierung als Numerus. Eine logarithmische Spirale auf der Basis 2 erreicht mit der ersten vollen Windung die Weite 2, bei der nächsten die Weite 4, bei der folgenden die Weite 8 usw. Die Zahl der Windungen entspricht also den Potenzen, die der zunehmenden Weitung den Numeri; und bei einer kleinen Basis schreitet die Weitung langsamer fort als bei einer größeren. Eine Schnecke, bei der sich die Schale sehr schnell weitet wie beim Seeohr (Haliotis) hat eine Spirale mit größerer Basis als die Schale einer Turmschnecke (Turritella), bei der das schlanke Gehäuse nur langsam weiter wird.

Was hat nun das Sinnesempfinden mit der logarithmischen Spiralform des Gehäuses zu tun? Das Weber-Fechnersche Gesetz beschreibt die Beziehung zwischen der Intensitätszunahme von Sinnesreiz und Sinnesempfindung. Wenn die Empfindung so zunimmt, daß man gerade eine Differenz zu der jeweils vorhergehenden wahrnimmt, dann verdoppelt sich immer die Intensität des Reizes. Die Zunahme der Empfindungsstärke steht zu der Steigerung der Reizintensität also im Verhältnis von Logarithmus zu Numerus. Wenn ein Wesen immer stärker Gerüche oder Helligkeit empfindet, dann entspricht dem eine logarithmische Steigerung der Reize. Nun ist die Schnecke ein Tier, das intensiv und fast ausschließlich in Geschmacks-, Geruchs-, Tast- und Helligkeitsempfindungen lebt und fortwährend auf wechselnde Reize mit seinem Empfinden antwortet. In seinem Wesen wirkt dabei fortwährend die logarithmische Beziehung zwischen Reiz und Empfindung. Nun prägt sich bei den Tieren das innere Wesen immer in der äußeren Erscheinung, in der Gestalt aus. Das ist auch bei der Schnecke der Fall. Ihr inneres Wesen lebt ganz sensibel in den von Lust durchdrungenen Sinnesempfindungen. So erscheint dort, wo ihre Leibesform bei der Absonderung der Schalensubstanz erstarrt, das mathematisch-geometrische Korrelat dieser empfindenden Hinwendung zur Außenwelt. Wenn die Schnecke aber vollständig im Empfinden des Tastens, Riechens usw. aufgeht, dann geht nicht mehr wie sonst ein Teil dieser Kräfte in die Schalenbildung über.

Damit beantwortet sich unsere Frage. Das Gehäuse der Schnecke umschließt ähnlich wie die Schale der Muschel das Innere. Es hat aber nicht die einfache Form der Muschel, sondern ist durch das ganz in den Sinnesempfindungen lebende Wesen der Schnecke zur Spiralform modifiziert. Die Schnecke ist offensichtlich «fast ganz Kopf» (Steiner). Sie lebt wie der Kopf ganz im Empfinden von Helligkeit, Geschmack und Geruch. Die Kopf*form* ist aber durch die Wirkung des starken Empfindungslebens auf die Gestaltbildung stark abgewandelt.

STACHELHÄUTER

Wohl für die meisten Menschen ist mit der Vorstellung eines Tierwesens die horizontale Haltung verbunden. Vorn wendet sich das Tier mit seinen Sinnen zur Umgebung. Hier wirken auch die Kräfte des Begehrens, mit denen es die Nahrung aufnimmt. Tiefer im Innern antworten auf die Eindrücke die Erlebnisse von Lust und Unlust und die Affekte. Diese werden vom Tier unmittelbar in der Haltung und in Bewegungen, die vor allem von dem hinteren Bereich des Leibes impulsiert werden, ausgelebt. Dort sind auch die dumpfen Lebensprozesse lokalisiert – die Verdauung, die Absonderung und die Fortpflanzung –, durch die das Tier seinen Leib aufbaut und erhält. Der Gegensatz von vorn und hinten scheint tief im Wesen des Tieres begründet zu sein. Und die Vielfalt besonders der höheren Tiere beruht in einem nicht geringen Umfang auf dem Gewicht, das der vordere oder der hintere Bereich im Ganzen des Organismus hat. Die horizontale Haltung ist Ausdruck für das intensive Hingegebensein der Tiere an ihre Umgebung, für die von außen angefachten Begierden und aus dem Innern stammenden Triebe. Sie ist Manifestation des Tierseins: Die unreflektiert auf Eindrücke antwortenden Erlebnisse, das Begehren und die triebhaften Bewegungsimpulse verlaufen in horizontaler Richtung. So drückt sich im horizontalen Bau des Tieres seine spezifische Innerlichkeit aus. Wir sind dem nicht nur bei den höheren Tieren begegnet. Die Horizontale bestimmt auch die Gestalt vieler niederer Tiere. Selbst bei den Muscheln kann man ein Vorn und ein Hinten unterscheiden.

Wendet man sich mit einer solchen Anschauung den Stachelhäutern zu, dann steht man vor einem Rätsel. Man scheitert zunächst mit seinem Denken, wenn man ein solches Wesen begreifen möchte. Fast alles, was man sich an Vorstellungen über Wesensmerkmale der Tiere gebildet hat, scheint nicht zu passen.

Unter den Stachelhäutern findet man nur bei den Seewalzen oder Seegurken (Holothuroidea) durch ihre langgestreckte Gestalt eine gewisse Ähnlichkeit mit der typischen Tierform. Diese eigenartigen Tiere leben meistens am Grund des Meeres, bewegen sich dort langsam oder graben sich ein. Betrachtet man ihre Organisation aber genauer, so erscheint fast alles befremdlich. Die Seewalzen sind jene Stachelhäuter, die von der typischen Gestalt dieser Tiergruppe am stärksten abweicht. Diese Gestalt ist besonders deutlich bei den Seesternen (Asteroidea), deren Leib sich in den sogenannten Armen ganz regelmäßig nach fünf Richtungen mehr oder weniger weit in die Umgebung erstreckt. Hier tritt die fünfstrahlige Symmetrie, die auch die innere Organisation beherrscht, ganz klar in Erscheinung. Bei den Schlangensternen (Orphiuroidea) ist der Leib in eine zentrale Körperscheibe und die fünf «Arme» gegliedert. Die Schlangensterne sind im Gegensatz zu den langsam dahinkriechenden Seesternen durch ihre schlanken Arme recht beweglich. Bei den Medusenhäuptern unter den Schlangensternen gliedern sich die Arme stark zur Umgebung hin auf. Die wohl urtümlichsten Formen unter den Stachelhäutern sind die Seelilien und Haarsterne (Crinoidea), die durch ihren Stiel am Boden befestigt oder in ihm verwurzelt sind. Der Stiel trägt oben einen Kelch mit fünf Armen, die sich wiederum in zwei Arme gabeln. Die Haarsterne lösen sich bald von ihren Stielen und bewegen sich frei mit stark aufgegliederten Armen. Wir gehen im folgenden nur auf die fünfte Form der Stachelhäuter, die Seeigel, ein, die sich nicht wie die Seesterne und Schlangensterne dem Untergrund, sondern durch ihre sphärische Form dem ganzen

Abb. 112: A: Seewalze der Gattung Rhabdomolgus; B: Seestern der Gattung Marthasterias (Eisseestern); C: Schlangenstern der Gattung Ophiocomina; D: Seelilie (Pentacrinus); E: Haarstern der Gattung Antedon; F: Seeigel der Gattung Arbacia (aus Remane/Storch/Welsch)

Umkreis zuwenden. Das trifft vor allem für die regulären Seeigel zu; die irregulären Seeigel sind zum Teil flach und die fünfstrahlige Symmetrie ist stark in Richtung zur Bilateralsymmetrie hin modifiziert.

Der Seeigel

Ein typischer regulärer Seeigel nähert sich in seiner Form der Kugel an. Unten, wo er dem harten, felsigen Boden aufliegt, ist die Kugelform abgeflacht; auch oben ist sie ein wenig modifiziert. Also: eine in vertikaler Richtung etwas veränderte Kugelgestalt, die meistens vollkommen starr ist. Von einem Vorn und Hinten, das heißt von innerer Hinwendung zur Umgebung, ist keine Andeutung zu bemerken.[30] Man begegnet einem Wesen, das ohne Begehren, ohne jeglichen Triebimpuls und ohne Äußerungen eines Affektes ganz in sich ruht und nach innen gewendet erscheint. Der Seeigel hat auch keine Sinnesorgane, nur eine über die ganze Haut diffus ausgebreitete Sensibilität für Berührung, für Licht und Schatten und ein wohl unbestimmtes Empfinden für den Geschmack und die Gerüche des Wassers. Er lebt dumpf in einer Sphäre wenig differenzierter Qualitäten.

Manches weist darauf hin, daß er zu dieser Sphäre in Beziehung steht. Von seinem Kalkgehäuse strahlen Stacheln zum Umkreis hinaus.[31] Sie sind durch Kugelgelenke beweglich mit dem starren Gehäuse verbunden. Bei den Lanzenseeigeln werden sie sehr lang und kräftig. So übertrifft ihre Länge bei der Gattung Stereocidaris den Durchmesser des Gehäuses um mehr als das Doppelte; dieses befindet sich im Zentrum der «Strahlen» und ist ganz kugelförmig. Die Stacheln dienen nicht nur der Abwehr, sie sind auch Ausdruck für eine innere Beziehung des Seeigels zu seinem Umkreis. Die Oberfläche des Gehäuses ist wie ein Boden, der mit verschiedenen Gebilden besetzt ist. Zu diesen gehören die kleinen Pedicillarien, Greifzangen an dünnen beweglichen Stielen mit verschiedenen Funktionen. Und dann kann man beobachten, wie zwischen den Stacheln dünne, weiche, zarte Tentakeln durch zahlreiche Poren aus dem Innern in den umgebenden Wasserraum hinausdringen. Sie sind beweglich, strecken sich aus und ziehen sich zusammen. Mit diesen «Ambulakralfüßchen» bewegen sich manche Seeigel über den Untergrund oder saugen sich an Felswänden fest.

Recht ungewöhnlich ist auch das Innere. Hier befindet sich ein weiter, von Flüssigkeit erfüllter Raum, wie eine innere «Wassersphäre» in der äußeren. Man findet keine Atmungsorgane, auch kein Kreislaufsystem. Der Seeigel nimmt den Sauerstoff, den er für seine Lebensprozesse benötigt, durch die ganze Oberfläche, auch durch die Tentakel und durch dünnwandige Ausstülpungen im Bereich des Mundes auf. Er hat kein Blut. Eine lymphartige Flüssigkeit strömt träge durch dünne Kanäle, die aber keine Umgrenzung wie die Blutgefäße haben. Durch den Innenraum zieht in weiten Schlingen ein Darm. Die Mundöffnung ist unten, die Enddarmöffnung oben – jeweils in der Mitte. In dieser vertikalen Orientierung kommt der begierdelose Charakter der Ernährung deutlich zum Ausdruck. Der Seeigel bewegt sich mit seinen Stacheln und Tentakeln langsam über den Untergrund und weidet mit den Zähnen seines Kieferapparates, der sogenannten Laterne des Aristoteles, Algen und festsitzende wirbellose Tiere ab.

Die regulären Seeigel leben in den Randzonen des Meeres, in ruhigen Buchten wie in der Brandungszone. Sie dringen aber auch in tiefere Regionen hinunter: der ziemlich kleine dunkelviolette oder bräunliche Steinseeigel (Durchmesser 5 cm) bis in eine Tiefe von 80 Metern, der größere, grünlich gefärbte Strandseeigel (Durchmesser bis 15 cm) bis in 100 Meter und der Eßbare Seeigel (Durchmesser bis 17,5 cm) bis in 1200 Meter. Andere Seeigel, besonders die Lederseeigel, deren Panzer aus gegeneinander beweglichen Platten besteht, leben in den finstren Abgründen der Tiefsee.

In dem vorangegangenen Kapitel wurde geschildert, daß niedere Tiere im Vergleich zu den Säugetieren so unvollkommen sind, weil

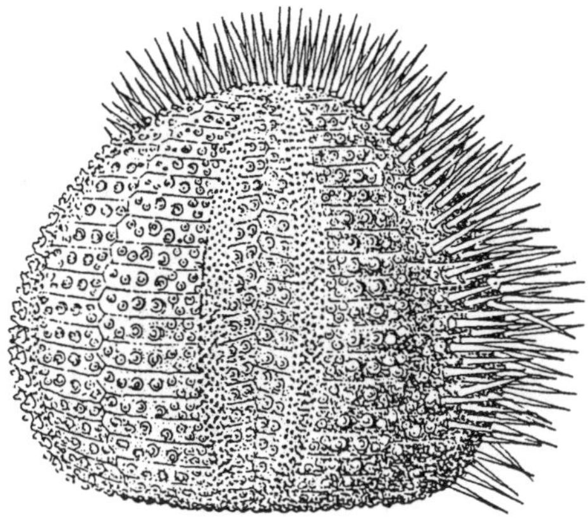

Abb. 113: Eßbarer Seeigel (Echinus esculentus). Die Stacheln sind zum Teil entfernt. Man kann deutlich die Kalkplatten mit den Poren für die Ambulakralfüßchen und die ohne solche Poren unterscheiden. Durchmesser bis über 17 cm. (Aus Remane/Storch/Welsch.)

sie nur Teilen des vollständigen Organismus entsprechen. So sind Muscheln, Schnecken und Tintenfische Wesen ohne Rumpf und Gliedmaßen; ihre Gestalt entspricht bestimmten Bereichen des Kopfes. Auch den Seeigeln und übrigen Stachelhäutern fehlen Gliedmaßen und Rumpf. Sie sind aber, nach allem, was wir von ihnen kennen, noch einfacher. Entsprechen sie etwa nur einem Organ des vollkommenen Organismus?

Betrachtet man das Gehäuse eines regulären Seeigels, das keine Stacheln mehr trägt, dann sieht man, daß der Kalkpanzer durch zehn Meridiane unterteilt ist. Jede dieser Zonen besteht aus zwei Reihen fest aneinander gefügter Kalkplättchen. Es wechseln immer zwei Reihen, die nur mit Stacheln besetzt waren, ein sogenanntes Interambulakrum, und zwei andere, aus deren Poren die feinen Tentakeln der Ambulakralfüßchen herauskommen, ein sogenanntes Ambulakrum. So haben die Seeigel eine strenge fünfstrahlige Symmetrie wie auch

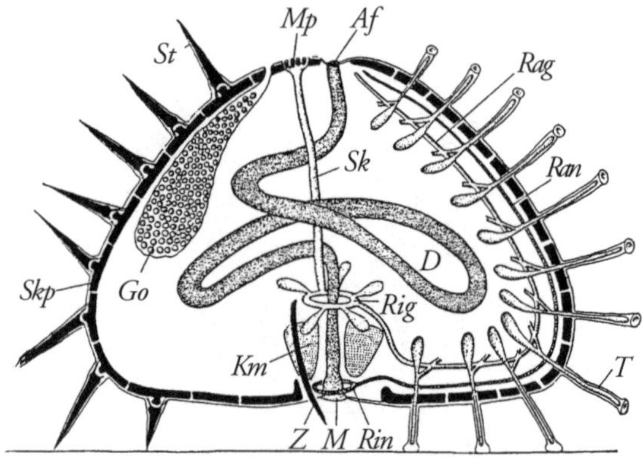

Abb. 114: Schematischer Längsschnitt durch einen Seeigel. Rechts radial, links interradial. Af *After,* D *Darm,* T *Tentakel,* Go *eines der fünf Fortpflanzungsorgane,* Km *Kaumuskulatur,* M *Mund,* Mp *Madreporenplatte,* Rag *Radiärgefäß,* Ran *Radiärnerv,* Rig *Ringgefäß,* Rin *Nervenring,* Sk *Steinkanal,* Skp *Skelettplatte,* St *Stachel,* Z *Zahn des Kauapparats (aus Kühn).*

alle anderen Stachelhäuter, die Seelilien, die Seesterne, die Schlangensterne und die Seewalzen. Diese Symmetrie beherrscht die ganze Organisation: das ungewöhnlich einfache Nervensystem, weite Bereiche des lymphartigen Hämalsystems, die Zahl der Fortpflanzungsorgane, sogar den Kieferapparat mit seinen fünf Teilen.

Diese starke Prägung geht von einem Organ aus, das wir noch nicht betrachtet haben. Oben neben der Enddarmöffnung befindet sich im Gehäuse eine Kalkplatte mit vielen kleinen Poren (Madreporenplatte). Von hier zieht ein Gang durch den Innenraum nach unten, dessen Wand Kalkeinlagerungen enthält (Steinkanal). Er mündet in ein ringförmiges Gefäß, den Ringkanal, von dem fünf Gefäße entspringen, die unter der Mitte jedes Ambulakrums bis zum Scheitel des Gehäuses hinaufziehen. An diesen Radiarkanälen entspringen zu beiden Seiten viele kurze Gefäße. Sie gehen in eine kontraktile Ampulle über, an die sich nach außen die feinen Tenta-

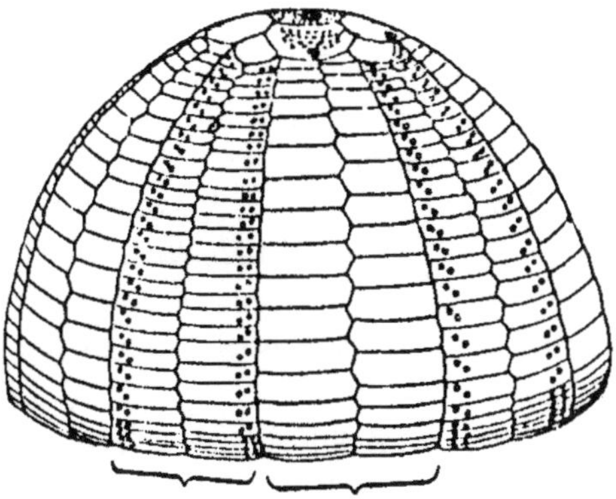

Abb. 115: Schematische Darstellung eines Seeigelgehäuses. Die Stacheln sind entfernt. Man sieht die Zonen mit den Poren für die Ambulakralfüße (Amb) und dazwischen die Interambulakralplatten (Iamb). (Aus Kühn.)

keln (Ambulakralfüßchen) anschließen. In diesem System von Gefäßen befindet sich eine Flüssigkeit, die dem Meerwasser sehr ähnlich ist. Sie enthält allerdings etwas Eiweiß und Zellen, die den weißen Blutkörperchen entsprechen, und ist offensichtlich von schwachen Lebensprozessen durchsetzt. An der Madreporenplatte besteht eine offene Verbindung zum umgebenden Meer, es findet aber kein Austausch zwischen dem Meerwasser und der Flüssigkeit dieses Gefäßsystems statt (Nichols 1966, 220ff.).

Das Ambulakralsystem ist das wohl wichtigste Organ des Seeigels. Bei der Entwicklung des Seeigels entsteht zunächst ein kleines Wesen, das im Wasser schwebt, die sogenannte Pluteuslarve. An ihrer einfachen Form und Organisation deutet noch nichts auf den Seeigel hin. Im Inneren bilden sich kleine bläschenartige Hohlräume (Cölom). Von einem dieser Bläschen dringt dann ein feiner Kanal an die Oberfläche und öffnet sich nach außen. Und jetzt beginnt im Innern die Entwicklung jenes Gefäßsystems, das wir gerade beschrieben haben. Das Bläschen wird zum Ringkanal. Aus ihm sprießen die Radiarkanäle hervor usw. Bald werden in einem Teil der Larve die ersten Kalkplättchen gebildet. So grenzt sich ein kleiner Seeigel, der nun an den Boden heruntersinkt, von der Umgebung ab, während sich im Innern das Ambulakralsystem langsam ausdifferenziert. Es entstehen auch gleich die ersten Stacheln. Den Radiarkanälen folgen der wichtigste Teil des einfachen Nervensystems und andere Organe. So kann man verfolgen, wie die Bildung des Seeigels mit seiner fünfstrahligen Symmetrie von der des inneren Gefäßsystems ausgeht.

Welches ist aber die Funktion dieses Organs? Seine zarten Tentakeln nehmen Sauerstoff und wohl auch andere Substanzen aus dem Meerwasser auf. Mit diesen Tentakeln können sich manche Seeigel auch festsaugen und bewegen. Aus der Atmungsfunktion und der des Festhaltens und Bewegens wird der Bau dieses eigenartigen Organs aber nicht verständlich. Wesentlich ist offensichtlich die Verbindung mit dem umgebenden Wasserraum des Meeres; denn von ihr geht die ganze Entwicklung aus. Was bedeutet aber diese Verbindung? Was wird durch sie vermittelt?

Man weiß seit einigen Jahrzehnten, daß das Meer kein stiller Raum ist. Es ist durchdrungen von vielen Geräuschen und Klängen der Fische und Wale. Auch ein Sturm an der Oberfläche des Meeres erzeugt mancherlei Geräusche. Das alles vibriert im Wasser und breitet sich nicht nur rascher, sondern auch viel weiter als in der Luft aus. Es dringt durch die Madreporenplatte in den Seeigel hinein und vibriert in seinem Gefäßsystem wie beim Menschen und den höheren Tieren die Töne und Geräusche in den lymphartigen Flüssigkeiten des Innenohrs. Seit den Untersuchungen des ungarischen Physiologen Békésy weiß man, daß beim Menschen die Geräusche und Töne, die vom Trommelfell über die Kette der Gehörknöchelchen und das ovale Fenster in das Innenohr hineindringen, als sogenannte Wanderwellen in die Schnecke hineinvibrieren. Hier werden diese Wellen aufgestaut und brechen zusammen. In der Welle wirkt der Ton im Medium der Flüssigkeit. Soll

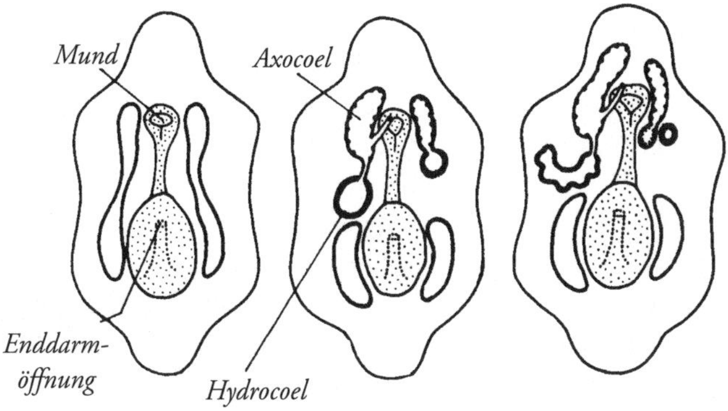

Abb. 116: Drei Stadien in der Entwicklung der Seeigellarve. Links: Zu beiden Seiten des einfachen Verdauungstraktes das noch ungegliederte Mesoderm. Mitte: Das Mesoderm hat sich gegliedert. Von dem linken vorderen Bläschen (Axocoel) ist durch einen dünnen Kanal eine Verbindung mit der Umgebung entstanden. Rechts: Nun entwickelt sich aus dem linken mittleren Bläschen (Hydrocoel) das Ringgefäß, von dem dann die fünf Radiärkanäle ausgehen. (Aus Remane/Storch/Welsch.)

er als Ton innerlich aufklingen, dann muß er aus dem Medium seines Wirkens erstehen. Das geschieht beim Zusammenbrechen der Welle. Da hört das Wirken des Tons in der Flüssigkeit plötzlich auf; er wird frei und kann nun in seiner Innerlichkeit, das heißt in seinem Tönen, erklingen und erlebt werden.

Wenn an einen Seeigel Klänge und Geräusche herandringen, vibrieren sie nicht nur im Medium des Meerwassers. Sie vibrieren durch die Poren der Madreporenplatte in das ganze Ambulakralsystem hinein. Durch die hohe Schallgeschwindigkeit (1485 Meter in der Sekunde) erfüllt dieses Vibrieren schon im Bruchteil einer tausendstel Sekunde das innere Gefäßsystem. Und von innen dringt dieses Vibrieren in den vielen zarten Tentakeln durch die Kalkschale tausendfach wieder hinaus in den umgebenden Wasserraum. Dort trifft das innere Vibrieren mit dem des umgebenden Wassers zusammen. Dabei kann dieses innere Vibrieren auf die gleiche Phase des äußeren Vibrierens auftreffen. Das wird je nach Höhe des Tons in den mehr unteren, mittleren oder oberen Bereichen der Ambulakralsegmente geschehen. Dabei wird dann wohl das Vibrieren in den Tentakeln durch die synchronen Druckschwankungen des umgebenden Meerwassers unterdrückt. Dadurch erstehen aber in den betreffenden Tentakeln die Klänge und Geräusche und werden durch die Nerven, die dem Ambulakralsystem bis in die Tentakeln folgen, innerlich bewußt.

So kommt man zu einer Anschauung, die unser Bild der Natur erweitert. Durch die Muschel lernt man das Meer mit seinen Strömungen und die Atmosphäre als einen großen Organismus kennen, von dem sich nur ein kleiner Teil – eben als Muschel – individualisiert hat. Die Seeigel sind in diesem Organismus Organe, wie das Innenohr im Leib des Menschen. Zu einem Gehörorgan gehört doch aber wohl ein Wesen, das durch dieses Organ empfindet, was in den Meeren, das heißt im Organismus der Natur, an Tönen, Klängen und Geräuschen vibriert. Die Betrachtung des Seeigels führt zu der Frage nach einem Wesen, dessen Organismus die Meere und die Atmosphäre, vielleicht sogar die ganze irdische Natur ist.[32]

HOHLTIERE

Polypen, Korallen und Quallen

Im Verlauf unserer Betrachtungen sind wir von den höchsten Tieren, den Säugetieren, zu den einfacheren Formen des Tierreiches herabgestiegen. Durch dieses Vorgehen war es möglich, einige jener rätselhaften Gestalten, die unter den niederen Tieren so zahlreich sind, zu verstehen. Es genügt nicht, diese Tiere nach morphologischen, anatomischen und physiologischen Gesichtspunkten zu beschreiben und einiges über die Lebensweise hinzuzufügen. Man benötigt, wie es Goethe formuliert hat, einen «Maßstab, woran die organischen Wesen gehalten, woran sie gemessen» (Goethe 1975, S. 144) werden können. Dieser Maßstab ist die vollkommenste Ausgestaltung des Organismus, wie sie uns am Menschen und in mancherlei Variation in den Säugetieren entgegentritt. Durch den Vergleich mit diesem Organismus kann man erkennen, daß in den niederen Tieren nur Teile desselben in die Erscheinung treten. Man darf aber nicht glauben, diese «Teile» müßten so aussehen wie im Ganzen des vollkommenen Organismus. Hier sind sie mit den anderen Gliedern verflochten und von ihnen modifiziert.

Das muß man berücksichtigen, wenn man die Hohltiere betrachtet, die auf einer noch einfacheren Stufe stehen als die Stachelhäuter. Man kommt in eine Welt traumhafter Schönheit und großer Gegensätze. Zu den Hohltieren gehören die Polypen und Korallen mit den Seeanemonen (Seerosen), die in den tropischen Gebieten wie die Blumen einer Zauberwelt leben, und jene Kolonien, die die mächtigsten «Bauwerke» der Natur dort bilden, wo die mittlere Temperatur in den kühleren Monaten nicht unter 20° C liegt: die Saumriffe unmittelbar an den Küsten, die Barriereriffe in einiger Entfernung (10 bis 50 Kilometer) vor der Küste und die Atolle. Von ganz anderer Gestalt und einer außergewöhnlich zarten Konsistenz sind die Quallen. Manche bestehen zu 99 Prozent aus Wasser. Und so leben sie im freien Raum der Meere und Ozeane – wenige sogar im Süßwasser –, indem sie rhythmisch pulsierend schwimmen, aber auch von den Strömungen mitgetragen werden.

All diesen Wesen fehlt wie dem Seeigel die horizontale Orientierung, das heißt die Signatur innerer seelenhafter Triebkräfte. Ihre Organisation weist darauf hin, daß die Durchseelung noch geringer ist. Auf einem sehr frühen Stadium der Entwicklung entstehen bei den meisten Tieren die drei sogenannten Keimblätter. Aus dem äußeren Keimblatt (Ektoderm) gehen die Anlagen der Sinnesorgane, das Nervensystem und die äußere Haut hervor; aus dem inneren Keimblatt (Entoderm) die Atmungsorgane und der Verdauungstrakt mit den großen Drüsen (Leber, Pankreas). Zwischen diese beiden Keimblätter schiebt sich das mittlere (Mesoderm). Aus ihm entstehen das Blut, die übrigen Organe des Kreislaufs, die Muskulatur, das Knochensystem, das Bindegewebe und die Organe der Ausscheidung. Durch die Organe des Ektoderms steht das Tier zur Außenwelt in Beziehung;[33] durch die des Entoderms nimmt es äußere Stoffe in seinen Leib auf. Der Inhalt dieser Organe ist also ein Äußeres. Das Innere, in dem ein höheres Tier sein Wesen am unmittelbarsten zum Ausdruck bringt, sind das warme Blut und die Bewegungsorgane.

Die Hohltiere sind Wesen ohne das Mesoderm und seine Organe; sie haben kein gegenüber dem Äußeren selbständiges Inneres. Beim Seeigel haben wir gesehen, daß ein so einfaches Tier nicht von den Kräften des Affektes, der Leidenschaft und der Triebimpulse durchseelt ist. Das gilt für die Hohltiere wohl in einem noch stärkeren Maße. Bei den höheren Tieren ist der Leib von einer differenzierten

Innenwelt durchprägt. Das zeigt sich besonders deutlich im physiognomischen Ausdruck von Gestalt, Haltung und Bewegung. Die Lebensprozesse werden durch das Seelische modifiziert; das Innere bringt sich in ihnen zur Geltung, indem es sie abdämpft. So hört bei den meisten höheren Tieren in einem bestimmten Zeitpunkt auch das Wachstum auf. Dieses Innere tritt bei den Hohltieren ganz zurück.

Das kann man besonders bei den Polypen und Korallen bemerken. Unter den Polypen gibt es nur wenige, die wie die im Süßwasser an Pflanzen lebende Hydra eine einfache Form haben. Dort, wo sie festsitzen, ist der Leib meistens ein schmaler, zarter Schlauch. Er erweitert sich zu einem Innenraum. Oben strahlen dünne, bewegliche Tentakeln in den Umkreis. Sie umgeben das sogenannte Mundfeld mit seiner Öffnung («Mund»), die den inneren Raum mit dem umgebenden Wasserraum verbindet. Die Gebärde dieser Formen ist ein Hineinstreben und Sich-Öffnen in die Umgebung. Bei den meisten Polypen steigert sich dieser Prozeß, wenn durch ein vielgestaltiges Wachsen und Sprießen Kolonien aus vielen Polypen entstehen. Dieses sprießende Wachstum zeigt, daß die Kräfte des bildenden Lebens viel ungehemmter als sonst im Tierreich wirken – bei den Korallen über viele Jahre und Jahrzehnte. Das erinnert stark an das Wachstum von Pflanzen; und man findet auch manche Entsprechungen bis in die Wuchsform. So gibt es Kolonien mit durchgehender Zentralachse, an der ziemlich regelmäßig Seitentriebe entspringen (monopodiale Wuchsform); bei andern bildet sich eine Achse aus immer neuen Seitentrieben (sympodiale Wuchsform). Am Anfang der Entwicklung kann am Grund ein Geflecht von zarten Röhren (Stolonen) entstehen, aus dem dann verzweigte «Triebe» in den Wasserraum hineinwachsen. Es herrscht eine große Vielfalt, die wir keineswegs auch nur skizzenhaft schildern können. Man ist vielleicht geneigt, eine Kolonie als Summe vieler Einzelwesen zu betrachten. Sie ist aber *ein* Wesen, dem allerdings das fehlt, was die höheren Tiere auszeichnet: die Differenzierung der einzelnen Teile zu speziellen Organen und die Unterordnung derselben unter ein übergreifendes Gestaltungsprinzip. Das kann es bei den Polypen und Korallen nicht geben. Eine Kolonie wächst hinaus in die Umgebung, ohne sich irgendwie abzugrenzen. Dennoch gibt es in manchen Kolonien zarte Anfänge einer funktionellen Differenzierung der Polypen, z. B. in solche, die der Ernährung, und andere, die der Abwehr dienen.

Die Polypen sind so einfache Wesen, daß man bei ihnen kaum von Organen sprechen kann. Es gibt nur Funktionen, die sich noch nicht an bestimmten Orten konzentriert haben. Ein Polyp atmet, wo er mit dem Wasser in Berührung kommt. Die Verdauungsprozesse verlaufen im Innern. Über die Oberfläche breitet sich eine wenig differenzierte Sensibilität aus, die sich im Mundfeld und an den Tentakeln etwas verdichtet. Man kann sich die Frage nach dem wesentlichen Lebensprozeß vorlegen.

Mit dem Wachsen und dem Entstehen der vielgestaltigen Kolonien ist jener Prozeß verknüpft, der in seiner höchsten Steigerung zu den mächtigen Riffbildungen führt. Schon bei den kleinen, unbedeutenden Kolonien der einfachen Polypen, die der Zoologe zur Gruppe der Hydrozoen zählt, werden die dünnen Röhren durch eine Rindenschicht versteift. Diese Peridermhülle wird durch neue Schichten, die von innen angelagert werden, zunehmend dicker. Bisweilen wird sogar Kalk eingelagert. Die Korallenpolypen sind differenzierter. Sie haben durch Hautsepten, die von der Wand aus den Innenraum in eine Anzahl sogenannter Gastraltaschen aufgliedern, auch im Innern eine radiärstrahlige Symmetrie. Bei diesen vollkommneren Polypen ist der Absonderungsprozeß intensiver. Bei der einen Gruppe geschieht die Absonderung vom Ektoderm aus nach innen in den Zwischenraum zwischen Ektoderm und Entoderm, bei der anderen Gruppe nach außen. Damit sind charakteristische Unterschiede verbunden. Bei der Absonderung nach innen entsteht eine hornartige Substanz, das Gorgonin, in der dann noch Kalknadeln gebildet werden. Bei den Lederkorallen bleibt dieses

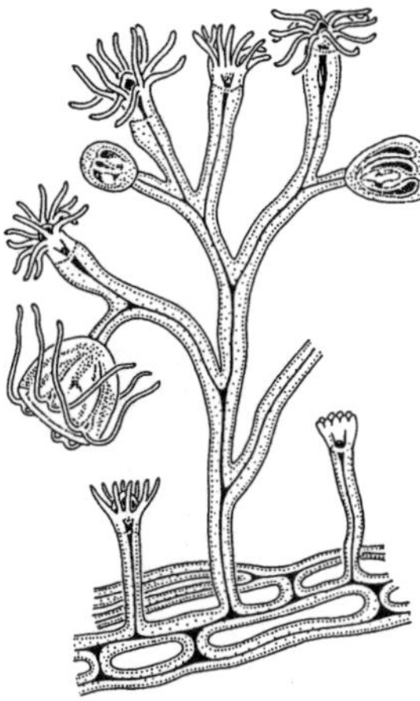

Abb. 117: Einfache Kolonie eines Polypen (Bougainvillea). Aus den sogenannten Stolonen (unten) entspringen zwei Polypen und ein sprießend sich verzweigendes Polypenbäumchen. Aus diesem bilden sich drei Medusen. (Aus Remane/Storch/Welsch.)

innere Skelett elastisch; bei den Rindenkorallen, zu denen die Edelkoralle gehört, verschmelzen die Kalknadeln zu einer festen Achse. Bei der anderen Gruppe mit der Absonderung nach außen entstehen harte Kalkgebilde in Form von Krusten, Knollen und schönen strauch- oder baumartigen Formen. Hier ist die Absonderung radikaler; sie geht ohne eine Zwischenstufe aus verdichteter organischer Substanz unmittelbar in das Mineralische über. Der ausgeschiedene Kalk umgibt mehr oder weniger stark die kleinen Polypen.

Kalkbildung und Wachstum verlaufen ziemlich intensiv. H. R. Haefelfinger schreibt:

«Auf einem im Jahre 1792 vor der amerikanischen Küste gescheiterten Schiff fand man 65 Jahre später eine Baumkoralle von rund fünf Meter Höhe. Saville-Kent, ein Pionier der Forschung im Barriereriff, hatte im Jahre 1890 eine Reihe von Korallen an der Südküste der Thursday-Inseln gemessen und fotografiert. Seine Angaben waren so genau, daß 23 Jahre später der Forscher Dr. Mayor jene Korallen eindeutig wiedererkennen konnte; er fand dabei heraus, daß eine Hirnkoralle (Symphyllia) ihren Durchmesser von 75 auf 185

Zentimeter vergrößert hatte. Eine riesige Kolonie von Porites war im Jahre 1890 5,8 Meter breit, 23 Jahre später maß sie fast sieben Meter; das ergibt bei diesen ziemlich massigen Formen einen Zuwachs von beinahe fünf Zentimeter im Jahr. Verzweigte Korallen zeigen einen jährlichen Zuwachs von zehn bis zwanzig Zentimeter. Auf Bimsstein, der vom Ausbruch des Vulkans Krakatau (Indonesien) im Jahre 1883 stammte, fand man zwei Jahre später Korallenkrusten von zehn Zentimeter Mächtigkeit. Charles Darwin berichtete, daß im Persischen Golf auf einem kupfernen Schiffsboden innerhalb von zwanzig Monaten eine sechzig Zentimeter dicke Steinkorallenschicht abgelagert wurde, was einem jährlichen Zuwachs von 36 Zentimeter entspricht. Weinland machte an der Küste von Haiti folgende Beobachtung: Ästchen von Madreporia alciddornis ragten auch bei Flut 12,5 Zentimeter aus dem Wasser. Da der Meeresspiegel nur in den Monaten Dezember bis Februar so hoch stand, mußte Weinland annehmen, daß dort die Korallen einen Zuwachs von jährlich fünfzig Zentimeter haben.»[34]

Bei diesen Korallen wird der Innenraum zunächst in sechs Taschen unterteilt, in die dann aber noch weitere Septen hineinwachsen. Man bezeichnet sie deshalb als Sechsstrahlige Korallen (Hexacorallia). Zu ihnen gehören die Steinkorallen, die wichtigsten Riffbildner. Die Korallen mit innerer Skelettbildung untergliedern ihren Innenraum in acht Taschen. Sie sind die etwas kleinere Gruppe der Achtstrahligen Korallen (Octocorallia).

Was bedeutet dieses Absondern von Materie? Wenn ein lebendiges Wesen tote Substanz ausscheidet, wird es feiner. Seine Bildekräfte wirken weniger stark in der Materie; sie gehen in eine verfeinerte Wirkensweise über. Das kann man besonders bei den verschiedenen Formen der sechsstrahligen Korallen sehen. Die Seeanemonen, die keinen Kalk absondern, sind recht groß und derb. Die Polypen der Steinkorallen sind dagegen sehr klein und von einer fast unvergleichlichen Zartheit. Die Kalkausscheidung, ein Salprozeß im Sinne der Alchemie, führt zu einer Sublimierung der Bildekräfte.

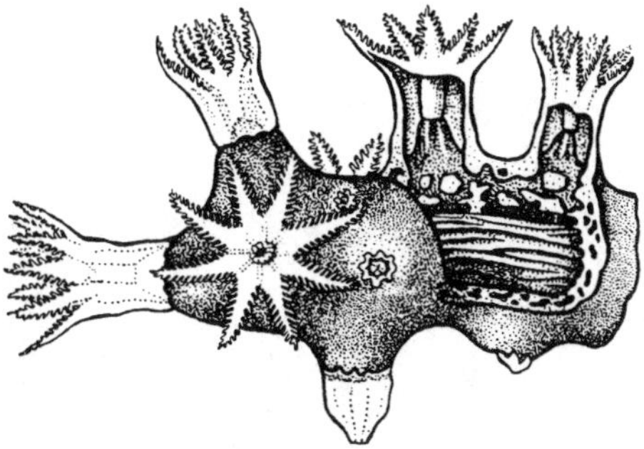

Abb. 118: Zweigstück einer Edelkoralle (Corallium rubrum). Diese zu den achtstrahligen Korallen gehörende Art bildet im Mittelmeer in einer Tiefe von 30 bis 300 Metern kleine, wenig verzweigte Bäumchen (20 bis 40 Zentimeter hoch). Die weißen Polypen erreichen bei voller Entfaltung einen Durchmesser von 4 Millimetern. (Aus Kaestner.)

Das Leben eines Korallenstockes verläuft in einem Rhythmus von Diastole und Systole. Ein- oder zweimal im Verlauf eines Tages strecken sich die vielen Polypen und strahlen mit ihren Tentakeln zum Umkreis hinaus; dann ziehen sie sich wieder zurück. Das lebendige Wesen eines solchen Stockes geht immer wieder ganz in der Umgebung auf und konzentriert sich dann nach innen. Den gleichen Wechsel kann man besonders schön an den Seeanemonen beobachten. Bei den weicheren Lederkorallen ergreift dieser Rhythmus den ganzen Stock. Haefelfinger, den wir schon einmal zitiert haben, schildert diesen Vorgang eindrucksvoll:

«Durch Wasseraufnahme kann sich eine zusammengezogene Meerhand auf ein Mehrfaches ihrer ursprünglichen Größe ausdehnen; Körperform und Größe sind daher sehr veränderlich. Man darf als Beobachter dieses Vorgangs nicht die Geduld verlieren; unter Umständen muß man Stunden neben dem Aquarium sitzen. Erst wird die eingeschrumpfte Kolonie mit ihrer warzigen Oberfläche zusehends praller, die Körperwand scheint mehr durch; in besonders günstigen Fällen kann man sogar die Kalk-

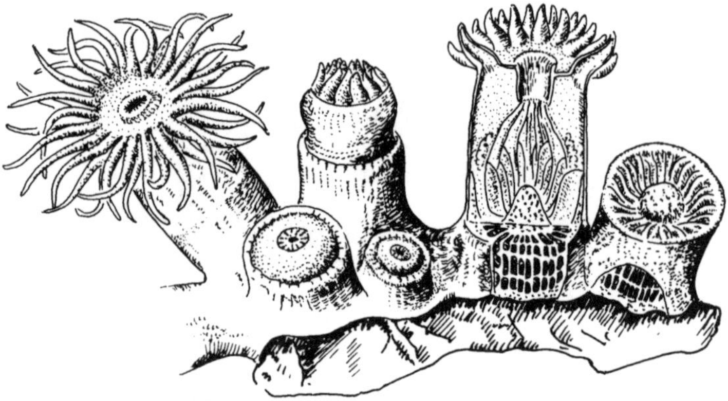

Abb. 119: Astroides calycularis, eine sechsstrahlige Koralle (Hexacorallia). Sie bildet im Mittelmeer massive Blöcke und Krusten mit leuchtend orangefarbigen Polypen; deren Durchmesser beträgt 6 bis 7 Millimeter. Links ein Polyp in voller Entfaltung. Daneben einige Polypen in verschiedenen Zuständen der Zusammenziehung. Ein Polyp ist im Längsschnitt dargestellt. Rechts ein Steinkelch (Theca) aus Kalk mit den radial angeordneten Sklerosepten. Man sieht an den übereinanderliegenden Etagen, daß die Steinkelche rhythmisch gebildet werden. (Nach Pfurtscheller aus Kaestner.)

nadeln im Durchlicht erkennen wie ein menschliches Skelett bei einer Röntgenaufnahme. Erst wenn die Kolonie prall angefüllt ist und die Warzen als deutliche Erhebungen sichtbar sind, erscheinen die Polypen als weiße Pünktchen; dann wird der Polypenkörper größer, streckt sich, und schließlich entfalten sich auch die gefiederten Tentakeln. Der Stock prangt nun in weißem ‹Blütenschmuck›. In dieser Phase nehmen die Polypen Nahrung in Form kleiner Schwebewesen auf. Stören darf man die Kolonie jetzt nicht; denn oft ziehen sich Gruppen von Polypen oder sogar sämtliche Einzeltiere auf einen kleinen Reiz hin ein und kommen erst nach längerer Wartezeit erneut zum Vorschein. Das Einziehen ist ein verwickelter Vorgang: erst verschwinden mit Hilfe besonderer

Muskeln die Tentakeln, dann stülpt sich der Rest der Polypen ein wie ein Handschuhfinger; die Entfaltung hingegen dürfte allein auf dem Innendruck (Turgor) beruhen.»[35]

Ein solches langsames Anschwellen und rascheres Zusammenziehen kann man auch bei den Seefedern beobachten. Es ist wie ein Ein- und Ausatmen von Wasser.

Die Quallen lösen sich ganz aus dem Bereich des Mineralischen. Die Substanz ihres Leibes ist wie Wasser, das sich durch ein Minimum anderer Substanzen bis zu einer gallertartigen Konsistenz verdichtet. Sonst grenzen die Tiere ihr Inneres durch eine Haut als dunklen Raum gegen die Umgebung ab. Ganz anders die Quallen. Sie wenden sich mit ihrem gewölbten Schirm zum Licht und gehen ganz in ihm auf. Ihr Leib ist durchsichtig wie das Wasser oder durch zarte Farben, dem schwachen Schimmer eines Seelischen, getönt. Der Schirm weitet sich mit seiner meist runden, am Rande oft etwas gelappten Form gleichmäßig zum Umkreis. An der Peripherie bilden sich bei den großen Quallen einfache Organe für das Empfinden der Schwere und die Wahrnehmung des Lichtes. So lebt die Qualle nicht nur im Licht, sondern geht beim Empfinden des Lichtes im Umkreis auf.

Vom Rand des Schirmes hängt eine meist größere Zahl von Tentakeln und von der Mitte der unteren Schirmwölbung das sogenannte Mundrohr nach unten. Die Tentakeln fangen die Nahrung – Fische, im Wasser schwimmende Würmer und andere Hohltiere –, die dann vom Mundrohr in das Innere aufgenommen und verdaut wird. Von einem zentralen Raum ziehen Kanäle wie Radien zur Peripherie und münden dort bei den kleinen Medusen der Hydrozoen in den sogenannten Ringkanal. Alle diese zarten Gefäße sind die Fortsetzung des äußeren Wasserraumes in das Innere der Meduse.

Wir haben schon erwähnt, daß sich die Quallen in einem Rhythmus von Systole und Diastole bewegen. Bei der Kontraktion durch einen ringförmigen Muskel wölbt sich der Schirm stärker; das Wasser wird aus der unteren Schirmhöhlung zum Teil ausgepreßt. In dieser aktiven Phase konzentriert sich die Qualle. Dann

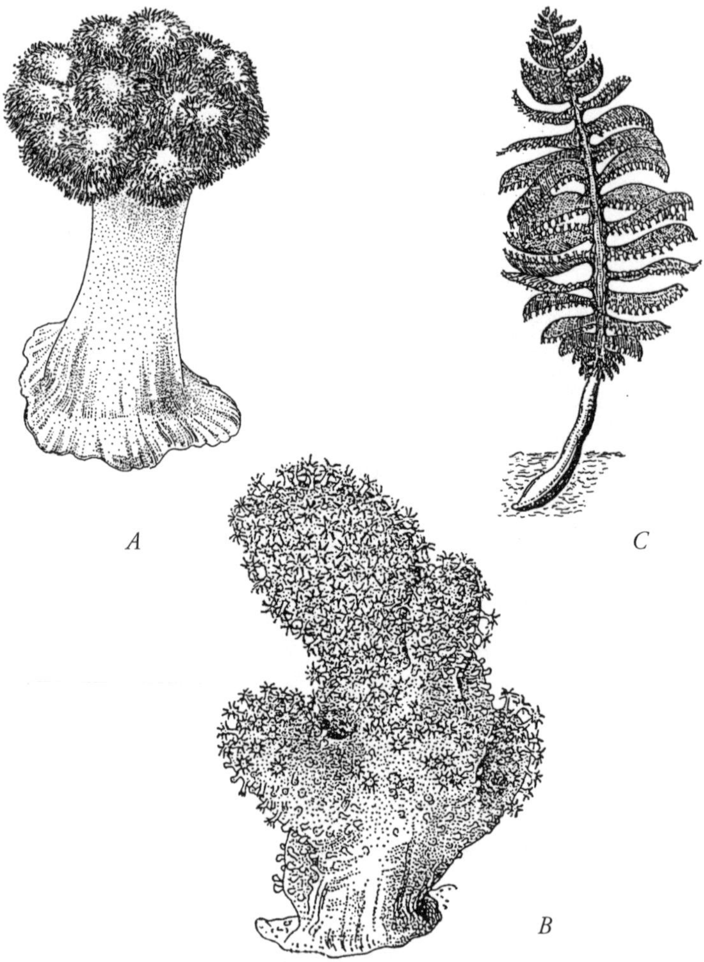

Abb. 120:
A: Seenelke (Meridium)
B: Meer- oder Seemannshand (Alcyonium digitatum)
C: Seefeder (Pennatula)
(Aus Remane/Storch/Welsch.)

weitet sie sich und vereinigt sich wieder stärker mit dem Raum des Lichtes. Geschwindigkeit und Intensität der Kontraktionen werden von den Schwere-Sinnesorganen beziehungsweise vom Schwere-Empfinden beeinflußt. So ist der Wechsel von Diastole und Systole wie ein Pendeln zwischen Hingabe an das Licht und dumpfem Eigenempfinden während der Kontraktion.

Es gibt Quallen, die sich mit ihrem flachen Schirm stark ausweiten. Zu diesen Scheiben- oder Fahnenquallen gehören z. B. die ganz durchsichtige Ohrenqualle, die man in allen Ozeanen findet, und die durch ihre Farbe eindrucksvolle Blaue Nesselqualle, aber auch die größere Qualle, die Arktische Riesenqualle. Ihr Schirm kann einen Durchmesser von mehr als zwei Metern erreichen. Von seiner Unterseite, nicht von der Peripherie, hängen viele Tentakeln bis über 40 Meter weit in den Wasserraum hinunter. Eine kaum faßbare Hingabe an das Licht und den Raum! Ein Gegenbild sind die kleinen Würfelquallen der tropischen Meere. Ihr Schirm bildet eine hochgewölbte enge Glocke. Hier dominieren Konzentration und Aktivität. Es gibt Würfelquallen mit Linsenaugen. Das sonst dämmerhafte Bewußtsein scheint etwas heller zu sein. Die Folge der Kontraktionen ist ziemlich rasch. Würfelquallen können in einer Stunde einen Raum von neun Kilometer durchqueren. Die Berührung mit den Tentakeln führt zu schweren Verbrennungen («Feuerquallen»). – Die Welt der Quallen ist von einer vielgestaltigen Schönheit. Durch die Bilder in Ernst Haeckels «Kunstformen der Natur» kann man einen starken Eindruck von dem Reichtum ihrer zarten Gestalten bekommen.

Auch das Leben der Quallen vollzieht sich in einem Rhythmus. Am Tage, wenn das Licht der Sonne tief in den Raum des Wassers hinunterdringt, schwimmen und schweben die Quallen in tieferen Schichten; manche liegen sogar am Grund des Meeres. Wenn die Sonne untergeht, steigen sie bis dicht unter die Oberfläche auf, wo der Mond und der Schimmer des Sternenhimmels das Wasser schwach durchstrahlen.

Im Organismus des Menschen und der höheren Tiere hat nur ein

Kompaßqualle (Chrysaora)

Carybdea mit der für Würfelquallen typischen Schirmform

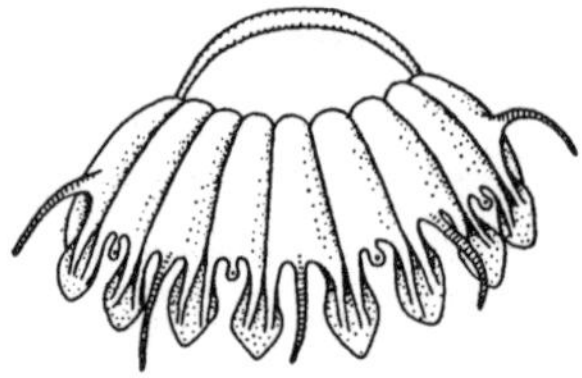

Nausithoë (kleine Tiefseequalle, Schirmdurchmesser 1,4 cm; bis in Tiefen von 8300 m)

Abb. 121: Verschiedene Scyphomedusen. (Aus Remane/Storch/Welsch.)

Organ eine so tiefe Beziehung zum Licht wie die Quallen – das Auge. Hornhaut, Linse und Glaskörper sind so durchsichtig wie der Schirm einer Qualle. Die Linse verdichtet sich zu kristallisiertem Eiweiß. Der Glaskörper bleibt weicher. Er besteht zu 99 Prozent aus Wasser. «Die gelartige Natur ist auf den Gehalt an Kollagen zurückzuführen. Die flüssige Phase enthält vor allem das Mukopolysaccharid Hyaluronsäure» (Benninghoff 1985, S. 509). Ganz ähnlich ist die Substanz im Schirm der Medusen. H. Pflug schreibt: «Der Hohlraum ist ... von einem Netz aus Kollagenfasern eingefaßt, dem die Zellen der Außen- und Innenwand angeheftet sind ... die Kollagenfasern [sind] meist in [die] Grundmasse aus Mucopolysacchariden eingebettet ... Im Kollagengrundgerüst formen sie eine plastische Masse von geringer Festigkeit» (Pflug 1984, S. 33).

Im Gegensatz zu einer Meduse liegt das Auge in einer dunklen Umgebung. Das Licht dringt wie in einen Golf (R. Steiner), der vor allem vom Glaskörper gebildet wird. Er ist eine kleine Sphäre, in die das Licht ungetrübt hineinströmt. Man kann sich die zunächst recht ungewöhnliche Vorstellung bilden, daß sich diese durchsichtige, an das Licht hingegebene Sphäre verselbständigt, das heißt aus dem Zusammenhang des Organismus heraustritt. Dann verliert sie ihre bisherige Form. Denn sie geht nun in den Raum des Lichtes über. Sie ist nicht mehr ein eigener Raum (Golf) für das Licht. So verliert sie ihre Zentrierung und wendet sich ganz zum Licht: Sie wird zum Schirm der Meduse. An der Peripherie dieses durchlichteten Gebildes entsteht in den primitiven Augen ein dumpfes Bewußtsein von dem im Raum des Wassers flutenden Licht. Die diastolische Weitung ist Hingabe an diesen Lichtraum; in der systolischen Kontraktion mischt sich ein schwaches Eigenerleben in das Empfinden des Lichtes.

Jedes Organ muß, um zu bestehen, ernährt werden. So fließt dem Auge aus dem Organismus in dem Blut von hinten eine ernährende Strömung zu. Wie ist es bei den Medusen, die wie Augen der Natur in den Meeren und Ozeanen leben? Für sie ist das Wasser und seine

Strömungen der Organismus mit dem Blut. Aus ihm holen sie von unten – wie das Auge von hinten – die ernährenden Stoffe.

Man muß eine solche Anschauung über das Wesen der Quallen prüfen. Dann wird man sich sagen: Die Netzhaut (Retina) des Augenhintergrundes gehört eigentlich zum Nervensystem; sie ist ein nach außen vorgestülpter Teil des Gehirns, der sich mit dem eigentlichen Sinnesteil des Auges vereinigt. Zu diesem gehören neben dem Glaskörper die Linse und die Iris. Durch die Verformungen der Linse blickt die im Leibe lebende Seele wie tastend hinaus in die umgebende Welt. Die Iris ist das Tor für das äußere Licht in das Innere des Auges. Wenn das Auge selbständig wird, dann blickt kein Wesen vom Inneren des Leibes in die Welt hinaus, und es dringt das Licht nicht von außen in einen Innenraum. So bestehen die augenartigen Wesen der Medusen fast nur aus einem einfachen Schirm.

Wenn man zu der Anschauung kommt, daß die Medusen Augen sind, durch die nicht ein einzelnes Wesen, sondern die Natur in den Räumen des Meeres und der Ozeane das Licht der Sonne, aber auch das Licht des Mondes und der Sterne empfindet, dann ergeben sich weitere Fragen, vor allem die Frage nach dem Wesen der Polypen und Korallen. Polypen und Medusen stehen nämlich in einem engen Lebenszusammenhang. An vielen der kleinen Hydrozoenkolonien bilden sich Knospen, die zu meist kleinen Medusen heranwachsen. Diese lösen sich dann von den Polypenstöckchen zum freien Leben im Meer. Auch die großen Quallen aus der Gruppe der Scyphozoen (Echte Quallen) entstehen aus Polypen. An einem sehr kleinen Polypen wandelt sich die Mundscheibe um und schnürt sich als ein flaches Gebilde ab, das in seiner Form schon auf die der Qualle hindeutet. Aus einer solchen Ephyra entwickelt sich dann im Meer die Qualle. Hier greift die Medusenbildung stärker in den Polypen ein. Meistens entstehen mehrere Einschnürungen, die von oben nach unten fortschreiten, so daß sich der Polyp in eine ganze Anzahl junger Medusen auflöst. So sieht man, daß die Meduse eine Metamorphose des Polypen ist. Nur wenige große Quallen entstehen bei der Fortpflanzung unmittelbar aus jenen kleinen Larven, die sich sonst zu Polypen entwickeln. Bei den Korallen ist dagegen die Bildung von Medusen unterdrückt.

Was sind nun aber die Polypen und ihre Kolonien, wenn die Quallen augenartige Wesen sind? Sind auch sie selbständig gewordene Organe?

Durch den geschilderten Absonderungsprozeß werden die Polypen von toter Materie umschlossen und sinken in dieser zum Teil tief unter wie in manchen Korallenstöcken der Octocorallia. Aus dem Innern der toten Gebilde ragen die Polypen mit ihren Tentakeln nur wenig heraus. Nun gibt es im Organismus der höheren Tiere und des Menschen Gebilde, in denen auch längere Fortsätze von einer Hülle aus abgesonderter Materie umschlossen sind. Die Fortsätze erweitern sich dort, wo sie ein wenig aus dieser Umhüllung herauskommen, und gehen schließlich in eine Anzahl kürzerer Fasern über, die aus ihrer Umgebung Reize empfangen. Nur ist alles viel kleiner; und die abgesonderte Substanz ist nicht ganz so abgestorben, weil sie im Innern des Organismus entsteht. Was wir beschreiben, sind Nervenzellen mit dem längeren, von der Myelinhülle umschlossenen Neuriten, der Ganglienzelle und den Dendriten. Diese Nervenzellen bilden die Nervenbahnen und in ihrer stärksten Konzentration die Organe des Zentralnervensystems, das Rückenmark und das Gehirn.

In den Nerven ist das Leben stark abgedämpft. Die Bildekräfte wirken nur wenig in den Bereich des Materiellen hinein; sie sind weitgehend frei. So können in den Nerven Qualitäten wie Licht oder Klang bewußt werden, weil diese wohl in das Lebendige hineindringen, aber nicht in das stoffliche Leben übergehen. Das Gleiche gilt für die Gedanken, die im Gehirn aufleuchten.

Was die Nerven auszeichnet, die Abdämpfung der Vitalität und das Freiwerden der Bildekräfte, gilt auch für die Polypen und ihre Kolonien. Nur ist das, was sich im Bereich der äußeren Naturkräfte

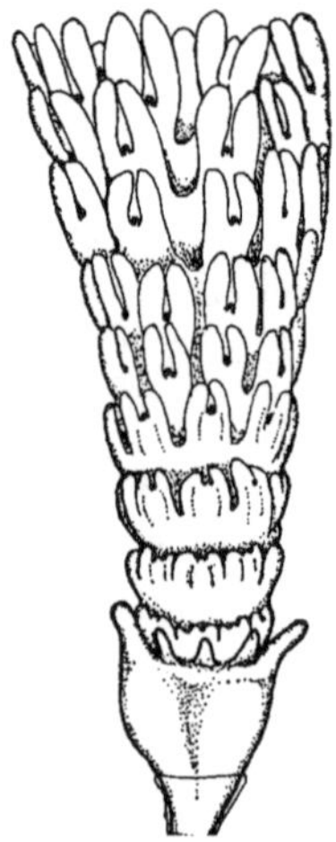

Abb. 122: Das winzig kleine Polypenstadium einer Scyphomeduse (Aurelia). Der Polyp gliedert sich auf. In dieser Weise entstehen die sogenannten Ephyren, die sich oben ablösen und zu Medusen heranwachsen. (Aus Kaestner I/2, 1993.)

entwickelt, immer gröber als die entsprechende Bildung im Innern eines Organismus. Die Absonderung toter Materie und die Sublimierung der Bildekräfte beim Wachsen der Korallenstöcke ist in der Natur ein Prozeß, der in den Nervenorganen sein Analogon hat; es gibt sogar Korallen, die Mäander- oder Hirnkorallen, die mit ihrer sphärisch gewölbten Form und den Windungen eine gewisse Ähnlichkeit mit dem Gehirn höherer Säugetiere und des Menschen haben. So sind die Korallenstöcke Organe, an denen wie z. B. am Gehirn Bewußtsein aufleuchtet. Viele Korallen strahlen in der Dunkelheit ein rätselhaftes Licht aus. Ist dieses Leuchten etwa ein sichtbarer Ausdruck verborgener Bewußtseinsprozesse?

Man bezeichnet die Polypen, Korallen und Quallen als Nesseltiere. Zu der Gruppe der Hohltiere gehören noch die zarten, wunderbar glänzenden Rippenquallen. Die Nesseltiere haben besonders an den Tentakeln Zellen, die mit ihrem Gift Tiere lähmen, manchmal auch töten und bei der Berührung einen scharfen, brennenden Schmerz verursachen. Wenn diese Zellen berührt werden, dann öffnen sie sich explosionsartig. Winzige Stilette durchbohren die Haut. Ein dünner Schlauch, den man nur bei stärkerer Vergrößerung unter dem Mikroskop sehen kann, dringt in das Innere. Durch die Poren dieses Schlauches ergießt sich lähmendes Gift in das Gewebe. Aus anderen Kapseln schießen Fäden hervor, die an dem Opfer festkleben oder seine Haare umschlingen. Meistens sind die verschiedenen Nesselzellen in kleinen Gruppen, den sogenannten Nesselbatterien, vereinigt. So wird das Beutetier festgehalten und zugleich gelähmt oder getötet. Vorgänge, die bei höheren Tieren von den Begierden und Trieben impulsiert werden, geschehen auf mechanische Weise. Die Nesselzellen mit ihren Mechanismen und ihrem Gift sind kleine Apparate. Wie aber die Apparate und Maschinen des Menschen in ihrer Konstruktion verobjektivierte Intelligenz sind, so sind die Nesselzellen Ausdruck einer bedeutenden Intelligenz.

Die ungewöhnlichsten Gebilde in der traumhaft fernen Welt der Hohltiere sind die Staatsquallen (Siphonophoren). Es sind zarte Wesen mit blauen, roten und gelben Farbtönen, die zum Teil eine Ausdehnung von 50 Metern erreichen (Portugiesische Galeere, Physalia physalis). Sie leben in den vom Licht durchdrungenen oberen 200 Metern der Meere und Ozeane.

Sie haben vor allem eine vertikale Ausdehnung. Oben bilden sich eine oder zwei, bisweilen eine ganze Kette von Schwimmglocken. Es sind Medusen, die nur ihren Schirm voll ausgebildet haben und mit ihren Kontraktionen die Staatsqualle durch das Meer treiben. Einige Staatsquallen haben über den Schwimmglocken noch eine gaserfüllte Schwimmblase, die das ganze übrige Wesen trägt. Von den Schwimmglocken hängt ein zarter hohler Schlauch nach unten, der in einem einfachen Polypen mündet. An der Achse hat sich eine ganze Anzahl von sogenannten Cormidien gebildet. In ihnen sind ein Nährpolyp, ein langer Fangfaden mit Nesselbatterien, ein sogenanntes Deckblatt und eine einfache Meduse vereinigt, die Fortpflanzungszellen bildet und sich bei manchen Staatsquallen zusammen mit dem Deckblatt ablöst.

Eine solche Staatsqualle ist einer Kolonie von Einzelwesen ähnlich. Sie entsteht auch durch sprießendes Wachsen Sie ist aber mehr als eine bloße Kolonie. Die einzelnen Glieder spezialisieren sich nach verschiedenen Funktionen, indem sie der Bewegung, dem Heranholen der Nahrung, der Verdauung und der Fortpflanzung dienen. Sie werden zu Organen eines Organismus, der allerdings auf einer denkbar einfachen Stufe steht. Denn es fehlt eine übergreifende und zusammenschließende Gestaltung. In den Staatsquallen leuchtet wie von ferne etwas auf, was sich erst auf den vollkommeneren Stufen des Tierreiches verwirklicht.

Die Betrachtung der niederen Tiere erweitert unser Naturverständnis in jener Richtung, die in der Gegenwart durch die Ökologie zu einem zentralen Thema geworden ist. Diese Tiere sind aber nicht nur Glieder in verschiedenen Ökosystemen; sie bilden in einem tieferen und umfassenderen Sinne, als man es zunächst vermutet, mit der Natur eine Einheit. Sie gehören mit der Natur zusammen wie die Organe und der Organismus. In der Ökologie unterscheidet man heute den unlebendigen Bereich und die Lebewesen, das heißt die sogenannten abiotischen Faktoren und Bedingungen und die Pflanzen und Tiere. Diese beiden Bereiche sind aber nicht nur vielfältig und eng miteinander verflochten, sondern sind zusammen ein umfassender Organismus, ein einheitliches Wesen.

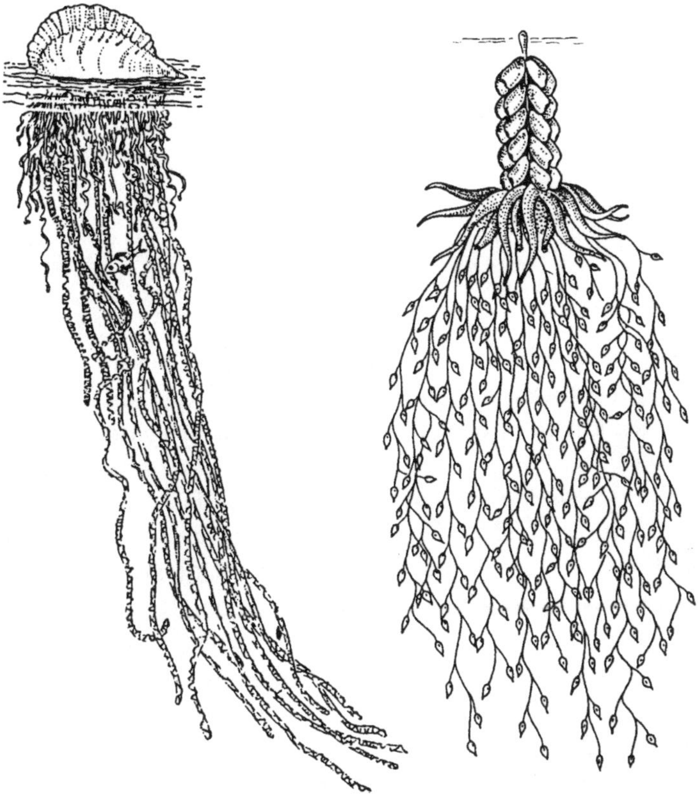

Abb. 123: Seeblase oder Portugiesische Galeere (Physalia physalis) und Physophora hydrostatica (rechts). (Aus Remane/Storch/Welsch.)

DER MENSCH UND DAS TIERREICH

Vorüberlegungen

Im Laufe unserer Betrachtungen haben wir bei Tieren verschiedentlich Anklänge an die Organisation des Menschen bemerkt, am deutlichsten beim Braunbären und beim Känguruh. Es gibt weitere Tiere, durch deren Erscheinung etwas von menschlichem Ausdruck gleichsam hindurchschimmert. Das sind die Affen (Anthropoiden), vor allem die Menschenaffen (Pongiden), aber auch die Faultiere, jene eigenartigen Bewohner der tropischen Wälder Südamerikas. Besonders das Dreizehenfaultier (Bradypus), das ähnlich wie das etwas größere Zweizehenfaultier (Choloepus) mit vier Armen gemächlich durch das Geäst hangelt,[36] ist in seiner Physiognomie dem Menschen ähnlicher als der Schimpanse oder Gorilla. Es fehlt die schwere, massige Ausprägung der Kieferpartie, die den menschenähnlichen Ausdruck so stark verzerrt und vergröbert. Auch beim Elefanten weisen manche Eigentümlichkeiten auf eine tiefere Beziehung zum Menschen, zum Beispiel die weitgehend gestreckten Beine, die lange postnatale Entwicklung und die ungewöhnliche Lernfähigkeit.

Diese Tiere gehören zu recht unterschiedlichen Ordnungen der Säugetiere. So erscheint die Beziehung des Menschen zu den höheren Tieren vielseitiger als in den Beschreibungen der Evolutionstheorie und der zoologischen Systematik. Diese ordnen den Menschen in die Linie der Primaten ein. Die besondere Nähe des Menschen zu den höheren Affen ergibt sich aus einer Fülle morphologischer, physiologischer und biochemischer Befunde; sie gehört zu den am besten gesicherten Tatsachen. Das darf aber den Blick auf die offensichtlich reicheren Beziehungen zwischen dem Menschen und der Tierwelt nicht verstellen. Wie sind diese zu verstehen? Was liegt ihnen zugrunde?

Die Frage nach dem Zusammenhang des Menschen mit den Tieren betrifft wie kaum ein anderes Thema das Selbstverständnis des Menschen – und damit die Bestimmung, die der Mensch seinem Dasein gibt. Sie ist deshalb mit möglichst großer Besonnenheit zu behandeln. Nun stößt man bei den Evolutionsforschern und Anthropologen fast durchgängig auf die Tendenz, den Menschen in gerader Linie an die Tierwelt anzufügen. Beim Auftreten des Menschen sollen die gleichen Faktoren wie beim Entstehen einer neuen Tierart am Werke gewesen sein. Neuerdings werden sogar jene Eigenschaften, die als spezifisch menschlich gelten, das Erkenntnisvermögen und die moralischen Fähigkeiten, als Resultat von Anpassungsvorgängen in der direkten Fortsetzung der tierischen Evolution gedeutet. Für die Vertreter der evolutionären Erkenntnistheorie (Lorenz 1973, Riedl 1980, Vollmer 1981; siehe auch Lütterfelds 1987) und der evolutionären Ethik (Dawkins 1978, Mohr 1987, Wuketits 1987; ein Überblick bei Lütterfelds 1993) liegen die Wurzeln des menschlichen Geistes und der Sittlichkeit ganz oder zum Teil in der Tierwelt.

Nun liegt diesen Anschauungen jene Annahme zugrunde, die wie ein Axiom unreflektiert alle Erwägungen über die Entstehung des Menschen in der Vergangenheit durchzieht, eben die Auffassung, der Mensch sei die direkte Fortsetzung der tierischen Evolution. Damit ruhen aber alle Erwägungen über die Beziehung des Menschen zur Tierwelt auf einer ungesicherten Basis. Diese Unsicherheit kann man nur beseitigen, wenn man den Menschen zunächst für sich betrachtet, um das, was ihn kennzeichnet, zu erfassen. Nur so kann man prüfen, ob jenes Axiom zutrifft oder nicht. Erst dann kann man hoffen, den Zusammenhang zwischen den höheren Tieren und dem Menschen in angemessener Weise aufzuklären.

Die aufrechte Haltung – das Bildungsprinzip des menschlichen Organismus

Um ein Säugetier zu verstehen, ist es nötig, jenes Organ aufzufinden, das im Ganzen seines Organismus dominierend ist. Dann ist zu zeigen, wie sich der Organismus durch das Übergewicht dieses Organs zu der besonderen Tierart spezialisiert. Nun kann man auch gegenüber dem Menschen die Frage aufwerfen: Gibt es auch bei ihm ein Organ oder ein Organisationsprinzip, das der spezifischen Prägung seines Leibes zugrunde liegt?

Was den ganzen Organismus des Menschen durchwirkt und die Signatur des Menschseins ausmacht, ist die aufrechte Haltung. Sie unterscheidet sich von der horizontalen Haltung der Säugetiere nicht nur graduell.

Indem sich die Säugetiere auf vier Gliedmaßen abstützen und der Rumpf zwischen den vorderen und hinteren Gliedern getragen wird – die vorderen Glieder tragen etwa 60 Prozent des Körpergewichts –, ist ihr Organismus stark von der Gravitationskraft der Erde durchwirkt. Er ist tief in diese eingegliedert. Vorn am Kopf sind Maul und Nase, das heißt jene Organe, in denen die Kräfte des Begehrens, die Affekte von Lust und Unlust und elementare Emotionen wirken. Durch sie ist das Tier eng an die Eindrücke und Dinge seiner unmittelbaren Umgebung gebunden. Auch die anderen Sinne, Auge und Ohr, heften das Bewußtsein unreflektiert an die Umgebung. Der Gehirnteil des Kopfes liegt als Ausdruck dieser psychischen Konfiguration und der horizontalen Haltung hinter dem Maul und der Nase.

Durch die horizontale Orientierung des Rumpfes ist das Tier als ganzes Wesen zur Umgebung hingewendet. Die Beine sind vielfach eng mit dem Rumpf verflochten. Besonders die hinteren, von denen der Bewegungsimpuls ausgeht, sind in den Gelenken deutlich gewinkelt. Die Bewegungsmuskulatur befindet sich in einem Zustand fortwährender Spannung. So kommt in den Beinen, oft auch in der ganzen Haltung ein spezifischer Bewegungsdrang zum Ausdruck. An den Reaktionen kann man bemerken, wie die Eindrücke unmittelbar Bewegungen auslösen. Zwischen Wahrnehmen, Erleben und Bewegen gibt es in der horizontalen Haltung keine Instanz der Reflexion. Die von den Eindrücken ausgelösten Erlebnisse der Lust, Unlust, der Begierde usw. wirken direkt in die Bewegungstriebe und -instinkte der Gliedmaßen hinein – bei einem Hirsch natürlich in anderer Weise als bei einem Wolf oder einer Feldmaus. Bei jeder Tierart hat dieses Zusammenwirken einen ganz spezifischen Charakter. Deshalb sind die einzelnen Tiere Exemplare ihrer Art; sie sind Individuen ohne Persönlichkeit und Individualität.

Was zeigt sich in der vertikalen Haltung des Menschen? Der Mensch ist nicht wie das Tier in die Schwere hineingebannt. Er setzt sich mit ihr intensiv auseinander; er überwindet sie in seiner Haltung vollständig. Die aufrechte Haltung ist Ausdruck einer den ganzen Leib durchwirkenden Aktivität. So schreibt E. Straus: «Die aufrechte Haltung ist ruhelos, sie ist immer erneutes Anstemmen gegen den Zug der Schwere nach unten. Es genügt nicht, einen Stand zu gewinnen, wir müssen lernen, einen Stand zu halten. Wer dies vermag, den ehrt die Sprache als standhaft, beständig» (Straus 1980, S. 428).

Die aufrechte Haltung ist Ausdruck einer Aktivität, durch die der Mensch nicht zur Umgebung hinorientiert ist, sondern sich in sich selbst zentriert. Die Gegenrichtung gegen die Schwere bedeutet, daß man im Erringen des Gleichgewichts aktiv in sich die eigene Mitte findet und immer bei sich sein kann – selbst dann, wenn man sich der Welt zuwendet.[37]

In der aufrechten Haltung manifestiert sich jenes Prinzip, das in seiner willenshaften Aktivität so wirkt, daß es zugleich das Zentrum seines Wirkens in sich erlebt. Dieses Prinzip ist das Ich. Es ist tätig, wenn das Kind im ersten Lebensjahr die vertikale Haltung erringt (siehe Steiner 1956, S. 55), bevor es im dritten Lebensjahr zum Bewußtsein seiner selbst kommt.

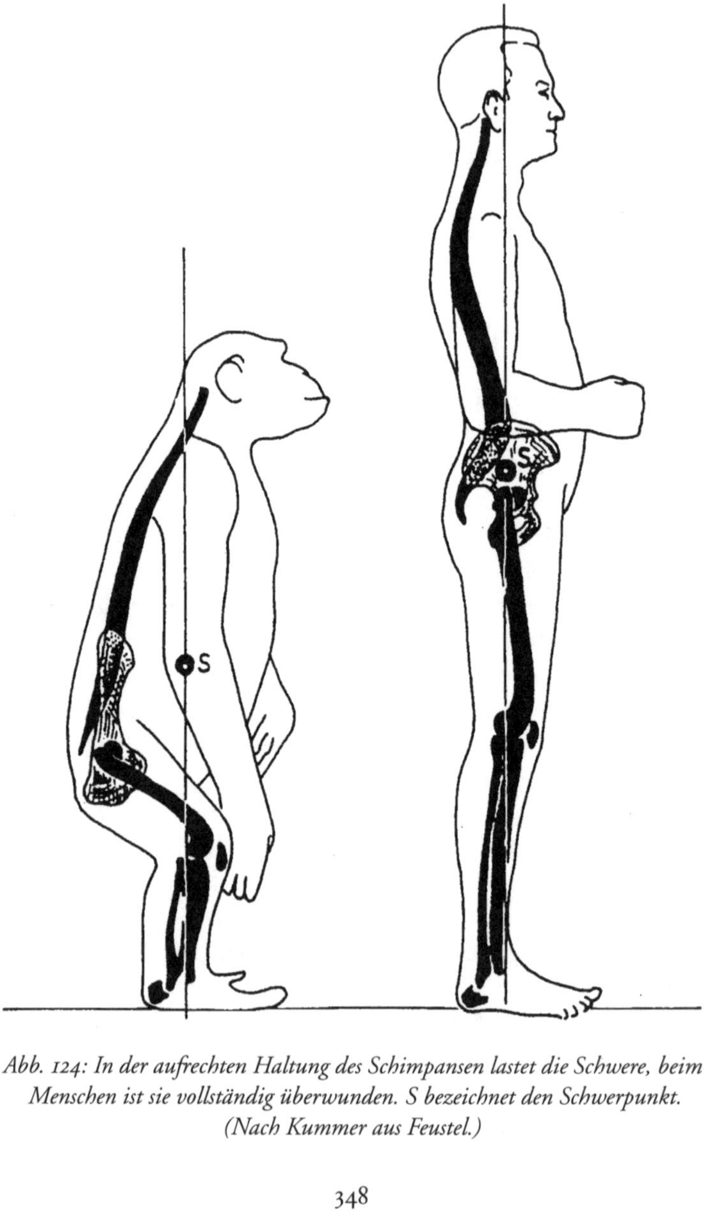

Abb. 124: In der aufrechten Haltung des Schimpansen lastet die Schwere, beim Menschen ist sie vollständig überwunden. S bezeichnet den Schwerpunkt. (Nach Kummer aus Feustel.)

In den evolutionsbiologischen Erörterungen möchte man die Haltung des Menschen als Ergebnis von Anpassungsvorgängen erklären, z. B. als Anpassung an die Ausdehnung der Steppe gegenüber dem Urwald, an Vorteile bei der Beschaffung von Nahrung oder an ein verändertes Paarungsverhalten. Diese Interpretationsversuche sind unbefriedigend und stehen zum Teil im Widerspruch zu bestimmten Tatsachen. «Alle bisherigen Versuche ... sind unzureichend und zum Teil aufgrund neuerer phylogenetischer und paläoökologischer Befunde überholt» (Henke, Rothe 1994, S. 366). Was aufrechte Haltung ist, wird erst deutlich, wenn man sie als Ausdruck eines Inneren begreift.

Die Manifestation des Ich im menschlichen Leib

Die Signatur des Ich, die aktive Überwindung der Schwere in der vertikalen Haltung, findet man in der ganzen Gestalt. Im Fuß manifestiert sie sich vor allem im Längsgewölbe, das den lastenden Druck durch eine starke innere Raffung zwischen Ballen und Ferse bemeistert. Über dem Gewölbe mit seinen beiden Auflagerungspunkten kann sich der Mensch wie über einer sicheren Basis im Gleichgewicht halten. Der menschliche Fuß hat selbst – wir haben das bereits in einem der vorangehenden Kapitel erwähnt (S. 178) – einen vertikalen Bau: das Sprungbein, von dem drei der fünf Strahlen ausgehen, lagert über dem Fersenbein.

Besonders deutlich zeigt sich die Signatur des Ich in den Beinen. Hier ist das Wachstum gegen die Schwere am intensivsten. Beim Neugeborenen sind die Beine auffallend kurz. Im Lauf der Jahre erreichen sie 55 Prozent der gesamten Körpergröße. Die vertikale Bildungstendenz führt zur vollständigen Streckung im Kniegelenk. Was in den Beinen der Säugetiere als triebhafte Spannung vibriert, ist ganz ausgelöscht. Wenn der Mensch steht, befindet er sich in einem Zustand aktiver Ruhe. Ober- und Unterschenkel sind dann im Kniegelenk durch die Bänder so stark aufeinandergepreßt, daß sie gemeinsam zu einer tragenden Säule werden. Dadurch ist die Muskulatur der Beine entlastet und der Bestimmung aus inneren Handlungs- und Bewegungszielen gegenüber offen.

Die Knochen des Unter- und Oberschenkels sind nicht nur stark gestreckt, sondern im Vergleich zu denen der Tiere, auch der Menschenaffen, auffallend grazil. Hierin – und in der plastischen Gestaltung der oberen Partien – äußert sich die Souveränität des stützenden Tragens. Die Oberschenkel konvergieren deutlich zur Mitte (physiologische X-Beinstellung). So stehen die Füße dicht nebeneinander. Der Mensch ist dadurch beim Stehen im Gegensatz zu allen Tieren deutlich in sich zentriert. Und beim Gehen wird bei dem rhythmischen Wechsel von Stand- und Spielbein der Schwerpunkt nur wenig in seitlicher Richtung verlagert.

Die Manifestation des Ich zeigt sich auch in der breiten Hüfte und der Wirbelsäule. Die Muskeln, die vom Becken, das die Organe der Bauchhöhle wie in einer Schale trägt, zum Oberschenkelknochen gehen, balancieren den Rumpf beim Stehen mit minimalem Kraftaufwand im Gleichgewicht. Die charakteristischen Krümmungen der Wirbelsäule entstehen in der frühen Kindheit aus dem Bemühen, sich mit dem Kopf frei der Umgebung zuzuwenden (Halslordose), und dem Bemühen, sich auf die Füße zu stellen (Lendenlordose).[38] Unter der Belastung durch Kopf und Rumpf werden die Ausbiegungen beim Sitzen und Stehen stärker. Dadurch aber kann der Mensch seinen Rumpf von innen ergreifen, indem er durch innere Aktivität in der Rückenmuskulatur sich im Überwinden dieses Zusammensackens aufrichtet und dabei immer auch die Mitte zwischen links und rechts herstellt.

Beim Menschen gliedert sich im Laufe der frühen Kindheit die Wirbelsäule besonders tief in den Brustkorb ein. Dadurch entsteht unter anderem jene enge Verbindung zwischen den unwillkürlichen Atembewegungen des Brustkorbes und dem in der Rückenmuskulatur tätigen Ich, das heißt die Bedingung für die so differenzierte Atemführung beim Sprechen und Singen.

Das in der vertikalen Haltung wirkende Ich gibt schließlich dem Kopf das menschliche Gepräge. Der Kopf ruht so auf der Wirbelsäule, daß sein Schwerpunkt mit der vertikalen Achse des übrigen Körpers zusammenfällt. Das Hinterhauptsloch (Foramen magnum) ist nach unten gerichtet. Dadurch trägt der Mensch seinen Kopf frei. An der Wölbung der Stirn und des ganzen Gehirnschädels wird sichtbar, daß der Mensch auch im Kopf in sich zentriert ist. Antlitz und Kieferpartie ordnen sich unter der Stirn an (Orthognathie). So hat der Kopf insgesamt eine vertikale Organisation. Sie gibt dem Kopf den edlen menschlichen Ausdruck. Der begierdehafte Charakter des tierischen Kopfes ist beim Menschen durch das Ich ebenso überwunden wie in den Beinen der triebhafte Bewegungsdrang.

Retardation als Signatur des Menschen

Wir müssen auch jene Organe betrachten, die nicht der vertikalen Organisation selbst angehören, im Organismus des Menschen aber doch eng mit ihr verbunden sind. In einem Organismus geht von dem bestimmenden Organsystem eine prägende Wirkung auf die übrigen Organe aus – wir haben das vielfach gesehen. Das ist auch beim Menschen zu erwarten. Auch wenn er erst nach der Geburt die aufrechte Haltung erringt, so ist der Leib schon durch die pränatale Entwicklung auf das Durchprägtwerden durch das Ich und die damit verbundenen Umgestaltungen – des Fußes, der Beine, der Wirbelsäule und des Brustkorbes – hin disponiert. Das kommt eindrucksvoll in einer Eigenschaft des menschlichen Organismus zum Ausdruck, die der holländische Anatom L. Bolk entdeckte, als er dessen Entwicklung mit der des Schimpansen verglich.

Bolk unterschied Organe mit sogenannten primären und solche

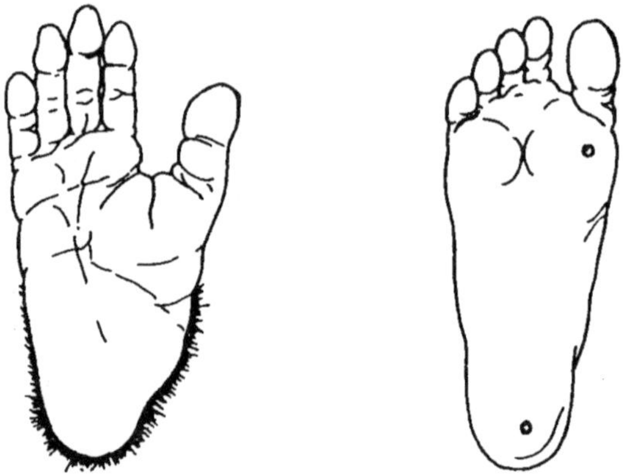

Abb. 125: Der handähnliche Greiffuß des Schimpansen und der Fuß des Menschen als Stützorgan (o - die Hauptauflagerungsstellen des Fußgewölbes; nach Schultz und Feustel, etwas verändert)

mit konsekutiven Merkmalen. Die Organe mit konsekutiven Merkmalen «sind hauptsächlich solche, die als Anpassungserscheinungen an den erworbenen aufrechten Gang» (Bolk 1926, S. 5) anzusehen sind. Bolk interessierte sich vor allem für die anderen Organe, in denen er das spezifisch Menschliche erblickte. Als primäre Merkmale zählt er auf: «die Orthognathie, die Unbehaartheit, Pigmentverlust in Haut, Haaren und Augen, die Mongolenfalte, die zentrale Lage des Foramen magnum, hohes Hirngewicht, Persistenz der Schädelnähte, die Labia majora beim Weibe, den Bau von Hand und Fuß, die Form des Beckens, die ventral gerichtete Geschlechtsspalte beim Weibe, bestimmte Variationen des Gebisses und der Schädelnähte» (1926, S. 6). Er beschreibt dann, was diese primären Merkmale kennzeichnet:

«Wenn man nun die genannten primären somatischen Merkmale des Menschen näher studiert und im Licht der Ontogenie der Primaten betrachtet, dann trifft es sich, daß sie alle eine Eigenschaft gemein haben: es sind nämlich permanent gewordene, fetale Zustände oder Verhältnisse. Mit anderen Worten: Formeigenschaften oder Formverhältnisse, welche beim Fetus der übrigen Primaten vorübergehend sind, sind beim Menschen stabilisiert.

Durch Erkennung dieser Tatsache erscheint die Form des menschlichen Körpers in einem etwas anderen Lichte, denn die ihn von den Affen unterscheidenden Merkmale stellen keine Eigenschaften dar, die im Laufe der Zeit als von ihm neu erworben sind; sie traten schon während der individuellen Entwicklung beim Primatenfetus im allgemeinen auf, gingen bei diesem aber durch fortgesetzte Differenzierung verloren. Was in dem Entwicklungsgang der Affen ein Durchgangsstadium war, ist beim Menschen zum Endstadium der Form geworden. Aus diesem Grunde besitzt der Fetus der niederen Affen, der Fetus und das junge Kind der Anthropomorphen ein mehr menschliches Aussehen, nicht, wie aus einer konsequenten Anwendung des biogenetischen Grundgesetzes zu folgern wäre, weil die Affen einem mehr menschlich aussehenden Stammvater entsprossen sind, sondern weil der Mensch den fetalen Typus bis zum Abschluß seiner körperlichen Entwicklung beibehält. Die übrigen Primaten legen in ihrer individuellen Formentwicklung noch ein Endstück zurück, das vom Menschen nicht mehr durchlaufen wird. Diesen Unterschied zwischen Mensch und Affe möchte ich zum Ausdruck bringen durch Bezeichnung der Entwicklung des Menschen als konservativ, jene der Affen als propulsiv» (1926, S. 7).[39]

Über die Ursachen dieser zurückgehaltenen Organbildung schreibt Bolk: «Es muß also ein die Entwickelung hemmender Faktor im Spiel sein. Und die menschliche Form als Ganzes erlangte folglich ihr typisches Gepräge als Konsequenz einer allgemeinen Entwicklungshemmung. Man muß daher den bekannten evolutiven Faktoren einen neuen hinzufügen, nämlich: die Retardation der Entwicklung» (1926, S. 10). In der Tat ist die Entwicklung des menschlichen Leibes in der Formbildung der Organe, nicht in ihrer Größe, vor und nach der Geburt ganz auffallend verlangsamt.

Es hat um die Anschauungen Bolks eine lange und kontroverse

Diskussion gegeben. Neuerdings hat J. Verhulst die Bolkschen Anschauungen an einem viel reicheren Material überprüft und weiterentwickelt, besonders im Hinblick auf die konsekutiven Merkmale. Die Retardation erscheint bei Verhulst (1999) noch deutlicher als in den Arbeiten von Bolk (1917, 1926) als wesentliche Eigenschaft des menschlichen Organismus. Zu den gegenüber den höheren Tieren, den Säugetieren und insbesondere den Affen, retardierten Organen gehören nach Verhulst: die runde Schädelform, die Persistenz der Schädelnähte, die Unterordnung des Gesichtsschädels unter den Gehirnschädel (flache Antlitzform), bestimmte Eigenschaften im Bau des Gehirns, die Verkürzung des Zwischenkieferknochens im Oberkiefer, die Orthognathie, die Form des Unterkiefers, die Form der Zähne, die geschlossene Zahnreihe, die zentrale Lage des Foramen magnum, die Länge des Halses, die Form des Kehlkopfes, der Bau der Lunge, die Form der Hand, die Lagerung von Lunge und Herz in der Brusthöhle, die Konfiguration der großen Schlagadern, bestimmte Eigenschaften der Wirbel, die einfache Form des Magens, die Form des Fußes, insbesondere die Anordnung des ersten Zehs neben den anderen Zehen, und die Unbehaartheit des Leibes.

Einige dieser Merkmale haben wir bereits als Manifestation des Ich kennengelernt. Wenn der menschliche Organismus zum Ich in Beziehung steht und durch die aufrechte Haltung in sich zentriert ist, dann wird diese Zentrierung auch in der Bildung der verschiedenen Organe zum Ausdruck kommen. Jener Prozeß, durch den die Organe bei der Spezialisierung in einen stärkeren Zusammenhang mit der Umgebung kommen, wird gehemmt. Spezialisierung bedeutet ja immer Anpassung an eine bestimmte Umgebung. Das ist aber der Gegenprozeß zu dem der inneren Zentrierung. Wenn nun die Zentrierung im menschlichen Organismus bestimmend ist, dann wirkt sie der Spezialisierung entgegen. So ist die Retardation nichts anderes als die Folge der auf das Ich bezogenen und vom Ich bewirkten Zurückhaltung.

Die Entwicklung des menschlichen Leibes unterliegt also einem anderen Bildungsprinzip als die der Tiere. Was in der Tierbildung wirkt, die Spezialisierung des Organismus durch die Dominanz eines Organs, ist beim Menschen durch die Retardation aufgehoben. Auch wenn die Wurzeln des Menschen mit der Evolution des Tierreiches eng verbunden sind, steht er außerhalb dieser Evolution. Denn der «ganze menschliche Organismus ist, wenn man ihn wirklich studiert, in gewisser Beziehung gegenüber den tierischen Organismen nicht vorwärts gebildet, sondern auch rückgebildet» (Steiner 1962 b, S. 272). Der vertikale Bau ist gegenüber dem horizontalen der Tiere etwas Neues. Dieses Neue wird durch einen gegen die tierische Spezialisierung gerichteten Rückbildungsprozeß bewirkt, für den R. Steiner 1918 den Begriff der Devolution geprägt hat. Die Retardation[40] wäre demnach das Ergebnis dieser Devolution.

Der Organismus des Menschen als der Typus[41]

Damit klärt sich etwas auf, was in den vorangehenden Kapiteln bei der Betrachtung der verschiedenen Tiere im Unbestimmten geblieben ist. Wir sind mit Goethe von der Idee des Typus ausgegangen. Der Typus ist jenes allgemeine Bild des Organismus, in dem «die Gestalten sämtlicher Tiere der Möglichkeit nach enthalten» sind (Goethe 1975, S. 244). Aus dem Typus gehen die verschiedenen Tierformen hervor; aus ihm sind sie abzuleiten.

Existiert dieser Urorganismus nur als Idee oder tritt er auch innerhalb der Natur auf?

Wie kann man sich eine Anschauung von diesem Urorganismus, dem Typus, der sich in den Tieren immer nur in vereinseitigten Spezialformen ausprägt, bilden? Er ist ein vollkommener Organismus mit all jenen Organen, die man auch in der Tierwelt findet. In ihm befinden sich die Organe aber in einem anderen Zustand als bei den Tieren. Sie sind in einem Zustand vor jeglicher Spezialisierung.

So hat keines der Organe ein Übergewicht; im Organismus herrscht Harmonie im Zusammenwirken der verschiedenen Glieder.

Die eine fundamentale Wesenseigenschaft des Typus, die unspezialisierte, in ihrer Entwicklung zurückgehaltene Form der Organe, ist das Kennzeichen des menschlichen Organismus. Was Bolk als Retardation und Fetalisation und Steiner als Devolution beschrieben haben, ist die für den Typus charakteristische verhaltene Ausprägung der Organe. – Wie steht es aber mit der Harmonie?

Wir haben immer wieder darauf hingewiesen, wie von einem Organ Wirkungen in das Gebiet eines anderen ausgehen. Am deutlichsten zeigt sich das in der Bildung des Kopfes. Die für den Kopf wesentlichen Organe sind das Gehirn mit seinen Nerven und die Sinnesorgane, vor allem die Augen und Ohren. Zum Kopf gehören aber auch Nase, Mundhöhle und die Kieferbildungen. In ihnen schieben sich das Atmungssystem, das Verdauungs- und das Gliedmaßensystem gleichsam in das Gebiet des Kopfes hinein und werden dort in einer dem Kopf entsprechenden Weise modifiziert. So ist der Kopf mit dem übrigen Organismus eng verflochten.

Wenn sich nun aber Nase und Maul wie bei den höheren Tieren mächtig ausbilden und die Gestalt des Kopfes prägen, dann tritt die Hauptfunktion gegenüber den Nebenfunktionen in den Hintergrund. Es herrscht Disharmonie; denn die Harmonie wird ausgelöscht, wenn ein wesentliches Glied von anderen Funktionen in den Hintergrund gedrängt wird. Zu einer harmonischen Bildung kommt es, wenn jedes Glied seine ihm eigenen Qualitäten möglichst vollkommen entfaltet, das heißt, wenn am Kopf das Gehirn und die Sinnesorgane (Auge und Ohr) die Gestalt bestimmen und die anderen Funktionen sich unterordnen. Das kennzeichnet aber die Bildung des menschlichen Kopfes.

Ähnlich ist es bei den Gliedmaßen. Diese sind bei den Säugetieren eng mit dem Rumpf verbunden; der Oberschenkel und der dem Oberarm entsprechende Teil der vorderen Gliedmaßen sind zum Teil sogar in den Rumpf integriert. Das ist aber nur in anderer Weise als am

Kopf ein Ausdruck von Disharmonie. Bei harmonischer Ausbildung sind Rumpf und Gliedmaßen selbständig und wirken dann mit ihren voll ausgebildeten Funktionen zusammen. Auch das tritt uns am Menschen entgegen. Hier haben sich die Beine ganz aus der Verflechtung mit dem Rumpf gelöst und sind zu tragenden Säulen geworden. Eine noch größere Selbständigkeit haben Arme und Hände, die sich durch den Schultergürtel frei beweglich an den Brustkorb angliedern.

Funktionen, die im Organismus der Tiere vermischt sind, sind im Leib des Menschen deutlich gegliedert. Dadurch können die verschiedenen Teile harmonisch zusammenwirken wie die inneren Organe, bei denen keines ein Übergewicht über die anderen hat.

Damit wird ein bedeutender Sachverhalt sichtbar: Der menschliche Leib ist jener Organismus, der als Typus im Hintergrund von allen Formen des Tierreiches steht. Alle Tiere hat man als einseitige Ausgestaltungen des menschlichen Organismus anzusehen. Der menschliche Organismus, der als letzter in der Evolution erscheint, ist zugleich das gemeinsame Zentrum des ganzen Tierreiches.

Im Fisch tritt er in sehr unvollständiger Form in der Natur auf. Noch unvollkommener erscheint er in den niederen Tieren. Man kann sich aufgrund der vorangehenden Tierbetrachtungen vergegenwärtigen, wie der menschliche Organismus z. B. in jedem Säugetier nach einem bestimmten Organ hin spezialisiert ist. So wird durch eine gesteigerte Beinbildung der Fuß zu einem stützenden Gebilde umgeformt. Damit verschwindet die Basis der vertikalen Haltung. Zugleich ergreift die Beinbildung auch die anderen Gliedmaßen. Arme und Hände werden zu Beinen. In der horizontalen Haltung haben die Gliedmaßen im Tragen des Leibes eine weit größere Energie zu entwickeln. So werden die Verdauungs- und Atmungsorgane stärker ausgebildet. Und wenn die gesteigerte Beinbildung sich bis in den Kopf auswirkt, wird die Kieferpartie zum beherrschenden Teil. In dieser Weise kann man erkennen, daß der menschliche Leib in den Formen der Tiere, z.B. der des Pferdes, in spezialisierter Form erscheint.[42]

Die Zurückdrängung des Tierhaften bei der Menschwerdung

Der Mensch ist also nicht nur über die ihm besonders nahestehenden Primaten mit der Tierwelt verbunden. Wenn man im Organismus seines Leibes den Typus erkennt, dann kommt man zu der Einsicht, daß das ganze Tierreich ohne den Menschen nicht denkbar ist. Der Mensch ist das geistige Bindeglied, durch das das Tierreich eine zusammengehörige Ganzheit und nicht nur eine Summe einzelner Gestalten ist. Dies hat J. G. Herder als Idee formuliert: «daß der Mensch ein Mittelgeschöpf unter den Tieren, d. i. die ausgearbeitete Form, sei, in der sich die aller Gattungen im feinsten Inbegriff sammeln.» Und «die ihm nahen Tierarten ... seien gebrochene und durch katoptrische Spiegel auseinandergeworfene Strahlen seines Bildes» (Herder 1982, S. 27).

So erscheint der Organismus des Menschen zunächst unvollkommen und einseitig in den verschiedenen Formen der Tiere. Dann tritt er aber selbst innerhalb der Tierwelt auf. Das ist weder Zufall noch Wunder. Als letzte Phase der Evolution ringt sich jener Organismus, der sich in lauter Spezialformen verwirklicht hatte, zuletzt in denen der Säugetiere, in seiner eigenen Form heraus. Er kommt zu sich selbst, indem die Spezialisierung zurückgedrängt wird.

Das ist nur dadurch möglich, daß das Ich als jenes Wesensprinzip, das retardierend wirkt, in der Evolution tätig wird. Man kennt heute bestimmte Stadien dieses dramatischen Geschehens. Es sind die frühen Menschenformen, deren Reste man seit den 20er Jahren und besonders seit den 60er Jahren des 20. Jahrhunderts in Ost- und Südafrika neuerdings auch in Zentralafrika (1995: Australopithecus bahrelghazali, 2002: Sahelanthropus tschadensis) gefunden hat. Aus vielen Indizien ergibt sich, daß es sich um Wesen mit aufrechter Haltung handelt, in denen also ein Ich eine tierhafte Organisation durchdringt und sich in ihr zum Ausdruck bringt, indem es sie umgestaltet.

An diesen frühen Menschenformen, den sogenannten Vormenschen (Australopithecus), kann man sehen, soweit Reste des Rumpf- und Gliedmaßenskeletts gefunden wurden, daß diese Umwandlung noch nicht vollständig geleistet ist. Knußmann schreibt: «Während Rumpf und Gliedmaßen (aufrechter Gang!) sowie das Gebiß weitgehend menschlich sind, liegen mit der geringen Größe des Gehirns und mit der Form der Nasenpartie noch menschenaffenähnliche Merkmale vor» (Knußmann 1980, S. 301). Das Ich wirkt in der Auseinandersetzung und Überwindung der Schwere. So wird das Tierische zunächst in jenen Bereichen zurückgedrängt, in denen der Organismus direkt von der Schwere durchdrungen ist, das heißt in den Gliedmaßen und im Rumpf. Der Schädel ist durch die Verwachsung seiner Knochen ein weitgehend in sich geschlossenes Gebilde, das sich nicht wie die Beine oder die Wirbelsäule in der aktuellen Auseinandersetzung mit der Schwere konfiguriert.

Die Form des Menschen erscheint im Rumpf und in den Gliedmaßen wohl viel deutlicher als im Kopf, aber auch hier noch nicht vollständig – am wenigsten bei frühen Vormenschen wie bei Australopithecus afarensis. Die Beine sind relativ kurz; das heißt, die Überwindung der Schwere erreicht in der Streckung der Beine noch nicht jene Intensität wie beim heutigen Menschen. Das gilt auch für den ganzen Leib, der nur 1,05 Meter bis 1,51 Meter groß wurde.[43] Die Füße haben wohl ein Längsgewölbe, aber noch nicht ganz die menschliche Form. Auch Arme und Hände zeigen noch Anklänge an eine mehr tierische Gestaltung.

Besonders eindrucksvoll sprechen die Formen des Kopfes von der noch unvollständigen Rückbildung des Tierhaften. Die für die Säugetiere typische Schnauzenbildung ist deutlich zurückgenommen. Die Kieferpartie gliedert sich dem Gehirnschädel großenteils unten an. Der Ausdruck hat aber noch deutlich tierhafte Züge.

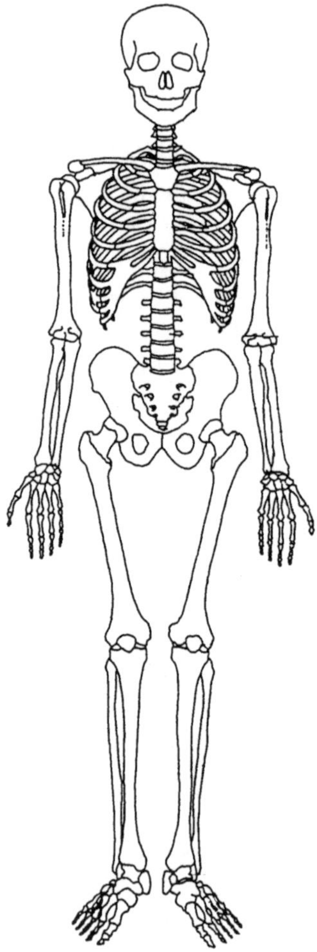

Abb. 126: Skelett des frühen Vormenschen (Australopithecus africanus, männlich; Rekonstruktion von McHenry, aus Henke, Rothe) und Skelett des heutigen Menschen (Homo sapiens; aus Campbell)

Der Gehirnschädel ist absolut und auch im Verhältnis zu den übrigen Partien des Kopfes klein (Volumen des Gehirnschädels zwischen 310 und 485 ccm; durchschnittlich 400 ccm). Das Foramen magnum befindet sich noch nicht an der Basis; das heißt, diese Menschen trugen den Kopf noch nicht frei. Auch ihr Gang hatte wohl noch nicht die Leichtigkeit und Sicherheit des heutigen Menschen.

Alles, was man über Australopithecus afarensis weiß, ist Ausdruck einer Menschenform, in der das Ich die tierhafte Spezialisierung noch nicht vollständig überwunden hat. Zugleich erlebt man, wie sich der Typus, die menschliche Organisation, aus der bisherigen tierischen Verzauberung befreit.

Dieser Prozeß ist bei den etwas jüngeren Vormenschen, z. B. bei Australopithecus africanus, etwas weitergeschritten. Die Kieferpartie ist etwas stärker zurückgebildet, die Wölbung des Schädels schon etwas vollkommener und das Gehirn etwas größer (Volumen des Gehirnschädels zwischen 430 und 520 ccm; im Durchschnitt 440 ccm). Und beim Urmenschen (Homo habilis) tritt im Kopf die Signatur des Ich noch deutlicher in Erscheinung: in dem größeren und viel stärker gerundeten Gehirnschädel (Volumen des Gehirnschädels 650 bis 770 ccm), der kleineren, noch weniger hervortretenden Kieferpartie und der vertikaleren Haltung des Kopfes.

Die weit jüngeren Frühmenschen (Homo erectus), deren Reste man schon am Ende des letzten Jahrhunderts auf Java, dann vor allem in China, aber auch in Europa und Ostafrika gefunden hat, waren bis über 1,70 Meter groß. In ihrem Leib war die Auseinandersetzung mit der Schwere und ihre Überwindung intensiver als bei den Frühmenschen. So hatten Gliedmaßen und Rumpf weitgehend die vollkommene Form des heutigen Menschen. Allerdings, das «Skelett weicht von demjenigen des Homo sapiens sowohl in der Robustizität als auch in den äußeren Dimensionen und der Knochendicke deutlich ab» (Henke, Rothe 1994, S. 405).

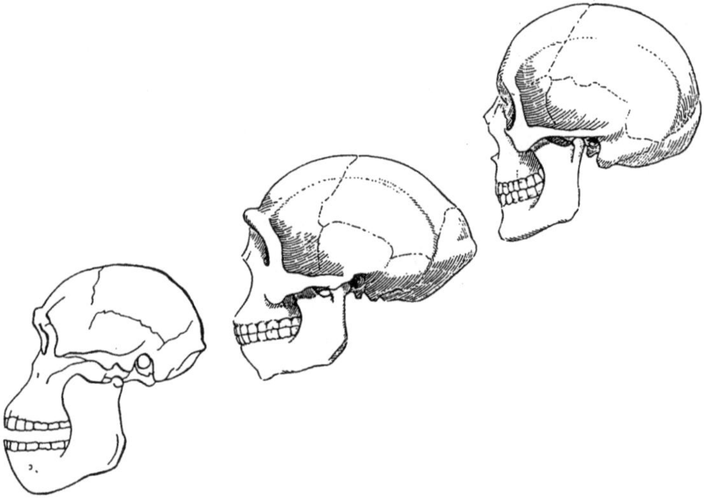

Abb. 127: Schädel eines Vormenschen (Australopithecus africanus; nach Le Gros Clark), des Frühmenschen (Homo erectus) und des heutigen Menschen (Homo sapiens; beide aus Portmann)

Die Schwere ist in den Knochen noch nicht bemeistert. Der Schädel ist dem heutigen Menschen viel ähnlicher als bei den Vormenschen (Volumen des Gehirnschädels 700 bis 1250 ccm, im Durchschnitt etwas unter 1000 ccm). Er ist aber im Verhältnis zu seiner Länge flach; es fehlt ihm die sphärische Wölbung. Das Kinn ist weiter, aber noch nicht vollständig zurückgenommen. Im Ganzen hat das Ich eine viel größere Macht in der Durchgestaltung des Leibes erreicht. Aber erst beim heutigen Menschen, beim Homo sapiens, ist die tierische Spezialisierung ganz überwunden. Das Ich durchprägt in den edlen Formen des menschlichen Leibes, in seiner vertikalen Konfiguration und der sphärischen Gestalt des Kopfes den ganzen Leib. Damit tritt der Typus in die äußere Erscheinung. Er hat sich durch Devolution aus seinem Wirken im Bereich der tierischen Formen befreit.

Wir sind nun in der Lage, zu einem Verständnis jener Tiere zu kommen, die bei den Erörterungen über die Abstammung des Menschen eine so große Rolle spielen. Heute wird wohl niemand mehr unter den Menschenaffen den Vorfahren des Menschen suchen, wohl aber in früheren Formen der Primaten, die man allerdings nicht kennt. Wer einmal gesehen hat, wie gering der Unterschied zwischen dem Schädel von Australopithecus africanus und dem eines Schimpansen ist, hat sicher einen starken Eindruck von der Verwandtschaft des Menschen mit den höheren Primaten. Er wird geneigt sein, die Reihe der Schädelformen, die von Australopithecus über Homo habilis und Homo erectus gleichsam nach oben zu der von Homo sapiens führt,[44] auch nach unten fortgesetzt zu denken. Dem Vormenschen sind mit Sicherheit andere, einfachere Stufen der Menschwerdung vorausgegangen. Wir kennen sie aber nicht. Sie haben sich möglicherweise auch nicht erhalten. Bei einem so mächtigen Umwandlungsprozeß mußte der Leib wohl in einem hohen Grade bildsam und damit auch schlecht fossilisierbar sein.

Dieser Prozeß, der der anthropologischen Forschung bisher nicht greifbar ist, hat aber einen Schattenwurf. Man kann vom Schädel des Schimpansen und Gorilla eine Linie zu den einfacheren Affen und über die Halbaffen bis zu solchen Formen ziehen, die den für die übrigen Säugetiere typischen horizontalen Schädelbau haben. Damit rückt die ganze Gruppe der Primaten in eine Beziehung zu jenem Prozeß, in dem sich der Organismus des Menschen aus der tierischen Daseinsform herausringt.

Die an Formen so reiche Ordnung der Primaten unterscheidet sich recht charakteristisch von den anderen Ordnungen der Säugetiere. Le Gros Clark schreibt:

«Während viele andere Säugetierordnungen definiert werden können durch auffällige Spezialisationen positiver Art, wodurch sie sich

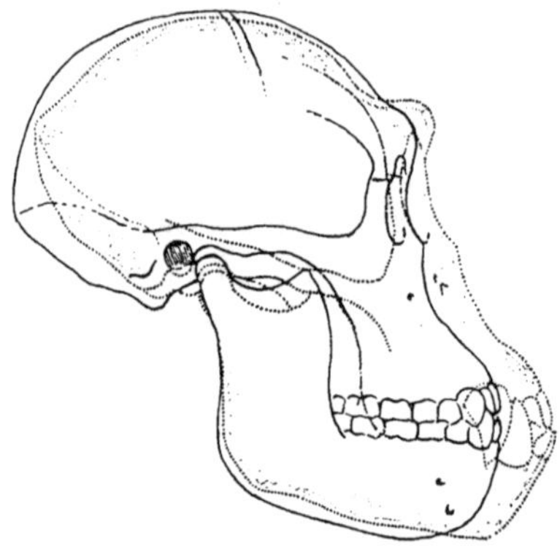

Abb. 128: Schädel eines Vormenschen (Australopithecus africanus; durchgezogene Linie) und eines Schimpansen (Pan troglodytes; nach Heberer aus Knußmann)

leicht voneinander unterscheiden, haben Primaten insgesamt eine ziemlich allgemeine Anatomie bewahrt und sind, wenn überhaupt, hauptsächlich durch einen negativen Zug (ihren Mangel an Spezialisierung) von anderen Ordnungen zu unterscheiden. So haben sie meistens eine allgemeine Struktur ihrer Glieder bewahrt und erhielten sich auch die primitive Pentadaktilität (fünf Finger und fünf Zehen). Sie hielten auch zusätzlich vollständig gewisse Elemente des Gliederskeletts (wie die Clavicula), welche bei einigen anderen Säugetierordnungen die Tendenz zeigen, zu schrumpfen oder zu verschwinden. Und auch die Backenzähne bewahren insgesamt eine einfache und primitive Struktur, insbesondere wenn man sie vergleicht mit den komplizierten und in hohem Maße spezialisierten Zähnen, welche sich in einigen Ordnungen entwickelt haben (wie den Elefanten, Huftieren und Raubtieren)» (zitiert nach Verhulst 1999).

Die Primaten sind unter den Säugetieren diejenige Gruppe, in der die Spezialisation des Organismus abgeschwächt ist. Das gilt für die inneren Organe und die äußere Gestalt. Arme und Beine gliedern

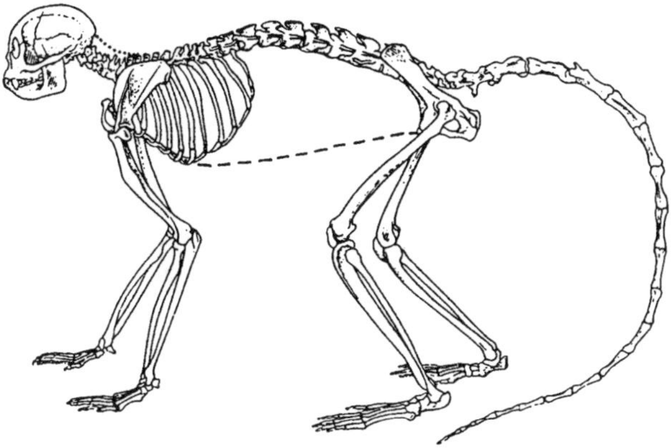

Abb. 129: Skelett einer Meerkatze (Cercopithecus) als Beispiel für einen Primaten aus der Gruppe der Affen (Simiae, Anthropoiden; nach Le Gros Clark aus Campbell)

sich frei und beweglich dem Rumpf an. Oberarm und Oberschenkel sind ziemlich lang. Durch die Schlüsselbeine haben die Arme einen großen Bewegungsspielraum. Die Hände sind nur wenig spezialisiert. «Bei fast allen Primaten liegt das Viszerokranium [der Gesichtsschädel] nicht in der direkten Verlängerung des Neurokraniums [des Gehirnschädels], sondern ist unterschiedlich stark gegenüber der Schädelbasis gesenkt» (Henke, Rothe 1994, S. 97). So liegt die Ebene, in der die Zähne des Ober- und des Unterkiefers aufeinandertreffen (Okklusionsebene), unter dem Kiefergelenk.

Wenn man von den einfachen zu den höheren Formen der Primaten übergeht, findet man unter anderem folgende Entwicklungstendenzen:

- «eine allmähliche Vergrößerung der Schädelhöhle, welche zugleich runder wird;
- die Tendenz zur Rückbildung der Schnauze und zur Anordnung des Antlitzschädels unterhalb der Gehirnhöhle (anstatt vor der Gehirnhöhle);

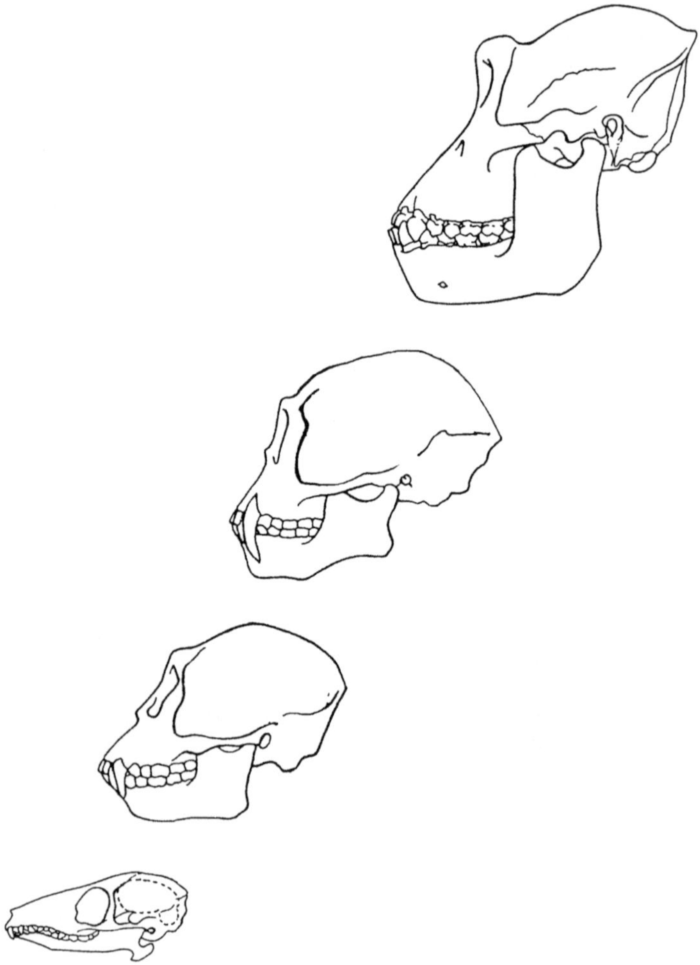

Abb. 130: Schädel eines Schimpansen (Pan), eines Gibbons (Hylobates), einer Meerkatze (Cercopithecus) und eines Spitzhörnchens (Tupaia; aus Campbell)

– Tendenz zur Verschiebung des Foramen magnum von der Hinterseite zur Unterseite des Schädels»

(Verhulst 1999 im Anschluß an Le Gros Clark).

Diese Verlagerung des Hinterhauptsloches ist Ausdruck einer zunehmenden Aufrichtungstendenz. So gibt es bei den Primaten als recht primitive Stufe der Aufrichtung das «bipede Laufen, bei dem unter Ausnützung eines vorher geholten Schwunges eine relativ kurze Strecke auf den Hinterbeinen zurückgelegt wird (Gibbon, manche niederen Affen, Indriinen)», dann als etwas vollkommenere Form das «‹bipede Gehen›, bei dem einige Schritte langsam und unter erschwerten Balancebedingungen allein auf den Hinterbeinen ausgeführt werden» (Knußmann 1980, S. 242). Ruhig auf den Beinen stehen kann nur der Mensch.

Wenn sich Gorilla und Schimpanse auf allen Vieren bewegen, ist der Rücken nicht horizontal; er steigt zum Kopf hin etwas an. Die einer Hand ähnlichen Füße berühren besonders beim Schimpansen mit der Sohle den Boden. Vorn stützen sich die Tiere aber auf die angewinkelten Fingerknöchel (sogenannter Knöchelgang). Haltung und Bewegungsart weichen stark von der der anderen Säugetiere ab. Man gewinnt den Eindruck von einer mißlungenen Aufrichtung, bei der das Tier etwas an freier Haltung erringt, sich aber nicht halten kann, in die Schwere zurücksinkt, aber nicht mehr ganz in sie eintaucht. In den kurzen, gewinkelten Beinen fehlt die volle Kraft der Aufrichtung, und damit auch im ganzen Körper. In der Wirbelsäule sind die für die Aufrichtung charakteristischen Biegungen nur schwach angedeutet.

In ihren so wenig spezialisierten Formen und den genannten Entwicklungstendenzen erscheinen die Primaten wie der Abdruck einer Entwicklung, die sich im Hintergrund abgespielt hat und von der sich die Hauptgruppen der Primaten abgesondert haben (siehe auch Kipp 1980, S. 72 f.) – zuerst die Halbaffen (Prosimiae), dann die Affen (Prosimiae, Anthropoiden).[45] Dieser Prozeß ist die Menschwerdung in ihren frühen Stufen, die zu den Vormenschen erst hinge-

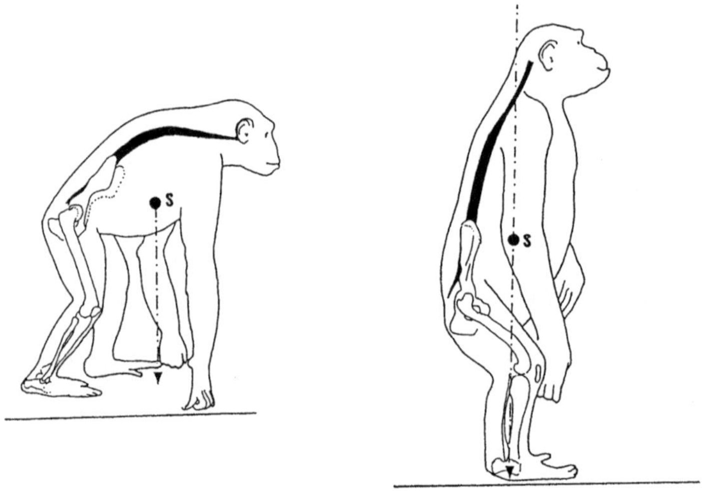

Abb. 114: Die Haltung des Schimpansen zwischen der horizontalen Orientierung der Säugetiere und der vertikalen des Menschen. Der Knöchelgang (links) ist Ausdruck eines nicht gelungenen Aufrichtungsprozesses; in der vertikalen Haltung (rechts) ist die niederziehende Wirkung der Schwere im Bau der Füße, der Beine, der Wirbelsäule und des Kopfes nur unvollständig überwunden. (Nach Kummer aus Henke und Rothe.)

führt haben. Es sind jene Stadien, in denen das Ich noch anfänglicher als im Leib der Vormenschen an der Umwandlung der tierhaften Organisation arbeitet.

Deshalb gehören die Primaten auch nicht mehr ganz in das Reich der Tiere. Sie sind nach einer Formulierung von Kortlandt «keine Menschen – aber sie sind doch eigentlich auch keine Tiere» (zitiert nach Grzimek Bd. 10, S. 485).

Nach unserer Auffassung ist es nicht möglich, den Menschen von den Primaten abzuleiten. Die Primaten sind vielmehr Sedimente jenes Prozesses, in dem sich der Mensch aus den Vorformen seines Daseins herausringt. Sie sind entstanden, weil sie diesen Prozeß nur zu einem kleineren oder größeren Teil mitgemacht und sich deshalb von ihm abgesondert haben. Sie sind Wegmarken, die in verschlüsselter Form auf den Prozeß der Menschwerdung hindeuten.

Der Mensch und die Ordnung des Tierreiches

Aus unseren Betrachtungen ergeben sich Gesichtspunkte für eine systematische Gliederung des Tierreiches, die von der heutigen Systematik abweicht. Wir haben in verschiedenen Kapiteln (siehe S. 257 und S. 283) darauf hingewiesen, wie man allmählich die Ordnung des Tierreiches kennengelernt hat. Maßgebend waren dabei die Baupläne der verschiedenen Tiergruppen, die immer deutlicher herausgearbeitet wurden. Dabei wurde das weite Reich der wirbellosen Tiere in immer mehr Stämme aufgegliedert. So betrachtet man heute die Hohltiere, die Weichtiere oder die Ringelwürmer als Tiergruppen, die den gleichen systematischen Rang wie die Wirbeltiere haben. Das ist unter den Voraussetzungen, mit denen die heutige Tiersystematik arbeitet, ganz folgerichtig. Jeder Tierstamm ist durch seinen Bauplan eine Ganzheit, die neben den anderen Stämmen mit ihren Bauplänen steht. In der Evolutionstheorie wird dann ein Zusammenhang gesucht, der die verschiedenen Tierstämme durch die Idee eines großen durchgehenden Entwicklungsprozesses verbindet. Dieser Zusammenhang hat vor allem bei den Stämmen der wirbellosen Tiere großenteils einen recht spekulativen und unbefriedigenden Charakter.

Durch die Betrachtungsweise Goethes wird das Tierreich von vornherein als Ganzheit erfaßt. Denn die verschiedenen Tiergruppen erweisen sich als spezielle Erscheinungsformen des Typus. Es muß nicht nachträglich ein Zusammenhang gesucht werden; er ergibt sich von vornherein, wenn man die einzelnen Tiere und Tiergruppen aus dem Typus versteht. Wir haben an einer Reihe von Beispielen gesehen, was aus der Methode Goethes folgt: «daß eine neue Art der Anschauung des Individuellen Platz greifen müsse und aus dieser neuen Anschauung ... erst die neue Systematik, die Betrachtung des Besonderen hervorgehen» sollte. Denn der «auf sich selbst gebaute Typus enthält die Möglichkeit, bei seinem Eintreten in die Erscheinung unendlich mannigfaltige Formen anzunehmen, und diese Formen sind der Gegenstand unserer sinnlichen Anschauung, diese mannigfaltigen Formen sind die im Raume und in der Zeit lebenden Gattungen und Arten der Organismen. Indem unser Geist jene allgemeine Idee, den Typus erfaßt, hat er das ganze Organismenreich in seiner Einheit begriffen; wenn er nun die Gestaltung des Typus in jeder besonderen Erscheinungsform anschaut, wird ihm die letztere begreiflich, sie erscheint ihm als eine der Stufen, der Metamorphosen, in denen sich der Typus verwirklicht. Und diese verschiedenen Stufen aufzuzeigen, sollte das Wesen der durch Goethe zu begründenden Systematik sein» (Steiner 1975 a, S. LXX).

Will man in dieser Weise vorgehen, dann ist es zweckmäßig, zunächst diejenige Tiergruppe zu betrachten, in deren Formen der Typus zwar einseitig, aber doch recht vollkommen erscheint. Das sind die Säugetiere. Von hier kann man dann stufenweise zu jenen Tiergruppen hinuntersteigen, in denen der Typus in der Erscheinung zwar schon undeutlicher ist, die Tiere in ihrem Organismus aber noch jene Gliederung haben, die dem Typus entspricht: die Gliederung in Kopf, Rumpf und Gliedmaßen. Das gilt für die Vögel, die Reptilien und die Amphibien.

Bei den Fischen trifft man auf etwas Neues: auf Tiere, die vor der Ausbildung der Gliedmaßen stehen geblieben sind. Hier offenbart sich der Typus nicht nur in einer graduell, sondern in einer prinzipiell unvollkommeneren Form, in der der Organismus aus einer Einheit von Kopf und Rumpf besteht. Auf einer bedeutend einfacheren Stufe manifestiert sich die Kopf-Rumpf-Organisation in den Ringelwürmern und durch Metamorphose umgestaltet in den Insekten beziehungsweise den Gliederfüßlern.

Schließlich kann man die Weichtiere, die Stachelhäuter und Hohltiere als noch unvollständigere Erscheinungsformen des Typus begreifen, als Tiere, in denen sich lediglich verschiedene Teile der Kopforganisation verwirklichen.

Wenn wir nun das Tierreich vom Typus, das heißt vom Organismus des Menschen, aus beurteilen, so kann das insofern nur vorläufig sein, als wir nicht alle Tiergruppen betrachtet haben und keine im ganzen Spektrum ihrer Formen. Dennoch zeichnet sich folgende systematische Gliederung ab:

1. Hauptgruppe:	Tiere mit Kopf, Rumpf und Gliedmaßen Säugetiere Vögel Reptilien Amphibien
2. Hauptgruppe:	Tiere mit Kopf und Rumpf, z. B. Fische Gliederfüßler Ringelwürmer
3. Hauptgruppe:	Tiere, in deren Organismus Teile des Kopfes ausgebildet sind z. B. Weichtiere Stachelhäuter Hohltiere

Auf eine solche Gliederung des Tierreiches hat Steiner seit 1919 verschiedentlich hingewiesen (Steiner 1975 b, S. 78, Steiner 1973, S. 169 ff.). Es gibt Darstellungen, die das Tierreich im Sinne der von Steiner skizzierten Richtlinien behandeln (Kolisko 1989, Julius 1970). Inwiefern es sich bei einer solchen Gliederung um die aus der Goetheschen Methode resultierende Systematik handelt, wird aber erst durch die Untersuchungen dieses Bandes deutlich.

Üblicherweise beginnt man in der Systematik bei den einfachsten Tieren und steigt dann zu den immer vollkommeneren auf. Dieser Weg entspricht wohl auch weitgehend dem der Evolution. Wenn die urtümlichsten Tiere nur der Kopforganisation entsprechen, bei den etwas vollkommeneren dann die Rumpforganisation erscheint und zuletzt die Gliedmaßen, dann hat die Evolution in der Entwicklung des menschlichen Organismus während der Embryonalzeit eine bedeutsame Entsprechung. Bei der sogenannten cephalokaudalen Entwicklung bildet sich zunächst vor allem der Kopf. Es folgt der Rumpf, und zuletzt erscheinen die Gliedmaßen, und zwar die Anlagen der Arme und Hände etwas früher als die der Beine und Füße. Das letzte sind also die Organe, in denen die Kräfte des Ich, die durch Überwindung der Schwere die Aufrichtung bewirken, dann am intensivsten zum Ausdruck kommen. Das allmähliche Erscheinen des Typus in den Stufen des Tierreiches ist wie ein mächtiges Abbild der menschlichen Leibesbildung während der Embryonalzeit.

ANMERKUNGEN

1 Das wurde besonders deutlich von Descartes in dem «Discours de la méthode» (1637) formuliert.

2 Siehe hierzu E. Rothacker: «Das Buch der Natur» (1979).

3 Eine genauere Beschreibung des Typus findet man im 5. Kapitel meines Buches «Von der Gewißheit zur Wissenschaft der Evolution» (1989).

4 Dieser Aufsatz hat den Titel «Erster Entwurf einer allgemeinen Einleitung in die vergleichende Anatomie, ausgehend von der Osteologie».

5 Eine Betrachtung dieser Tiere, die über die Goethesche Methode weit hinausgreift, findet man bei R. Steiner: «Der Mensch als Zusammenklang des schaffenden, bildenden und gestaltenden Weltenwortes», Dornach 1993, 1. bis 3. Vortrag.

6 Der Darm ist im Durchschnitt 6,9 Meter lang. Die relative Darmlänge (das Verhältnis von Darmlänge zur Körperlänge) beträgt nur 3,9, beim Pferd 12.

7 «Entsprechend dem Umbau des weichen Kolbengewebes in den harten und toten Geweihknochen ändert sich auch die chemische Zusammensetzung. Dabei nimmt der anorganische Teil des Gewebes mit dem Fortschritt des Verknöcherungs- und Verkalkungsvorganges vom Wachstumsscheitel zur Stangenbasis zu.
Das fertig verknöcherte Geweih besteht aus 56 % anorganischen (im wesentlichen 48 % phosphorsaurer Kalk, 5 % kohlensaurer Kalk, 2 % kohlensaures Magnesium) und 44 % organischen Substanzen ... Der Feuchtigkeitsgehalt des frisch gefegten Geweihs ist recht beachtlich; er nimmt dann bis zum Abwerfen allmählich ab» (Wagenknecht 1981, S. 100).

8 R. Steiner charakterisiert die Geweihbildung mit folgenden Worten: «Bei der Geweihbildung handelt es sich … darum …, daß gewisse Strömungen gerade ein Stück nach außen geführt werden, daß Ventile da sind, wodurch gewisse Strömungen … – Kraftströmungen …, die in dem Geweih lokalisiert sind – … da außen entladen werden. Der Hirsch ist schön dadurch, daß er eine starke Kommunikation mit seiner Umgebung dadurch hat, daß er gewisse seiner Strömungen nach außen sendet und mit der Umgebung lebt, dadurch aufnimmt alles dasjenige, was in den Nerven und Sinnen organisch wirkt» (Steiner 1963, S. 97). Bei der Frage nach den biologischen Funktionen des Geweihs wird das Geweih sonst als Organ des Blickfangs, als Imponierorgan und als Waffe beschrieben, bisweilen auch als Markierungsorgan, weil sich an den Rosenstöcken und wachsenden Kolben Duftdrüsen befinden, die eine gelbliche Flüssigkeit absondern.

9 Die Fruchtblase (Amnion) ist eine kleine Sphäre, die in der Gebärmutter (Uterus) mit dem Organismus des Muttertieres verbunden ist. Der Mond bildet auch im Kosmos eine Sondersphäre. Er empfängt aus seinem Umkreis z. B. das Licht der Sonne und bildet durch Reflexion im sublunaren Raum eine Sphäre abgeschwächter Sonnenwirkung. In ähnlicher Weise strömen dem in der Fruchtblase heranwachsenden Keimling von dem anschließenden Organismus Substanzen und Kräfte zu, mit denen er seinen Leib aufbaut.

10 Solche Gefühle werden heute vielfach als subjektiv, ungerecht und verwerflich hingestellt. Solidarität mit den Tieren kann offensichtlich eine physiognomische Blindheit bewirken.

11 Das relative Gewicht der Lunge beträgt beim Wolf 3,56, beim Löwen 2,12 (nach Flindt, S. 80).

12 Der Darm ist fünf- bis sechsmal so lang wie der ganze Leib, beim Löwen viermal.

13 Der Anteil des Skeletts am Gewicht des Leibes beträgt bei der Hausmaus nur 8,4 % (Flindt 1985, S. 24).

14 A. Kipp 1952, W. Schad 1971.

15 Eine weitere Funktion, die mit den hohen baumeisterlichen Tätigkeiten des Bibers zusammenhängt, beschreibt R. Steiner in «Über Gesundheit und Krankheit», Dornach 1959, S. 240 ff.

16 Von der irrtümlichen Annahme, der Biber verwende seinen Schwanz in dieser Weise, stammt die Bezeichnung Kelle.

17 So schreibt K. Lorenz: «Daß z.B. bei Kamel und Lama das Nasenloch höher als das Auge liegt, der Mundwinkel etwas herabgezogen ist und der Kopf normalerweise über die Horizontale erhoben getragen wird, beruht auf morphologischen Charakteren, die über den emotionalen Zustand des Tieres überhaupt nichts aussagen» (1965, S. 158).

18 L. Bolk, «Das Problem der Menschwerdung», Jena 1926.

19 R. Steiner, «Menschenwelt und Tierwelt nach Ursprung und Entwicklung dargestellt im Lichte der Geisteswissenschaft» (5.4.1918); in: R. Steiner, «Das Ewige in der Menschenseele», Dornach 1992.

20 In dem 6. Vortrag von «Grundelemente der Esoterik», Dornach 1987, beschreibt R. Steiner die Menschwerdung als einen Vorgang, in dem das höhere Wesen des Menschen tierartige Wesen benutzte, um sich diesen anzupassen und sich dadurch in ihnen zu verkörpern. «Doch nicht allen ist es gelungen sich anzupassen. Diese wurden niedere Wirbeltieren; zum Beispiel Känguruhs sind solche mißlungenen Bildungen auf dem Wege zum Menschen, wie Töpferwaren, die man zurückläßt» (S. 52).

21 Bei der Schwanzmeise und dem Zaunkönig baut das Männchen die kunstvollen Nester.

22 Auf der Südhemnisphäre leben Schwäne, die im Gegensatz zu unseren dunkles Gefieder haben. So ist der Trauerschwan (Cygnus atratus) in Australien und Tasmanien weitgehend schwarz; bei dem Schwarzhalsschwan (Cygnus melanocoryphus) aus dem Süden Südamerikas ist es der größte Teil des Halses.

23 Im 18. Jahrhundert wurden Amphibien und Reptilien noch in einer Tierklasse zusammengefaßt. Erst im 19. Jahrhundert kam man zu der Aufteilung in zwei verschiedene Klassen.

24 Man muß im Wasser zwischen Substanzen unterscheiden, die mit dem Geschmackssinn, und solche, die mit dem Geruchssinn wahrgenommen werden. Das Riechen ist nicht an die feine Verteilung der Substanzen in der Luft gebunden.

25 Im folgenden werden wir zunächst nur die Knochenfische behandeln.

26 Ein weiblicher Kabeljau gibt 3 – 5 Millionen Eier ab, eine Scholle 1/2 Million Eier, ein Karpfen 200.000 – 700.000 Eier, ein Flußbarsch 200.000 – 300.000 Eier, ein Hering etwa 30.000 Eier, ein Lachs 10.000 – 40.000 Eier, eine Elritze 700 – 1000 Eier.

27 A. Portmann, «Die Tiergestalt», Basel o.J., Kapitel «Das Weichtier und seine Schale».

28 An den Magen schließen sich zwei sogenannte Mitteldarmdrüsen-Divertikel an. In diese gelangt ein nicht geringer Teil der kleinen Nahrungspartikel. «Die in die Mitteldarmdrüsen-Divertikel eingeschleusten Partikel werden ... von den Wandzellen phagocytiert und ... intracellulär verdaut ... Bei den Ostreidae (Austern) nehmen an der Verdauung regelmäßig große Massen eingedrungener Amoebocyten teil und phagocytieren vor allem Diatomeen, die einen großen Teil der Austernnahrung bilden. Die gelösten Nährstoffe geben sie wahrscheinlich ins Magenlumen ab, von wo sie zur Resorption in die Drüsendivertikel gelangen» (Kaestner I/3 1993, S. 177 f.).

29 In ganz anderer Weise als bei den Gehäusen der Schnecken und bestimmter Tintenfische findet man auch bei den Schalen der Muscheln die Gesetzmäßigkeit der logarithmischen Spirale, und zwar an jeder der beiden Schalenhälften. Oben am Wirbel, dem ältesten Teil jeder Schalenhälfte, ist die Krümmung am stärksten. Vom Wirbel ausgehend wird die Muschelschale immer breiter und die Krümmung zum unteren Rand der Schale zunehmend geringer. Die Veränderung dieser Krümmung vom Wirbel bis zum Schalenrand ist die einer logarithmischen Spirale.

30 Es gibt neben den regulären Seeigeln auch die irregulären. Bei ihnen verlagert sich die Enddarmöffnung, zum Teil auch der Mund nach hinten und vorn. Damit verschwindet die sphärische Form; die irregulären Seeigel sind flach.

31 Die Platten des Gehäuses und die Stacheln entstehen wie die Knochen des Menschen und der Wirbeltiere im Mesenchym. Sie sind ein durchbrochenes Gitterwerk aus Kalzit, der beständigeren Kristallform des Kalkes, mit einem Anteil (bis zu 15%) von Magnesiumkarbonat. In den Poren befindet sich faseriges Bindegewebe. Der Kalzit einer Platte oder eines Stachels ist seiner inneren Struktur nach jeweils ein einziger Kristall. «The complete skeletal element gives the impression of having been carved out of one large crystal» (Raup 1966, S. 392).

32 Zu dieser Frage findet man bei R. Steiner folgende Bemerkung: «Das wirbellose Tier ist im Erdensystem etwas Ähnliches wie beim Menschen Auge und Ohr. Es ist Teil des Organismus. Es gibt tatsächlich einen gemeinschaftlichen Organismus, welcher durch die niederen Tiere wahrnimmt, hört, sieht und so weiter. Der Erdengeist ist ein solcher gemeinschaftlicher Organismus. Alles, was wir so um uns ha-

ben, ist ein Körper für diesen gemeinschaftlichen Erdengeist. Wie sich unsere Seele Augen und Ohren schafft, um die Welt wahrzunehmen, so schafft sich diese gemeinschaftliche Erdenseele die wirbellosen Tiere als Augen und Ohren, um in die Welt hineinzusehen und hineinzuhören» (Steiner 1972, S. 18).

33 Die Hauptfunktion des Zentralnervensystems besteht in der Verknüpfung und Verarbeitung der von den Sinnen kommenden Eindrücke.

34 H. R. Haefelfinger, «Nesseltiere», in «Grzimeks Tierleben», Bd. 1, München 1979, S. 228 f.

35 H. R. Haefelfinger, a.a.O., S. 246.

36 Auch die hinteren Gliedmaßen sind im Kniegelenk beweglich wie sonst nur die Arme im Ellbogengelenk und ganz außerstande, den Leib zu stützen. Am Boden ist das Faultier vollständig der Schwere ausgeliefert.

37 Durch die Untersuchungen von H. Witkin (1973) weiß man, wie eng das Erleben der Selbständigkeit mit der Sicherheit im Gleichgewichtserleben verknüpft ist. Auf den Zusammenhang zwischen Schwere und Selbständigkeitsgefühl hat R. Steiner bereits 1920 hingewiesen (Steiner 1966, S. 32).

38 Die Oberschenkel des Kindes sind zunächst beim Sitzen nach vorn gerichtet. Sie kommen nun unter den Rumpf. Das ist mit einer Drehbewegung der Hüfte verbunden. Diese bewirkt die Krümmung (Lordose) der Lendenwirbelsäule.

39 Deshalb spricht Bolk von einer Fetalisation. Ähnliche Anschauungen findet man z. B. bei De Beer (1930 und 1951) unter dem Begriff der Pädomorphose und bei Schindewolf (1928, 1950 und 1972) unter dem Begriff der Proterogenese.

40 Nach Bolk wird die Retardation durch eine hemmende Wirkung des menschlichen Hormonsystems bewirkt. Er kommt zu dieser weitgehend hypothetischen physiologischen Interpretation auch deshalb, weil er die Beziehung der konsekutiven Organe, d. h. der Aufrichtung, zur Retardation der primären nicht untersucht.

41 Das in diesem und dem folgenden Kapitel Dargestellte findet eine wichtige Ergänzung bei Oltmann (1995).

42 R. Steiner kennzeichnet die hier gemeinte Betrachtungsweise mit folgenden Worten: «Man kann jede Tierart als einseitige Ausbildung eines menschlichen Organsystems … hinstellen; die ganze Tierwelt als die fächerartige Ausbreitung des Menschwesens über die Erde …» (R. Steiner 1973, S. 171)

43 Die Frauen hatten viel kleinere Leiber als die Männer.

44 Mit dieser Reihe ist keine Evolutionslinie gemeint. Australopithecus gilt als ein Seitenzweig. Man vermutet, daß Homo habilis und Homo erectus direkte Vorfahren des heutigen Menschen waren.

45 Die ältesten Funde von Halbaffen stammen aus dem mittleren Paläozän, die von Affen erst aus dem unteren Oligozän. – Kipp spricht von einer mehrmaligen Abspaltung der Primaten vom «Evolutionsweg des Menschen». Nach seiner recht einleuchtenden Auffassung haben sich zunächst die Halbaffen, dann die Hundsaffen (Cercopithecinen), danach die Gibbons und schließlich die Menschenaffen abgesondert (Kipp 1980, S. 72 f.).

LITERATURVERZEICHNIS

Achazi, R. K.: «Hochgebirge – Wüste – Tiefsee. Leben in extremer Umwelt». In: «Universitas», 3/1988.

Altmann, D.: «Anatomie und Physiologie der Kamele». In: S. Legel: «Nutztiere der Tropen und Subtropen», Bd. II, Leipzig 1990.

De Beer, G. E.: «Embryology and evolution», Oxford 1930.

De Beer, G. H.: «Embryos and ancestors», Oxford 1951.

Benninghoff: «Makroskopische und mikroskopische Anatomie des Menschen», 3. Band, hrg. v. W. Zenker, München/Wien/Baltimore [13/14]1985.

Berg, R.: «Angewandte und topographische Anatomie der Haustiere», Stuttgart 1974.

Bergmann, H. H.: «Die Biologie des Vogels», Wiesbaden 1987.

Bezzel, E. und Prinzinger, R.: «Ornithologie», Stuttgart [2]1990.

Bibikow, D. J.: «Der Wolf», Wittenberg 1988.

Böhme, G.: «Natürlich Natur», Frankfurt 1992.

Bolk, L.: «Hersenen en cultuur», Amsterdam 1917.

Bolk, L.: «Das Problem der Menschwerdung», Jena 1926.

Brehms Tierleben, 10. Bd., hrsg. v. O. zur Strassen, Leipzig und Wien 1912.

Brink, F. H. van den: «Die Säugetiere Europas», Hamburg/Berlin 1957.

Campbell, B. G.: «Entwicklung zum Menschen», Stuttgart/New York [2]1979.

Clara, M.: «Entwicklungsgeschichte des Menschen», Leipzig 1943.

Cochran, D.: «Amphibien». In: «Knaurs Tierreich in Farben», München/Zürich 1961.

Cook, S.: «Mehr wissen über Bären», Stuttgart 1976.

Curry-Lindahl, K.: «Das große Buch vom Vogelzug», Berlin/Hamburg 1982.

Dagg, A., Foster, B.: «The Giraffe», New York 1976.

Dawkins, R.: «Das egoistische Gen», Berlin/Heidelberg/New York 1978.
Dilthey, W.: «Gesammelte Schriften», Bd. V, Stuttgart 1961.
Dircksen, R. und G.: «Tierkunde», 1. Band, München o.J.
Djoshkin, W. W. und Safonow, W. G.: «Die Biber der Alten und Neuen Welt», Wittenberg 1972.
Domico, T., Newman, M.: «Die Bären der Welt», Braunschweig 1990.
Douglas-Hamilton, J. und D.: «Unter Elefanten», München 1976.
Dröscher, V.: «Spielregeln der Macht im Tierreich», Hamburg 1992.
Ehrhardt, A.: «Geprägte Form», München 1968.
Feustel, R.: «Abstammungsgeschichte des Menschen», Jena [6]1990.
Feyerabend, P.: «Wissenschaft als Kunst», Frankfurt 1984.
Flindt, R.: «Biologie in Zahlen», Stuttgart/New York 1985.
Freye, H. A.: «Castor fiber – Europäischer Biber». In: «Handbuch der Säugetiere Europas», hrsg. v. J. Niethammer und F. Krapp, Bd. 1, Wiesbaden 1978.
Gösswald, K.: «Unsere Ameisen», II. Teil, Stuttgart 1955.
Goethes Naturwissenschaftliche Schriften, hrsg. v. R. Steiner, Bd. 1, Dornach [4]1975.
Grassé, P. (Hrsg.): «Traité zoologique», Bd. 16, 1, Paris 1967.
Grzimeks Tierleben, 13 Bände, München 1979/1980.
Hagen, W. und H.: «Das Buch der Löwen», Hamburg 1992.
Hagenbeck, J.: «Aug' in Aug' mit 1000 Tieren», Wien 1976.
Hediger, H.: «Aus dem Leben der Tiere», Frankfurt a.M. 1966.
Henke, W., Rothe, H.: «Paläanthropologie», Berlin/Heidelberg … 1994.
Herder, J. G.: «Ideen zu einer Philosophie der Geschichte der Menschheit». In: «Herders Werke», 4. Bd., Berlin/Weimar [6]1982.
Herzog, K.: «Anatomie und Flugbiologie der Vögel», Stuttgart 1968.
Heusser, H. R.: «Die Froschlurche». In: «Grzimeks Tierleben», dtv, Band 5, München 1980.
Hiebl, J.: «Hannibals Alpenübergang aus molekularbiologischer Sicht». In: «Naturwissenschaftliche Rundschau» 1/1987.
Hilprecht, A.: «Höckerschwan, Singschwan, Zwergschwan», Wittenberg 1968.
Hinze, G., «Der Biber», Berlin 1950.
Holdrege, C.: «The Flexible Giant. Seeing the Elephant Whole». In: The Nature Institute 2003.
Jacobs, W., Renner, M.: «Taschenlexikon zur Biologie der Insekten», Stuttgart 1974.

Janich, P.: «Zweck und Methode der Physik aus philosophischer Sicht», Konstanz 1973.
Julius, F. H.: «Das Tier zwischen Mensch und Kosmos», Stuttgart 1970.
Kaestner, A.: «Lehrbuch der Speziellen Zoologie», Bd. I/1, Stuttgart 1965.
Kaestner, A.: «Lehrbuch der Speziellen Zoologie» Bd. I, 2. und 3. Teil, hrg. von H. E. Grüner, Jena/Stuttgart/New York [5]1993.
Keil, A.: «Odontologie», Berlin 1966.
King, A. S. und McLelland, J.: «Anatomie der Vögel», Stuttgart 1978.
Kingsolver, J.: «Schmetterlinge als technische Konstruktionen». In: «Spektrum der Wissenschaft» 10/1985.
Kipp, F.: «Die Evolution des Menschen», Stuttgart 1980.
Kipp, F.: «Über den Vogelzug». In: W. Schad (Hrsg.), «Goetheanistische Naturwissenschaft», Bd. 3, Zoologie, Stuttgart 1983.
Kipp, F.: «Bezahnung und Bildungsidee des Organismus »(1952). In: W. Schad (Hrsg.), «Goetheanistische Naturwissenschaft», Bd. 3, Zoologie, Stuttgart 1983.
Kirchner, W. und Towne, W.: «Die Tanzsprache der Bienen: eine akustische Kommunikation». In: «Spektrum der Wissenschaft» 8/1994.
Kleist, H. von : «Sämtliche Werke und Briefe», Bd. III, 6. Aufl., München, Wien 1982.
Knußmann, R.: «Vergleichende Biologie des Menschen», Stuttgart 1980.
Kolisko, E.: «Die zwölf Gruppen des Tierreichs». In: E. Kolisko, «Auf der Suche nach neuen Wahrheiten», Dornach 1989.
Korschelt und Heider: «Vergleichende Entwicklungsgeschichte der Tiere», neu bearbeitet von E. Korschelt, 1. u. 2. Bd., Jena 1936.
Krahmer, R. und Schröder, L.: «Anatomie der Haustiere», Leipzig [3]1981.
Kranich, E.-M.: «Von der Gewißheit zur Wissenschaft der Evolution», Stuttgart 1989.
Krummbiegel, I., «Die Giraffe», Wittenberg 1971.
Kühn, A.: «Grundriß der Allgemeinen Zoologie», Stuttgart [10]1949.
Kurt, F.: «Das Elefantenbuch», Hamburg-Zürich 1986.
Ladich, F.: «Fische schweigen nicht». In: «Naturwissenschaftliche Rundschau» 10/1991.
Lindholm, M.: «Die Regenwürmer (Lumbricidae, Oligochaeta) und ihre Beziehung zur schaffenden Intelligenz der Natur». In: «Tycho De Brahe Jahrbuch für Goetheanismus 1991», Niefern-Öschelbronn 1991.

Loeffler, K.: «Anatomie und Physiologie der Haustiere», Stuttgart ²1974.
Löhrl, H.: «Die Rauchschwalbe», Melsungen 1979.
Lorenz, K.: «Über tierisches und menschliches Verhalten», Bd. II, München 1965.
Lorenz, K.: «Die Rückseite des Spiegels», München 1973.
Lütterfelds, W.: «Transzendentale oder evolutionäre Erkenntnistheorie», Darmstadt 1987.
Lütterfelds, W.: «Evolutionäre Ethik zwischen Naturalismus und Idealismus», Darmstadt 1993.
Luther, W.: «Wanderwege der Fische». In: H. Hediger (Hrsg.), «Die Straßen der Tiere», Braunschweig 1967.
Marler, P. R. und Hamilton, W. J.: «Tierisches Verhalten», München 1972.
Mebs, D.: «Gifttiere», Stuttgart 2000.
Mebs, D.: «Woher kommt das Gift der Pfeilgiftfrösche?». In: Naturwissenschaftliche Rundschau H. 9/2003.
Melde, M.: «Der Mäusebussard», Wittenberg ²1971.
Midgalski, E., Fichter, G.: «Fische», München 1978.
Milne, L. und M.: «Die Sinneswelt der Tiere und des Menschen», Hamburg/Berlin 1963.
Mirwald, M.: «Wie atmen Schildkröten?». In: «Naturwissenschaftliche Rundschau», 6/1990.
Mittelstraß, J.: «Leben mit der Natur». In: O. Schwemmer (Hrsg.), «Über Natur», Frankfurt a.M. 1987.
Mohr, E.: «Die Robben». In: «Monographien der Wildsäugetiere», Band XII, Frankfurt 1952.
Mohr, H.: «Natur und Moral», Darmstadt 1987.
Mowat, F.: «Ein Sommer mit Wölfen», Hamburg 1986.
Nachtigall, W.: «Gläserne Schwingen», München 1968.
Nichols, D.: «Functional Morphology of the Water-Vascular System». In: R. Boolootian (Hrsg.). «Physiology of Echinodermata», New York/London/Sydney 1966.
Niethammer, J. und Krapp, F.: «Microtus arvalis – Feldmaus». In: «Handbuch der Säugetiere Europas», hrsg. v. Niethammer, J. u. Krapp F., Bd. 2/1, Wiesbaden 1982.
Niethammer, G. (Hrsg.): «Handbuch der Vögel Mitteleuropas», Bd. 2, 1. Teil. Cygnus olor – Höckerschwan, Cygnus cygnus – Singschwan, Cygnus columbianus – Zwergschwan, Frankfurt a.M. 1968.

Obst, F. J. und Meusel, W.: «Die Landschildkröten Europas», Wittenberg 1972.
Oltmann, O.: «Korrelative statt additive Gestaltauffassung. Die Geburt einer neuen Ideenfähigkeit bei Herder und Goethe vor dem Hintergrund heutiger Evolutionsforschung». In: P. Buck, E.-M. Kranich (Hrsg.), «Auf der Suche nach dem erlebbaren Zusammenhange», Weinheim 1995.
Parker, H. W.: «Froschlurche: Entwicklung und Lebensweise». In: H. W. Parker und A. Bellairs: «Die Amphibien und Reptilien», Band 10 von «Die Enzyklopädie der Natur», Lausanne 1972.
Penzlin, H.: «Lehrbuch der Tierphysiologie», Jena [5]1991.
Peters, D.: «Die Schwalben». In: «Grzimeks Tierleben», Bd. 9, München 1980.
Pflug, H.: «Die Spur des Lebens», Berlin/Heidelberg/New York 1984.
Pflumm, W.: «Biologie der Säugetiere», Berlin und Hamburg 1989.
Pörtner, H. A.: «Athleten des Meeres». In: «Biologie in unserer Zeit», 4/94.
Poppelbaum, H.: «Tierwesenskunde», Dornach [2]1982.
Portmann, A.: «Die Tiergestalt», Basel o.J.
Portmann, A.: «Einführung in die vergleichende Morphologie der Wirbeltiere», Basel/Stuttgart [6]1983.
Portmann, A.: «Kleine Einführung in die Vogelkunde», München 1966.
Portmann, A.: «Cerebralisation und Ontogenese» (1962). In: «Zoologie aus vier Jahrzehnten», München 1967.
Portmann, A: «Vom Wunder des Vogellebens», München 1984.
Prusinkiewicz, P. und D. R. Fowler: «Dreidimensionale Modelle der Muschel- und Schneckenschalen». In: H. Meinhardt, «Wie Schnecken sich in Schale werfen. Muster tropischer Schnecken als dynamische Systeme», Berlin/Heidelberg/New York 1997.
Raup, D.: «The Endoskeleton». In: R. Boolootian (Hrsg.), «Physiology of Echinodermata», New York/London/Sydney 1966.
Remane, A.: «Das soziale Leben der Tiere», Hamburg 1960.
Remane, A., V. Storch, U. Welsch: «Systematische Zoologie», Stuttgart/New York [3]1986.
Remmert, H.: «Ökologie», Berlin/Heidelberg/New York, [4]1989.
Renouf, D.: «Sinnesleistungen des Seehunds». In: «Spektrum der Wissenschaft» 6/1989.
Riedl, R.: «Biologie der Erkenntnis», Berlin/Hamburg 1980.

Rohen, J. W.: «Funktionelle Anatomie des Nervensystems», Stuttgart/New York [4]1985.
Romer, A. S., Parsons, Th.: «Vergleichende Anatomie der Wirbeltiere», Hamburg und Berlin [5]1983.
Rothacker, E.: «Das Buch der Natur», Bonn 1979.
Rülcker, J., F. Stålfelt: «Das Elchwild», Hamburg/Berlin 1986.
Sambraus, H. H.: «Nutztierkunde», Stuttgart 1991.
Schad, W.: «Säugetiere und Mensch», Stuttgart 1971.
Schad, W.: «Gestaltmotive der fossilen Menschenformen». In: W. Schad (Hrsg.), «Goetheanistische Naturwissenschaft», Bd. 4, Anthropologie, Stuttgart 1985.
Scheiba, B.: «Schwimmen, Laufen, Fliegen», Leipzig/Jena/Berlin 1990.
Schimkewitsch, W.: «Lehrbuch der vergleichenden Anatomie der Wirbeltiere», Stuttgart 1921.
Schindewolf, O. H.: «Das Problem der Menschwerdung». In: Jb. preuß. geol. Landesanstalt 1928, «Grundfragen der Paläontologie», Stuttgart 1950
Schindewolf, O. H.: «Grundfragen der Paläontologie», Stuttgart 1950.
Schindewolf, O. H.: «Phylogenie und Anthropologie aus paläontologischer Sicht». In: H. G. Gadamer u. P. Vogler (Hrsg.), «Neue Anthropologie», Bd. 1, Stuttgart 1972.
Schmidt-Nielsen, K.: «Physiologische Funktionen bei Tieren», Stuttgart 1975.
Schmidt-Nielsen, K.: «Klimatechnik im Tierreich». In «Spektrum der Wissenschaft», 7/1981.
Schoffeniels, E.: «Anti-Zufall. Die Gesetzmäßigkeit der Evolution biologischer Systeme», Stuttgart 1984.
Starck, D.: «Vergleichende Anatomie der Wirbeltiere», Bd. 2, Berlin/Heidelberg/New York 1979.
Steiner, R.: «Die pädagogische Praxis vom Gesichtspunkte geisteswissenschaftlicher Menschenerkenntnis», Dornach 1956 (GA 306).
Steiner, R.: «Die Erneuerung der pädagogisch-didaktischen Kunst durch Geisteswissenschaft», Dornach 1991 (GA 301).
Steiner, R.: «Das Ewige in der Menschenseele», Dornach 1962, Vortrag vom 15.8.1919 (GA 67).
Steiner, R.: Geisteswissenschaftliche Grundlagen zum Gedeihen der Landwirtschaft», Dornach [4]1963 (GA 327).

Steiner, R.: «Geistige und soziale Wandlungen in der Menschheitsentwickelung», Dornach 1966 (GA 196).
Steiner, R.: «Grundelemente der Esoterik», Dornach 1972 (GA 93a).
Steiner, R.: «Gegenwärtiges Geistesleben und Erziehung», Dornach [4]1973 (GA 307).
Steiner, R.: Einleitung zu «Goethes Naturwissenschaftliche Schriften», 1. Band, Dornach 1975 a (GA 1).
Steiner, R.: «Konferenzen mit den Lehrern der Freien Waldorfschule in Stuttgart», 3. Band, Dornach 1975 b (GA 300/3).
Steiner, R.: «Die Philosophie der Freiheit», Dornach [15]1978 (GA 4).
Steiner, R.: «Grundlinien einer Erkenntnistheorie der Goetheschen Weltanschauung», Dornach [7]1979 (GA 2).
Steiner, R.: «Der Mensch als Zusammenklang des schaffenden, bildenden und gestaltenden Weltenwortes», Dornach [7]1993 (GA 230).
Straus, E.: «Die aufrechte Haltung». In: W. Bräutigam (Hrsg.): «Medizinisch-psychologische Anthropologie», Darmstadt 1980.
Suchantke, A.: «Sonnensavannen und Nebelwälder», Stuttgart 1972.
Suchantke, A.: «Metamorphosen im Insektenreich», Stuttgart [2]1994.
Suchantke, A.: «Biotoptracht und Mimikry bei afrikanischen Tagfaltern» und «Biotoptracht bei südamerikanischen Schmetterlingen». In: W. Schad (Hrsg.), «Goetheanistische Naturwissenschaft», Bd. 3, Zoologie, Stuttgart 1983.
Tank, W.: «Tieranatomie für Künstler», Ravensburg [2]1984.
Verhulst, J.: «Der Erstgeborene», Stuttgart 1999.
Vollmer, G.: «Evolutionäre Erkenntnistheorie», Stuttgart [3]1981.
Wagenknecht, E.: «Rotwild», Berlin [4]1981.
Wagner, G. P.: «Über die populationsgenetischen Grundlagen einer Systemtheorie der Evolution». In: «Evolution, Ordnung und Erkenntnis», hrsg. v. J. A. Ott u. a., Berlin/Hamburg 1985.
Waterman, T.: «Der innere Kompass», Heidelberg o.J.
Weber, H., Weidner, H.: «Grundriß der Insektenkunde», Stuttgart [5]1974.
Weitnauer, E., Scherner, E. R.: «Apus apus – Mauersegler». In: «Handbuch der Vögel Mitteleuropas», hrsg. v. U. Glutz v. Blotzheim, Bd. 9, Wiesbaden 1980.
Wenzel, F.: «Der Bussard», Hannover 1960.
Wesslén, S.: «Das Bärenbuch», Berlin 1941.
Wheeler, A.: «Das große Buch der Fische», Stuttgart 1977.

Wigglesworth, V. B.: «Physiologie der Insekten», Basel/Stuttgart [2]1959.
Witkin, H.: «Personality Through Perception», Westport, Connecticut [3]1973.
von Wright, G. H.: «Erklären und Verstehen», Meisenhain [3]1991.
Wüst, W.: «Tierkunde, I. Band: Wirbeltiere», München 1959.
Wuketits, F.: «Gene, Kultur und Moral», Darmstadt 1990.
Zimen, E.: «Der Wolf», Wien/München [3]1980.
Ziswiler, V.: «Wirbeltiere», Bd. 1 und 2, Stuttgart 1976.

ERNST-MICHAEL KRANICH

Der innere Mensch und sein Leib

Eine Anthropologie
420Seiten mit zahlreichen Abbildungen,
gebunden mit Schutzumschlag

Aus dem Inhalt: Die vertikale Organisation des Menschen / Die Sinne des Menschen / Das Nervensystem / Das Atmen und die Atemorganisation / Blut, Kreislauf und Herz / Verdauung und Ernährung / Leber und Galle / Die Nieren und das Nierensystem / Der Kopf des Menschen – eine Metamorphose aus der vorangehenden Inkarnation.

Was ist eigentlich der Mensch? Wir kennen uns vor allem im persönlichen Selbsterleben und im Verwirklichen unserer persönlichen Interessen – im Hinblick auf das Seelische und Geistige des Menschen und seine leibliche Organisation wissen wir dagegen wenig. Für eine wirkliche Selbstbestimmung ist es jedoch notwendig, sich über das eigene Wesen klar zu werden. Ernst-Michael Kranich skizziert daher eine Anthropologie, die die verschiedenen Aspekte des Menschen – anatomische, morphologische, physiologische und psychologische – zu einer Gesamtanschauung vereinigt. Er arbeitet besonders deutlich das fließende, prozessuale Geschehen im menschlichen Organismus heraus, und überall zeigen sich so die vielfältigen Beziehungen zwischen den einzelnen Wesensbereichen des Menschen.

Verlag Freies Geistesleben

ERNST-MICHAEL KRANICH

Von der Gewißheit zur Wissenschaft der Evolution

Die Bedeutung von Goethes Erkenntnismethode für die Evolutionstheorie
112 Seiten, 15 Abbildungen, kartoniert.

Aus dem Inhalt: I. Einführung / II. Der Neodarwinismus und seine Kritiker / III. Die Wurzeln unzureichender Evolutionstheorie / IV. Die Grundlagen einer organischen Betrachtung der Tierwelt / V. Die Bedeutung der entwickelnden Methode für das Erkennen tierischer Gestaltungen / VI. Erste Anwendung der typologisch-entwickelnden Methode auf Evolutionsprozesse / VII. Die erste Stufe der Wirbeltierevolution als unvollkommene Manifestation des Typus / VIII. Die Entwicklung von den Fischen zu den Amphibien / IX. Die weitere Evolution der Wirbeltiere als stufenweise Manifestation des Typus / X. Die Idee der Evolution / XI. Der Mensch und der Wirbeltiertypus / XII. Von der Gewißheit zur Wissenschaft der Evolution – Darwin und Goethe.

Wenn man den Typus als bewegliche Idee ausbildet, lernt man in ihm jene lebendige Wesenheit kennen, die die ganze Wirbeltierevolution durchzieht, indem sie sich immer vollständiger in der sinnlichen Erscheinung ausprägt und schließlich als Kräfteorganisation des Menschenleibes erscheint.

Verlag Freies Geistesleben

ERNST-MICHAEL KRANICH

Pflanze und Kosmos

Grundlinien einer kosmologischen Botanik
203 Seiten, 64 Abbildungen, kartoniert.

Aus dem Inhalt: Die Urpflanze und ihr kosmisches Urbild: *1. Der Zentralsproß – das irdische Abbild der Sonne; 2. Rhythmische Ordnung im Planetensystem; 3. Die Geste der Blattbildung; 4. Die Bildung der Blütenhülle; 5. Stempel – Staubgefäße – Bestäubung; 6. Übersicht über die obersonnigen Planeten und das Planetensystem; 7. Frucht und Same – die Befreiung der Pflanze aus dem vegetativen Leben; 8. Keimung und Wurzel; 9. Zusammenfassung – die Pflanze als Organismus.* Die polare Ausgestaltung der Pflanze durch überwiegenden Mond/Merkur- und Venus-Charakter / Die Differenzierung der Blütenpflanzen in die Wuchsformen / Pflanzenfamilien als Ausdruck vorherrschender Planetenwirkungen: *1. Die Gräser; 2. Die Windengewächse; 3. Die Doldengewächse; 4. Die Seerosengewächse; 5. Die Hahnenfußgewächse; 6. Die Rosengewächse; 7. Die sympetale Blütenbildung und die Korblütler* / Nachwort: Die pädagogische Absicht.

An zahlreichen Beispielen zeigt der Verfasser die kosmische Natur der Pflanze, ihre Eingebundenheit in die planetarischen Formgesetze.

Verlag Freies Geistesleben

ERNST-MICHAEL KRANICH

Pflanzen als Bilder der Seelenwelt

Skizze einer physiognomischen Naturerkenntnis
205 Seiten, 59 Abbildungen, gebunden mit Schutzumschlag.

Aus dem Inhalt: Zum Thema und zur Methode / Schneeglöckchen und Krokus / Die Tulpe / Buschwindröschen und Osterglocke / Das März-Veilchen / Der Aronstab / Physiognomische Metamorphosen: Krokus, Schwertlilie, Gladiole, Freesie / Die Nelke / Wicken und Blatterbsen / Glockenblumen / Morphologische und physiognomische Gestalterkenntnis / Löwenmaul, Fingerhut und Königskerze / Die Rose / Die Sonnenblume / Bilder des Sommers und Herbstes / Die Erde: ein beseeltes Wesen im Kosmos.

Ernst-Michael Kranich beschreibt Anschauungsübungen auf dem Weg zu einer imaginativen Naturerkenntnis, die eine neue Moralität der Erde gegenüber fördert.

Verlag Freies Geistesleben

FRITS H. JULIUS
ERNST-MICHAEL KRANICH

Bäume und Planeten

Beitrag zu einer kosmologischen Botanik
197 Seiten, 42 Abbildungen, gebunden mit Schutzumschlag.

Aus dem Inhalt: I. Ein Weg zum Wesen der sieben Bäume. Das erste Goetheanum als Ausgangspunkt / II. Die sieben Bäume / *Die Ulme / Der Ahorn – im Vergleich zur Ulme / Die Birke und die Eiche / Die Esche / Die Kirsche / Die Rotbuche und die Hainbuche* /III. Die Bäume zwischen Licht und Finsternis / IV. Der Baum in seinem Zusammenhang mit der planetarischen Welt / *Die gemeinsame Grundform der Kräuter und Laubbäume / Der innere Zusammenhang der planetarischen Welt / Das Sprosssystem der Kräuter in seinem Zusammenhang mit der Planetenwelt / Die Gestaltung des Laubbaumes als Offenbarung des Jupiter* / V. Der Charakter der sieben Bäume als Manifestation der Planeten, der Sonne und des Mondes / VI. Die Wurzeln und Hölzer / VII. Die Bäume in der Reihenfolge der Säulen / Die sieben Wuchstypen und die sieben Bäume.

Die Autoren zeigen, wie aus den Gesetzmäßigkeiten der planetarischen Welt die Gestaltungen der Bäume entstehen.

Verlag Freies Geistesleben